2022-01（总38）

中国自然资源经济研究院
“碳中和”专题研究成果

自然资源管理服务支撑碳达峰碳中和

主　编　张新安
副主编　高　兵　邓　锋　姚　霖　刘伯恩
　　　　周　璞　范振林　强海洋　宋　猛

中国财经出版传媒集团
经济科学出版社
Economic Science Press

图书在版编目（CIP）数据

自然资源管理服务支撑碳达峰碳中和/张新安主编．--北京：经济科学出版社，2022.10
ISBN 978-7-5218-3916-6

Ⅰ.①自… Ⅱ.①张… Ⅲ.①自然资源-资源管理-作用-二氧化碳-排气-研究-中国 Ⅳ.①X511

中国版本图书馆CIP数据核字（2022）第142489号

责任编辑：周国强
责任校对：蒋子明
责任印制：张佳裕

自然资源管理服务支撑碳达峰碳中和
主　编　张新安
副主编　高　兵　邓　锋　姚　霖　刘伯恩
　　　　周　璞　范振林　强海洋　宋　猛
经济科学出版社出版、发行　新华书店经销
社址：北京市海淀区阜成路甲28号　邮编：100142
总编部电话：010-88191217　发行部电话：010-88191522
网址：www.esp.com.cn
电子邮箱：esp@esp.com.cn
天猫网店：经济科学出版社旗舰店
网址：http://jjkxcbs.tmall.com
北京季蜂印刷有限公司印装
710×1000　16开　26.25印张　410000字
2022年10月第1版　2022年10月第1次印刷
ISBN 978-7-5218-3916-6　定价：128.00元

《自然资源管理服务支撑碳达峰碳中和》编写组

主　编　张新安

副主编　高　兵　邓　锋　姚　霖　刘伯恩
　　　　　周　璞　范振林　强海洋　宋　猛

成　员（以姓氏笔画为序）：
　　　　　马朋林　王心一　任喜洋　苏子龙
　　　　　李杏茹　张君宇　张　惠　孟　冬
　　　　　南锡康　侯华丽　秦　静　郭冬艳

目　录

绪　论

习近平总书记指出，“实现碳达峰、碳中和是一场广泛而深刻的经济社会系统性变革”“把节约能源资源放在首位”。[1] 自然资源是高质量发展的物质基础、空间载体和能量来源；碳排放的源头是资源利用，减碳、除碳，靠的也是资源；碳汇能力提升，更离不开自然资源。碳达峰、碳中和是党和国家部署推动的重大战略，《关于完整准确全面贯彻新发展理念做好碳达峰碳中和工作的意见》和《2030 年前碳达峰行动方案》提出了目标任务，需要把握“处理好发展和减排、整体和局部、短期和中长期的关系”，统筹开发与保护关系，统筹人和自然关系，在减碳与储碳、提效与增汇、适应与应对、自然增汇与工程增汇方面深入研究，使自然资源在碳达峰、碳中和过程中充分发挥基础性作用。

一、把碳达峰碳中和纳入自然资源改革发展整体布局中

习近平总书记指出，“要把碳达峰、碳中和纳入生态文明建设整体布局”[2]。这就要从道理、学理、哲理不同侧面提高认识，从逻辑、法理、技术不同角度贯彻落实。

---

①② 新华社．习近平主持召开中央财经委员会第九次会议［EB/OL］．(2021 - 03 - 15)［2022 - 06 - 06］．http：//www. gov. cn/xinwen/2021 - 03/15/content_5593154. htm.

秉承系统观念是碳达峰、碳中和的关键。碳达峰、碳中和问题，要在地球系统科学、生态系统服务、能源科学系统中统筹考虑，要在经济结构、产业结构、能源结构、资源利用结构、国土空间结构的优化调整和升级过程中统筹考虑，要在生态安全、经济安全、粮食安全、能源安全的系统把握中统筹考虑，要在生物多样性、地质多样性和自然多样性综合保护中统筹考虑，要在深化人与自然生命共同体之间共生联系、气候变化对生态系统碳汇的正反影响、碳循环自身的自然规律认识、减排与增汇的辩证统一中考虑，才能真正走出生态优先、绿色低碳的高质量发展新路。

处理好开发与保护的关系、人与自然的关系是碳达峰、碳中和的核心。生态环境问题归根到底是资源过度开发、粗放利用造成的；碳排放居高不下，归根到底是能源供应结构和资源利用结构不优化造成的；碳汇能力下降，归根到底是资源开发利用不当引起的生态系统功能下降造成的。要从根本上解决问题，必须通过资源的科学供应加快形成节约资源和保护环境的空间格局、产业结构、生产方式、生活方式，通过资源的有效供应和高效利用把经济活动、人的行为限制在自然资源和生态环境能够承受的限度内，守住有形和无形的边界，通过资源的有度、有序、有时开发，给自然生态留下休养生息的时间和空间。

二、自然资源工作服务于碳达峰碳中和的方方面面

碳达峰、碳中和过程中，主要矛盾是碳排放居高不下和碳汇能力不足的矛盾。自然资源工作渗透到碳源和碳汇关系的全流程和各个环节，致力于破解这一矛盾。

第一，自然资源工作促进减碳和除碳并重。碳达峰、碳中和是关于碳源与碳汇之间的数量关系问题，其中：碳源是以能源结构为主的系统性问题，关系到经济与产业结构调整，核心是降低二氧化碳（CO_2）排放强度与总量；碳汇是实现碳中和不可或缺的重要环节，负碳技术创新将发挥核心支撑作用。

第二，以自然资源和国土空间支撑能源结构优化和碳减排协同发展。一

是物质资源支撑。向清洁能源转型，自然资源工作要发挥关键作用，特别是锂、稀土等新能源矿产和深层地热能与天然气水合物等非常规能源资源。二是地上空间支撑。自然资源工作服务于优化传统能源的国土空间布局，科学匹配可再生能源产需空间，构建绿色低碳的土地利用结构。三是地下空间支撑。自然资源工作充分利用地下空间储能储热，也包括二氧化碳地下地质封存。四是海洋空间支撑。充分利用蓝色国土空间发展“蓝色能源”，推进海上风电与海洋产业协同发展。

第三，以生态保护修复提升生态系统碳汇能力。一是陆地生态系统。以森林碳汇、草地碳汇、湿地碳汇、农田碳汇为主要构成。受人为干预影响较大的陆地生态系统碳汇存有较大不确定性，经科学保护修复后，固碳潜力有望得到进一步提升，并趋于稳定。二是海洋生态系统。联合国可持续海洋经济高级别小组提出，到2030年海洋可望吸收全球1/5的温室气体排放量。

以自然资源科技工作开拓新领域碳汇潜力。一是土壤碳。根据生态环境部环境规划院《中国二氧化碳捕集利用与封存（CCUS）年度报告（2021）》，全球土壤碳储量为大气的3倍，土壤碳占基于自然的解决方案潜力的25%（总潜力为每年238亿吨）。二是碳捕集与封存（CCS）。国际能源署预计，CCS的减排贡献将在2030年达到总减排量的10%，2050年达到19%。自然资源工作为CCS提供充足的储存空间。三是生物质能结合碳捕集与封存（BECCS）。据科技部21世纪中心估计，到2050年全球生物质能碳捕集与封存上限碳汇潜力为100亿~150亿吨CO_2/年。四是岩溶碳汇（CCSF）。根据中国地质调查局岩溶地质研究所预计，到2030年可达4.9亿多吨，到2060年，经过生态修复、土壤改良和水生生物培育等工程，我国岩溶碳汇量可达11亿多吨。五是矿物碳汇。这种经人为作用加速自然界中硅酸盐风化的过程，将二氧化碳转化为固态物质或可溶解碳酸盐的方法，固碳潜力巨大。

三、碳达峰碳中和要求自然资源治理打一场硬仗

我国资源约束趋紧和利用粗放并存，生态系统整体质量和稳定性状况不

容乐观，巩固提升碳汇任务艰巨。我国化石能源消费总量仍处高位平台期，资源粗放利用问题依然突出，利用效率与发达国家相比还有一定差距，生态系统退化形势严峻。20 世纪 50 年代以来，我国滨海湿地面积消失了 57%，红树林面积减少了 40%，珊瑚礁覆盖率下降，海洋自然岸线占比明显下降。水资源过度开发，水生态受到影响。2018 年，我国人工林面积超过森林总面积 1/3，且不少位于干旱、半干旱地区。草原生态系统失衡，2018 年重点天然草原平均牲畜超载率达 10.2%。不少农业开发和建设占用挤占或损毁生态空间。矿山开采占用、损毁土地问题依然存在。①

党的十八大以来，在习近平生态文明思想的科学指引下，我国生态文明建设从认识到实践都发生了历史性、转折性、全局性变化。自然资源领域在践行生态文明建设的过程中，先后出台了自然资源资产产权制度改革、自然保护地体系等基础制度。夯实自然资源发展基础，加快自然资源统一调查监测体系建设，统一陆海分界、明晰林草分类，将“湿地”列为一级地类；完成全国珊瑚礁、海草床、盐沼生态系统现状调查，开展红树林、盐沼、海草床等蓝碳储量调查评估试点；完成第三次全国国土调查，从结果看，10 年间生态功能较强的林地、草地、湿地、河流湖泊水面等地类合计净增加 2.6 亿亩。② 这为碳达峰、碳中和提供了基础保障。

自然资源保护和利用工作取得成效，资源保护和利用水平逐步提高，国土空间支撑能力逐步增强，治理能力和治理体系现代化水平不断提升，生态系统质量持续好转。通过大规模绿化、全面保护天然林、实施退耕还林还草，全国森林覆盖率达到 23.04%，森林蓄积量超过 175 亿立方米，草原综合植被盖度达到 56%。全国整治修复海岸线 1200 公里，滨海湿地 2.3 万公顷，修复历史遗留矿山 9000 个，完成防风治沙 1000 多公顷、石漠化治理 130 万公顷。这为持续提升陆海生态系统碳汇能力奠定坚实基础。③

---

① 陆昊. 人民日报：全面提高资源利用效率 [EB/OL].（2021－01－15）[2022－06－06]. http：//opinion. people. com. cn/n1/2021/0115/c1003－32000213. html.

② 自然资源部. 第三次全国国土调查主要数据成果新闻发布会 [EB/OL].（2021－08－26）[2022－06－06]. http：//www. mnr. gov. cn/dt/zb/2021/qggtdc/jiabin/.

③ 经济日报. 林草系统全面完成“十三五”绿化目标　我国森林覆盖率达 23.04% [EB/OL].（2020－12－18）[2022－06－06]. http：//www. gov. cn/xinwen/2020－12/18/content_5570486. htm.

“十四五”是保护和发展矛盾的凸显期，是生态系统质量和稳定性提升的攻坚期，是优化国土空间保护开发格局的关键期，更是落实党中央关于碳达峰、碳中和重大决策部署的战略期。自然资源领域将会聚集提高自然资源利用效率、提升生态系统质量和稳定性、增强生态系统碳汇潜力等基础工作，努力满足人民日益增长的美好生活需要，坚决打赢碳达峰、碳中和这场硬仗。

四、准确把握自然资源领域落实碳达峰碳中和目标任务

《关于完整准确全面贯彻新发展理念做好碳达峰碳中和工作的意见》《2030 年前碳达峰行动方案》明确了自然资源领域碳达峰、碳中和的任务和行动目标。

第一，明确了高质量保障经济社会绿色低碳发展的任务。包括优化化石能源资源勘查、开发、利用结构，加大重点油气生产基础勘查开发力度，加快非常规油气资源规模化开发，推进战略性矿产国内找矿和绿色勘查等。

第二，提出了加快提升资源集约节约利用水平的要求。强调以绿色低碳发展规划为引领，实现有利于碳达峰、碳中和的国土空间开发保护新格局。明确了耕地保护和城乡存量建设用地盘活利用的节约集约用地行动目标，以及发展循环经济、资源综合利用的目标要求。到 2025 年，提高非化石能源利用效率和水平。到 2030 年，加快提升资源利用效率，以资源利用方式转变推进经济增长方式转变。

第三，确定了持续巩固生态系统碳汇能力的主要目标。要求以强化国土空间规划和用途管制为行动举措，通过严守生态保护红线、严控生态空间占用、严格用地规模、力促绿色生态产品市场化，稳定陆海生态系统固碳能力。到 2025 年，森林覆盖率达 24.1%，为实现碳达峰、碳中和奠定坚实基础。到 2030 年，森林覆盖率达 25%，二氧化碳排放量达到峰值并实

现稳中有降。①

第四，明确了不断提升生态系统碳汇增量的任务安排。以生命共同体为理念指导，围绕山水林田湖草沙一体化保护修复，提出一系列生态保护修复重大工程任务，包括国土绿化行动、退耕还林还草、耕地质量提升行动、矿山生态修复等。

第五，提出了加强基础能力建设相关要求。强调了生态系统碳汇基础能力建设在碳达峰、碳中和目标任务实现中的关键作用，部署了生态碳汇统计监测能力提升、生态系统碳汇监测核算体系构建、新领域碳汇技术探索、碳汇市场建设以及前沿理论积累等方面的具体工作。

五、采取有效措施确保如期实现碳达峰碳中和

为推动碳达峰、碳中和目标如期实现，自然资源领域将聚焦国土空间规划管控、生态保护修复、优化资源配置、资源节约集约利用和碳汇基础支撑等主责主业，全力推动碳达峰、碳中和工作落实落地，为推动我国经济社会发展全面绿色转型，建设美丽中国做出应有贡献。

第一，发挥国土空间规划和用途管控的系统治理作用，巩固生态系统碳汇能力。加快编制和实施以绿色发展为导向的各级国土空间规划，研究制定《国土空间开发保护法》《国土空间规划法》，构建国土生态安全屏障，建设面向全球的生物多样性保护网络。严格管控各类国土空间边界，制定《生态保护红线管理办法》。严格占用自然保护区项目审核，细化落实耕地保护责任目标，对耕地实行数量、质量、生态“三位一体”保护，严控城镇盲目扩张。

第二，推进国土空间生态保护修复，提升生态系统碳汇增量。实施青藏高原生态屏障区、黄河重点生态区、长江重点生态区、东北森林带、北方防沙带、南方丘陵山地带、海岸带生态保护修复，以及自然保护地建设及野生

---

① 新华社. 中共中央 国务院关于完整准确全面贯彻新发展理念做好碳达峰碳中和工作的意见[EB/OL].(2021-10-24)[2022-06-06]. http://www.gov.cn/zhengce/2021-10/24/content_5644613.htm.

动植物保护、生态保护修复支撑体系9个重大工程专项规划，组织实施新一批山水林田湖草沙和海洋生态保护修复重大工程。持续推进大规模国土绿化，推动红树林、海草床、滨海盐沼保护修复，提升陆地和海洋生态系统的质量和稳定性。

第三，合理配置自然资源要素，优化能源供给结构。其一，提升清洁能源矿产供给保障，加快锂、稀土等战略矿产的勘查开发。加快页岩气、煤层气、致密油气等非常规油气资源勘探开发，科学开发利用地热能、生物质能、波浪能、潮汐能等新能源，促进核电、光伏、风电等新能源产业发展。其二，以土地要素配置支持清洁能源产业发展。支持工业和能源领域提高能效、降低能耗，降低单位国内生产总值二氧化碳排放。实行能源资源、建设用地等总量和强度双控行动，深入推进煤炭等能源资源领域供给侧结构性改革，降低高碳化石能源结构比例。严控新增建设用地，探索限制高碳土地利用类型供应。

第四，推进自然资源节约集约利用，形成绿色低碳发展格局。其一，实行最严格的节约用地标准控制，严控建设项目用地规模。深化“增存挂钩”机制改革，完善指标核算方法和配套政策，做好闲置土地处置工作，推动城镇低效用地再开发，加强土地复合利用，减少建设用地等“高碳”空间扩张。其二，全面推进绿色矿山建设，大力推广绿色低碳先进适用技术。强化无居民海岛保护，减少人类活动对海洋自然空间的占用。促进海上风电产业与海洋渔业等融合发展，实现海域空间资源集约节约利用。提高地下空间利用效率，加强深部地下空间调查评价，开展碳捕集与封存（CCS）地质储存选址、地下空间地质储存产权研究。

第五，完善技术标准与市场规则，提升碳汇综合支撑能力。组织开展基础理论、基础技术方法研究，推动陆海碳汇机制研究、增汇技术开发。开展岩溶增汇以及基性、超基性岩矿化固碳关键技术研究，探索碳地质储存技术方法创新。推动有关重点实验室、工程技术中心和长期科学观测网建设。探索碳汇生态保护补偿制度建设，研究碳汇市场规则，推动更多生态碳汇产品的研发，吸引社会资本投入，促进碳汇交易良性发展。

习近平总书记提出的碳达峰、碳中和的宏伟目标，描绘了我国经济社会转型和生态文明建设的宏伟蓝图，是着力解决资源环境约束突出问题、实现中华民族永续发展的必然选择，是构建人类命运共同体的庄严承诺。自然资源领域促进碳达峰、碳中和，应继续坚持新发展理念和系统观念，按照《关于完整准确全面贯彻新发展理念做好碳达峰碳中和工作的意见》《2030 年前碳达峰行动方案》《关于完整准确全面贯彻新发展理念做好碳达峰碳中和工作的意见》的要求，将碳达峰碳中和贯穿于自然资源开发利用和保护的方方面面，确保既定目标实现。

第一章 自然资源与碳达峰碳中和理论体系

实现碳达峰、碳中和不仅是技术问题，也是经济和管理问题。其理论体系包括自然科学、社会科学等多学科，从碳循环、碳平衡等视角，考虑碳达峰、碳中和短期目标、中期目标与长期目标的关系，权衡发展和减排的关系，解决技术、经济问题，才能提出切实可行的方案。

第一节　正确认识和把握碳达峰碳中和

实现碳达峰、碳中和，是以习近平同志为核心的党中央统筹国内国际两个大局作出的重大战略决策，是实现中华民族永续发展的必然选择，是构建人类命运共同体的庄严承诺。自 2020 年 9 月在第七十五届联合国大会一般性辩论上作出这一承诺以来，习近平总书记多次就碳达峰、碳中和作出重要论述。系统梳理和学习领会习近平总书记系列重要讲话精神，是统一思想和认识、贯彻落实党中央决策部署的基本要求，是推动各方统筹有序做好碳达峰、碳中和工作的根本遵循，更是为统筹自然资源开发与生态保护、着力解决资源环境约束突出问题指明了方向路径。

一、人与自然和谐共生是碳达峰碳中和的根本遵循

党的十九大提出坚持人与自然和谐共生，并将其作为新时代坚持和发展

中国特色社会主义的基本方略之一。人与自然和谐共生的科学自然观，是习近平生态文明思想的重要组成部分。习近平总书记多次强调，人类应该尊重自然、顺应自然、保护自然，推动形成人与自然和谐共生新格局。习近平生态文明思想一脉相承于马克思、恩格斯关于人与自然的辩证关系，创造性地提出了人与自然和谐共生的思想与方略，既强调了自然，又体现了人与自然的辩证统一。一方面，推进“双碳”工作是促进人与自然和谐共生的迫切需要；另一方面，保持战略定力，要站在人与自然和谐共生的高度来谋划经济社会发展，推进以降碳为重点战略方向的生态文明建设。“人与自然和谐共生”思想为自然资源开发利用和保护锚定了基本遵循，要求在“固本培元”力促自然资源和生态系统碳汇能力提升的“保值与增殖”中，在自然资源保障国家权益、社会经济发展及生态产品永续供给中，全面推动以节约优先、保护优先、自然恢复为主的自然资源领域碳达峰、碳中和工作。

二、人民立场是碳达峰碳中和的价值取向

建设生态文明，关系人民福祉，关乎民族未来。坚持良好生态环境是最普惠的民生福祉，是习近平生态文明思想的重要组成部分，体现了人民至上、以人为本的价值观。习近平总书记曾多次强调，“生态环境是关系党的使命宗旨的重大政治问题，也是关系民生的重大社会问题”① “广大人民群众热切期盼加快提高生态环境质量”② “人民对美好生活的向往就是我们的奋斗目标”③。党的十九大报告更是提出，要“提供更多优质生态产品以满足人民日益增长的优美生态环境需要”。2021 年 4 月 30 日，习近平总书记主持中共十九届中央政治局第二十九次集体学习时，作出了“‘十四五’时期，我国生态文明建设进入了以降碳为重点战略方向、推动减污降碳协同增效、促进经

① 汪晓东，刘毅，林小溪．让绿水青山造福人民泽被子孙——习近平总书记关于生态文明建设重要论述综述［N］．人民日报，2021－06－03（2）．

② 新华社．习近平出席全国生态环境保护大会并发表重要讲话［EB/OL］．（2018－05－19）［2022－06－06］．http：//www.gov.cn/xinwen/2018－05/19/content_5292116.htm．

③ 习近平：人民对美好生活的向往就是我们的奋斗目标［EB/OL］．（2012－11－16）［2022－06－06］．http：//cpc.people.com.cn/18/n/2012/1116/c350821－19596022.html．

济社会发展全面绿色转型、实现生态环境质量改善由量变到质变的关键时期"[①] 的重要论断，提出要坚持不懈推动绿色低碳发展，深入打好污染防治攻坚战，提升生态系统质量和稳定性，积极推动全球可持续发展，提高生态环境领域国家治理体系和治理能力现代化水平。[②] 推进"双碳"工作的根本宗旨之一，是为了满足人民群众日益增长的优美生态环境需求。

三、系统治理是碳达峰碳中和的基本策略

习近平总书记强调，实现"双碳"目标是一场广泛而深刻的变革，要把"双碳"工作纳入生态文明建设整体布局和经济社会发展全局。要提高战略思维能力，把系统观念贯穿"双碳"工作全过程，注重处理好四对关系：一是发展和减排的关系；二是整体和局部的关系；三是长远目标和短期目标的关系；四是政府和市场的关系。要加强统筹协调，坚持降碳、减污、扩绿、增长协同推进，加快制定出台相关规划、实施方案和保障措施，组织实施好"碳达峰十大行动"，加强政策衔接。各地区各部门要有全局观念，科学把握碳达峰节奏，明确责任主体、工作任务、完成时间，稳妥有序推进。[③] 2021年我国发布了《关于完整准确全面贯彻新发展理念做好碳达峰碳中和工作的意见》和《2030年前碳达峰行动方案》，还将陆续发布能源、工业、建筑、交通等重点领域和煤炭、电力、钢铁、水泥等重点行业的实施方案，出台科技、碳汇、财税、金融等保障措施，形成碳达峰、碳中和"1 + N"政策体系。关于做好"双碳"工作，习近平总书记不仅强调坚持系统观念，而且做出了系统性具体部署，体现到要素、主体、领域、手段、过程等各个方面。

---

① 刘毅，寇江泽，李红梅．推动减污降碳协同增效、促进经济社会发展全面绿色转型——共建人与自然和谐共生的美丽家园［EB/OL］.（2021 - 12 - 09）［2022 - 06 - 06］. http：//www. gov. cn/xinwen/2021 - 12/09/content_5659489. htm.

② 《求是》杂志编辑部．让中华大地天更蓝、山更绿、水更清、环境更优美［EB/OL］.（2022 - 05 - 31）［2022 - 06 - 06］. http：//www. qstheory. cn/dukan/qs/2022 - 05/31/c_1128695624. htm.

③ 新华社．习近平主持中共中央政治局第三十六次集体学习并发表重要讲话［EB/OL］.（2022 - 01 - 25）［2022 - 06 - 06］. http：//www. gov. cn/xinwen/2022 - 01/25/content_5670359. htm.

四、绿色发展是碳达峰碳中和的行动准则

习近平总书记站在党和国家事业发展全局的战略高度，多次强调和阐述“绿水青山就是金山银山”理念，成为全党全社会的共识和行动。践行“绿水青山就是金山银山”理念，加快形成绿色发展方式和生活方式，为“双碳”工作指明了根本方向。2021 年 3 月 15 日，习近平总书记在中央财经委员会第九次会议提出，“以经济社会发展全面绿色转型为引领，以能源绿色低碳发展为关键，加快形成节约资源和保护环境的产业结构、生产方式、生活方式、空间格局，坚定不移走生态优先、绿色低碳的高质量发展道路”“要把节约能源资源放在首位，实行全面节约战略，倡导简约适度、绿色低碳生活方式”。2022 年 1 月 24 日，在中共中央政治局第三十六次集体学习时再次强调，要走生态优先、绿色低碳发展道路，在经济发展中促进绿色转型、在绿色转型中实现更大发展。“双碳”工作任务部署涉及构建清洁低碳安全高效的能源体系，建设绿色制造体系和服务体系，提升城乡建设绿色低碳发展质量，引导绿色低碳消费，加快绿色低碳科技革命，完善绿色低碳政策体系等，绿色发展理念贯穿其中的方方面面。

五、生态系统碳汇是碳达峰碳中和的关键着力点

推进“双碳”工作要加强能力建设，既提升绿色低碳技术等创新能力，又提升生态碳汇能力，靠能力行稳致远。习近平总书记多次提及提升生态碳汇能力，有效发挥森林、草原、湿地、海洋、土壤、冻土的固碳作用①，具体内容涉及多个方面。一是强化国土空间规划和用途管控，落实生态保护、基本农田、城镇开发等空间管控边界，实施主体功能区战略，划定并严守生态保护红线。二是抓住资源利用这个源头，推进资源总量管理、科学配置、全面节约、循环利用，全面提高资源利用效率。三是提升生态系统质量和稳

① 新华社．习近平主持中共中央政治局第三十六次集体学习并发表重要讲话［EB/OL］.（2022－01－25）［2022－06－06］. http：//www. gov. cn/xinwen/2021－03/15/content_5593154. htm.

定性，坚持系统观念，从生态系统整体性出发，推进山水林田湖草沙一体化保护和修复，更加注重综合治理、系统治理、源头治理。

六、人类命运共同体是碳达峰碳中和的国际担当

地球是人类的共同家园。在气候挑战面前，人类命运与共。构建人类命运共同体，不仅被写入党的十九大报告，载入党章和宪法，而且多次被写入联合国、上海合作组织等多边机制重要文件，反映了各国人民的共同心声，凝聚着国际社会的广泛共识，其深远影响正在持续扩大，并将随着中国和世界的发展进一步彰显。习近平总书记在不同场合多次强调，要秉持人类命运共同体理念，积极参与全球环境治理，为全球提供更多公共产品，展现我国负责任大国形象。一方面，切实承担国际气候变化的义务。多次承诺中国将继续采取行动应对气候变化，百分之百承担自己的义务。另一方面，加强应对气候变化国际合作。大力支持发展中国家能源绿色低碳发展，建设绿色丝绸之路。以更加积极姿态参与全球气候谈判议程和国际规则制定，推动构建公平合理、合作共赢的全球气候治理体系。

第二节　碳达峰碳中和的相关概念

一、温室气体与温室效应

温室气体（greenhouse gas）指大气中能吸收地面反射的长波辐射，并重新发射辐射的一些气体，主要包括二氧化碳（CO_2，76%）、甲烷（CH_4，13%）、二氧化硫（SO_2，7%）、氧化亚氮（N_2O，3%）、氟化气体（CFCs、HCFCs，1%）。二氧化碳等温室气体具有吸热和隔热功能，大气中温室气体增多，阻挡了更多原本可以反射回外太空的太阳辐射，因而导致地球表面逐渐变热。

温室气体使地球变得更温暖的影响称为“温室效应”（greenhouse effect）。1860年以来，由燃烧矿物质燃料排放的二氧化碳等温室气体，平均每年增长率为4.22%①，而近30年各种燃料的总排放量每年达到50亿吨左右②。2019年中国、美国、欧盟和印度的排放量分别占全球碳排放总量的27.92%、14.50%、9.02%和7.18%，是世界上的排放大国。③ 由此可以看出，全球变暖的核心问题在于控制温室气体排放，也就是控制碳元素的排放。

二、碳达峰与碳中和的概念

碳达峰是指一个国家某一年的碳排放量总量达到历史最高值，并且在这一最高值出现后，碳排放量呈稳定下降的趋势。是否达峰，当年难以判断，必须事后确认。一般来说，实现碳达峰峰值年后至少5年没有出现相比峰值年的增长，才能确认为达峰年。碳达峰的“碳”也有不同解释，有的仅指化石燃料燃烧产生的二氧化碳，如我国在《巴黎协定》下提出的碳排放达峰目标，有的则是指将多种温室气体折算为二氧化碳当量的碳排放。

碳中和是指人为排放源与通过植树造林、碳捕集与封存（CCS）技术等人为吸收汇达到平衡。《巴黎协定》的第四条提到，“为了实现第二条规定的长期气温目标，缔约方旨在尽快达到温室气体排放的全球峰值，同时认识到达峰对发展中国家缔约方来说需要更长的时间；此后利用现有的最佳科学迅速减排，以联系可持续发展和消除贫困，在平等的基础上，在21世纪下半叶实现温室气体源的人为排放与汇的清除之间的平衡”。政府间气候变化专门委员会（Intergovernmental Panel on Climate Change，IPCC）特别报告《全球变暖1.5℃》将碳中和定义为，“当一个组织在一年内的二氧化碳排放通过二氧化碳去除技术应用达到平衡，就是碳中和或净零二氧化碳排放”。英国标准协会（British Standards Institution，BSI）的碳中和标准（PAS 2060）认为，

---

① Ballantyne A P，Alden C B，Miller J B，et al. Increase in observed net carbon dioxide uptake by land and oceans during the past 50 years［J］. Nature，2012，488（7409）：70－72.

② Levin I. The balance of the carbon budget［J］. Nature，2012，488（7409）：35－36.

③ Friedlingstein P，O'Sullivan M，Jones M W，et al. Data supplement to the global carbon budget 2020［J］. Earth System Science，2020，12（4）：3269－3340.

"碳中和是某一特定经济实体的特定标的物相关的温室气体排放，导致大气中全球温室气体排放量净增长为零的一种状态"。

事实上，"碳中和"不论是作为气候领域的专业术语，还是作为学理认知，已就以下两点特性达成了共识：一是立足国家利益，站位人民立场。以保障国家（地区）社会经济可持续发展为前提，尤其是确保人民不因政策返贫。二是碳中和并非意味着二氧化碳等温室气体的排放为零，而是侧重中通过减少温室气体排放和增加温室气体吸收的路径，以抵消温室气体排放源中的人为排放，实现"碳"（温室气体）的中和。

无论从减排，还是从提升温室气体吸收的路径来看，以"保护自然资源、节约利益自然资源、生态保护修复"为理念的自然资源治理，与生态系统碳汇能力现状及潜力提升有直接且紧密的关联。

第三节 自然资源与碳循环

碳元素是地球上生命有机体的关键组成成分，也是地球地壳的重要组成成分之一，在地球系统中广泛分布。碳循环是指碳元素在地球的生物圈、岩石圈、水圈及大气圈中交换，并随地球运动循环往复的现象，其全球循环过程就是大气中二氧化碳被陆地和海洋中的植物吸收，形成相对稳定的碳库存储量，之后又通过生物或地质过程以及人类活动，以二氧化碳形式返回大气。碳循环包括碳固定与碳释放两个阶段，前者是从大气吸收二氧化碳，后者是向大气释放二氧化碳，分别对应碳汇和碳源。

一、碳库

在全球碳循环过程中，碳库是指地球系统各个存储碳的部分，主要分为大气碳库、陆地碳库、海洋碳库和岩石碳库等。

一是大气碳库。大气碳库储量 7.5×10^{14} 千克。

二是陆地碳库。陆地碳库中植被碳库有 6.1×10^{14} 千克，土壤（包括腐殖质）碳库 1.58×10^{15} 千克，所以土壤碳库在全球碳平衡中具有重要作用。

三是海洋碳库。海洋碳库为 4×10^{16} 千克，是地球上最大的碳库，包括生物群落的储量 3×10^{12} 千克、地壳沉淀物的储量 1.5×10^{14} 千克、溶解性有机碳的储量 7×10^{14} 千克，以及中层及深层海洋中的储量 3.81×10^{16} 千克。①

四是岩石碳库。科学家发现湿地虽然仅占陆地面积的5%～8%，却保存了陆地生态系统约35%的碳库。② 其中，泥炭湿地甚至能保存1.3万年前的有机碳，包括植物和动物的残体。然而，由于气候变化和土地利用变化，全球大约有一半的湿地正因水位下降的威胁，面临着由碳汇变成碳源的局面。

二、碳源

碳源，即碳释放，是指向大气中释放二氧化碳。主要包括生物碳源、燃料碳源、岩石碳源和界面交换碳源。

一是有机体碳源。有机体碳源是指动植物（包括微生物）的呼吸作用把通过光合作用积累在体内的一部分碳转化为二氧化碳释放进大气中，构成生物体或贮存在生物体内的碳，在生物体死亡后通过微生物分解作用转变为二氧化碳，最终排入大气。大气中的二氧化碳平均每7年通过光合作用与陆地生物圈交换1次。

二是燃料碳源。燃料碳源是指煤、石油和天然气等化石燃料在风化过程中或作为燃料燃烧时，其中的碳氧化成二氧化碳排入大气。在政府间气候变化专门委员会（IPCC）碳源核算体系中，化石矿物燃烧利用是人为碳排放的最主要组成部分，人类消耗大量矿物燃料对碳循环产生了重大影响，全世界每年燃烧煤炭、石油和天然气等化石燃料，以及水泥生产等释放到大气中的碳为 5.3×10^{12} 千克。

三是岩石碳源。岩石碳源是指在化学和物理因素作用下，石灰岩、白云石和碳质页岩被分解，所含的碳又以二氧化碳形式释放入大气中，碳质岩的

---

① 姜联合．全球碳循环：从基本的科学问题到国家的绿色担当［J］．科学，2021，73（1）：39－43，4．

② 雷光春．湿地保护：应对全球气候变化的自然解决方案［N］．光明日报，2019－02－02（8）．

破坏在短时期内对碳循环的影响虽不大，但对全球几百万年尺度时间里的碳平衡却是重要的。

四是界面交换碳源。界面交换碳源是指大气、河流和海洋等不同界面之间的二氧化碳交换，这种交换发生在气和水的交界面，由于风和波浪的作用而加强，且这两个方向流动的二氧化碳量大致相等，大气与河流和海洋之间碳交换量为 1.02×10^{15} 千克。

三、碳汇

碳汇一般是指从空气中清除二氧化碳的过程、活动、机制。根据国土空间载体和固碳方式差异，可分为陆地生态系统碳汇、海洋碳汇、工程技术碳汇。

一是陆地生态系统碳汇。陆地生态系统碳汇是当前国际社会公认减缓大气二氧化碳浓度升高的最经济可行和环境友好的重要途径之一。陆地生态系统范围包括地上生物、凋落物、0～1 米地下生物和土壤，依据 IPCC 碳计量指南的土地分类系统，陆地生态系统可细分为林地、草地、湿地、耕地、人工表面及其他 6 类。科学研究表明，人类的有效干预能提高陆地生态系统的碳汇能力，如实施重大生态修复工程和秸秆还田措施，可以较大幅度提升陆地生态系统碳汇量。

二是海洋碳汇。海洋碳汇可理解为海洋生物、非生物和其他海洋活动通过物理化学作用或海洋生物光合作用吸收、固定、存储二氧化碳的过程，主要包括近海海水溶解吸收、海岸带生态系统碳汇和海洋（微）生物固碳三类机制。海洋碳汇优势是增汇量大、储存时间长，碳汇可挖掘潜力较大，但当前尚未形成系统有效的海洋碳汇核算体系。

三是工程技术碳汇。除陆地、海洋生态系统碳汇外，还可通过工程技术手段，将二氧化碳封存在地下空间、矿物岩石等无机环境中，实现碳固定、提升碳库容量。可选路径之一是将电力、工业等排放源排放的二氧化碳捕集、运输并注入至地下空间（油田、气田、咸水层、无法开采的煤矿等）中，从而实现二氧化碳长期与大气隔离的技术，主要应用于能源、化工、储量投资等领域，类型包括被称为碳捕集与封存（CCS）、生物质能结合碳捕集与封存（BECCS）等项目。另外，科学家证实，荒漠盐碱地、岩石、矿物等陆地无机环境可以吸收大量二氧化碳，并将其储存到了地下咸水层、风化岩石中，常见的陆地无机碳汇包括岩溶碳汇（CCSF）、盐碱土改良伴生碳汇等，其中CCSF于2014年被IPCC认为是未来去除大气二氧化碳的潜力方案之一。

第四节　自然资源与全球碳平衡的科学机理

一、生物多样性与地质多样性的耦合

（一）地质过程影响生物多样性的长时间尺度

生物多样性是我们这个星球最显著和最基本的特征之一，地球科学家将生物圈的多元性量化为物种的数量及其在功能、形态、新陈代谢和生理上的变化，以此来努力推演其是如何随地质时间而演变。生物多样性反映了在特定时空点上的物种的形成和消失之间的净平衡，以及通过物种的形成、灭绝和物种内部的变化而形成的生物性状。因此，生物多样性的研究与演化速率的研究是不可分割的，同样也与改变生物演化发生环境的地质过程的时间和速率的研究密切相关。

生物多样性与包括大规模人类活动在内的地质过程之间是相互影响的，了解多样性如何以及为何随着时间、环境和地理而变化是许多地球生命相互作用和反馈的核心。例如，假说认为新的代谢途径和其他生物演化的革新可以引起大气和海洋化学组成、气候、沉积系统和沉积记录性质的重大变化；与重大灭绝事件相关的生物多样性的丧失，可能扰乱了影响地球化学循环的基本生态过程；构造过程、地形和水深随时间的变化可能会以人们尚未完全了解的方式影响陆地不同地貌间以及海洋内部的物种数量和类型；有证据表明，陆地生命的特性反过来影响了地貌的稳定性和侵蚀作用，从而影响了气

候和构造之间的反馈。一些观测和实验研究也表明，人类所导致的生物多样性下降可能会降低一些生态系统的稳定性和生产力，从而影响人类社会从中获取的自然资源。

根据几个世纪以来生物普查和演化关系重建的资料，现今生物圈只是“生命之树”顶部的少量样本，但具有广泛的代表性。同时，地层记录提供了深时视角，可以用来解释在各种地质和环境过程中生命是如何发生改变的，这些过程涉及持续的地质和环境变化，如构造或气候变化；罕见但规模巨大的事件，如大火成岩省（LIP）的爆发、地外撞击及与之关联的地球化学变化；或者是奇特的演化事件，如产氧光合作用的出现。

（二）地质过程与生物多样性的作用关系

生物学家和地球科学家已经认识到，特别是考虑到正在发生的环境变化时，有必要将这两个领域的数据和方法结合起来，以了解当前的生物多样性以及它的历史和前景。例如，最近通过基于化石和现存物种演化关系的推论，以及将演化趋势与海洋学变化联系起来，极大地促进了我们对鲸类演化的看法。

在宏观演化的时间尺度上，多元数学模型现在可以将影响演化速度和多样性的外部因素（如地球化学）以及物种的内在特征（如生理学）有机地结合起来，使严格检验备择假设成为可能。在较短的时间尺度内，生态模型试图将物种空间分布解释为可观测环境变量的函数，目前正利用更新数据进行测试以确定这类模型在预测未来气候变化下生态系统响应的潜力和局限性。各类研究团体数据平台的快速发展，使人们可以对数百万生物多样性观测结果进行宏观分析，并可与其他大型的生物多样性和古气候学数据资源进行整合。

此外，地质、生物系统的数据挖掘已经发展到为演化、生态模型和分析提供经验基础的阶段，并且正在努力使各种地质和生物数据库具有协作性。在实验端，生物生理学、地质年代学和环境指标不断取得进步，特别是大气化学（如二氧化碳浓度）和海洋化学（如氧化还原状态）等重要方面，使检验环境和生物变化之间的关系成为可能。未来，理解生物多样性历史的进展将取决于上述各个方面的不断发展，以及其他方面的进步，例如，数据采集（包括野外露头、岩心取样）、改进的地质时间年表、数学建模、计算机基础设施平台，以及对计量学和地质学专业工作者的培养。

二、行星地球边界

（一）基本概念

人类生存空间涉及多因素，不是简单的区域概念，而是一个与生态关系紧密的延伸内涵。一般来讲，生存空间是指一定时间内，能够维持具有一定生活水准、一定质量的人口生存和发展的多维要素整体，它是人类群体对生物圈生态系统中生态位的有效占据。理论意义上，人类的生存空间就是地球的行星边界。

2009 年，瑞典斯德哥尔摩大学恢复力研究中心洛克斯特罗姆（Rockström）研究团队在《自然》（*Nature*）上刊文，提出了行星边界框架。该框架聚焦于地球的九项关键生物物理过程，即气候变化、生物多样性损失、生物地球化学流动（氮磷循环）、平流层臭氧消耗、海洋酸化、淡水利用、土地利用变化、大气气溶胶负载和化学污染，并为前七项过程设定了安全边界。这些边界一旦被逾越，就极有可能引发地球系统状态发生不可逆的非线性变化，进而对人类福祉产生不利影响。

（二）全球碳平衡过程

碳循环的基本过程可以简单表述为，大气中的二氧化碳被陆地和海洋中的植物吸收，然后通过生物或地质过程以及人类活动，又以二氧化碳的形式返回大气中。其中有机体和大气之间的碳循环，表现为绿色植物从空气中获得二氧化碳，经过光合作用转化为葡萄糖，再综合成为植物体的碳化合物，经过食物链传递，成为动物体的碳化合物。植物和动物的呼吸作用把摄入体内的一部分碳转化为二氧化碳释放入大气，另一部分则构成生物的机体或在机体内贮存。动、植物死后，残体中的碳，通过微生物的分解作用也成为二氧化碳而最终排入大气。大气中的二氧化碳这样循环一次约需20年。一部分（约千分之一）动、植物残体在被分解之前即被沉积物所掩埋而成为有机沉积物。这些沉积物经过悠长的年代，在热能和压力作用下转变成矿物燃料（煤、石油和天然气等）。当它们在风化过程中或作为燃料燃烧时，其中的碳被氧化成为二氧化碳排入大气。人类消耗大量矿物燃料对碳平衡发生重大影响。

大气和海洋、陆地之间也存在着碳循环，二氧化碳可由大气进入海水，也可由海水进入大气，这种碳交换发生在大气和海水的交界处；大气中的二氧化碳也可以溶解在雨水和地下水中成为碳酸，并通过径流被河流输送到海洋中，这些碳酸盐通过沉积过程又形成石灰岩、白云石和碳质页岩等；在化学和物理作用下，这些岩石风化后所含的碳又以二氧化碳的形式排放到大气中。人类活动通过化石燃料向大气中释放了大量的二氧化碳，所释放的这些二氧化碳大约有57%被自然生态系统吸收，约43%留在了大气中。[①] 留在大气中的这部分二氧化碳使全球大气中二氧化碳浓度由工业化前的280ppm（parts per million，百万分之一）增加到2019年的410ppm[②]，导致了全球变暖。

三、水平衡

（一）自然界的水循环

水循环是指地球上的水在太阳辐射和地心引力等作用下，以蒸发、降水和径流等方式进行周而复始的运动过程。水循环是连接大气圈、水圈、岩石圈和生物圈的纽带，是影响自然环境演变的最活跃因素，是地球上淡水资源的获取途径。在海洋与陆地之间、陆地与陆地之间、海洋与海洋上空之间时刻都在进行水循环过程。

海陆间水循环，又称大循环，是指海洋水与陆地水之间通过一系列的过程

① 安徽省环境保护宣传教育中心．降低碳排放：地球上的碳是怎样循环的？［EB/OL］.（2021－11－03）［2022－06－06］. https：//m. thepaper. cn/baijiahao_15219296.

② 中国气象局气候变化中心．2019年中国温室气体公报［R］. 2019.

所进行的相互转化，它是陆面补水的主要形式。内陆水循环，是指陆面水分的一部分或者全部通过陆面、水面蒸发和植物蒸腾形成水汽，在高空冷凝形成降水，仍落到陆地上，从而完成的水循环过程。海上内循环，就是海面上的水分蒸发成水汽，进入大气后在海洋上空凝结，形成降水，又降到海面的过程。

（二）水循环周期

地球的总储水量约 1.38×10^{10} 亿立方米，其中海水约 1.34×10^{10} 亿立方米，占全球总水量的 96.5%。余下的水量中地表水占 1.78%，地下水占 1.69%。人类可利用的淡水量约为 3.5×10^{8} 亿立方米，主要通过海洋蒸发和水循环而产生，仅占全球总储水量 2.53%。淡水中只有少部分分布在湖泊、河流、土壤和浅层地下水中，大部分则以冰川、永久积雪和多年冻土的形式存储。其中冰川储水量约 2.4×10^{8} 亿立方米，约占世界淡水总量的69%，大部分都存储在南极和格陵兰地区。

不同类型水循环具有周期性（见表 1－1）。大气中总含水量约 1.29×10^{5} 亿立方米，而全球年降水总量约 5.77×10^{6} 亿立方米，由此可推算出大气中的水汽平均每年转化成降水 44 次，也就是大气中的水汽，平均每 8 天多循环更新一次。全球河流总储水量约 2.12×10^{4} 亿立方米，而河流年净流量为 4.7×10^{5} 亿立方米，全球的河水每年转化为径流 22 次，亦即河水平均每 16 天多更新一次。①

表 1－1　　不同类型水循环周期情况

<table>
<tr><th>类型</th><th>水体</th><th>循环周期</th><th>特点</th><th>利用状况</th></tr>
<tr><td rowspan="4">动态水</td><td>河水</td><td>16 天</td><td rowspan="4">储量小
周期短
更新快</td><td rowspan="4">开发利用便利，短期可恢复，是开发重点</td></tr>
<tr><td>淡水湖泊水</td><td>10 天</td></tr>
<tr><td>浅层地下水</td><td>与水深有关</td></tr>
<tr><td>土壤水</td><td>1 年</td></tr>
</table>

① 左其亭，王中根．现代水文学（第二版）［M］．郑州：黄河水利出版社，2006.

续表

类型	水体	循环周期	特点	利用状况
静态水	冰川	1600 年	储量大 周期长 更新慢	开发较困难，短期不宜恢复，直接利用不多
	深层地下水	1400 年		
	内陆湖泊水	20 年		

资料来源：中国数字科技馆．水循环周期［EB/OL］．(2012-06-26)［2022-06-06］．http://www.niglas.cas.cn/kxcb_165743/kpwz/202005/t20200510_5577278.html。

四、全球碳预算

（一）全球碳预算的由来

我们现在所生活星球的温度比它过去1.1万年中绝大多数时间都要高。政府间气候变化专门委员会（IPCC）近期确认了全球“碳预算”，即在有机会避免气候变化的危险影响的前提下，全球仍能排放的二氧化碳量。而按目前状况，全球会在30年内将剩余预算耗尽。

碳预算是指为了保证较有可能地将全球气温上升幅度控制在比前工业化时代2℃以内，全世界可以排放的二氧化碳估算量。据国际科学界估计，碳预算应在1万亿吨左右。自工业革命（1861～1880年）以来，全世界共排放515Pg C，已经用掉了52%的预算额度，这意味着世界碳预算额度仅剩485Pg C，若不采取行动降低现有排放，我们将在2045年左右超支。

（二）超出碳预算的影响

即便我们将排放控制在碳预算以内并使得气温较前工业化时代上升2℃以下，一些地区受到海平面上升、森林火灾、水资源缺乏等自然灾害影响的风险仍然会增加。在2℃以上升温的每一度都会让这些风险显著上升。

如果不降低碳排放，全球海平面将在2100年升高近1米。如果将升温控制在了2℃以内，全球海平面仍将在21世纪末较1985～2005年上升半米。全球每升温1℃，火灾发生的频率和规模都将增加。在较前工业化时代升温1.5℃～2.0℃的情况下，亚马孙雨林火灾发生率将在2050年前上升1

倍。继续升温则会带来更加严重的影响。一些地区的强降雨会显著增加。例如，在升温2℃的情况下，湿润天气会导致尼罗河和恒河的年径流较1961～1990年上升20%，这一变化可能导致严重的洪灾。许多地区干旱的时间和强度会增加。随着全球升温2℃，密西西比河、多瑙河、亚马孙河以及墨累—达令河流域将预计减少年径流20%～40%。

第五节　碳达峰碳中和经济学理论

随着全球气候变化所带来威胁的严峻形势，在将碳达峰、碳中和作为应对气候变化问题的有效路径的背景下，基于资源经济学、环境经济学等学科研究，逐步形成和发展起来的气候变化经济学，与碳达峰、碳中和经济学基本一致。总体来看，气候变化经济研究起步较晚，因此尚处于探索阶段，还未成为一门成熟学科。从目前研究看，其理论基础主要是外部性理论、公共物品理论和产权理论，其主要研究议题是减缓气候变化的市场机制研究、适应性气候变化的经济分析、气候变化经济研究方法等方面。

一、理论基础

（一）外部性理论

外部性理论是指经济主体的行为影响到其他经济主体，却没有因此给予相应支付或补偿，这也是造成市场失灵的重要原因。温室气体排放是一种特殊的外部性，与一般的外部性有所不同。不同之处主要表现为：一是从空间上看，温室气体排放是全球性的，而我们一般理解或考虑的外部性是属于周边环境、局部区域。二是从时间上看，气候变化的影响是非常长远的，并且在流量和存量上均具有规律性。温室气体排放到大气后，其半衰期长达100年，这也是温室气体浓度在大气中不断增加的原因。三是气候变化具有很大的不确定性。很多外部性都是确定的，其影响的范围、幅度和方向，是非常确定的。而温室气体排放的外部性具有高度的不确定性，难以预测未来升温将对某一地区乃至全球的具体影响。四是潜在的影响非常大，涉及未来、长远的问题，如全球升温造成海平面上升，很多影响将是不可逆的。

外部性分为正、负外部性两种，通过社会净边际产品和个人净边际产品来衡量，前者大于后者则为正外部性，反之则为负外部性。针对外部性问题，英国经济学家庇古提出要对行为体造成的外部性进行征税或补贴，不能完全依赖亚当·斯密提出的“看不见的手”进行调节。对于如环境污染、碳排放这种负外部性问题，可以采取政府征税的方式，使得私人成本等于社会成本，那么私人最优决策将带来社会最优决策，资源配置就可以达到帕累托最优状态。这种通过税收手段迫使经济个体实现外部性的内部化的方法被称为“庇古税”。许多国家的探索和实践证明，利用税收手段治理环境确实能够取得明显的社会效果，环境污染能够得到有效控制，环境质量能够得到进一步改善。

（二）公共物品理论

公共物品根据排他性划分，有纯公共物品、准公共物品；根据服务范围划分，有全球性公共物品、全国性公共物品、地方性公共物品；根据公共物品的普遍性，可分为经济性公共物品和焦点性公共物品。如果气候变化是公共物品，因其能够影响每一个人，具有纯公共物品属性；因减少温室气体排放或适应气候变化，影响的是特定地区或群体，具有一定的准公共物品、地方性公共物品特征；因气候变化的长期性和普遍性，具有经济性公共物品属性。

美国学者斯科特·巴雷特（Scott Barrett）认为，应对气候变化有五种不同的公共物品：一是温室气体的全球排放必须得到削减。来自任何国家的削减都是一种公共物品，因为温室气体在世界范围均等地扩散。减少排放将要求一些联合措施，诸如提高能源效率、燃料替代、转向可再生能源及对燃烧矿物燃料的发电厂排放的废气进行碳捕获。二是基础研究的投入。全新的能源和相关技术是必需的，而这类知识是公共物品。三是从大气中直接去除二氧化碳。植树、防止森林砍伐、用铁给海洋施肥可以吸收大气中的二氧化碳等。四是减少照射地球的太阳辐射量，从而抵消大气中温室气体浓度上升的效应。五是适应气候变化。如增高泰晤士河岸以防止伦敦洪水灾害，就是一种局地性公共物品。

（三）产权理论

经济学中的产权理论认为，在大多数社会群体协作中，是以产权作为游戏规则的。市场经济的基础是私有产权，即以法律所有权的形式把某类稀缺资源分配给特定个体，交换或交易的实质是产权的交换。有效的产权具备排他性、可转让性、强制性等特征。当产权是清晰、稳定且可交换的时候，稀缺资源会倾向于产生一个能反映其相对稀缺性的货币价格，然后决策者会使用这些价格信息追求其所认为的效率，从而促进现存稀缺资源的有效利用，并促使人们努力发现新资源、引进新技术以降低成本。

大气等环境容量资源因其难以实现物理上的排他占有，一度被排斥在市场体系之外，也因此无法通过市场机制调节市场主体的碳排放行为。随着科技的进步以及人类理性的发展，借助技术手段的使用和法律制度的制定，环境容量也可以实现定型化、度量化，从而具备了“可支配”的特征和设置权利的可能。若要在碳排放上发挥市场对资源优化配置的作用，与排污权类似，通过设定碳排放的总量，然后给予不同微观主体一定碳排放量许可（即配额），使微观主体在减碳后所产生的碳配额盈余进行市场交易，从而使碳排放权成为微观主体的资产。同时，允许微观主体通过植树造林等增汇项目，作为碳排放的抵扣额，即“碳抵消”。通过对碳排放权的明确，碳排放权具备了稀缺性、可用性和可支配性，使其能够作为商品进行交易，从而实现市场的资源配置作用，达成减排效果。

二、减缓气候变化的市场机制研究

（一）碳税机制

碳税是在庇古税的基础上发展而来的。碳税是指对二氧化碳排放征税，其税率由政府确定，从而提高二氧化碳排放的价格，起到降低二氧化碳排放量的作用。国际通常以化石燃料消耗量折算的二氧化碳排放量为计税依据，主要有两种方式：一是以二氧化碳的实际排放量为计税依据，只有智利、波兰等少数国家采用；二是以化石燃料消耗量折算的二氧化碳排放量为计税依据，在技术上更加简单可行，行政管理成本相对较低。

威廉·诺德豪斯（William D. Nordhaus）认为统一的碳税是动态有效的庇古税，主要理由如下：一是为消费者提供了信号，哪些商品和服务会产生较高的碳排放，因此应该尽可能少地使用。二是为生产者提供了信号，哪些投入（如煤炭发电）会用到更多的碳，哪些投入（如风力发电）则较少或几乎不会用到碳，因而会促使生产者转向低碳技术使用。三是较高的碳税给投资者和创新者开发、引进低碳产品与生产过程提供了市场信号和经济激励，这最终将导致目前的碳密集型技术被取代。四是对碳排放进行征税能减少从事上述三项工作的市场参与者所需要的信息。此外，碳税制度还具备一个重要的特征是，国内可以自行征税并保留税收收入。这种税收体系符合国内财政体系，且应当被视为所有国家筹集所需收入的一个替代机制。碳税制度设计，并非为公益事业提供收入，其主要目的是提高碳价，同时让国家保有按国内优先次序使用这些收入的权力。

其他学者在研究碳税制度时，发现碳税制度实施，存在一定的局限性与难操作的问题，主要表现在：一是碳税的实质是政府对碳排放进行定价，当税率制定较低时，高排放、高收益的企业依旧愿意保持原有生产经营模式，碳税对碳排放的控制力度不强；当税率制定较高时，基于税收自身的传导效应，税负会从上游层层转嫁至下游消费者身上，高税负会严重挤压企业的生存空间，甚至影响出口商品的国际竞争力。二是税收是各国国家主权内的事务，具体如何制定税基、税率，在国际上难以进行协调、难以确定一致的做法，因此难以实现统一的碳税制度。三是许多国家财政都面临着高债务、高赤字，碳税所提供的资金能否用于碳减排、碳吸收环节难以明确。

芬兰、挪威、瑞典等北欧国家从20世纪90年代初开始征收碳税，是世界上最早征收碳税的国家。进入21世纪，爱沙尼亚、拉脱维亚、瑞士等欧洲国家也陆续开征碳税。2010年以后，冰岛、爱尔兰、日本等越来越多的国家，加入了征收碳税国家的行列。各国碳税征收情况各不相同，有的作为独立税种，有的以早已存在的能源税或消费税税目形式出现，有的取代了之前的燃料税。在税率水平上，各国差异较大，根据《碳定价机制发展现状与未来趋势（2021）》报告，碳税从低于1美元/吨二氧化碳当量（波兰）到137美元/吨二氧化碳当量（瑞典）不等。总体来看，欧洲国家碳税税率较高，瑞典、瑞士税率超过100美元/吨二氧化碳当量，冰岛、芬兰、挪威、法国等国家的税率在40～73美元/吨二氧化碳当量之间。部分美洲和非洲国家碳税税率较低，阿根廷、哥伦比亚、智利、墨西哥、南非等国家的税率普遍低于10美元/吨二氧化碳当量。新加坡和日本是目前亚洲仅有的两个征收碳税的国家，虽然税率水平较低，分别是3.7美元/吨二氧化碳当量和2.6美元/吨二氧化碳当量，但覆盖范围较广，分别达到了本国的80%和75%。

（二）碳市场机制

碳市场又称碳排放权交易市场，建设碳市场是为了控制以二氧化碳为代表的温室气体在全球范围内的排放。根据产权理论，在碳排放总量控制的前提下，经济主体之间将碳排放权作为商品进行交易，碳排放权价格由市场决定。碳市场是直接对碳排放量进行约束，因此碳减排效果更加直观、明确。但因为其市场行为，会有较大的波动性，增加企业的遵从成本，而减少此波动性，只能依靠市场制度的完善和市场主体自身意识的提高，故碳交易的减排成本具有较大的不确定性。

碳市场中的主要参与者包括政府、减排企业（卖出多余配额或生产碳排放权）、第三方核证机构（盘查控排企业、核证碳排放权）、控排企业（需求方）、中间商（交易平台、中介机构）、咨询公司。碳排放交易的流程，可简要归纳为：首先，政府对能耗企业的历史排放情况进行盘查；其次，根据盘查情况给企业设定一个排放配额，通常低于历史排放值；最后，在碳市场中实现交易，如果未来企业排放高于配额，需在碳市场中购买配额或核减量。

碳市场机制起源于1997年的《京都议定书》，该文首次提出要把市场机制作为解决温室气体减排的新路径，并明确了各协约国减排目标，形成了国际碳排放权交易体系的雏形，具体包括：一是国际排放贸易机制（Emission Trade，ET），发达国家将其超额完成减排义务的指标，以贸易的方式转让给另外一个未能完成减排义务的发达国家，并同时从转让方的允许排放限额上扣减相应的转让额度；二是联合履行机制（Joint Implementation，JI），发达国家之间通过项目合作，其所实现的减排单位（Emission Reduction Unit，ERU），可以转让给另一发达国家缔约方，但是同时必须在转让方的“分配数量”（Assigned Awount Units，AAU）配额上扣减相应的额度；三是清洁发展机制（Clean Development Mechanism，CDM），发达国家通过提供资金和技术的方式，与发展中国家开展项目合作，通过项目实现减少温室气体排放或消除大气中温室气体，并据此获得“经核证的减排量”（Certification Emission Reduction，CER），用于发达国家缔约方完成在《京都议定书》第三条下的承诺。CDM 除了涉及碳减排项目外，还涉及碳汇项目，即造林和再造林项目，进而形成碳汇市场，碳汇市场是碳市场的一种。

根据洲际交易所（Inter Continental Exchange，ICE）最新的统计资料，2021 年全球的碳市场成交量比 2020 年上升了 30%，达到了 183 亿吨。其中欧盟碳排放交易市场的交易量为 152 亿吨，占全球交易量的 83%，与 2020 年欧盟碳市场交易量相比，上升了 25%。欧盟碳市场交易量出现大幅度上升的原因，主要是欧盟通过了更严格的减排目标，投资者预期欧盟的碳价将会出现较大幅度的上升，因此更多的投资者进入欧盟碳市场交易。欧盟碳排放交易体系成立以来在市场规模上呈现以下特征：一是行业覆盖范围逐步扩展，从最初的电力及能源密集型行业，逐步扩展至航空业及钢铁水泥等特定产品的生产；二是免费配额逐年下降，配额的分配方式由分配逐步过渡到拍卖；三是市场机制逐年完善，如引入“市场稳定储备”机制（Market Stability Reserve，MSR）解决供过于求的问题。

我国碳市场总体可分为碳市场试点建设阶段和全国统一碳市场建设阶段。2012 年以前，中国碳市场发展较缓慢，主要以参与 CDM 项目为主。随着后京都时代到来，中国开启了碳市场建设工作，对建立中国碳排放权交易制度作出了相应决策部署。2011 年 11 月，中国发布《关于开展碳排放权交易试点工作的通知》，拉开碳市场建设帷幕。2013 年 6 月，深圳率先开展交易，其他试点地区也在 2013 ~2014 年先后启动市场交易。由于我国的企业地理分布形势以及各试点的建设进度不同，各个试点省份的碳市场情况不尽相同，差异性较大。

全国碳市场分为一级市场和二级市场，其中：一级市场涉及对碳配额的初始分配，包括免费发放和拍卖两种途径；二级市场则涉及各排放实体的自由市场行为，包括公开交易和协议转让。我国的全国统一碳市场从2021年7月16日开始运行，至12月31日共成交1.79亿吨，约占全球碳市场总成交量的1%。

三、适应性气候变化的经济分析

（一）适应性经济分析

气候变化风险对中国乃至全世界提出了严峻的挑战。适应成为一种必然的选择。适应政策和行动需要综合考虑气候风险、社会经济条件及发展规划等多项内容。

界定气候风险及脆弱性的方式之一，就是估算气候风险的经济成本。从经济学角度来看，气候风险的损失评估方法主要有，自下而上的微观分析方法和自上而下的宏观分析方法。微观分析方法是从行业、部门、个体出发，通过经验数据和统计方法推断气候风险给某一区域特定行业或人群带来的经济损失，如计量经济学方法、环境价值评价方法等。宏观分析方法是借助宏观层面的数据和信息揭示气候风险与经济影响之间的内在联系，如可计算的一般均衡分析模型、投入产出方法等。

适应措施的选择需要进行成本效益分析或成本有效性分析。成本效益分析是指通过估算某一特定适应投资的各种经济成本及非经济成本，并与不采取适应措施的结果进行比较，如果净收益大于0，则该适应措施是符合成本效益的，是可以实施的，反之则是不可以实施的。成本有效性分析是指面对多样化的适应政策选项时，判断某一适应措施是否能够更有效地减小脆弱性。有效的适应措施应具备一定的灵活性、协同效应和现实可行性。

（二）适应政策选择

根据IPCC提出的适应优先领域，结合《中国气候与环境演变》开展的科学评估，中国应该注意在以下领域推进适应政策。

一是农业适应能力建设。农业事关国家粮食安全，同时，相对于城市地区，中国农村大部分地区存在着收入水平低、经济结构不合理，水利、环境和公共卫生等相关的基础设施相对落后，社会保障覆盖面严重不足等问题。由于缺乏必要的保护设施，一旦发生台风、洪涝、干旱等极端气候事件，农作物和人员财产都会受到威胁，抗灾能力较弱。因此，首先是继续完善农业生产基础设施建设，利用财政转移支付、发展农村民间金融投资等方式，提高地方投资农田水利、灌溉设施、气象监测台等基础设施的积极性；其次是通过相关制度改革和政策措施调整农业生产结构，总结推广节水、防旱、防寒、抗虫等具有适应性的农林畜牧业品种；再次是积极推进农业保险，探索风险分担机制；最后是注重开发多种可持续生计产业，如能源林业、农产品加工业等。

二是水资源管理与生态保护。气候变化将减少中国主要流域的径流量，加剧中国干旱地区的生态系统退化和土地荒漠化程度，直接威胁到水资源安全问题。中国已经开展了大规模的生态造林、退耕还林还草和节水灌溉等措施，需要进一步评估这些措施对干旱地区农村人群所带来的社会经济影响以及生态影响，总结经验和教训，从而发现和制定更多更有效的预防和应对措施。在水资源管理和生态保护领域，工程性适应措施包括河道疏浚、植树植草、采用生态系统方式保护湿地、净化水污染等。此外，开发节水产品，改善需求侧管理，以全国主要江河流域为主体，将水资源管理与区域经济发展、生态保护、可持续发展等内容结合起来，开展流域生态系统综合治理，积极推进流域生态补偿机制，拓宽适应资金渠道等。

三是沿海基础设施和人居环境建设。中国有70%以上的大城市、50%以上的人口分布在东部和沿海地区，在气候变化的影响下，沿海地区人居环境的脆弱性日益凸显。在过去50年，中国海平面平均每年上升2.5毫米，对沿海地区人口的生产生活造成极大的负面影响，存在海水倒灌、农田盐碱化、沿海防护堤坝坍塌的危险。在沿海地区，适应性措施可以采取各种广泛形式。工程性措施包括构建海堤、防洪措施、加固建筑物、转移人员财物等；技术性手段包括水资源管理模式的改进，采用新型的透水地面材料等；制度性措施涉及建筑标准、立法、税收补贴、财产保险等。此外，还需研究海平面上升带来的人口迁移和城市规划问题，探讨公共设施的预防成本以及提升政府风险管理能力的具体措施等。

四、气候变化的经济研究方法

（一）气候变化综合模型

气候变化综合评估模型（integrated assessment model，IAM）是气候政策研究的主流工具，它在同一个框架体系中实现了气候系统与经济系统的整合。1991 年诺德豪斯（Nordhaus，1991）将经济系统与生态系统整合在一个模型框架中以评价气候政策的实施效果，标志着气候变化综合评估模型的起源。

诺德豪斯开创性地将经济学的边际分析法和气候模型分析结合起来，如图 1－1 所示。图 1－1 中，横轴代表温室气体下降百分比，纵轴代表实际货币价值，曲线 *DG* 代表温室效应带来的边际损失，曲线 *OH* 代表的是降低温室效应所带来的边际成本。在完全的自由市场下，任由温室气体随意排放，所造成的损失是由 *D* 点所代表的价值 *OD* 来代替。当政府投入资源以降低温室效应从而导致边际成本递增时，表现在图形上就是 *OH* 曲线不断上升。与此同时，温室效应带来的社会损失却是不断减少的，表现在图形上就是 *DG* 曲线不断下降。这可以被认为是减排的边际收益。根据西方经济学均衡条件 $MC=MR$ 可知，当曲线 *DG* 与曲线 *OH* 在 *E* 点相交时，均衡实现。这个时候，社会总成本就是 *A* 所代表的面积，而社会总收益是 $A+B$ 代表的收益，面积 *B* 是政府投入资源进行减排所带来的社会净收益。

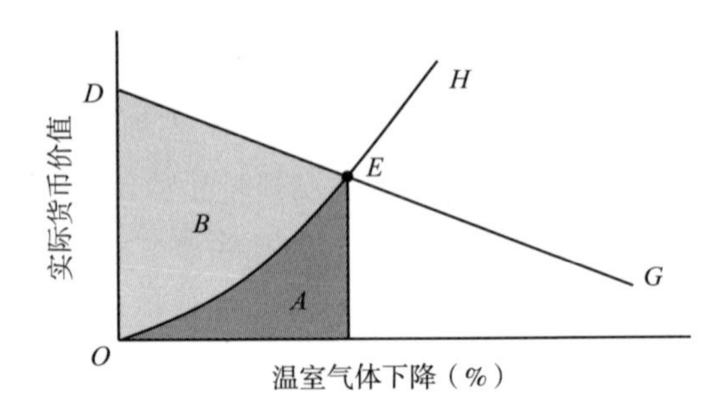

图 1－1　诺德豪斯气候经济学中的边际分析法

在边际分析法基础上，将气候变化与索洛经济增长模型相结合，形成 IAM 模型，该模型包括三个交互模块：气候模块、碳循环模块以及经济增长模块。气候模块描述了包括二氧化碳在内的温室气体的大气浓度如何影响大气的各种能量流的平衡。碳循环模块描述了包括二氧化碳在内的温室气体的排放如何在大气、海平面和生物圈之间循环的过程。经济增长模块描述了全球经济运行情况，以及政府不同的气候政策是怎么样影响经济发展和二氧化碳排放的。

此后，相继有不同学者纷纷跟进 IAM 模型研究。由于 IAM 模型涉及方面较多，不同研究者往往只是有侧重地选择一部分因素放到模型中，进而演化出 20 多种不同版本的 IAM 模型。IAM 模型可对未来特定基期年份进行成本效益量化分析，可用于长期排放情景分析和预测，可进行全球性的动态评估。但因其不能针对单一性损害提供适应措施，不适用于短期分析，且存在不确定性较大的问题。

（二）可计算一般均衡模型

可计算一般均衡模型（computable general equilibrium，CGE）是以市场为中心，分析各经济体的行为，定量描述了价格变化对生产和消费的影响，考虑了经济系统中各个部门之间相互依存的关联关系。CGE 模型在气候政策研究中越来越活跃，并成为研究相关问题的经典分析工具。其原理是通过寻找一组均衡价格，使商品和要素市场的供给和需求均衡，进而模拟和预测“政策冲击”下经济体系的新均衡状态，并以新、旧两个均衡状态之间的差异来表征政策的影响。

巴西于 2009 年在《斯特恩报告》的基础上，用 CGE 模型分析巴西采取适应措施的成本效益，并用 IPCC 给出的 18 个全球气候模式中 IPCC 排放情景特别报告（SRES）A2-BR 及 B2-BR 情景下的模拟数据，将适应分为农业、能源、海岸区域三部分来分析气候变化适应策略的成本效益，模型框架见图 1－2。

当价格、经济结构和宏观经济现象都是重要的影响因素时，CGE 模型是一个非常有效的政策分析工具，它能够描述多个市场和机构的相互作用，可以估计某一特殊的政策变化所带来的直接和间接影响，以及对经济整体的全局性影响。同时，也有学者认为 CGE 模型也存在一些缺点。一是一些经济学家认为 CGE 模型反映的是高度抽象的理论状态，在现实世界中均衡是相对

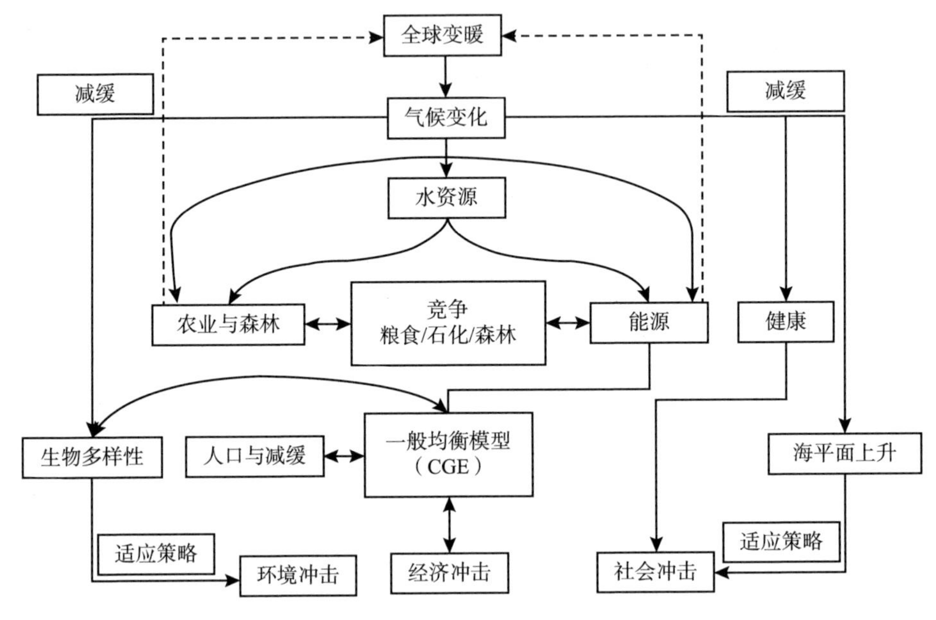

图 1-2　巴西一般均衡模型示意

的，不均衡是绝对的，基于均衡假设构建的模型会与现实世界存在差距。二是随着 CGE 模型的发展，建模者致力于通过更多的生产部门以及更多的居民分类，来细致地模拟经济系统，这使模型结构复杂化，"黑箱" 模型特征越发显著，计算结果的因果关系难以洞察。

（三）投资与资金流评估分析模型

联合国开发计划署（United Nations Development Programme，UNDP）将投资与资金流评估分析模型分为八个步骤：一是设定评估的关键参数，包括部门的范围、关键适应措施的定义；二是汇总目标情境的历史性投资与资金流；三是设定原始基准线情境下的投资与资金流；四是设定适应气候变化的基准情境；五是推导适应基准情境所需的投资与资金流；六是估算执行适应策略的资金变化量；七是实施政策影响评估；八是报告综合结果。

UNDP 在脆弱度较高的地区多采用投资和资金流评估方法，估算其因气候变化导致的额外投资和资金需求。对选定部门的投资成本，按基准情境计算现行政策的计划的持续性；再按未来适应情境计算为避免气候变化影响而调整和增加的措施。基准情境和适应情境之间的差异，即为选定部门的适应气候变化的投资需求。该方法无须细部气象资料便可进行有效的成本效益分析，但是与气候变化适应措施的关系较小，无法预知未来的情境及损害，在一定程度上缺乏公平性。

第六节　自然资源与新自然经济理论

世界经济论坛策划编写了《新自然经济》系列报告，以《自然行动议程》为实现平台，以自然资源及其生态系统面临的严峻形势为背景，以资源保护、开发与经济发展之间的关联为线索，以宏观资源经济与微观经济实体的价值链为视角，用案例和数据去揭示商业经济面临的自然风险，用机遇和潜力去呼吁实施"亲近自然"的经济变革，用转型融资和金融转型的倡议为改革注入实践动力。本部分内容是《新自然经济》的系列报告中的第一份报告，是公布于2020年1月19日的《自然风险上升：治理自然危机维护商业与经济》。鉴于报告的前沿性，故放入本部分，以期加深对碳达峰、碳中和与自然资源经济研究与政策实践的理解。

一、经济增长的环境代价

过去50年的变化速度是人类历史上前所未有的，世界经济产出和预期寿命都有了非凡的增长。人口翻了一番，全球经济增长了四倍，超过10亿人摆脱了极度贫困。在全球范围内，人类生产的食品、能源和材料比以往任何时候都要多。在过去的一个世纪里，人类福利的改善和经济的加速增长令人印象深刻。目前，全球中产阶级为35亿人，并且这个数字以大约1.6亿/年的速度继续增长，其中70%在中国和印度。①

---

① Kharas H. The unprecedented expansion of the global middle class: An update [R]. The Brookings Institution, 2017.

但这种显著的增长和繁荣让支撑地球上生命的自然系统付出了沉重代价，见图1－3。人类活动已经严重改变了75%的陆地和66%的海洋环境。在被评估的动植物物种中，约有25%受到人类活动的威胁，100万个物种面临灭绝的风险，很多物种在几十年内就会灭绝。与估计的基线相比，全球生态系统的面积和质量下降了47%。①

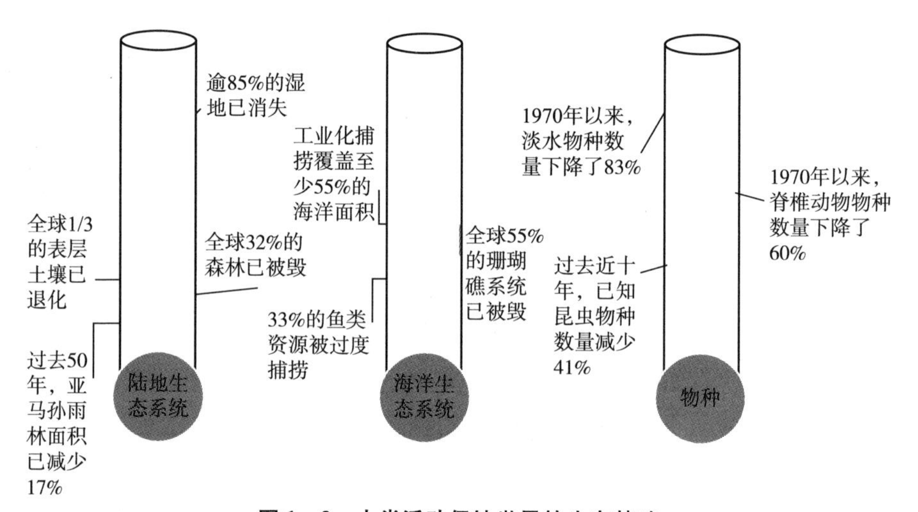

图1－3　人类活动侵蚀世界的生态基础

资料来源：《关于生物多样性和生态系统服务的全球评估报告》，生物多样性和生态系统服务政府间科学平台（2019）；联合国粮农组织副总干事塞米多（Maria-Helena Semedo）在2014年世界土壤日的发言；《濒临崩溃：亚马孙正逼近不可逆转的临界点》，《经济学人》（2019）；世界自然基金会（2018），《2018年地球生命力报告：设立更高目标》；桑切斯·巴约和威克胡伊斯（Sánchez-Bayo and Wyckhuys，2019），《昆虫群落的全球衰退：对其推动因素的回顾》。

地球系统科学展示了气候变化和自然灾害的紧密关联。破坏红树林、泥炭地和热带森林用于农业和其他用途，将排放高达人类总碳排放量13%的碳，并将继续加剧气候变化的负面影响。红树林、泥炭地和热带森林被转化为农田和其他用途，从植被和土壤中释放出碳，同时破坏了地球从大气中吸收和隔离温室气体的能力。在正常情况下，全球气温比工业化前上升2℃，20个物种中就有1个因此遭受灭绝的威胁。此外，超过99%的珊瑚礁将会消

① IPBES. Summary for policymakers of the global assessment report on biodiversity and ecosystem services of the Intergovernmental Science-Policy Platform on Biodiversity and Ecosystem Services [R]. 2019.

失，而这些珊瑚礁承载着超过1/4的海洋鱼类。①

因此，并不奇怪世界经济论坛在过去五年的年度全球风险报告中，将生物多样性丧失和生态系统崩溃确定为影响和可能性方面的全球中高级别风险。2020年，全球风险感知综合调查（Global Risks Perception Survey）在全球企业、政府和公民社会社区进行了调查，结果令人瞩目。全球五大风险首次来自单一类别——环境，这包括将生物多样性丧失作为未来10年的首要风险之一。

二、自然损耗的驱动因素

尽管世界上76亿人口仅占所有生物体重的0.01%，但人类已经造成83%的野生哺乳动物和一半植物的丧失。② 目前物种灭绝速度比过去1000万年的平均速度要高出数十倍甚至数百倍，并且还在加速。人类这个单一物种对地球的影响是如此深远，以至于科学家们创造了一个新的地质时代：人类世，即人类是地球地质变化主要驱动力的时期。我们正在超出自然系统的应对能力去突破地球的边界，进而增加了大规模、不可逆转的环境和社会变化的风险。

依据政府间生物多样性和生态系统服务科学政策平台（Intergovernmental Science-Policy Platform on Biodiversity and Ecosystem Services，IPBES）发布的迄今为止最全面的全球生物多样性评估报告，自然变化的5个直接驱动力是以往50年中自然丧失的主要原因，见表1-2。归根结底，这5个驱动力来自当前生产和消费模式、人口动态、贸易、技术创新和治理模式的组合。

表1-2　　1970年以来自然丧失的5个直接驱动力

自然丧失的驱动力	对自然影响的说明
陆地和海洋的变化	（1）今天所有可居住的土地有一半曾用于农业和畜牧 （2）近年来，我们每年失去300多万公顷的热带原始森林，这是世界上生物多样性最丰富的生态系统之一 （3）在过去50年中，死亡区的数目增加了4倍，即：氧气含量过低，不足以维持大多数海洋生物生存的地区；全世界有超过400个死亡区，加起来比英国面积还大

① IPCC. Summary for policymakers of IPCC special report：Global warming of 1.5℃ [R/OL]. 2018.

② Bar-On Y M，et al. The biomass distribution on Earth [J]. PNAS，2018，115（25）：6506-6511.

续表

自然丧失的驱动力	对自然影响的说明
气候变化	（1）北方的森林火灾比过去一万年更广泛、更具破坏力 （2）根据气候模型预测，使火灾更加频繁和严重的条件将显著增强 （3）预计升温1.5℃时，珊瑚礁将继续减少70%～90%，而在升温2℃时，珊瑚礁的损失将更大（>99%）
自然资源的利用和开发	（1）当前，93%的鱼类资源被捕获，捕获量达到或超过了最大可持续水平 （2）自1970年以来，包括化石燃料和生物质在内的自然资源年开采量增加了3.4倍
污染	全球每年约有1.15亿吨矿质氮肥施用于农田；20%的氮输入积累在土壤和生物量中，35%进入海洋
侵入性外来物种	非本地物种增加了70%，对当地生态系统和生物多样性造成了不利影响

资料来源：Breitburg D, et al. Declining oxygen in the global ocean and coastal waters [J]. Science, 2018, 359 (46); IPCC. Summary for policymakers of IPCC special report: Global warming of 1.5℃ [R]. 2018。

三、自然丧失的非线性风险

科学家和研究人员预测，如果自然破坏的速度持续不减，一些生物群落（如苔原、草原、森林、沙漠）可能会跨越不可逆转的临界点，进而带来深远的经济和社会影响。一旦超过这些临界点，就可能会引发局部的甚至是全球性的（如气候变化）灾难性事件。例如，亚马孙森林遭受到的大规模开发和毁害，不仅影响到被破坏的地区，还会改变区域的天气模式，影响到区域的水供应和农业生产力。

1970年以来，亚马孙地区大约17%的森林覆盖已经消失。[①] 如果森林消失的速度继续下去，20%～25%的森林将消失，科学家警告该地区将达到一个临界点，部分地区将变成非森林生态系统。[②] 模型表明，这将导致该地区干旱的时间持续延长。比如，作为全球重要粮食出口国的巴西，仅一年的农

① WWF. Inside the Amazon [EB/OL]. 2019. https://wwf.panda.org/knowledge_hub/where_we_work/amazon/about_the_amazon/(link as of 16th Dec. 2019).

② Lovejoy T E, Nobre C. Winds of will: Tipping change in the Amazon [J/OL]. 2019. https://advances.sciencemag.org/content/advances/5/12/eaba2949.full.pdf (link as of 16th Dec. 2019).

业生产损失就高达4.22亿美元①，其农业产量的急剧下降还可能会导致世界粮价波动。

要准确管理和降低风险，就必须从根本上转变对自然价值的认识，重视自然资本和经济发展过程中生态系统退化的成本。第四次工业革命技术带来的新商业模式有可能加速向自然积极发展道路的转变，并在最大限度减少资源使用的同时释放自然价值。例如，利用人工智能（AI）、卫星图像和无人机自动探测土地使用变化，或监测和控制生态系统中的入侵物种和疾病。

同样，循环经济模型和新技术既可以优化利用投入，又可以最小化投入对全球农业和工业供应链进行实时跟踪和监控。21世纪需要重置人类与自然之间的关系，在此过程中，21世纪的创新需要肩负起为人类和地球带来成果的责任。

全球经济根植并依赖于地球生态系统。随着自然的持续恶化，企业面临的风险也与日俱增。随着越来越多的消费者和政府组织意识到此类风险，并对自然丧失采取行动时，这种风险既是声誉，也是法律责任。随着直接投入的消失和企业所依赖的生态系统服务的停止，它还涉及运营和财务。

随着大自然的衰退，商业成功和未来繁荣的前景也在缩小。相反，那些致力于恢复自然生态系统的人将面临巨大商机。解决自然丧失问题是复杂的，除非我们紧急采取变革行动，否则这种损失的风险和影响只会加速。

四、由于商业与自然割裂而引发的风险

所有企业都直接或间接通过供应链依赖于自然资本资产和生态系统服务。研究表明，超过44万亿美元（相当于世界总GDP的一半）经济价值的产生是中度或高度依赖自然及其服务，因而暴露于自然丧失的风险。为量化全球经济对自然的依赖程度，世界经济论坛评估了163个经济部门对自然资本资产的依赖程度，并根据每个行业创造的经济价值，在产业和区域一级审查了这些资产。

① Strand J, et al. Spatially explicit valuation of the Brazilian Amazon Forest's ecosystem services [J]. Nature Sustainability, 2018 (11): 657-664.

（一）产业对自然的依赖

高度依赖自然的产业占全球GDP的15%（13万亿美元），中度依赖的产业占37%（31万亿美元）。高度依赖自然的产业中，三个最大的产业总共创造了约为德国总经济规模两倍的8万亿美元总增加值。其中，建筑业（4万亿美元）、农业（2.5万亿美元）、食品和饮料行业（1.4万亿美元）。这些部门依靠直接从森林和海洋中提取资源或生态系统服务，如健康的土壤、清洁的水、授粉和稳定的气候。如果大自然失去了提供这些服务的能力，这些部门可能会遭受重大损失。例如，由于气候变化、疾病和森林砍伐，60%的咖啡品种将面临灭绝。[①] 如果发生这种情况，2017年零售额为830亿美元[②]的全球咖啡市场将严重不稳定，进而会影响众多小农生产者的生计。同样，入侵性病虫害的暴发是造成自然丧失的常见原因，威胁到具有低遗传多样性的重要商业作物品种的生存。世界上超过一半的食物来自大米、小麦和玉米。由于外来物种入侵，这三种作物每年损失高达总产量的16%（价值960亿美元）。[③] 农业作物多样化可以提高对病虫害暴发的适应能力，并缓冲作物生产以应对更大气候变化的影响。然而，主要由经济刺激所诱导的单一栽培仍然是工业化农业的主要形式。

对自然的依赖在不同产业和部门之间会有很大不同。尽管第一产业面临的风险显而易见，但第二和第三产业的后果也会十分严重。例如，据世界经济论坛（World Economic Forum，WEF）发布的《新自然经济报告》显示，化工材料、航空旅游、矿业、运输、零售等行业的总增加值直接依赖自然不足15%，但它们的供应链中有50%以上的总增加值高度或中度依赖自然。

---

① Davis A P, et al. High extinction risk for wild coffee species and implications for coffee sector sustainability [J/OL]. 2019. https://advances.sciencemag.org/content/5/1/eaav3473 (link as of 16th Dec. 2019).

② Euromonitor International. Five most promising markets in coffee [EB/OL]. 2018. http://go.euromonitor.com/rs/805-KOK-719/images/Five_Most_Promising_Markets_in_Coffee.pdf? mkt_tok = eyJpIjoiT1RrME56TTFNalUxWmpoaSIsIn (link as of 16th Dec. 2019).

③ Centre for Agriculture and Bioscience International. Invasive species: The hidden threat to sustainable development [EB/OL]. 2018. https://www.invasive-species.org/wp-content/uploads/sites/2/2019/02/Invasive-Species-The-hidden-threat-to-sustainable-development.pdf (link as of 16th Dec. 2019).

（二）国家或地区对自然的依赖

以国家或地区为单位分析全行业的总增加值，可以提供企业对自然的依赖性和影响的不同视角。我们发现，世界上一些增长最快的经济体尤其容易遭受自然丧失。例如，印度33%的GDP和印度尼西亚32%的GDP是在高度依赖自然的产业中创造的，同时非洲大陆的这些部门创造了23%的GDP。

就全球风险敞口而言，规模较大的经济体在依赖自然的行业中所占GDP绝对值最高：中国是2.7万亿美元，欧盟是2.4万亿美元，美国是2.1万亿美元。这意味着，即使是在其经济中自然丧失比例相对较低的地区，在全球风险敞口中也占有相当大的份额，所以不能自满。

鉴于这些经济体对自然具有重大依赖，因此，对有重大自然丧失风险的经济体开展评估、确定优先次序并对自然进行投资至关重要。但这只是一方面，因为自然丧失也有可能错失机会，而目前的经济数据支撑无法预判这些机会。不过，在很多情况下大自然总是启发人们应对挑战。例如，哈佛大学研究人员对纳米布沙漠甲虫进行了研究，以开发出一种更好地凝结和运输水滴的方法来对抗干旱。他们通过模仿甲虫在其外壳凸起处收集水滴，并用V形刺来引导水滴进入植物体内。

五、自然丧失的社会影响及其风险

除了对经济活动的贡献外，清洁的空气、充足的淡水、肥沃的土壤、稳定的气候等资源资产和生态服务还提供了人类社会赖以运转的重要公共产品。因此，自然丧失会造成系统性的地缘政治风险，而且在一些情况下还会动摇企业稳定的经营环境。

（一）人类健康面临风险

自然系统的退化和丧失会影响健康结果。例如，传染病发生与生态系统的紊乱有关，埃博拉病毒和寨卡病毒就是因森林砍伐而导致动物传播疾病暴发的例证。

自然丧失还会加剧空气污染的影响，这项威胁每年造成340万~890万人死亡。[①] 城市树木提供了大量污染物减少的服务，其中世界10个特大城市每年减污服务的估值为4.82亿美元[②]，而在森林和灌木火灾中的植被破坏是大气污染日益频繁的来源。世界银行估计2015年印度尼西亚森林大火产生的雾霾就造成了1.51亿美元的直接健康成本，远期成本更是无法量化。[③]

（二）世界和平面临风险

伴随气候变化的自然退化可能会导致水资源短缺，而水资源短缺长期以来一直是争端和冲突的前兆。干旱与气候变化有关，而森林砍伐等自然丧失趋势加剧了干旱。从地缘政治角度看，干旱与水资源问题越发被视为暴力升级的主要诱因，这些暴力事件包括撒哈拉以南非洲、肯尼亚和苏丹的内部安全挑战和马里的多次政变。众所周知的例子就是叙利亚内战了。

（三）全球贸易面临风险

大规模自然丧失可能会影响国际贸易。2019年巴西亚马孙地区森林火灾的急剧增加，有可能破坏欧盟与南方共同市场（南美地区最大的经济一体化组织）历经20年谈判达成的自由贸易协定。这两个集团的贸易额为1220亿欧元[④]，预计该协定将通过降低或消除关税和贸易壁垒而产生重大的新市场机遇。但欧盟成员国对森林火灾规模表示担忧，这使该协定陷入危险。奥地利议会以环境等问题为由，对欧盟任何针对这项协定所做准许提出了反对。

---

① Global Burden of Disease Collaborative Network. Global burden of disease study 2017（GBD 2017）：Results［R］. Seattle，United States：Institute for Health Metrics and Evaluation（IHME），2018；Burnett R.，Chen H.，Szyszkowicz M，et al. Global estimates of mortality associated with long-term exposure to outdoor fine particulate matter［J］. PNAS，2018，115（38）：9592-9597.

② Endreny T，et al. Implementing and managing urban forests：A much needed conservation strategy to increase ecosystem services and urban wellbeing［J］. Ecological Modelling，2017，360（24）：328-335.

③ World Bank. The cost of fire：An economic analysis of Indonesia's 2015 fire crisis［R/OL］. 2016. http：//pubdocs. worldbank. org/en/643781465442350600/Indonesia-forest-fire-notes. pdf（link as of 16th Dec. 2019）.

④ European Commission. Key elements of the EU-Mercosur trade agreement［EB/OL］. 2019. http：//trade. ec. europa. eu/doclib/press/index. cfm? id=2040（link as of 16th Dec. 2019）.

爱尔兰和法国也表示，除非巴西履行对亚马孙流域的环境承诺，否则他们将拒绝该协定。

（四）经济发展风险

自然丧失对农村贫困人口及其经济发展前景的影响尤为严重。农村社区的食物、住所、收入、燃料、健康和生活方式往往直接依赖自然。因为替代品往往无法获得或成本太昂贵，所以他们更容易因自然丧失而受到影响。例如，在印度森林生态系统仅贡献了印度 GDP 的 7%，却维系了印度农村 57% 人口的生计。[①] 鉴于 75% 的中等和极度贫困人口生活在农村地区[②]，自然资产和生态系统服务的丧失对全球贫困和发展产生了深远影响。

（五）性别平等风险

由于妇女在燃料、粮食和水等生物资源管理方面发挥着重要作用，自然丧失和气候变化对妇女和儿童产生了不平等的社会影响。因为提高性别平等是经济增长的动力，自然丧失对妇女的不利影响将对经济发展产生广泛的负面影响，并可能减少企业的市场发展机会。

---

① Sukhdev P. Costing the earth [J]. Nature, 2009, 462 (7271): 277.

② World Bank Group. Who are the poor in the developing world? [EB/OL]. 2016. https: //openknowledge. worldbank. org/handle/10986/25161 (link as of 16th Dec. 2019).

第二章
自然资源领域促进碳达峰碳中和形势和战略

自然资源开发利用与生态环境保护的全流程涉及资源、能源、空间及其所决定的产业结构和经济结构，最终决定了碳排放的速率与总量。自然资源领域作为应对气候变化的“重要阵地”，碳减排、碳捕获和储存、气候变化带来自然灾害防治以及国土空间结构、能源结构和资源结构优化调整与碳达峰、碳中和全过程息息相关，其参与深度和广度决定了碳达峰、碳中和目标的实现进程。必须摸清形势、分析成效及挑战，才能更好地推动自然资源领域促进碳达峰、碳中和。

第一节　自然资源领域促进碳达峰碳中和面临的形势

一、气候变化对自然资源和生态系统产生了重大影响

工业化以来，由于煤、石油等化石能源大量使用而排放的二氧化碳，造成了大气中二氧化碳浓度升高，二氧化碳等温室气体的温室效应导致了全球气候变暖，众多科学理论和模拟实验验证了温室效应理论的正确性。气候变

化直接或间接影响人类及其生产生活，总体来看弊大于利。由碳排放诱发的一系列生态环境问题，有些已达到维持平衡的临界点。这些问题不可避免地对自然生态系统和自然资源自身产生影响，并给自然资源管理带来挑战。

一是碳排放与地质灾害。气候变化常常作为外力因子加速地质灾害发育过程。地质灾害原本具有自身规律，但极端气候往往诱发新的地质灾害。如2010年发生于甘肃舟曲泥石流灾害，在多年平均年降水量不足200毫米的干旱地区，40分钟内降了97毫米大暴雨①，直接诱发了特大泥石流灾害。地质灾害相较气候变化具有滞后性，不会立即在地质体上反映出来，需用长远眼光预测发展趋势，这给地质灾害防治研究提供了空间。

二是极端气候条件与土地退化。降水强度变化、气温变化、海平面变化等都可能改变耕地质量、加剧土地退化。政府间气候变化专门委员会（IPCC）指出，气候变化已经在影响粮食安全，并且未来的影响将越来越大。另外，采伐森林、围湖造田、建设用地扩张等土地利用变化是仅次于化石燃料的碳排放来源。据世界资源研究所（WRI）发布的数据，人类活动碳排放总量的1/3为土地利用碳排放。推进国土低碳利用，控制开发强度，既有助于实现主体功能区战略，也有助于降低碳排放产生的不利影响。

三是全球变暖与野生动植物。由于全球变暖，植物生长周期发生变化，进而影响动物的食物链和迁徙规律，并可能导致某些物种灭绝。从19世纪初开始，因栖息地环境的改变，花栗鼠、老鼠等动物逐步向高处迁徙，而极地地区因栖息冰层融化，严重威胁着北极熊等极地动物。此外，由于森林地带变得更干燥，世界各地的森林大火出现的频次更多、影响的区域也更广。气候变化给林草资源管理和野生动植物保护带来新的视角，需要用更广尺度、更长周期、更系统的观念来考虑自然生态问题。

四是碳排放与海洋生物资源。IPCC评估报告显示，海洋吸收了1/4的人造二氧化碳和90%的以上的温室气体热量。但与此同时，也导致海洋酸化加剧，海洋生物的种属、生命周期都会发生相应的演变；还会加速海洋生物钙

---

① 国务院新闻办公室．国新办举行甘肃舟曲抢险救援工作情况发布会图文实录［EB/OL］.（2010-08-11）［2022-06-06］. http：//www.scio.gov.cn/xwfbh/xwbfbh/wqfbh/2010/0811/wz/Document/731251/731251.htm.

化，导致海螺、珊瑚等面临被海水溶解的风险。海洋生物的生存环境变得越来越严峻，要积极探寻海洋资源利用、海洋生态保护和碳达峰、碳中和目标间的平衡路径。

五是气候变化与水资源供需。气候变化带来全球范围内的冰川退缩，影响径流和下游的水资源水质，全世界200条大河中近1/3的河流径流量减少。我国青藏高原冰川退缩加剧了江河源区径流量变化的不稳定性，20世纪中叶以来，我国东部主要河流径流量不同程度减少，海河和黄河径流量减幅尤其明显。必须从长周期考虑中国水的问题，做好水资源调查评价与监测，科学合理地取水、用水，维护国家水资源安全。

二、中央对自然资源领域促进碳达峰碳中和提出了更紧迫的要求

长期以来，我国高度重视气候变化问题，把积极应对气候变化作为国家经济社会发展的重大战略。在《中华人民共和国国民经济和社会发展第十一个五年规划纲要》《中华人民共和国国民经济和社会发展第十二个五年规划纲要》《中华人民共和国国民经济和社会发展第十三个五年规划纲要》中，关于应对气候变化目标，分别提出了能源强度指标、二氧化碳强度指标，以及能耗总量和能源强度双控指标，更是在《中华人民共和国国民经济和社会发展第十四个五年规划和2035年远景目标纲要》中提出了面向碳达峰、碳中和的新指标，实现了从相对目标向绝对目标的转变，管控模式不断升级，管控范围从化石能源消费转向非化石能源、森林碳汇、行业及区域适应气候变化等全方位发展布局。

一是巩固生态系统碳汇能力。这是落实碳达峰、碳中和的重要基础。生态系统碳汇是碳清除与捕获自然路径的核心，自然界中的土壤、海洋、森林、草原、生物体、岩石（硅酸盐矿物）等都可作为碳汇实体，均具备一定的碳汇功能和储存能力，也是应对碳达峰、碳中和最经济的途径。发挥国土空间规划对空间结构的源头治理和系统治理功能，落实空间管控边界和规则，是守住自然生态安全边界和生态系统碳汇空间的重要前提。为此，落实《关于完整准确全面贯彻新发展理念做好碳达峰碳中和工作的意见》要求，必须在

以下方面多下功夫：强化国土空间规划和用途管控制，严守生态保护红线，严控生态空间占用，构建以自然保护地为核心的国家生态保护格局，划定永久基本农田并严格耕地数量、质量和生态“三位一体”保护，划定城镇开发边界防止城镇无序蔓延，稳定现有森林、草原、湿地、海洋、土壤、冻土等固碳作用。到2025年，自然保护地面积占陆域国土面积比例达到18%，耕地保有量不低于18.45亿亩，自然岸线保有率不低于35%；到2030年，生态安全屏障体系基本建立。

二是提升生态系统碳汇增量。这是落实碳达峰、碳中和的关键要务。基于自然的解决方案（Nature-based Solutions，NbS）表明，对生态系统的保护、恢复和可持续管理，在应对气候变化等问题中可以发挥重要作用。我国生态本底脆弱，生态系统质量总体不高，生态修复是提升生态系统碳汇增量的重要途径。为此，落实《关于完整准确全面贯彻新发展理念做好碳达峰碳中和工作的意见》要求，应当在以下方面多下功夫：实施生态保护修复重大工程，开展山水林田湖草沙一体化保护和修复；深入推进大规模国土绿化行动，巩固退耕还林还草成果，实施森林质量精准提升工程，持续增加森林面积和蓄积量；加强草原生态保护修复；强化湿地保护修复；整体推进海洋生态系统保护和修复，提升红树林、海草床、盐沼等固碳能力；开展耕地质量提升行动，实施国家黑土地保护工程，提升生态农业碳汇；积极推动岩溶碳汇开发利用。到2025年，森林覆盖率达到24.1%，森林蓄积量达到190亿立方米，草原综合植被盖度达到57%，湿地保护率达到55%，高标准农田建设面积不低于10.75亿亩，实现1亿亩黑土耕地保护性利用；到2030年，森林覆盖率达到25%左右，森林蓄积量达到190亿立方米。①

三是促进能源体系绿色转型。这是落实碳达峰、碳中和的重要发力点。碳减排是实现碳达峰、碳中和的重要前提，核心是减少对化石能源的高度依赖。我国以煤炭为主的能源禀赋和供给结构，导致我国碳排放总量高居全球首位。要达到碳达峰、碳中和目标，必须通过改善能源供给结构引导优化消费结构，加强新能源的资源开发和保障。为此，落实《关于完整准确全面贯

① 国家林业和草原局，国家发展和改革委员会.“十四五”林业草原保护发展规划纲要［EB/OL］.（2021-08-19）［2022-06-06］. http：//www.gov.cn/xinwen/2021-08/19/content_5632156.htm.

彻新发展理念做好碳达峰碳中和工作的意见》要求，需要在以下方面多做工作：严格控制化石能源消费，加快煤炭减量步伐，加快推进页岩气、煤层气、致密油气等非常规油气资源规模化开发；积极发展非化石能源，实施可再生能源替代行动，大力发展海洋能、地热能等，不断提高非化石能源消费比重；新增一批风光水热新能源生产基地，优化绿色低碳的能源网络。到2025年，实现非常规天然气产量达到400亿立方米，推动非化石能源消费比重达到20%左右；到2030年，非化石能源消费比重达到25%左右；到2060年，非化石能源消费比重达到80%，清洁低碳安全高效的能源体系全面建立。①

四是提高资源利用效率。这是落实碳达峰、碳中和的主要抓手。习近平总书记曾提出，大部分对生态环境造成破坏的原因是来自对资源的过度开发、粗放型使用。② 因此，必须从资源使用这个源头抓起，引导全社会树立起节约集约使用资源的理念，发挥国土空间作为自然资源配置的核心载体功能，处理好发展和减排、增汇的关系。为此，落实《关于完整准确全面贯彻新发展理念做好碳达峰碳中和工作的意见》要求，必须做好以下方面工作：将碳达峰、碳中和目标要求全面融入经济社会发展中长期规划，强化国土空间规划、专项规划等支撑保障；持续优化重大生产力、重大基础设施和公共资源布局，构建有利于碳达峰、碳中和的国土空间开发保护新格局；大力推广绿色低碳先进适用技术，推进矿产资源全面节约与综合利用；严格控制新增建设用地规模，推动城乡存量建设用地盘活利用；严格执行土地使用标准，加强节约集约用地评价，推广节地技术和节地模式；在城乡规划建设管理环节全面落实绿色低碳要求。到2025年，新增建设用地规模控制在2950万亩以内，万元GDP建设用地使用面积下降15%。

五是提升生态系统碳汇潜力。这是落实碳达峰、碳中和的重要支撑。巩固提升生态系统碳汇的技术复杂，目前生态系统固碳功能作用机理不够清晰，调查监测等基础工作仍旧薄弱，管理决策的出台需要翔实的基础数据、严谨

---

① 国家发展改革委，国家能源局."十四五"现代能源体系规划[EB/OL].(2022-03-23)[2022-06-06].http://www.gov.cn/zhengce/zhengceku/2022-03/23/5680759/files/ccc7dffca8f24880a80af12755558f4a.pdf.

② 《在十八届中央政治局第六次集体学习时的讲话》(2013年5月24日)。

的科学研究作为支撑，碳汇潜力需要依靠政府和市场双轮驱动来实现。为此，落实《关于完整准确全面贯彻新发展理念做好碳达峰碳中和工作的意见》要求，必须在以下方面攻坚克难：加强生态系统碳汇等基础理论和方法研究，培育一批生态系统碳汇技术研发国家重点实验室、国家技术创新中心和重大科技创新平台；依托和拓展自然资源调查监测体系，建立生态系统碳汇监测核算体系，开展森林、草原、湿地、海洋、土壤、冻土、岩溶等碳汇本底调查和储量评估，实施生态保护修复碳汇成效监测评估；将碳汇交易纳入全国碳排放权交易市场，建立健全能够体现碳汇价值的生态保护补偿机制。

三、自然资源领域将在促进碳达峰碳中和目标的实现中发挥重要的作用

碳中和的基本逻辑是通过碳减排和碳捕集与封存（CCS）等达到二氧化碳排放量等于消除量的数量平衡，以及实现将过去、现在、未来从地圈提取出的二氧化碳使其重返地圈的物质平衡。所谓碳减排，就是通过提高自然资源利用效率、利用新能源新材料矿产、完善能源资源配置和治理结构等减少二氧化碳的排放量。碳捕集与封存实质是从大气中汇集、吸收、清除、固定并利用二氧化碳的运行过程，使二氧化碳重返生物圈、岩石圈、水文圈和土壤圈。从减少二氧化碳排放，到二氧化碳汇集、吸收，再到清除、固定并利用二氧化碳的整个运行过程，都离不开自然资源管理和国土空间治理。

一是减排领域。碳减排是实现碳达峰、碳中和的重要前提，核心是减少对化石能源的高度依赖。我国一次能源消费目前仍以煤炭占为主，其二氧化碳排放系数最大，导致我国碳排放总量高居全球首位。要达到碳达峰、碳中和目标，必须改善能源消费结构，推进煤炭等能源资源绿色开发，提高开发利用效率，进而实现清洁低碳高效利用。

二是增汇领域。碳捕集与封存是实现碳中和目标的关键路径和可行方式，离不开地质多样性和生物多样性，有赖于发挥地球关键带的过程、作用和功能，有赖于发挥地圈的核心承载作用，有赖于不同地质单元、不同生态系统的固碳作用和速率。

三是资源与空间利用方式。碳达峰、碳中和目标实现依赖能源结构、资源结构、国土空间结构的优化。通过优化能源资源结构和利用方式的转变，提高自然资源利用效率，减少二氧化碳的排放量。通过优化国土空间布局发挥其在碳达峰、碳中和中的载体作用，提高资源配置效率，挖掘二氧化碳地质储存潜力，增强自然生态固碳功能，拓展碳中和空间。

四是适应气候变化领域。我国力争在2030年前二氧化碳排放达到峰值，意味着未来十年我国碳排放量仍将持续增长，必然会影响气候变化，进而带来的自然扰动不可避免，这些诱发的自然灾害问题对自然生态系统和自然资源本身产生重大影响，并给自然资源管理带来挑战。

第二节　自然资源领域促进碳达峰碳中和的成效与挑战

一、自然资源管理为促进碳达峰碳中和奠定了良好的基础

党的十八大以来，在习近平生态文明思想的科学指引下，我国生态文明建设从认识到实践都发生了历史性、转折性、全局性变化。自然资源管理坚决贯彻生态文明体制改革要求，按照党中央的顶层设计和谋划，坚持人与自然和谐共生，践行“绿水青山就是金山银山”理念，坚持节约优先、保护优先、自然恢复为主的方针，我国生态文明建设取得良好成效，生态恶化趋势基本得到遏制，自然生态系统整体质量总体稳定向好，各类生态系统碳汇能力得到巩固提升。尤其是自然资源部组建后，提升资源利用效率，优化开发保护格局，推动生态系统保护，加大生态修复力度，为自然资源促进碳达峰、碳中和奠定了良好的基础。

一是资源利用效率大幅提升。在土地领域，实施建设用地总量和强度双控，“十三五”期间，单位国内生产总值建设用地使用面积持续下降，城镇低效用地再开发初现成效；2018～2020年，共消化2018年以前批准的批而

未供土地 69.42 万公顷（1041.3 万亩），处置闲置土地 19.34 万公顷（290.1 万亩）。在矿产领域，推动绿色勘查和绿色矿山建设，遴选推广 360 项矿产资源节约和综合利用先进适用技术。在水资源领域，合理确定流域区域用水总量控制指标，深入实施国家节水行动，2020 年，万元 GDP 用水量比 2015 年下降 28%，农田灌溉水有效利用系数提高到 0.565。在海洋资源领域，坚持陆海统筹，协同推进海洋生态保护、海洋经济发展。推进海水淡化和海洋能规模化利用。

二是国土空间格局不断优化。完善国土调查标准，统一陆海分界、明晰林草分类，将湿地列为一级地类。构建了“多规合一”的国土空间规划体系，落实国土空间规划顶层设计，统一了包括调查、规划、用途管制、执法督察全过程的用地用海分类标准。守住安全底线，开展永久基本农田、生态保护红线、城镇开发边界三条控制线划定工作，努力做到数、线、图相统一，可操作、可考核、可落地，开展 15 个省份生态保护红线评估调整以及 16 个省份生态保护红线划定工作。全面推进各级国土空间规划编制，形成《全国国土空间规划纲要（2021—2035 年）》初步成果，推进长江经济带、黄河流域、成渝地区双城经济圈、长三角生态绿色一体化发展示范区、上海大都市圈、海岸带等重点区域和流域的国土空间专项规划编制工作。完善国土空间用途管制制度，健全自然资源开发利用准入机制。

三是自然资源保护全面加强。严格落实和改进耕地占补平衡制度，连续三年开展补充耕地项目核查，做到补充耕地可查询可追溯。运用卫星遥感、地理信息系统等技术手段，建立耕地和永久基本农田动态监测监管机制。持续推进国土绿化行动和国家储备林基地建设，实施新一轮退耕还林还草工程，加强草原禁牧和草畜平衡。国有林区、国有林场生态功能稳步提升，完成国有林区、国有林场改革重点任务。林区林场不再承担行政职能，全力投入森林资源保护经营工作。“十三五”期间，全国森林面积和蓄积量实现“双增长”，森林生态服务功能显著提升，全国累计完成造林 5.45 亿亩，建设国家储备林 4889 万亩，退耕还林 5438 万亩，退耕还草 516.5 万亩，森林覆盖率提高到 23.04%，完成防沙治沙任务 880 万公顷。2015 年改革以来，停止重点林区天然林商业性采伐，森林面积增长 1063.8 万亩，林区生物多样性日趋丰富；全国 4297 个国有林场森林面积增长 1.7 亿亩。水土流失及荒漠化防治效果显著，2012 年以来，全国水土流失面积减少了 2123 万公顷，完成防沙治沙 1310 万公顷、石漠化土地治理 280 万公顷，全国沙化土地面积已由 20 世纪末年均扩展 34.36 万公顷转为年均减少 19.8 万公顷，石漠化土地面积年均减少 38.6 万公顷。发布国家重要湿地名录，2018 年底全国湿地保护率达到 52.2%。

四是国土空间生态修复持续推进。出台了《全国重要生态系统保护和修复重大工程总体规划（2021—2035 年）》。实施雄安新区等 4 个区域生态环境保护规划，支持 25 个山水林田湖草生态保护修复工程试点。编制社会资本参与整治修复的系列文件，建立市场化、多元化的生态修复投入机制。国家重点支持长江经济带、黄河流域、京津冀、汾渭平原等重要区域和流域开展历史遗留废弃矿山修复治理。"十三五"期间，全国完成历史遗留废弃矿山修复治理面积约 400 万亩；人工种草 1755.2 万亩，改良退化草原 2599.7 万亩，治理黑土滩、毒害草 1195.0 万亩；京津风沙源工程二期实现固沙 47.6 万亩。同时，加快海洋生态保护修复。除国家重大项目外，全面禁止围填海。加强滨海湿地保护，开展"蓝色海湾"整治，加强保护红树林等典型海洋生态系统。"十三五"期间，修复滨海湿地 34.5 万亩，整治修复岸线 1200 千米，渤海入海河流的消劣方案确定的 10 个国控断面水质均值全部达到V类及以上。[①]

二、自然资源领域促进碳达峰碳中和所面临的挑战

我国能源转型压力巨大，自然生态系统本底仍较为脆弱，生态治理修复成效并不稳固，资源约束趋紧和利用粗放并存的局面尚未根本扭转，经济发展带来的生态保护压力依然较大。面对碳达峰、碳中和的国家战略要求，以及碳排放居高不下的实际，巩固提升生态系统碳汇能力任务艰巨、责任重大。

---

① 陆昊．国务院关于 2020 年度国有自然资源资产管理情况的专项报告——2021 年 10 月 21 日在第十三届全国人民代表大会常务委员会第三十一次会议上［EB/OL］.（2021－10－21）［2022－06－06］. http：//www. npc. gov. cn/npc/c30834/202110/d1fc1e63e20e4dfe9b5fad0839ab8129. shtml.

一是能源结构调整与转型难度较大。过去几十年，我国能源资源消费总量不断提升导致碳排放总量持续增长，2018 年能源消费总量 464000 万吨标准煤，碳排放总量 264815 万吨，分别是 2000 年的 3.16 倍和 2.84 倍。① 虽然近年碳排放增速放缓，但总量仍居世界首位。从结构看，我国二氧化碳排放主要源于电力/热力生产业、工业和交通运输业三大部门，2018 年三大部门碳排放占比分别为 51%、28% 和 10%（合计占比达 89%）②，能源消费均是以煤、原油、天然气等传统化石能源为主，电力结构中“一煤独大”现状仍然极为突出，短期内难以改变，一次能源消费减排空间巨大。我国力争于 2030 年前二氧化碳排放达到峰值，意味着未来十年我国碳排放仍将保持快速增长。

二是国土空间生态保护修复进入攻坚期。我国生态方面历史欠账多、问题积累多、现实矛盾多，部分地区资源环境承载力已经达到或接近极限，未来自然资源能源消耗总量还将进一步增长，粗钢、水泥、化工等传统能源资源高消耗行业规模扩张势头不减，生态保护与资源开发、经济社会发展的矛盾依然突出。全国乔木纯林占比达 58.1%，一定程度上影响森林生态系统稳定性，水土流失面积仍有 273.69 万平方公里，沙化土地面积 172 万平方公里，石漠化面积 10 万平方公里，中度和重度退化草原面积仍占全国草原总面积的 1/3 以上，红树林面积与 20 世纪 50 年代相比减少了 40%，珊瑚礁覆盖率下降、海草床盖度降低等问题较为突出。③ 国土空间生态修复总体上仍处于爬坡过坎的攻坚阶段，生态修复难度增大、系统性不足、投入渠道单一和科技支撑能力不强等短板亟待克服。随着全球气候变化带来的资源环境系统性风险日益加剧，人民群众对生态环境质量改善的诉求不断增强，协同推进生态保护修复和生态系统碳汇能力巩固提升的任务更加艰巨。

三是自然资源节约集约利用潜力空间可观。当前我国自然资源利用效率距离发达国家水平仍有较大差距，城乡建设以外延扩张的发展模式为主，

---

① 中国能源发展报告 2018 [J]. 中国电业，2018（10）：2.

② 安信策略. 全球碳减排进程有望加速 碳中和目标利好四大主线 [EB/OL].（2021－03－03）[2022－06－06]. http：//www.zqrb.cn/stock/dashiyanpan/2021－03－03/A1614723861079.html.

③ 国家发展改革委，自然资源部. 全国重要生态系统保护和修复重大工程总体规划（2021—2035 年）[EB/OL].（2020－06－03）[2022－06－06]. https：//www.ndrc.gov.cn/xxgk/zcfb/tz/202006/P020200611354032680531.pdf.

2018年全国人均城镇工矿建设用地146平方米、人均农村居民点用地317平方米，超过国家标准上限；2017年万元工业增加值用水量为45.6平方米，是世界先进水平的2倍；2018年我国万元GDP能耗0.52吨标准煤，明显高于世界平均水平；[①] 单位GDP的能源矿产消耗强度较高，煤炭、铁矿石、铜、铅、锌消耗强度均是世界平均水平的4倍多，远低于法国、英国和德国等发达国家利用效率。过去几十年来我国工业化和城镇化快速发展产生了大量存量建设用地，并沉淀了大量城市矿产，可循环利用的城市矿产估算约100亿吨，其中铁制品约86亿吨，铜、铝、铅锌制品约5亿吨。随着全球产业链和分工格局面临系统性重构，我国深入实施创新驱动发展战略，加快新旧动能转换，自然资源供给将进入结构调整、存量挖潜、提质增效的新阶段，这为从源头形成有效的碳排放控制阀门创造了有利条件。

四是国土空间开发保护格局亟须深度调整。我国各地区自然资源禀赋差异巨大，以胡焕庸线为界，自然资源和人口产业的逆向分布格局在短期内不会改变，资源富集区与市场消费地存在空间错位，北煤南运、北粮南调、南水北调、西气东输等自然资源大规模跨区域调配局面将长期存在，加大了对自然资源高效配置和碳减排的挑战。“十四五”时期，区域经济发展分化态势明显，全国经济重心进一步南移，自然资源区域性供需矛盾呈现持续扩大趋势。海洋国土空间保护利用格局不尽合理，涉海产业同质化和结构性矛盾突出，蓝色经济高质量发展“瓶颈”亟待破解。面对跨区域、城乡、陆海的自然资源流量进一步增加，优化能源资源利用和生态保护空间格局，通过空间结构治理支持碳减排和清除的要求更加紧迫。

五是生态系统碳汇基础能力有待全面提升。科技创新和制度改革是持续巩固和提升生态系统碳汇能力的重要引擎。对标碳达峰、碳中和战略要求，我国生态系统碳汇调查监测评价体系、核算方法和标准体系尚不完善，生态系统碳汇基础理论和前沿技术有待探索、攻关，碳汇市场尚未建立。“十四五”时期是我国资源治理能力的巩固提升期，自然资源调查评价、科技创新、法治建设等基础工作全面加强，生态保护补偿机制等改革任务

---

① 陆昊. 全面提高资源利用效率［EB/OL］.（2021-01-15）［2022-06-06］. http://opinion.people.com.cn/n1/2021/0115/c1003-32000213.html.

仍需继续深化，自然资源管理体制机制性障碍将进一步破除。依托自然资源治理体系和治理能力现代化建设，加强生态系统碳汇基础能力建设的要求更加迫切。

六是生态系统碳汇市场尚未建立。碳汇交易是把绿水青山变成金山银山的直接途径。党的十八届三中全会提出“推行碳排放权等的交易制度”，明确了市场化机制是生态文明制度建设的重要方向。《生态文明体制改革总体方案》提出“建立增加森林、草原、湿地、海洋碳汇的有效机制”，明确了增加碳汇是生态文明建设和应对气候变化的重要内容。《国务院办公厅关于健全生态保护补偿机制的意见》提出“完善生态产品价格形成机制，使保护者通过生态产品的交易获得收益”，明确了交易机制是把绿水青山变为金山银山的有效途径。《中共中央国务院关于实施乡村振兴战略的意见》提出“探索建立生态产品购买、森林碳汇等市场化补偿制度”，明确了碳汇交易是乡村振兴的重要途径。但是碳汇市场交易尚未建立，交易额相对较小，对碳汇的方法学研究及其核算，仍处于初级阶段，未来需要提升的空间还较大。

第三节　自然资源领域促进碳达峰碳中和的总体框架

我国实现碳达峰、碳中和的难度远高于发达国家，主要由于以下几方面原因：一是紧迫性。我国要实现在2030年碳达峰、2060年碳中和的减排任务，其减排斜率较欧美国家更为陡峭，艰巨程度史无前例。二是现实性。我国能源消费对化石能源特别是煤炭资源依赖程度高，高碳模式是中国能源结构的重要特征。三是有序性。从碳达峰再到碳中和是循序渐进的，经历增长、达峰、下降、平稳的过程，不是运动式的、毕其功于一役方式的。四是平衡性。温室气体排放既是自然生态问题，也是发展权问题，减排速度应当与经济社会发展阶段、技术成熟程度相契合。

在实现碳达峰、碳中和目标过程中，通过能源效率提升与产业结构调整、陆域生态系统碳汇、海洋生态系统碳汇以及碳捕集与封存（CCS）等加以解决。因此，要系统算好“大账”、做好“加减法”，处理好碳源与碳汇、总量与结构、空间与布局，摆布好减碳与储碳、提效与增汇、适用与应对、自然增汇与工程增汇的逻辑关系，使碳源和碳汇能够在动态中获得平衡。因此，未来在实现碳达峰、碳中和目标的过程中，无论能源减排、生态碳汇还是碳捕集与封存等途径，都离不开自然资源的物质支撑和国土空间支撑。这其中资源利用效率的提升、能源结构的优化、生态修复保护和国土空间治理都在碳达峰、碳中和中起到至关重要的作用，离不开自然资源经济研究的理论支持。

一、用自然资源经济视角研究碳达峰碳中和

以习近平生态文明思想为指导研究碳达峰、碳中和。习近平总书记明确指出，“把碳达峰碳中和纳入生态文明建设整体布局”，并先后强调，“以能源绿色低碳发展为关键”“把节约能源资源放在首位”“强化国土空间规划和用途管控”“发挥森林、草原、湿地、海洋、土壤、冻土的固碳作用，提升生态系统碳汇增量”。[①] 习近平总书记关于碳达峰、碳中和的一系列重要论述为碳达峰、碳中和研究提供了思想和理论指导，是自然资源经济研究碳达峰、碳中和问题的根本遵循。

用系统的观念研究碳达峰、碳中和。习近平总书记强调，“坚持系统观念，处理好发展和减排、整体和局部、短期和中长期的关系”[②]。用系统的观念研究碳达峰、碳中和，就是要研究如何处理好碳源与碳汇、总量与结构、空间与布局的关系，摆布好减碳与储碳、提效与增汇、适用与应对、自然增汇与工程增汇的逻辑关系，研究如何使碳源和碳汇能够在动态中获得平衡。

基于自然的方法解决碳达峰、碳中和问题。以国土空间为载体，将碳达峰、碳中和引入自然资源管理之中。将碳达峰、碳中和总体思路放在生态文

---

① 新华社．习近平主持召开中央财经委员会第九次会议［EB/OL］.（2021－03－15）［2022－06－06］. http：//www. gov. cn/xinwen/2021－03/15/content_5593154. htm.

② 推动平台经济规范健康持续发展　把碳达峰碳中和纳入生态文明建设整体布局［N］. 人民日报，2021－03－16（1）.

明建设中，统筹考虑地质多样性、生物多样性、生态多样性、气候多样性。将碳达峰、碳中和实现路径放在国土空间规划中，统筹考虑优化煤炭产能规模、生产布局和绿色开发，解决海陆风光资源与电力负荷错配等问题。发挥自然资源配置对于减碳和清除的核心载体功能，更加注重空间结构的综合治理、系统治理、源头治理，有效发挥自然资源管理措施的系统性、整体性、协同性。

二、系统观与碳达峰碳中和研究

碳循环成为全球气候变化的焦点，碳源与碳汇是全球碳循环研究的核心问题之一，二者始终处于动态变化过程中，反映了自然和人类的干扰活动对碳平衡的影响，同时与可持续发展目标、土地退化和水平衡也有密切联系。

（一）碳源与碳汇之间的数量关系

碳中和意味着全球“净”温室气体排放需要大致下降到零，即在进入大气的温室气体排放和吸收之间达到平衡。我国实现碳达峰、碳中和的可能路径是从降低排放到净零排放，即二氧化碳排放总量在某个时点达到最大值，然后逐步回落，达到零排放后实现碳中和。零排放有两种情形：第一种是完全零排放，即不依赖于任何负排放技术，全社会的碳排放总量为零；第二种是依靠负排放技术，允许碳排放量维持在一个能够完全被吸收的水平。第一种总零排放，在现实中是不可能实现的，一般而言，我们通常所说的碳中和是指第二种路径。

第二种碳中和路径意味着几个等式：

$$\text{能源消费量} = \text{单位生产总值能耗} \times \text{GDP} \tag{2-1}$$

$$\text{化石能源消费量} = \text{能源消费量} \times \text{化石能源占比} \tag{2-2}$$

$$\text{碳源} = \sum \text{化石能源} \times \text{单位化石能源碳排放量} \tag{2-3}$$

$$\text{碳源（排放量）} = \text{碳汇（吸收量）} \tag{2-4}$$

碳汇（吸收量）= 陆地 + 海洋 + 碳捕集与封存等碳汇量（负排放技术）

(2－5)

式（2－1）表示，首先必须测算2030年和2060年前后的能源消费总量，以及化石能源的占比，进而可以根据式（2－3）、式（2－4）推导出碳源的概数。

式（2－2）表示碳排放总量主要受化石能源影响。在能源需求总量一定的情况下，化石能源占比越高，碳排放量越大。

式（2－4）表示要实现碳中和，则碳排放量约等于碳汇量，二者的绝对值数受经济、技术、社会等因素影响，在一定区间范围内波动。

式（2－5）表示碳汇量主要来自自然与人工。目前来看，陆域是碳汇主体，但增量有限；海洋碳汇潜力巨大，但需要加强相关方法学研究；碳捕集与封存等产业发展缓慢，成本是关键因素。

综合上述分析，要分析碳中和目标实现路径，首先要分析预测2060年前后的能源消费总量，在此基础上努力降低化石能源占比和单位化石能源碳排放量，同时利用负碳技术，增加生态和人工碳汇，最终实现碳排放量和碳吸收平衡。根据世界资源研究所（WRI）预测，在持续雄心情景下，2060年中国的二氧化碳排放总量为87.52亿吨当量，在增强雄心情景下，二氧化碳排放总量为67.47亿吨当量。如果中国在2060年达到碳中和目标，必须在碳达峰的基础上减排40%的二氧化碳，剩余60%即60多亿吨的二氧化碳依靠碳汇解决。

（二）“减碳”与“碳汇”的贡献比例

（1）我国能源消费总量仍将不断攀升。我国是全球最大的能源生产国、消费国，目前仍处于工业化和城镇发展的快速发展阶段，经济发展和能源消费还未脱钩，尽管能源弹性系数不断下降，但随着经济总量不断攀升和人民生活水平的提升，按照城镇化发展规律和我国经济发展阶段，能源需求增长点从依靠工业规模和城镇集聚转向高端制造业和生活消费，能源需求总量将持续增长。碳中和必须走“减排”与“增汇”相结合道路，在减少化石能源消费总量、降低能源碳强度上做减法，在增加碳汇、负排放方面做加法。

（2）“减排”是实现碳达峰碳中和的前提条件。调整能源结构既是减排的核心内容，更是能否实现碳达峰、碳中和目标的关键。将当前以煤炭等化石能源为主的能源结构调整为以非化石能源为主不可能一步到位，而要分阶段逐步实现，否则可能会导致在国土空间布局上，由“烟囱密布”到“风电、光伏密布”。受可再生能源潜力上限以及对自然生态的影响（占用土地、水生态、小气候等），最终将化石能源在一次能源中的比例降到最低。但化石能源降到什么程度、清洁能源提升到什么程度，必须考虑到综合成本效益、社会效益和自然生态效益，在既有技术条件约束下，不可能完全摆脱对于化石能源的依赖，即不可能实现能源零碳排放。在能源总量持续增长的情况下，减排与能源安全、粮食安全和国土空间布局有关，甚至对就业等基本民生造成一定程度的冲击，过度减排不符合当前我国经济社会发展实际。

（3）“增汇”是实现碳达峰碳中和的必要条件。碳汇端主要包括技术固碳和生态固碳等负碳技术的应用，关键是成本的降低与政策的组合配套。目前随着技术的不断进步，碳捕集与封存（CCS）、土壤碳汇等成本持续降低，具备了大规模理论推进的技术和经济可行性，但还有一些技术如矿物碳化、海洋铁肥等还需要加强研究，以提高碳汇能力并降低成本及可能引发的系统性生态环境风险。生态碳汇包括数量增加和质量提升，从我国生态碳汇现状来看，海岸带、湿地、生态修复、森林质量提升等带来的碳汇潜力较大。从理论上来看，矿物碳汇、CCS 等负碳技术完全吸收排放到大气中的二氧化碳有极大的潜力。

（4）“减碳”与“增汇”在不同阶段的比例与贡献不同。碳达峰、碳中和目标实现过程的 40 年可分为三个阶段，即尽早达峰（2021 ~ 2030 年）、快速减碳（2031 ~ 2045 年）、深度脱碳（2046 ~ 2060 年）。在不同阶段，减碳与增汇的比例与贡献不同。在碳达峰阶段，因产业结构和节能减排等因素造成的源头减量占主导地位。随着脱碳深度的加深，源头减量和结构优化的边际效用在递减，在快速减碳阶段，碳吸收的作用逐步显现，贡献率不断提升。深度脱碳阶段，碳减排的空间逐步压缩，碳吸收的空间越来越大。

第四节　自然资源领域促进碳达峰碳中和的实现路径

一、坚持减碳和除碳并重，通过优化能源结构减排和提高碳汇来吸收储存

碳中和是关于碳源与碳汇之间的数量关系问题，其中碳源是以能源结构为主的系统性问题，关系到经济与产业结构调整，核心是降低二氧化碳排放强度与总量；碳汇是应对气候变化、实现碳中和不可或缺的重要环节，负碳技术创新将发挥核心支撑作用，关键是技术上可行、经济上合理、模式可推广、社会可接受。

（一）“碳中和”时期能源消耗仍处于高位，能源消费增速将呈现放缓走势

从发达国家来看，美国、加拿大人均收入在约 2 万美元、欧洲在 1.5 万美元时能源消耗达峰，上述国家人均能源达峰后保持相对稳定。我国人均 GDP 刚突破 1 万美元[①]，预期 2035 年人均收入达到中等发达国家水平，意味着未来一段时期内，我国能源消费总量将不断增加。根据中金公司预测[②]，我国 GDP 增速到 2030 年、2040 年、2050 年和 2060 年将分别至 4.7%、3.6%、2.5%和 1.4%水平。其中，经济结构的变化体现在三产比重将由 2019 年的 54%提升至 2030 年的 59%，并在 2060 年进一步提升至接近 75%。2060 年人均 GDP 或突破 4.8 万美元，超过当前日本、德国水平。到 2060 年中国经济会达到人均 GDP 4.8 万美元水平，带来能源需求 67.3 亿吨标准煤。即我国的能源消费总量将在 2025 年、2035 年、2060 年分别达到 57.6 亿吨、

① 宁吉喆．中国经济运行呈现十大亮点［EB/OL］.（2021-02-01）［2022-06-06］. http://www.qstheory.cn/dukan/qs/2020-02/01/c_1125497444.htm.

② 中金公司：预计能源消费总量或在 2060 年达到 67.3 亿吨标准煤　增速逐步放缓［EB/OL］.（2020-12-04）［2021-12-08］. https://baijiahao.baidu.com/s?id=1685111177311804211&wfr=spider&for=pc.

63.6亿吨、67.3亿吨标准煤，总体保持连年同比增长。但随着单位GDP能耗较低的三产比重不断扩大，能源消费增速将呈现放缓走势。即在“碳中和”时期，清洁能源和化石能源之和仍处在能源需求峰值。

（二）通过优化能源结构减排一定比例，仍有相当规模的二氧化碳排放量

根据中共中央、国务院印发的《关于完整准确全面贯彻新发展理念做好碳达峰碳中和工作的意见》，到2060年，绿色低碳循环发展的经济体系和清洁低碳安全高效的能源体系全面建立，能源利用效率达到国际先进水平，非化石能源消费比重达到80%以上，碳中和目标顺利实现。按照前文中金公司预测，2060年我国能源消耗的67.3亿吨标煤中清洁能源占80%，则化石能源占20%，即13.46吨标准煤。按照1吨标准煤排放3吨二氧化碳来测算，则13.46吨标准煤将排放40亿吨二氧化碳，即需要通过碳汇吸收40亿吨二氧化碳来达到中和目标。

（三）通过碳汇吸收二氧化碳，陆地生态系统、海洋生态系统和碳捕集与封存的贡献程度各有不同

综合相关研究判断如下：第一，陆地生态系统。随着我国人工造林、天然林保护、退耕还林还草力度的加强，以及水土保持和土地有效管理等生态工程的实施，陆地生态系统固碳潜力将会进一步增强，有望提高至20亿吨。第二，海洋生态系统。碳汇当量约3.42亿吨①，约占碳达峰峰值的3.72%。需要注意的是，随着我国海岸带修复的推进（如当前红树林面积约为历史最高2500平方千米的1/10左右），大型海藻养殖的发展（大型海藻养殖具有较大的碳汇潜力，但目前我国大型海藻养殖面积仅为海域面积的0.3%，仍有巨大发展空间），通过海陆统筹治理推进生物泵和海洋微生物泵总量最大化，未来有望大幅提升海洋生态系统碳汇至10亿~15亿吨。第三，碳捕集与封存。按照国际能源署（IEA）的研究，随着提高能效技术的“天花板效应”逐渐显现，替代能源开发难度的增加，碳捕集与封存（CCS）的减排贡献预

---

① 焦念志．研发海洋“负排放”技术 支撑国家“碳中和”需求［J］．中国科学院院刊，2021，36（2）．

计将在2030年达到总减排量的10%，2050年达到19%。2030年CCS的全球减排潜力在每年1.4~4吉吨（Gt）不等；IEA预计在2050年CCS的减排潜力约为每年100亿吨，而中国和印度将共同承担总量份额的26%，即我国有望超过每年10亿吨二氧化碳，约占碳达峰峰值的10%。

二、坚持提效与增汇并重，提升资源利用效率和自然生态系统功能，实现资源利用“四倍速”

提效与增汇是提升能源资源利用效率和增加碳汇潜力，既要通过优化国土空间布局，全面提高资源利用效率，在满足人民对美好生活向往的同时，实现低碳清洁发展，也要增加陆地生态系统、海洋和岩石圈的碳汇能力，从而实现碳中和目标。

（一）通过优化资源结构和转变利用方式，实现自然资源利用效率倍增

优化能源资源结构，大力发展氢能、核能、地热、生物质能等清洁能源，提高光伏、风力、水力发电量，充分利用波浪、潮汐能，降低传统化石能源比例。调整优化资源结构布局，提高资源利用效率，转变开发利用和管理方式，使资源、生产、消费等要素相匹配相适应，促进经济发展、资源增效、生态保护相融合。实行资源总量管理和全面节约制度，实行能源、水资源、建设用地等总量和强度双控行动，推进工业和能源领域提能降耗，推动能源消费弹性系数下降，减少二氧化碳排放。严控新增建设用地，盘活闲置用地，推动城镇低效用地再开发。加强土地复合利用，缓解用地紧张。严格建设用地定额标准，探索设置碳门槛来限制高碳土地利用类型供应。

（二）发挥国土空间载体作用，优化生产、生活、生态空间促进“碳中和”

发挥国土空间规划统筹管控作用，坚持生态优先、保护优先和海陆统筹，科学布局生态、城镇、农业、海洋等空间。优化生活空间结构，推动城镇精明增长、发展紧凑型城市，倡导“分布式集中”城镇空间布局模式，推进混合功能区模式，促进职住空间平衡，减少城镇内部交通碳排放。

优化生产空间结构，科学规划产业结构、规模和布局，加强土地利用碳排放关键点政策干预，引导低碳产业合理布局，推进土地利用数量结构和空间布局两方面低碳优化。优化生态空间结构，坚持山水林田湖草生命共同体理念，统筹考虑林地、草地、湿地、水域等所有生态系统要素类型，提升生态系统碳汇功能。

（三）加强自然资源保护与修复，提升自然生态系统碳汇潜力

统筹山水林田湖草一体化保护修复，加强对重要自然资源生态系统保护和永续利用。严控自然生态空间转为建设用地或不利于生态功能的用途，确保自然生态空间面积不减少、生态功能不降低，逐步提高自然生态碳汇能力。坚持山水林田湖草系统治理，加强重要生态系统修复提升，提高林、草、湿、海等生态系统总量与质量。改变农田耕作方式，促进秸秆还田和保护性耕作，推广保护性耕作措施、秸秆还田和过腹还田，增加农田土壤碳贮存。统筹海域海岛保护利用空间布局，加强海岸带综合保护与利用，重点保护自然岸线、潮间带、具有重要生态功能海域及特殊用途海岛等，提升海洋碳汇潜力。

（四）统筹利用好陆海碳汇综合潜力，增强自然生态固碳能力

提升陆地生态空间碳汇能力，加强天然森林植被恢复，推进国土绿化行动，提升土地植被覆盖度。做好重要林区管护，发挥好西南林区、东北林区的固碳作用，保障林区植物、动物、土壤微生物与大气圈的正常碳循环。维护好陆地水域生态系统，加强河流、湖泊和水库生态保护和修复，结合淡水养殖丰富生态系统，提升陆地水域碳汇能力。增强蓝色国土碳汇潜力，加强滨海湿地的关键修复技术研发，继续开展“蓝色海湾”工程，发挥海岸生态系统碳捕获和储存作用。推动红树林、海草床、滨海盐沼保护修复，提高覆盖面积，优化滨海盐沼生态系统。增强地质储存碳汇潜力开发，加强深部地下空间调查评价，科学评价咸水层、油田、气田和煤层等地质储存介质潜力。开展碳捕集与封存（CCS）地质储存选址、地下空间地质储存产权研究。加强碳地质储存技术方法创新，扩大试点示范和储存量级，降低储存成本。

三、坚持适应与应对并重，在实践路径层面减轻气候变化带来的不利影响，在国际规则层面加快提升话语权

（一）从气候变化角度看，不断降低气候变化对自然生态和经济社会的不利影响

“适应”和“应对”是人类应对气候变化的两大对策，适应是“通过调整自然和人类系统以应对实际发生或预估的气候变化或影响”，包括适应全球与区域气候变化的基本趋势、适应气候变化带来的一系列生态后果等；应对是通过改变人类行为进而预防或减少气候变化造成的损失，包括应对极端天气气候事件、促进二氧化碳等温室气体的减排与增汇，是解决气候变化问题的根本出路，二者相辅相成，缺一不可，后者更具有现实性和紧迫性。“适应”与“应对”和“缓变”与“突变”成为气候变化短期尺度与中长期尺度需要面临的首要问题。

在人类命运共同体大前提下，中国应统筹国内发展目标与全球减排需求，将适应气候变化与保障粮食安全、消除贫困与可持续发展结合起来。一方面，通过生态文明建设，促进绿色、低碳、气候适应型和可持续发展，如实施南水北调工程、推广节水耐旱型作物、建设自然保护区、治理空气污染、提高能源效率等。另一方面，持续加强生态脆弱区治理，建设三北防护林等生态工程，培育发展有区域优势的特色产业，将生态治理与生态产品价值实现有机结合起来。同时，在极端天气气候事件导致的洪涝、干旱、热浪以及危及人民生命安全的滑坡、泥石流等地质灾害应对和风险减轻方面，加强科学研究，提高监测范围、精度和时空分辨率。坚持工程措施与非工程措施并举，提升高风险区域承灾体的规划和有效应对手段。加强灾害风险防御工程建设，提高极端天气气候灾害的设防水平。建立灾害保险和再保险手段分担和转移灾害风险的有效机制，形成“政府主导、部门联动、社会参与”的防灾减灾机制，增强全民避灾自救能力（见表2－1）。

表 2－1　　中国关键领域与重点区域气候变化影响及应对方向

关键领域	利弊影响		重点区域
	有利	不利	
农业	热量资源增加、种植制度调整	耕地质量下降、用水供需矛盾、病虫害加重	东北地区（+）、华北地区（+）、华东地区（－）、华中地区（+）、西北地区（+）
水资源	冰川融水径流增加	径流量总体下降、旱涝灾害加重	华北地区（－）、华中地区（－）、西南地区（－）、西北地区（+）
森林与其他自然生态系统	森林总体碳汇、温带草原增加、高山牧场草原界线上移	北方落叶林减少、西部荒漠化、生产力下降、东部湿地萎缩、局部物种消失	东北地区（－）、西南地区（+，－）、西北地区（－）
海岸带和近海环境		海洋酸化、赤潮风暴潮加重、海岸侵蚀加大、红树林珊瑚礁退化	华东地区、华南地区
冰冻圈环境	冰川融水增加、冰封期缩短、凌期趋缓、冰情总体缓解	冰川萎缩与减薄、冰湖溃决风险加大、冻土面积萎缩、雪灾频次总体增加、海冰冰情年际变化大	东北地区（－）、西南地区（－）、西北地区（+，－）
人体健康与环境质量		自然灾害致病或死亡、传染病和疫源性疾病及流行区域增加、水体富营养、水质及大气污染加剧	华东地区、华中地区
重大工程		南水北调中线可调水量减少、三峡洪涝和青藏铁路路基变形风险加大、三北防护林成活率和生产力降低、电网受损风险加大	

注：“+”“－”分别代表气候变化影响的利和弊。

（二）从国际规则角度看，从适应规则逐步走向参与规则制定

在国际范围内为实现温室气体减排所做的各种制度性安排形成了气候变

化规则，其核心是经济利益的分配与成本的分担。气候变化规则不仅将重塑全球产业结构的形态和布局，而且将为清洁能源和低碳经济的发展创造制度环境。这将在一定程度上决定各国在未来国际分工中的地位。总体而言，就当前规则来说发达国家将成为全球气候变化规则的净受益者。具体来说，政府间气候变化专门委员会（IPCC）评估标准被认为是各国政府和国际科学界在气候变化科学认识方面最权威的共识性规则，并成为各国政府制定应对气候变化政策并采取具体措施的重要科学依据。但由于 IPCC 是在发达国家主导下制定的规则并开展评估工作，在评估报告中，多次出现评估内容不实、论据不牢或引用文献不正规等问题，相关事件的出现进一步引发了科学界部分科学家和一些媒体对气候变化关键科学问题，特别是对 IPCC 评估标准的质疑，并对 IPCC 评估报告的权威性和公信力产生了负面影响。

事实上，应对气候变化正在从一个科学议题向一种价值观演变。在这一进程中，西方一些国际机构、非政府组织、学术团体及商业咨询公司借助话语权优势，成为低碳发展水平和“碳中和”国际规则的“裁判员”，并开始对发展中国家、跨国企业以及重要行业投资融资、生产经营形成实质影响。鉴于形势变化，中国应在国际低碳发展趋势深入分析的基础上，形成关于应对气候变化认识的统一理念，打造中国特色气候应对框架。在此过程中形成两步走的理念，在 2030 年之前，遵循国际规则，积极制定应对气候变化的行动计划；在 2030 年之后，基于科学认知的不断加深，弥补当前 IPCC 评估标准出现的问题和错误，实现从适应规则逐步走向参与规则制定的转变。

四、坚持自然与工程并重，通过自然恢复和人工修复，实现自然资源及其生态系统固碳的解决方案

以提升陆地生态系统、海洋生态系统和地质环境三大板块的碳汇潜力为目的，立足自然资源及其生态系统的自在固碳机理，推动自然生态修复工作体系化，形成“自然 + 人工固碳”解决方案。

（一）基于自然恢复力临界点评价，合理选取自然生态修复方案

对已遭受破坏的生态系统，在生态修复开展之前进行科学评价，合理选

择生态修复目标和方法。在生态恢复力临界点以内，以自然修复为主、人工修复为辅。生态破坏超越自然恢复力临界点的，结合原生态系统动植物种群结构特点，合理选择生态修复或重建方法，加大人工修复干预力度。在修复过程中，掌握生态修复实施效果并反馈存在问题，及时调整修复方法；生态修复完成后，在合理时间段内持续监测和评价生态系统的恢复状况，提升生态系统的固碳能力。

（二）从生态空间尺度开展守护保育，维护自然生态系统健康稳定

从空间保护着手，守护自然生态，保育自然资源。保护生物多样性与地质地貌景观多样性，维护自然生态系统健康稳定，提高生态系统固碳能力。积极探索掌握各空间地理下的生态系统恢复力“临界点”及其分布规律，强化生态保护红线、国土生态空间划定及其用途管制的科技支撑，严格保护自然生态空间的数量和质量，避免生态系统质量下降到不可逆状态。例如，由于我国滨海湿地的沉积速率较高，如果没有人为对自然岸线的破坏和干扰，其在21世纪末的总面积仍会有较大比例增加，整体的碳汇和生态系统服务功能也会进一步增强。

（三）统筹山水林田湖草海系统治理，推进陆海生态系统高质量发展

大力推进森林修复工程。通过开展植树造林、改良树种、技术更新、提升蓄积量等增量提质举措，按人工林平均每公顷固碳33.3吨测算，在2060年预计可达8.55亿吨二氧化碳/年的碳汇量。积极开展草原生态修复，实施围栏禁牧、休牧、轮牧等生态修复措施，将中度和重度退化的草原恢复至未退化状态，当前70%的退化状态草原修复后，每公顷每年可增加1吨碳减排。推动全域土地综合整治，探索基于自然的耕地土壤碳储存、碳减排技术和可持续发展农业技术，通过秸秆还田、有机肥替代化肥、免耕少耕、水肥一体化等技术更新，提升土壤有机碳和植被的固碳能力。着力实施海洋生态修复，助力海洋作为“溶解度泵、生物泵、海洋碳酸盐泵”的储碳作用。到2025年，我国将修复18800公顷红树林，其中种植红

树林 9050 公顷。[1] 以每公顷 24.6 吨二氧化碳/年的固碳速率，9050 公顷的红树林在 2025～2030 年期间可产生 111.2 万吨的碳汇，2030～2060 年将产生 737.7 万吨二氧化碳减排效益。

---

① 自然资源部，国家林业和草原局．红树林保护修复专项行动计划（2020～2025 年）[EB/OL].（2020－08－29）[2022－06－06]. http：//www.gov.cn/zhengce/zhengceku/2020－08/29/content_5538354.htm.

第三章
能源结构优化与减碳

碳达峰、碳中和目标作为国家重大战略决策，将直接引领我国能源转型发展布局。当前，世界能源格局正处于深刻变化的历史时期，以清洁化、低碳化为特征的能源大转型正在到来，同时在统筹能源安全和低碳转型的前提下，也给我国能源结构优化调整和资源治理提供了新的机遇和挑战。其中，化石能源矿产优化配置、风光热能国土空间布局、地热能潜力调查、海洋能资源开发利用、水能地质勘查、核能铀钍氘的矿物利用、新能源锂钴镍及稀土矿物供应等，都离不开自然资源的保护利用和国土空间规划的有力支撑。未来30年，除自然碳汇和碳捕集与封存（CCS）以及碳捕集、利用与封存（CCUS）外，碳减排的主要途径就是调整能源资源配置、改善能源结构和优化能源空间布局等。

第一节　世界与中国能源趋势与需求预测

一、能源需求总量

能源需求总量在碳达峰节点后仍将继续增长，能源消费必须在中短期内加速优化调整。2020年，我国能源消费总量近50亿吨标准煤。未来化石能源消费峰值将于2030年与碳排放峰值同期到达。但碳达峰目标时间到期后，并不意味着我国能源总需求不再增长，而是继续延续平滑增长的需求曲线。根据美国能源信息署（EIA）数据，美国的二氧化碳（CO_2）排放由2007年的峰值60.03亿吨降至2018年的52.76亿吨后，美国的能源总消费仍由2007年的100.89万亿英热保持到2018年的101.16万亿英热的高位。根据部分国际机构对我国未来能源消费结构的预测（见表3－1），结合我国经济发展阶段现状，碳达峰目标时间后，我国能源总需求仍将保持10年左右的增长，约在2040年前后平滑达到峰值，之后需求增长曲线趋于水平或出现缓慢下降。在化石能源达峰的情况下，要保障能源总需求增长，亟待快速地提升可再生能源的规模和比重，这对我国能源资源结构转型的要求非常之高、挑战很大。

表3－1　部分国际机构对我国未来能源消费的预测

机构名称	时间节点	预测结论
国际能源署（IEA）	2024年	中国将占全球可再生能源产能扩张的40%
	2030年	非化石能源占能源消费比重34%
	2050年	非化石能源占能源消费比重78%
	2050年	煤炭消费量相比2019年下降90%
美国能源信息署（EIA）	2050年	一次能源消费总量达217.9千兆英热单位
	2050年	中国和印度合计占全球一次能源消费增量的52.94%
	2050年	太阳能将成为中国发电的主要来源
世界能源理事会（WEC）	2040年	中国和印度将占全球能源需求增长的50%
英国石油公司（BP）	2040年	石油、天然气进口依存度分别为76%和43%
	2050年	快速转型下煤炭产量下降90%、天然气增长76%
	2050年	快速转型下可再生能源占比将达48%

二、能源结构变化

能源结构中清洁能源比重持续增长，化石能源比重不断降低但不会被完全取代。2020 年，我国煤炭消费占能源消费总量的 56.8%，清洁能源消费占能源消费总量的 24.3%（见表 3－2）。[①] 2030 年实现碳达峰目标后，我国将经历几年平台期，经济增速放缓，碳排放也整体趋缓并可能有所下降，预计煤炭、油气、非化石能源消费比例可达到 4∶3∶3。这段时间需加快部署以可再生能源为主的低碳能源系统、交通系统全面电气化、碳汇、碳捕集与封存（CCS），以及碳捕集、利用与封存（CCUS）技术等，推进我国进入快速减排期。在 2030～2050 年，我国可再生能源将进入规模替代阶段，用能重心也开始向生活消费侧转变，我国可再生能源发电量预期占比将超过 50%。之后我国需要以深度脱碳为首要任务，兼顾经济发展与减排行动，强化负排放技术和碳汇的综合应用。到 2060 年，我国将基本实现碳中和目标，但并不意味着化石能源被完全替代，化石能源在总能源消费中还会约有超过 10% 的比重。届时由于我国已进入工业化后期，能源需求重心由生产侧转向生活消费侧。[②]

表 3－2　　我国主要能源品种 2010～2020 年消费量

年份	煤炭消费总量（亿吨标准煤）	石油消费总量（亿吨标准煤）	天然气消费总量（亿吨标准煤）	水电、核电、风电消费总量（亿吨标准煤）	清洁能源占比（%）
2010	24.96	6.28	1.44	3.39	13.39
2011	27.17	6.50	1.78	3.25	13.00
2012	27.55	6.84	1.93	3.90	14.50
2013	28.10	7.13	2.21	4.25	15.50

① 中华人民共和国 2020 年国民经济和社会发展统计公报［EB/OL］.（2021－02－28）［2022－06－06］. http：//www.stats.gov.cn/tjsj/zxfb/202102/t20210227_1814154.html.

② 国家发展改革委，等.“十四五”可再生能源发展规划［EB/OL］.（2022－06－01）［2022－06－06］. https：//www.ndrc.gov.cn/xwdt/tzgg/202206/P020220602315650388122.pdf.

续表

年份	煤炭消费总量（亿吨标准煤）	石油消费总量（亿吨标准煤）	天然气消费总量（亿吨标准煤）	水电、核电、风电消费总量（亿吨标准煤）	清洁能源占比（%）
2014	27.93	7.41	2.43	4.81	17.00
2015	27.38	7.87	2.54	5.20	18.00
2016	27.02	8.06	2.70	5.80	19.50
2017	27.09	8.43	3.14	6.19	20.80
2018	27.38	8.77	3.62	6.64	22.11
2019	28.04	9.19	11.37		23.40
2020	28.29	9.41	12.10		24.30

注：2019 年、2020 年数据为根据各品种在总量中的占比计算。
资料来源：国家统计局。

三、未来十年的年均碳减排

从 2010～2019 年我国国内生产总值和能源消费增速可以看出，未来十年的年均碳减排压力巨大，需要更具约束性的低碳政策才能实现目标，但过度减排可能影响经济平稳运行。2020 年，我国单位国内生产总值二氧化碳排放比 2015 年下降 18.8%。[1] 按照“30·60”双碳目标，到 2030 年，中国单位国内生产总值二氧化碳排放比 2005 年下降 65% 以上，非化石能源占比达到 25%。[2] 这些量化指标的实现对应着碳排放强度目标和能源结构优化目标，也对我国能源资源治理水平提出了考验。采用不同强度的政策框架，将直接影响未来碳排放规模和趋势。根据英国石油公司（BP）数据，到 2050 年，在“如常情景”“快速转型”“净零情景”下，我国二氧化碳排放可分别下降 35%、84% 和 99%。因此，要实现相关目标，需要强化低碳发展政策，根据世界资源研究所（WRI）模型预测，在强政策下，2030 年和 2050 年，中国

① 生态环境部. 2020 中国生态环境状况公报［EB/OL］.（2021－05－26）［2022－06－06］. https://www.mee.gov.cn/hjzl/sthjzk/zghjzkgb/202105/P020210526572756184785.pdf.

② 习近平. 继往开来开启全球应对气候变化新征程——在气候雄心峰会上的讲话［N］. 人民日报，2020－12－13（1）.

碳排放可分别达到120亿吨和87亿吨。在总量指标下，如何分解并实现年度指标，在实际操作中难度和挑战很大（见图3－1）。

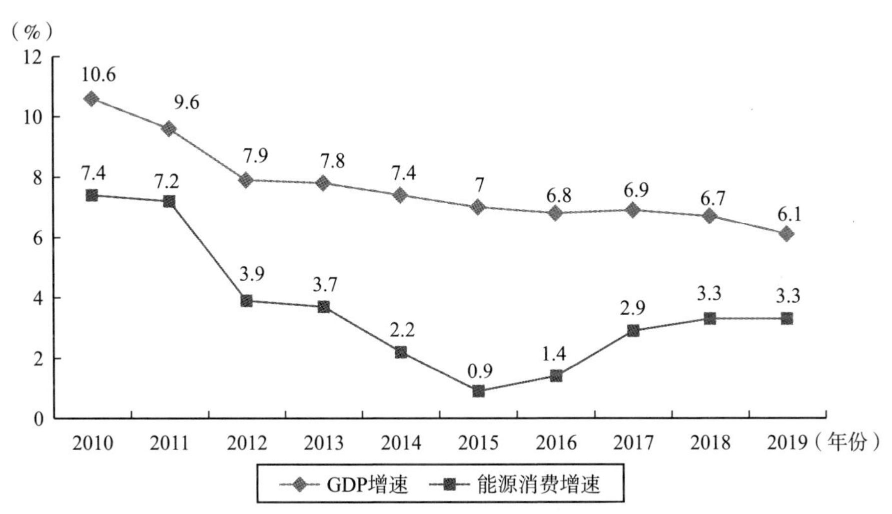

图3－1　2010～2019年我国国内生产总值（GDP）和能源消费增速

资料来源：国家统计局。

四、经济社会指标影响

经济社会发展程度进入新发展阶段，对能源需求和碳排放目标产生重要约束作用。2012～2019年，我国以能源消费年均2.8%的增长支撑了国民经济年均7%的增长速度。[①] 未来十年我国工业和人口向城镇聚集带来的能源需求和碳排放仍将扩大。到2050年，我国经济进入3%左右的中低速增长（见表3－3），这减缓了能源需求增量，但巨大体量仍会维持高碳排放总量。产业结构继续演进，预计2050年第三产业占比达73%，产业结构、能源结构和碳排放结构同步转型。人口总量可能在2029年前后进入拐点，到2050年下降为13.5亿左右[②]，一定程度上减缓了我国资源利用压力和“碳中和”实

① 国家能源局．加快形成能源节约型社会［EB/OL］．（2021－08－10）［2022－06－06］．http：//finance. people. com. cn/n1/2021/0810/c1004－32186951. html.

② 中国社会科学院人口与劳动经济研究所．人口与劳动绿皮书：中国人口与劳动问题报告［M］．北京：社会科学文献出版社，2019.

现强度。工业化和城镇化完成率快速提升，城镇化水平将达到72%，能源和碳排放增长点转向高端制造业和生活消费。各类经济社会指标的变化趋势，对能源需求和碳排放目标产生重要影响，这需要从更高尺度、更长周期提高能源资源形势研判和决策水平，统筹考虑能源资源利用、碳减排目标和经济社会发展关系问题。

表3-3　2050年我国部分经济社会发展程度指标预测

序号	指标	2019年	2035年	2050年	备注
1	人口总量（亿人）	14	14.41	13.66	2029年达峰
2	经济增长率（%）	6.1	4.4	2.9	处于中低速增长
3	城镇化率（%）	60.60	68.5	72	进入逆城镇化
4	三次产业比例	1∶5.5∶7.6	1∶4∶8.5	1∶8∶24	完成结构升级

资料来源：2020年《中国统计年鉴》、《国民经济和社会发展统计公报》、联合国《世界人口报告》、社科院《中国人口与劳动问题报告》、国家信息中心《中国经济社会发展的中长期目标、战略与路径报告》。

第二节　传统化石能源转型

一、严格控制煤炭资源生产消费

我国“富煤、贫油、少气”的能源特点决定了以煤炭为主的能源消费结构。近年来，随着能源结构调整力度的加大，我国煤炭在能源消费中的比重从2007年后总体呈现下降趋势，2020年我国煤炭消费28.28亿吨标准煤，比2007年下降15.7%，但仍占2020年全国能源消费总量的56.8%[①]，主体能源的地位依然没有改变。截至2020年底，我国煤电装机容量、煤电发电量分

① 国家统计局．中华人民共和国2020年国民经济和社会发展统计公报［EB/OL］．http：//www.gov.cn/xinwen/2021-02/28/content_5589283.htm.

别达108741万千瓦（见表3－4）、4.6万亿千瓦时，分别占全国总装机容量、总发电量的49%、61%。[①] 我国煤电消费的煤炭约占全社会煤炭消费总量的50%，排放二氧化碳约占能源活动碳排放总量的40%，同时还排放了约占全社会总量15%的二氧化硫、10%的氮氧化物及大量烟尘、粉尘、炉渣、粉煤灰等污染物。[②]

表3－4 **我国煤电装机容量及分布** 单位：万千瓦

地区	2020年	2025年	2030年	2050年
华北地区	30800	32541	31055	7200
华东地区	22246	21085	18725	1876
华中地区	13579	12848	12153	2300
东北地区	9645	9382	9196	2798
西北地区	16274	18373	18346	11216
西南地区	2833	3045	3029	1800
南方地区	13364	12864	12497	2810
全国	108741	110138	105001	30000

资料来源：全球能源互联网发展合作组织．中国碳中和之路［M］．北京：中国电力出版社，2021。

目前，推进煤炭资源清洁化利用的同时煤电仍将保持一定消费比例，主要基于三个方面。一是机组容量大，随着“上大压小”政策持续推进，我国大量小型落后煤电机组已被淘汰。截至2018年底，30万千瓦以上级煤电机组已占总装机容量的90%以上，60万千瓦以上级先进机组占比已超过一半。[③] 二是服役时间短，我国煤电机组平均服役时间仅12年[④]，超过48%的

① 中国电力企业联合会．2020年全国电力工业统计快报［R］．北京：中国电力企业联合会，2021：1.

② 王雪辰．中国能源大数据报告（2021）——电力行业发展［R］．2021.

③ 林伯强．中国庞大的煤电装机可以为碳中和进程保驾护航［EB/OL］．(2022－02－12)［2022－06－06］．https：//cicep.xmu.edu.cn/info/1012/3910.htm.

④ 中电联2020年重大调研课题．煤电机组灵活性运行与延寿运行研究［EB/OL］．(2020－12－22)［2022－06－06］．https：//www.cec.org.cn/upload/1/pdf/1609833032589.pdf.

机组是近11年内建成投产的，服役超过20年的机组仅占11%，特别是百万千瓦级机组平均服役时间仅5年。按30年运行寿命计算，未来5年、10年内到期退役机组装机容量仅为2500万千瓦、5700万千瓦，分别占煤电装机容量的2.4%、5.5%，而美国、德国煤电机组平均服役时间分别达35年、30年，2030年前80%、67%的机组已达运行寿命自行退役[①]。三是提前退役资产沉没成本高，如果煤电装机容量峰值达到13亿千瓦，预计在2050年前，强制提前退役导致的资产搁浅损失累计达1.7万亿元。与此同时，另据主流机构预测综合判断，2035年我国煤炭需求量20亿吨标准煤左右，在一次能源中的占比将下降到35%左右。到2050年逐步下降到10亿吨标准煤左右，在一次能源消费中的占比下降到17%。通过严控煤炭资源比例，预计到2035年和2050年，煤炭消费碳排放分别比2020年下降30%和65%，以煤炭为主的高碳能源消费结构对碳减排压力依然较大。[②]

综上考虑，对未来煤炭资源发展趋势的判断包括三个方面。一是煤炭资源不可能被完全替代。煤炭是我国最经济的能源资源，煤炭资源不但丰富，而且技术发达，许多煤炭企业完成技术更新不久，正处于煤炭资源高效利用的高峰阶段，过快取消造成的损失过大。二是煤炭消费比重会快速降低。以清洁能源发电替代煤电的技术成熟、经济性好、易于实施，是最高效、最经济的碳减排措施，能源绿色低碳转型已成为国际共识，煤炭行业是碳减排的重点领域，这一过程中，煤炭资源比重会快速降低。据统计，过去30年英国煤电退出贡献了整体碳减排量的40%以上。[③] 三是煤炭清洁技术会加速发展。根本途径是通过技术进步提高利用效率，实施煤炭消费减量替代，在加大资金与人才投入、提升煤炭科技创新的同时，还要和碳捕集与封存（CCS）技术协同推进，加强煤炭分级分质梯级利用，大幅提高煤炭综合利用水平，建立起高附加值的煤炭高效清洁利用体系。

---

① IEA. World energy outlook 2019 [R]. IEA, 2019: 1.

② 全球能源互联网发展合作组织. 新发展理念的中国能源变革转型研究 [EB/OL]. (2020-11-12) [2022-06-06]. https://www.dydata.io/datastore/detail/1938601246374105088/.

③ 李丽旻. 英国碳排创新低 [N]. 中国能源报, 2020-03-09 (5).

二、石油消费稳中缓降

石油消费途径主要包括 2 个，约 2/3 用于交通运输燃料，其余 1/3 作为工业生产原料。2019 年，我国加工原油 6.52 亿吨，生产成品油（汽、煤、柴油）合计 3.6 亿吨，占加工量的 55%，仍然是石油消费的主要领域。[①] 但综合考虑经济增长率、汽车保有量及限行措施、新能源汽车替代等因素，未来石油的能源属性会日益减弱，材料属性逐渐增强，即石油资源用于能源领域将逐渐减少，用于化工材料领域将逐渐增多，石油消费将由“能源化”时代迈入“材料化”时代。

未来石油资源发展有以下几个动向。一是石油需求将受替代能源提升速度影响。虽然未来石油消费仍可能存在一定增长空间，但电动汽车、燃料乙醇、煤制油等替代能源的发展，将在一定程度上抑制石油需求的增长。二是石油消费格局将发生巨大变化。深度炼化一体化是“石油材料化”的实现途径，也是转变我国石油消费格局的重要手段，能够从根本上提高我国资源综合利用水平和基础化工材料的自主保障程度。我国炼油和化工协同发展水平低，2018 年炼化一体化率仅约为 11.7%，导致资源浪费、物料能耗高、市场竞争力弱。目前，216 家炼油企业中仅有 22 家实现了炼油、乙烯、芳烃联合生产。[②] 未来在交通燃料领域的消费将相对减少，石油消费由生产成品油转向生产化工材料，更加注重提高资源综合利用水平和原料、产品、能源的互供互用。三是石油对外依存度将不断攀升。虽然增速放缓，但石油的消费需求不会消失，只是消费结构从能源转向材料。预计到 2050 年我国石油对外依存度将达到 80%[③]，必须加快构建全面综合的石油安全体系。另外，除传统石油安全中的供应、价格和通道安全之外，也要重视石油消费结构变化问题。

---

① 国家统计局 . 2019 年 12 月能源生产情况［EB/OL］.（2020－01－17）［2022－06－06］. http：//www. stats. gov. cn/xxgk/sjfb/zxfb2020/202001/t20200117_1767742. html.

② 齐景丽，申传龙，王凡，霍正元. 中国石油消费新趋势［EB/OL］.（2020－10－15）［2022－06－06］. https：//baijiahao. baidu. com/s? id＝1680573410628825018.

③ 中国石油经济技术研究院 . 2050 年世界与中国能源展望（2020 版）［R］. 北京：中国石油经济技术研究院，2020.

供给和消费牵动国内外市场，传统石油安全的概念既无法充分解释我国现在面临的石油安全问题，也无法正确引导当今我国的能源生产和消费革命。我国还迫切需要从石油消费视角进一步审视石油安全的内涵。

三、天然气消费占比持续提升

我国天然气消费快速增长，消费量由2000年的245亿立方米增长到2020年的3280亿立方米，在能源消费结构中的比例由2.2%升至8.4%。[①] 我国最主要的用气部门是工业、居民、电力、交通运输，在2019年的消费占比分别为38%、17%、16%、7%。[②] 在碳达峰、碳中和约束下，世界天然气供应充足，相较于传统燃煤发电技术，天然气发电对环境的影响较小（见表3-5），其在发电、交通运输、城市燃气、工业等重点领域的消费和利用具有明显的比较优势。

表3-5　我国气电与煤电污染物排放比较

指标	气电	煤电
全生命周期二氧化碳排放量（克/千瓦时）	490	820
二氧化硫排放量限值（毫克/立方米）	35	100
氮氧化物排放量限值（毫克/立方米）	50	100
粉尘排放量限值（毫克/立方米）	5	30

资料来源：全球能源互联网发展合作组织．中国碳中和之路［M］．北京：中国电力出版社，2021。

持续提升天然气消费占比，天然气将是碳达峰后唯一持续增长的化石能源。天然气属于广义的清洁能源，是最为清洁的化石能源，在未来化石能源消费结构调整中非常重要，成为低碳能源系统保持韧性、安全性和稳定性的

① 国家统计局．中国统计年鉴2001［M］．北京：中国统计出版社，2001；国家统计局．中国统计年鉴2021［M］．北京：中国统计出版社，2021.

② 国家统计局．中国统计年鉴2020［M］．北京：中国统计出版社，2020.

必要支撑。根据 IPCC 国家温室气体清单指南，当作为固定源产生相同热值时，天然气的二氧化碳排放是煤炭的 59%。2020 年，天然气在一次能源中的比重不到 10%，在 2030 年碳达峰后，天然气的重要性将进一步提升。预计到 2035 年，天然气需求量将达到 6100 亿立方米，在一次能源中的占比提升到 15%；到 2050 年前后达到 6500 亿立方米左右的峰值，在一次能源消费中占比维持在 15% 左右。[①]

未来天然气的关注点集中在以下方面。一是天然气将成为需求增长最快的化石能源。麦肯锡《全球能源视角（2019）》预测，2035 年后中国将成为天然气需求增长率最快的国家，天然气成为唯一在总能源需求中占比增长的化石燃料。二是天然气在能源综合系统中发挥重要作用。在可再生能源技术未有显著提升的情况下，天然气在能源结构优化和碳减排中作用重大，未来在融合可再生能源发电调峰、分布式能源、综合能源供应中依然会发挥重要作用。三是天然气供应安全问题上升到新高度。《BP 世界能源展望（2019）》预测，在现有情景下，到 2050 年中国天然气对外依存度将达到 90% 以上，资源安全成为一个必须协同考虑的问题。

第三节　可再生能源结构优化

物质、能量和信息是构成自然界的基本要素，能源则是自然界中能为人类提供某种形式能量的物质资源。“金木水火土”都能够成为人类能量的来源（金——金属能源；木——生物能源；水——水能与海洋能；火——太阳能；土——地热能）。可再生能源结构优化客观上要求充分利用大自然和人类科技进步的成果，采用系统科学的理念，推进风光热储互补，水能和核能协同，生物、地热和海洋能补充，加速提高可再生能源比重，形成科学安全的能源结构。

① 政府间气候变化专门委员会. 2006 年 IPCC 国家温室气体清单指南［C］. 日本：全球环境战略研究所，2006.

一、提升可再生能源比例是实现碳减排的根本途径

减少二氧化碳排放并实现对煤炭等化石能源的逐步替代，最根本的途径是发展可再生能源尤其是风光资源。据国家能源局统计，2020年我国可再生能源发电装机已达到9.34亿千瓦，可再生能源开发利用规模相当于替代煤炭近10亿吨，减少二氧化碳排放量约达17.9亿吨，为实现碳达峰、碳中和目标奠定了良好的能源替代基础。① 综合各方成果判断，中长期我国可以实现可再生能源高比例发展，推动能源结构持续优化，按照输出与就地消纳利用并重、集中式与分布式发展并举的原则，加快发展可再生能源。

二、光伏光热和风能将是可再生能源中增长最快的类型

得益于我国丰富的风能、太阳能资源以及技术不断创新，风能、太阳能在发电领域的成本已接近火电成本。近10年来风电和光伏发电单位千瓦平均造价分别下降30%和75%左右。截至2020年底，我国风电装机2.81亿千瓦、光伏发电装机2.53亿千瓦，产业链也已逐渐成熟，未来发展前景较大。到2035年我国光伏和风电装机容量将分别达到12亿千瓦和8.6亿千瓦；到2050年则分别达到22.7亿千瓦和10亿千瓦（见表3-6、表3-7）。②

表3-6　　光伏发电发展目标　　单位：亿千瓦

类型	2030年	2050年	2060年
集中式光伏装机容量	7	22.7	24.5
分布式光伏装机容量	3	10	11
合计	10	32.7	35.5

资料来源：全球能源互联网发展合作组织．中国碳中和之路［M］．北京：中国电力出版社，2021。

① 国家能源局．国家能源局公布2020年可再生能源发展情况［EB/OL］．（2021-02-03）［2022-06-06］．http：//www.chinapower.com.cn/flfd/hyyw/20210203/50102.html.

② 丁怡婷．解好可再生能源替代“多元方程”［N］．人民日报，2021-01-06（5）.

表 3-7　我国太阳能发电装机容量及分布　单位：万千瓦

地区	2020 年	2030 年	2050 年	2060 年
华北地区	6872	24350	107851	120732
华东地区	4909	13900	44218	46400
华中地区	3039	9300	29267	36100
东北地区	1416	5810	10454	12600
西北地区	6135	40792	126300	128982
西南地区	395	2000	6999	8209
南方地区	2576	6348	20112	27027
全国	25343	102500	345200	380050

资料来源：全球能源互联网发展合作组织．中国碳中和之路［M］．北京：中国电力出版社，2021。

三、“风光热储”多能互补是风光能源发展的重要模式

为提高能源利用效率和解决能源消纳，风光能和储能技术逐步实现协同发展。从实践来看，优化能源结构，积极发展风光能、核电、可再生能源等清洁能源，集风电、光伏、光热、储能于一体的多能互补综合能源应用模式是重要方向。通过光热电站储热调节，将风电、光伏的波动性在一定程度上转化为能够调节的电源。从已开展的“风光热储”一体化示范项目看，多能互补示范基地合理利用了国土空间，多利用戈壁荒漠而不占用基本农田及林草地，不压覆矿产资源且土地开发成本低，具有良好的经济效益和生态效益。

四、生物质能、地热等可丰富能源构成但增长潜力有限

生物质能是由植物的光合作用固定于地球上的太阳能，最有可能成为 21 世纪主要的新能源之一。据估计，植物每年贮存的能量约相当于世界主要燃料消耗的 10 倍；而作为能源的利用量还不到其总量的 1%。世界上仍有 15 亿以上的人口以生物质作为生活能源。生物质燃烧是传统的利用方式，不仅热效率低下，而且劳动强度大，污染严重。通过生物质能转换技术可以高效地

利用生物质能源，生产各种清洁燃料，替代煤炭、石油和天然气等燃料，生产电力。中国现有森林、草原和耕地面积41.4亿公顷，理论上生物质资源可达每年650亿吨以上。折合理论资源为33亿吨标准煤，相当于中国目前年总能耗的3倍以上。[①] 从应用前景看，生物质能虽然比较灵活，可以就近收集原料、就地加工利用，但我国生物质能资源总量有限，每年可作为能源利用的生物质资源总量约4.6亿吨标准煤，2020年生物质发电装机仅2952万千瓦[②]。另外，生物质经济竞争力不强，中期经济性弱于水电，中长期弱于风光电源，不具备成为主体能源的条件。

地热能是一种储量丰富、分布较广、稳定可靠的可再生能源。2021年9月，国家能源局印发《关于促进地热能开发利用的若干意见》，提出到2025年，全国地热能供暖（制冷）面积比2020年增加50%，在资源条件好的地区建设一批地热能发电示范项目，全国地热能发电装机容量比2020年翻一番；到2035年，地热能供暖（制冷）面积及地热能发电装机容量力争比2025年翻一番。从国家地热能中心第四届指导委员会、技术委员会全体会议上获悉，截至2020年底，我国地热能供暖制冷面积累计达到13.9亿平方米，稳居世界第一，其中水热型地热能供暖5.8亿平方米，浅层地热能供暖制冷8.1亿平方米，每年可替代标煤4100万吨，减排二氧化碳1.08亿吨。但是，地热能受制于地质条件和开发利用技术条件，并面临地热能供热设备初期投资较高、地下资源勘查评价不充分、各省份资源禀赋和投资回报差异较大，发展不均衡、缺乏系统而明确的政策支持等挑战。

五、水能在能源总结构中起到重要作用但增长空间受限

我国水电资源约占世界总量的15%，水能在我国能源结构中占有重要位置，2020年我国常规水电装机容量达33867万千瓦（见表3－8），其中抽水

---

① 中新社．经济透视：应对能源紧张　中国大力发展生物质能源［EB/OL］.（2007－01－24）［2022－06－06］. http：//cn. chinagate. cn/economics/2007－01/24/content_2364585. htm.

② 中投产业研究院．2020—2024年中国生物质能利用产业深度分析及发展规划咨询建议报告［R］. 2020.

蓄能装机容量达 3100 万千瓦，占总电源装机容量的 16.8%；水电发电量达到 1.36 万亿千瓦时，占总发电量的 17.8%。[①] 水电是仅次于火电的第二大电源，是现阶段经济性最好的电源，全球水电平均度电成本在 0.25 ~0.5 元/千瓦时，低于火电、风电和光伏发电的平均成本。考虑到技术水平的下降、水电资源开发条件日趋复杂等多重因素的作用，预计水电度电成本将稳定在 0.3 ~0.5 元/千瓦时范围或小幅上涨。[②]

表 3 -8　　我国常规水电装机容量及分布　　单位：万千瓦

地区	2020 年	2030 年	2050 年	2060 年
华北地区	272	443	684	684
华东地区	2054	2100	2100	2100
华中地区	5939	6133	6940	6940
东北地区	808	823	1242	1242
西北地区	3385	4411	4966	4966
西南地区	8873	15639	24816	25815
南方地区	12536	14594	16390	16390
全国	33867	44143	57138	58137

资料来源：全球能源互联网发展合作组织．中国碳中和之路［M］．北京：中国电力出版社，2021。

但中国水能开发也面临两方面问题：一是水能开发资源潜力有限，全国水力资源 2020 年已开发率约 50%，待开发水能资源中，82% 集中分布在西南地区的云贵川渝藏等五省份，目前可开发容量不足 7 亿千瓦时[③]，未来提升空间受到限制，预计装机容量可达 4.9 亿千瓦左右[④]；二是如果按照开发

① 中国电力企业联合会．2020 年电力统计基本数据一览表［EB/OL］．(2021 -12 -09)［2022 -06 -06］．https：//www. cec. org. cn/upload/1/editor/1640595481946. pdf.

② NEA/IEA/OECD. Projected costs of generating electricity 2020［R］. Paris：OECD Publishing，2020. https：//iea. blob. core. windows. net/assets/ae17da3d-e8a5-4163-a3ec-2e6fb0b5677d/Projected-Costs-of-Generating-Electricity -2020. pdf.

③ 王鑫．中国争取 2060 年前实现碳中和［J］．生态经济，2020，36（12）：9 -12.

④ 孟凡生．我国可再生能源发展问题研究［J］．经济纵横，2008（11）：50 -52.

上限过度发展水能，可能会引起的地质生态环境问题和相关的负面效应。

六、海洋能在碳减排和能源结构中主要起补充作用

发展海洋能是解决我国沿海地区和海岛能源短缺的重要途径。我国沿海地区人口集中、资产密集、经济发达，且海岛地区因国防或人民生活需要有待开发，而电力缺乏将成为制约沿海特别是海岛经济发展的关键因素。因地制宜建设适用的海洋能发电系统，是补充沿海电力短缺和解决海岛居民及驻军用电问题的可行途径之一。

我国沿岸和近海及毗邻海域的各类海洋能资源理论总储量约为 6.1087×10^{11} 千瓦（见表 3－9），技术可利用量约为 9.81 亿千瓦，其中大陆沿岸潮汐能资源蕴藏量达 1.1 亿千瓦，波浪能总蕴藏量为 0.23 亿千瓦，潮流能可开发的装机容量为 0.18 亿千瓦，海洋温差能可利用的热能资源量约 1.5 亿千瓦。根据《中国海洋能 2019 年度进展报告》，通过实施海洋可再生能源专项，推进海洋能开发应用示范，我国海洋新能源利用水平不断提升。截至 2018 年底，我国海洋能总装机达 7.4 兆瓦，累计发电量超 2.34 亿千瓦时，其中潮汐能、潮流能和波浪能电站装机分别为 4.35 兆瓦、2.86 兆瓦和 0.2 兆瓦。总体

表 3－9　　我国各类海洋能资源储量

能源类型		调查计算范围	理论资源储量（千瓦）	技术可利用量（亿千瓦）
潮汐能		沿海海湾	1.1×10^{8}	0.2179
波浪能	沿岸	沿岸海域	1.285×10^{7}	0.0386
	海域	近海及毗邻海域	5.74×10^{11}	5.7400
潮流能		近岸海峡、水道	1.395×10^{7}	0.0419
温差能		近海及毗邻海域	3.662×10^{10}	3.6600
盐差能		主要入海河口海域	1.14×10^{8}	0.1140
全国海洋能资源储量		—	6.1087×10^{11}	9.8100

资料来源：史宏达，王传崑．我国海洋能技术的进展与展望［J］．太阳能，2017（3）：30－37。

而言，海洋能在我国的碳减排中所起的主要是协同补充作用。海洋能在能源和碳减排结构中所占比例不高，国际能源署展望报告指出，到2050年，海洋能发展共计可实现减排二氧化碳5亿吨。

第四节　金属能源迎来发展

一、金属与能源

能源技术发展强劲，而相关能源金属是清洁能源技术发展的核心构件。在太阳能光伏发电领域中，与之相关的碲、镓、铟、铜、硒、镉等关键金属供应的稳定性对其发展至关重要。在陆上风电领域，构成风力涡轮机中发电机组件的材料主要有磁钢、铜、稀土等，风力涡轮机永磁体原材料包含的金属元素主要有铜、钼、铌、铷、镝等。新能源汽车的发展成为大趋势，锂离子电池对纯电动汽车性能有决定性影响，与锂电池发电技术相关的关键原材料锂、铝、钛、锰、铁、钴、镍、铜等金属的需求急剧增加。

世界银行预测，风能、太阳能、储能电池等低碳技术发展将导致铝、铜、锰、锂、镍、银、稀土等金属需求量持续保持增长；到2050年，储能电池所需金属需求量在全球气温升温2℃的情景下要比升温4℃的情景增加10倍以上。[①] 在全球清洁能源技术关键金属供应风险整体较高的背景下，中国清洁能源技术的突破和发展面临严峻挑战。随着各国关键矿产资源战略保障政策出台，中国急需厘清能源金属供应风险的影响因素，缓解清洁能源技术发展的关键金属供给约束。

二、核电与核能资源

核能是一种更灵活的能源，当今全世界大约16%的电能就是由核反应堆

---

① The World Bank. Minerals for climate action：The mineral intensity of the clean energy transition [R]. Washington D C：The World Bank，2020.

生产，其中9个国家40%多的能源生产均来自核能。地球上蕴藏着数量可观的铀、钍等裂变资源，若是能将它们的裂变能充分利用起来，将给未来的能源供给带来无限潜力。2020年，我国核电装机容量达到4989万千瓦，占总装机容量的2.3%，平均利用小时数高达7453小时，设备平均利用率约85%，我国已储备一定规模的沿海核电厂址资源，主要分布在浙江、江苏、广东、山东、辽宁、福建、广西等地。《中国核能发展报告（2021)》指出，在碳达峰、碳中和目标下，核能作为近乎零排放的清洁能源，预计将保持较快发展态势。预计到2025年，我国核电在运装机7000万千瓦左右，在建约5000万千瓦；到2030年，核电在运装机容量达到1.2亿千瓦，核电发电量约占全国发电量的8%。

铀矿资源是重要的能源矿产和战略资源，对我国核电发展有重要战略影响。铀矿资源在世界上的分布极不平衡，主要集中于澳大利亚、哈萨克斯坦、加拿大、俄罗斯、南非、尼日尔、巴西、中国、纳米比亚和乌克兰等10个国家，这10个国家的铀资源储量约占世界铀资源储量的87%。按照我国的核电发展规划，到2050年核电装机容量预计达到2.4亿千瓦，在其全寿期总共约需天然铀145万吨。我国铀资源相对丰富，在全国23个省区市发现了铀矿资源，特别是江西、内蒙古、新疆、广东、湖南、广西、河北等省区，已发现的铀资源总量约占全国总量的95%。[①] 我国地质构造背景和成矿区复杂多样，铀成矿作用明显表现出多时代、多期次、多成因、多类型的特点，与少数产铀大国相比虽然单个矿区规模偏小，但铀矿类型多、矿床数量多、矿石性能好、产出较集中、资源较丰富，尤其是矿床数量多。但需要进一步理顺体制机制，保持稳定长效的投入，合理部署和科学勘查，坚持立足国内的同时积极开拓国外市场。

我国钍资源较为丰富，仅次于印度，位居世界第二。丰富的钍资源将对我国今后钍核能开发和应用提供足够的资源保证。钍核能的碳零排放、低辐射和较少的核废料优势，将成为人类对抗环境污染的新方式，它将有助于完善核产业布局调整，加快实施我国低碳、绿色能源发展战略，解决大气环境

---

① 陈银．全球及中国铀矿资源产量及分布现状，天然铀资源需求前景广阔［EB/OL］.（2020－09－16）［2022－06－06］. https：//www. huaon. com/channel/trend/649554. html.

污染，促进我国经济高质量发展。因此，钍反应堆必将成为未来核电发展的新方向。一般而言，1 吨钍相当于 200 吨铀、350 万吨煤提供的能量，可提供 10 亿千瓦时的电力。由于钍矿在地球上的蕴藏量约为铀储量的 3 ~ 4 倍，它将有效弥补铀资源的不足，并保障未来人类对能源的持续需求。[①] 目前我国钍核资源开发利用体系尚未建立，全国范围内尚未对钍资源进行有效的系统勘查、保护与利用。

核能问题来自两方面：一是更加严格的法规和关于核能问题的争议；二是我国的核电站有较长使用寿命，维护使用的能源消耗可能更多。随着核电不断发展，无论从短期还是长远来看，作为补充的核燃料，开发利用钍资源对核能的利用和保障都很重要。作为不可再生资源，开发利用钍资源必然需要构建清晰、合理的战略规划，包括钍资源的战略地位、资源储备、开发利用步骤、资源保护、回收再利用等。

三、电池蓄能

储能技术在能源革命中具有非常重要的作用。近年来，先后出现了压缩空气储能、电化学储能、超导磁储能等储能技术，研发出钠硫电池、液流电池、锂离子电池、超级电容器等储能设备和产品。

在风力发电机、太阳能电池板、电解储氢、动力电池等低碳技术产品中，锂、钴、镍、镓、铟、稀土、铂等金属发挥了关键作用，被认为是支撑低碳产业发展不可或缺的物质基础（见表 3 - 10）。

锂成为重要的能源金属，锂电池材料主要由钴锂、锰锂、镍钴锰锂和磷酸铁锂组成。锂的应用广泛，例如随着锂离子电池能量密度不断提高，全球电动汽车产量可能将呈指数式增加。再如制约风光发电广泛替代火电的瓶颈体现为：风光发电的间歇性/随机性，火、水、核电仍需要承担较重的调峰任务，深度取代火电、实现电力脱碳，需要其储力保持相对稳定，而这一“关卡”的突破则依赖储能，而储能的核心是锂电池。

---

① 林双幸，张铁岭. 加快钍资源开发　促进我国核能可持续发展［J］. 中国核工业，2016（1）：32 - 36，64.

表3-10　　　　低碳能源技术及所需的关键金属

金属	符号	能源技术	最大生产来源	产量全球占比（%）	其他生产国（括号中数字为占比，%）
镓	Ga	太阳能发电	中国	85	德国（7）、哈萨克斯坦（5）
钨	W	电力设备	中国	84	俄罗斯（4）
稀土	REE	核能、风力发电、电池、电动汽车	中国	95	美国（1.7）、俄罗斯（1.3）
铋	Bi	电池	中国	82	墨西哥（11）、日本（7）
锑	Sb	电池	中国	87	越南（11）
镁	Mg	电池、电动汽车	中国	87	俄罗斯（7）
锗	Ge	太阳能发电	中国	56	美国（16）、澳大利亚（13）
钒	V	核能、风力发电、电池	中国	53	南非（25）、俄罗斯（20）
钼	Mo	核能、风力发电、太阳能发电	中国	45	智利（20）、美国（15）
铟	In	太阳能发电	中国	57	韩国（15）
锡	Sn	核电、电池	中国	29	印度尼西亚（27）
银	Ag	核能、太阳能发电、电动汽车	墨西哥	23	秘鲁（16）、中国（13）
锂	Li	电池、电动汽车	澳大利亚	58	智利（21）
铌	Nb	核能、风力发电、电池	巴西	95	加拿大（4）
铍	Be	核能	美国	90	中国（8）
镍	Ni	核能、风力发电、电池、电动汽车	印度尼西亚	24	菲律宾（15）
钴	Co	核能、风力发电、电池、电动汽车	刚果（金）	64	中国（5）
铬	Cr	核能、风力发电	南非	46	土耳其（13）

注：中国的数据不含港澳台地区。

资料来源：European Commission. Study on the review of the list of critical raw materials：Critical raw materials factsheets [R]. Brussels：European Commission，2017。

铜和铝也是重要的能源金属。作为新能源汽车的驱动系统，电池在正常工作时应完全冷却。一旦冷却异常，将严重影响车辆的整体性能、安全性能和使用寿命。目前，铜和铝是实现汽车冷却系统的主要金属材料。作为新型的冷却材料——铝，具有更大的作用，新能源汽车产业的快速发展，对于铝材料的需求会大幅度增加。

在镍氢电池领域，我国在技术和资源上都有优势。然而，目前镍氢电池技术还不成熟，尚处于发展阶段，电池也从国外购买。未来，成熟的镍氢电池依然是新能源的重要渠道之一。

能源金属未来需求将迎来大幅增长。我国镍、钴、锂消费在全球占比非常大。根据万德（Wind）数据库显示，2020 年我国镍消费 135 万吨，占全球的 67%；钴消费 7.8 万吨，占全球的 60%；镍、钴、锂对外依存度分别达到 92%、97% 和 60%。新能源汽车替代传统燃油汽车正逐渐成为趋势，动力电池需求强劲增长，将导致镍、钴、锂需求大幅增加。2030 年，按全球电动汽车销售 2300 万辆算，仅新能源汽车领域就将消费镍、钴、锂金属 98 万吨、16 万吨和 17 万吨。而到 2050 年，镍、钴、锂等能源金属的需求量将是目前的数倍以上。

第五节　配套支撑能源结构优化

自然资源和国土空间是能源的物质来源和开发利用的载体，共同为能源利用向绿色低碳转型提供物质支撑和空间支撑。以能源结构转型促进碳减排，必须处理好传统化石能源生态效益和成本效益问题，必须统筹好能源结构转型与能源安全问题，必须平衡好碳减排与碳汇的协同关系问题，必须考虑好全产业链协同与能源消费结构问题。这些问题的解决，最终要依靠资源利用结构的改变和国土空间规划的支撑。

一、大力发展电能替代

成本下降将促进清洁能源快速发展。近年来清洁能源成本逐年降低、竞争力逐渐上升，必将从“补充能源”发展为“主流能源”。据统计，各种发电类型全球平均成本价格已越过成本达峰年。其中光伏发电价格降幅最大，为87%。2019年，天然气发电、陆上风电、水电、太阳能光伏和地热发电价格已低于火电（见表3－11）。煤电＋碳捕集与封存（CCS）的价格不到煤电的2倍，未来随着成本下降，CCS将变得经济可行。光伏风电等产业的制造业属性使其就业吸纳能力较传统煤电强约1.5～3倍，尤其是考虑到我国风电、光伏产业布局完善，可将大量就业机会留在国内。据统计，我国每投资100万美元于光伏、风电行业，将产生87个直接岗位以及99个间接岗位。国际能源署（IEA）估计，2025～2030年《巴黎协定》目标或将促使我国投资1500亿美元于可再生能源领域，由此将产生1300万～1500万个就业岗位。

表3－11　全球各类发电成本情况及预测

发电类型	成本达峰年	达峰成本（美分/千瓦时）	2019年成本（美分/千瓦时）	相比达峰年下降率（%）	2050年成本（美分/千瓦时）
太阳能光伏	2000	49.8	6.4	87	2.5
天然气	2005	10.5	4.2	60	6.5
煤电	2008	9.1	8.0	13	11.0
陆上风电	2010	11.6	5.8	50	3.7
海上风电	2010	20.7	11.1	46	5.3
水电	2010	6.7	6.0	11	5.9
生物质	2010	15.6	9.5	39	8.7
太阳能光热	2012	23.8	14.1	41	9.2
地热	2013	8.4	7.0	16	6.1
波浪/潮汐	2017	30.9	28.1	9	14.2
煤电＋碳捕捉	2018	15.7	15.4	2	13.1
核电	2019	11.0	11.0	0	10.0

资料来源：美国能源部。

提升电气化水平和发展电能替代是必然方向。从电能的角度看，促进碳减排和能源结构优化的指标主要有两个方面。一是电气化水平。根据国家能源局数据，2020 年我国新增电能替代电量 1500 亿千瓦时左右，电能占终端能源消费比重总体达到 27% 左右。[①] 二是电力能源构成。2020 年，全国发电装机容量 22 亿千瓦，其中火电 12.45 亿千瓦、水电 3.70 亿千瓦、核电 0.50 亿千瓦、风电 2.82 亿千瓦和太阳能 2.53 亿千瓦。清洁能源装机总容量达到总装机容量的 43.40%。[②] 主要发电类型优劣势比较，见表 3－12。

表 3－12　　主要发电类型的优劣势比较

能源类型	太阳能发电	风力发电	生物质能发电	水力发电	核电	火电
发电种类	太阳能光伏发电，太阳能热发电	水平轴、垂直轴风力发电机	直接燃烧发电，垃圾发电等	将水能转换为电能的过程	热中子堆，快中子堆	燃煤机组，将煤炭热能转化为电力
优势	发电过程简单，不消耗燃料、无污染	清洁、环境效益好，装机规模灵活	受自然条件限制小，可靠性高，燃料来源广泛	发电成本低、发电效率高，调控能力较强	燃料体积小、方便运输，发电成本稳定、资源消耗低	不受天气影响，技术成熟，储量大，成本低
劣势	占地面积大，能量密度与转换效率较低	成本高，占地面积大、噪声大	建设和运营成本较高，技术开发能力薄弱、产业体系薄弱	生态破坏，移民安置难度大，受水量影响	产生高低阶放射性废料，能源转换率低，选址要求高	不可再生，高碳排放，需脱硫处理
平均度电碳排放	8.5 ~ 34 克/千瓦时	7 ~ 17 克/千瓦时	4 ~ 1730 克/千瓦时	17 ~ 22 克/千瓦时	9 ~ 70 克/千瓦时	997 克/千瓦时

注：平均度电碳排放是按各类发电技术本身所产生的碳排放量进行测算。

未来，首先应继续加速发展电能替代。在终端能源消费环节，推动使用

① 国家能源局. 2020 年能源工作指导意见［EB/OL］.（2020－06－22）［2022－06－06］. http://www.nea.gov.cn/2020－06/22/c_139158412.htm.

② 国家能源局电力可靠性管理和工程质量监督中心. 2020 年全国电力可靠性年度报告［R］. 北京：国家能源局电力可靠性管理和工程质量监督中心，2021.

电能替代散烧煤、燃油的能源消费方式，如电采暖、电动汽车、靠港船舶使用岸电等。根据国家电网的预计，到2050年，中国电能占终端部门能源消费比重将达到50%。其次，提升清洁能源发电比重。从可再生能源发电占比看，随着成本的降低，可再生能源发电比重将逐步提升。英国石油公司（BP）预测光伏发电和风电项目总成本将年均下降2.7%和0.9%，未来风光发电等将在我国碳减排中发挥重要作用。最后，推进分布式能源系统的快速发展。截至2019年，集中式光伏电站份额已经下降为69%，而分布式光伏电站份额上升到31%。分布式能源系统的发展对电网系统提出重大挑战，需要进一步提升电网消纳能力（见图3-2）。

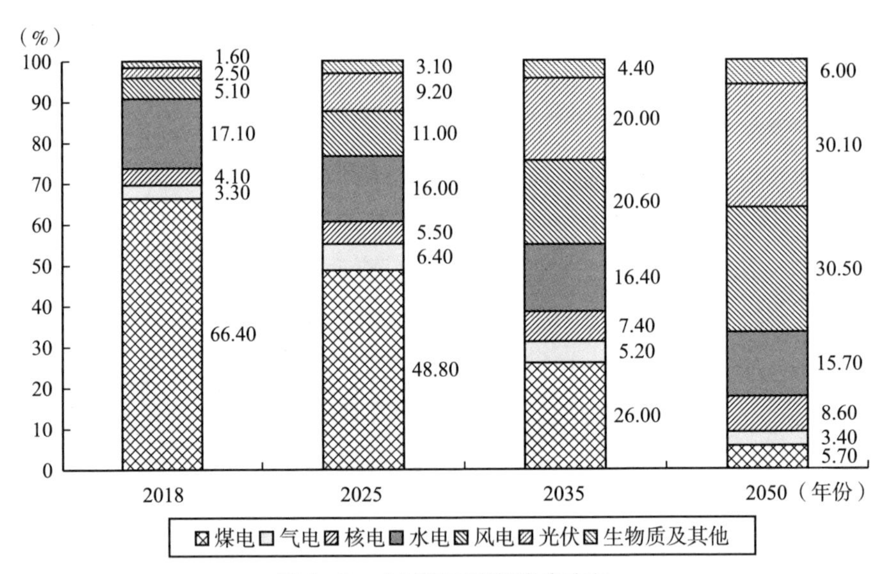

图3-2　中国化石燃料发电变化

注：2025年、2035年和2050年数据为估算。

电力部门脱碳是实现“碳中和”的第一顺位要务。用清洁燃料代替化石燃料发电是“碳中和”重中之重。综合清洁程度、开发性能、安全性能，发电能源可大致分为三类：煤炭（清洁程度最低，不可再生）→次优能源（原油、天然气、水电、核电；原油/天然气清洁度高于煤炭，但不可再生，核电可再生但有安全性隐忧，水电可再生但有开发上限）→优质能源

（除水电、核电外的可再生能源，主要为风、光、生物质，可再生且安全性、开发性等均较优）。

二、发挥氢能的重要补充作用

氢能是二次能源，是零污染的清洁能源，可以作为能源结构优化的重要补充。国际能源署和国际氢能理事会预测，2050 年，氢能可提供全球能源需求 10% 以上，将满足全球 18% 的终端用能需求，减少二氧化碳排放 60 亿吨。[①] 随着可再生能源发电成本下降和制氢技术进步，其能量转换效率和制氢成本将会显著改善（见表 3 – 13）。考虑到氢能的热值高、能量密度大、可储存、可再生以及零碳排等一系列优点，氢能有可能成为未来能源发展的一条新路径。近年来，我国与氢能相关的高性能产品研发及批量生产、催化剂等核心技术研发取得了重要进展，氢能制储运技术已具备了较好的发展基础，已开发出具有自主知识产权的氢燃料电池关键部件，我国乘用车燃料电池寿命已超 5000 小时，商用车燃料电池寿命已超 10000 小时。2020 年，我国燃料电池汽车保有量 7352 辆，建成加氢站 128 座，仅次于日本，位居全球第二。中国氢能联盟预计，到 2050 年我国氢气需求量接近 6000 万吨，可减排 7 亿吨二氧化碳。[②]

表 3 – 13　　氢能产业链总体情况

制氢环节	储存环节	运输环节	利用环节
• 化石燃料制氢 • 副产品制氢 • 化学分解制氢 • 水电解制氢 • 光电解制氢	• 高压气态储氢 • 低温液态储氢 • 固体材料储氢 • 有机液体储氢	• 车船运输 • 管道运输 • 海上运输	• 交通燃料 • 工业能源 • 化工原料 • 大规模储能

① 刘刀．加快氢能产业发展　保障国家能源安全［J］．新能源科技，2021（3）：26.

② 北京市经济和信息化局．北京市氢能产业发展实施方案（2021～2025 年）［R/OL］．（2021 – 08 – 16）．http：//www. ncsti. gov. cn/zcfg/zcwj/202108/P020210816612921572430. pdf.

三、能源结构转型的技术政策制度保障

（一）技术支撑

大力发展陆海空间利用相关技术、地下空间改造技术，为能源结构向低碳绿色转型夯实空间技术基础。推进节能和提高能效技术，可再生能源和新能源技术，主要行业二氧化碳排放控制与处置利用技术，生物与工程固碳技术，碳捕集、利用与封存（CCUS）等减缓温室气体排放技术。加强传统能源和资源综合利用技术推广示范，降低能源消耗和碳排放。推进新能源和新技术产业创新，提升铀、锂、钴、氢等能源资源保障程度，支持氢能、核能、储能等战略性技术的研发。保障钴、镍、铜等重要矿物供给，维护好新能源技术发展的资源供给安全。发展可储存、可运输的液体燃料，提升可再生能源转化为液体化学燃料的技术水平。

（二）制度支撑

完善能源中长期发展战略，优化能源发展的思路、布局和建设时序，加强可再生能源开发与传统能源、电力等规划的统筹协调。推进可再生能源发电成本下降，探索实行可再生能源电力配额制，形成促进可再生能源生产和消费的新机制。优化能源系统调度运行，加强风光电能、水电、火电与大电网的统筹协调，提升电力系统的调峰能力。制定保障清洁能源优先发电的规划制度，推进电力市场化改革和可再生能源电力现货交易，促进清洁能源消纳利用。

（三）政策支撑

加强新能源成本降低的政策支撑，持续推进光伏、风能、水力、核能、零碳氢能、可持续生物能等清洁能源成本下降。降低新能源产业发展成本，提升智能电网、电动汽车、储能等零碳能源综合利用服务水平。关注电池全产业链、新兴数字技术等的减排潜力，充分利用新产业、新业态的发展促进

能源利用方式零碳化。

（四）系统支撑

充分认识能源结构的优化和碳减排目标的实现并不是简单的能源类型替换，而是集资源、技术、经济和产业于一体的系统工程。实现碳减排目标，要走出适合中国国情的碳减排道路，统筹好“减”与“吸”的关系。应在发展清洁能源技术的同时，做好产业转型升级的配套政策支持；推进节能减排的过程中，充分发挥碳汇的积极作用；创新循环经济模式的过程中，与碳捕集与封存（CCS）和碳捕集、利用与封存（CCUS）技术做好结合，推动碳汇碳循环产业平稳发展。

第四章 陆地生态系统与碳汇

陆地生态系统被公认具有强大固碳功能，扮演着重要的碳汇角色。据估算，全球陆地生物圈的总碳储量约17500亿吨碳，其中植被碳储量约5500亿吨碳，土壤碳储量约12000亿吨碳。从生态系统类型看，全球陆地生态系统的碳储量有46%在森林中，约1/3在草地中，其余的碳储存在耕地、湿地、冻原、高山草地和沙漠半沙漠中。[①] 陆地生态系统具有非常强的固碳速率和潜力，人类有效干预能提高生态系统碳汇能力，《京都议定书》第3.4款也明确规定“世界各国可以通过增加陆地生态系统碳储量来抵消低效经济发展中的碳排量”。要实现碳达峰、碳中和目标，必须坚持减碳和除碳并重，除了调整优化能源结构，巩固和提升陆地生态系统碳汇能力是行之有效的关键选项。

第一节 陆地生态系统碳汇

一、碳汇机理

（一）基本概念

陆地生态系统（terrestrial ecosystem）是指地球陆地表面由陆生生物与其

---

① Bohn H L. Estimate of organic carbon in world soils [J]. Soil Science Society of America Journal, 1976 (40): 468 -470.

所处环境相互作用构成的统一体。陆地生态系统碳库是指以有机碳物质的形式暂时性或永久性地储存碳的各生态系统组分或类型。以植被类型划分，可分为森林碳库、农田碳库、草地碳库、湿地碳库和水体碳库等；以生态系统组分划分，可分类植物碳库、土壤碳库、凋落物碳库（Fang et al.，2014）。陆地生态系统碳源/碳汇功能是由碳收支情况决定的，陆地生态系统碳收支是指在一定时间内特定区域的植被与大气之间碳交换的净通量，即生态系统的生物碳固定输入与碳排放输出的平衡状况，当陆地生态系统碳固定量大于呼吸碳排放量时，陆地生态系统表现为大气的“碳汇”，相反，则表现为大气的“碳源”（于贵瑞，2003）。从政府间气候变化专门委员会（IPCC）的历次评估报告来看，全球陆地生态系统通常表现为碳汇功能，并且被公认为最经济可行、环境友好的碳汇途径。

陆地生态系统碳汇涉及的相关概念主要有固碳量、固碳速率、增汇潜力等，这些概念之间既有关联又有所区别。广义的生态系统总固碳量是指植物光合作用固定转化二氧化碳为有机碳的总量；净生态系统固碳量是指植被从大气中净吸收并储存于植物和土壤之中的碳总量，是总初级固碳量扣除各种呼吸碳排放的净吸收量。生态系统固碳速率主要是指生态系统净固碳速率，即在单位时间内单位土地面积上的植被和土壤从大气中吸收并被储存的碳或二氧化碳量。生态系统固碳潜力通常定义为在特定目标年和环境背景下，生态系统可能达到的最大固碳能力，可用单位时间、单位面积的生态系统可能实现的最大固碳速率来表征。生态系统增汇潜力计算必须选定某个基准年或基准水平，进而评价在未来自然条件或人为管理措施、发展情景、政策条件下，从基准年到目标年期间可能增加的固碳量。

（二）影响机理

陆地生态系统碳循环主要包含两个过程：一是植物通过光合作用吸收二氧化碳，将碳储存在植物体内，固定为有机化合物，形成总初级生产量；二是通过在不同时间尺度上进行的各种呼吸途径或扰动将二氧化碳返回大气。其中，一部分有机物通过植物自身的呼吸作用（自养呼吸）和土壤及枯枝落叶层中有机质的腐烂（异养呼吸）返回大气，未完全腐烂的有机质经过漫长的地质过程形成化石燃料储藏在地下；另一部分则通过各种人为和自然的扰动释放二氧化碳，形成“大气—植被—土壤—岩石—大气”的整个陆地生态系统碳循环过程（见图4-1）。

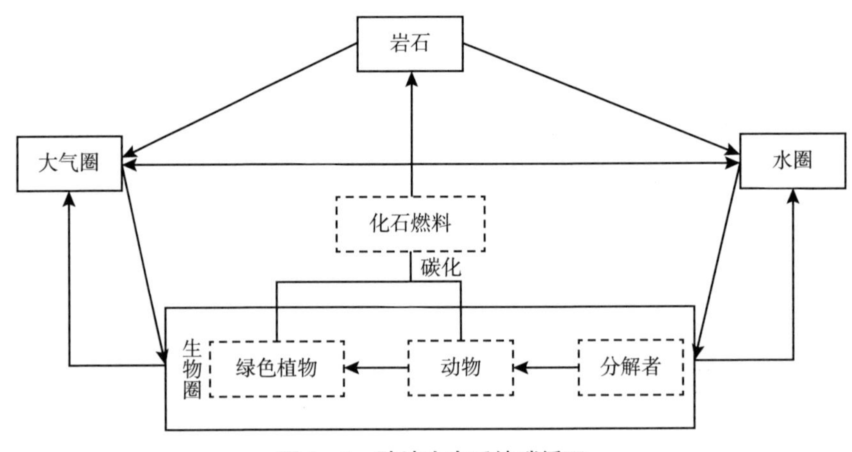

图4-1 陆地生态系统碳循环

影响陆地碳汇形成的机制可分成两类：一是影响光合、呼吸、生长以及分解速率的生理代谢机制，通常受人类活动间接影响；二是干扰和恢复机制，包括自然干扰、土地利用变化和管理的直接影响。影响因素具体包括温度、降水、二氧化碳浓度、氮沉降、火灾和虫灾等灾害以及土地利用/土地覆盖变化（Land-Use and Land-Cover Change，LUCC）等，通过影响生态系统演替过程进而对陆地生态系统碳库容量产生影响。

自然因素的影响作用和过程。二氧化碳浓度升高的施肥效应、温度升高的温室效应、降水改变的灌溉排水效应以及氮沉降的养分效应都会对生态系统演替过程和碳库容量产生较大影响。二氧化碳浓度升高通常会增强植物的光合作用，降低蒸腾作用，提高水分利用效率，从而促进植物固碳并可能增加土壤碳，但其施肥效应受到土壤水分、养分和温度条件的强烈限制。温度升高通常会促进养分矿化和增加氮输入，提高生态系统生产力、延长生长季，从而增加植被碳库，但同时也会增加植物自养呼吸和土壤呼吸，或加重土壤干旱，从而降低生态系统固碳能力。降水增加一般会促进陆地生态系统碳吸收，同时提高碳的分解速率，具体影响视降水量、频率、强度而不同。氮沉降被认为对植被生长具有施肥作用，可以增加植被净初级生产力和碳储量，还可能延长土壤有机质的滞留时间。火灾将直接造成大量含碳气体释放，减少地表植被生物量，改变土壤的理化性质并间接影响植被生产力。虫灾造成植被净初级生产力降低，影响陆地生态系统碳循环。

人为因素的影响作用和过程。影响陆地生态系统碳循环的人类活动主要是化石燃料的开采使用和土地利用/土地覆盖变化，化石燃料的开采和燃烧使得岩石圈中储存的碳重新释放到大气中，土地利用/土地覆盖变化则是通过改变陆地生态系统的结构（物种组成、生物量）和功能（生物多样性、能量平衡、碳、氮、水循环等）来影响陆地生态系统的碳循环过程，进而改变植物、土壤、凋落物等各类碳库碳储存状况。土地利用或覆盖类型转变往往伴随着大量的碳交换，不同类型转变对陆地生态系统碳循环的影响不同，高生物量的土地利用类型转变为低生物量的类型通常会释放二氧化碳（如森林转化为草地、农田、城镇建设用地等），但湿地转化为其他土地利用/土地覆盖类型，尽管植被生物量可能增加，通常会造成更多的土壤碳释放大气中。同时，合理的管理措施（如对人工林施肥、湿地保护、免耕、合理间作等）可以通过增加系统碳吸收或减少系统碳损失来固定更多的碳。

（三）主要特点

一是经济和技术可行性。陆地生态系统固碳是当前国际社会公认减缓大气二氧化碳浓度升高的最经济可行和环境友好的重要途径之一。大量研究表明，陆地生态系统具有固碳量大、对生态系统影响小、技术简单、可操作性强等优势。并且，生态系统固碳被认为具有积极的协同效益，在去除大气中二氧化碳的同时能够促进水源涵养、减少水土流失、维护生物多样性等。

二是饱和性。在一定气候、地形和母质等自然条件和管理方式下，特定区域陆地生态系统的碳储量将趋于一个稳定值，即碳库的饱和水平，这意味着陆地生态系统碳储量不会无限期增加。陆地生态系统碳饱和容量不仅取决于环境因子的水平和组合情况，还与生态系统优势种群的生命周期和群落结构等紧密相关。

三是非永久性。陆地生态系统固碳具有脆弱性，容易受到气候变化、土地利用方式等自然和人为因素的干扰，固碳功能不是十分稳定；同时具有临时性，容易发生碳泄漏而重新释放到大气中，不能长期持续。例如，土壤中维持较高的有机碳储量需要采用某种管理形式维持，即使在达到新的稳定状态之后也需如此。

二、发展前景

（一）碳汇现状与潜力

根据 IPCC 第 5 次评估报告《气候变化 2014 综合报告》，1750～2011 年，人为排放到大气中的累积二氧化碳为（2040 ± 310）Gt，源于化石燃料的燃烧、水泥生产和空烧的二氧化碳累积排放量增加了两倍，来自森林和其他土地利用的累积排放量增加了约 40%。2011 年，源于化石燃料的燃烧、水泥生产和空烧的二氧化碳排放量为（34.8 ± 2.9）Gt/a；2002～2011 年，来自森林和其他土地利用的二氧化碳年均排放量为（3.3 ± 2.9）Gt/a。自 1750 年以来，这些排放的二氧化碳中约 40% 留存在大气中［（880 ± 35）Gt］，剩余的从大气中移除或储存在陆地（植物和土壤）中和海洋中，二者所占的比例大致相当。关于全球陆地生态系统碳汇潜力，2010 年世界银行、世界自然保护联盟（IUCN）、大自然保护协会（TNC）等国际机构共同提出了基于自然的解决方案（Nature-based Solutions，NbS），涉及 20 种基于生态系统保护、修复和改善管理的解决路径，至 2030 年，其增加碳储存或避免碳排放的最大潜力约为 238 亿吨二氧化碳/年（包含滨海湿地恢复和保护）。其中，成本有效潜力为 113 亿吨二氧化碳/年，低成本潜力为 41 亿吨二氧化碳/年。

2014 年中国“土地利用、土地利用变化和林业（Land Use，Land Use Change and Forestry，LULUCF）”温室气体清单显示，全国陆地生态系统年碳汇量为 11.5 亿吨二氧化碳/年，其中林地（包含林产品）、农地、草地、湿地分别占 82.4%、4.2%、9.5% 和 3.9%，森林生态系统是最重要的贡献者，其次是草地。国内众多学者对我国陆地生态系统碳汇潜力进行了预测研究，但由于利用的基础数据和估算方法等局限性，导致了定量评估结果存在较大不确定性。南京大学黄贤金团队定量模拟了2015~2060年我国陆地生态系统碳汇变化，预计2060年RCP2.6[①]情景下碳汇量为11.99亿吨二氧化碳/年，中和38%的人为碳排放；RCP6.0情景下碳汇量为10.38亿吨二氧化碳/年，中和33%的人为碳排放。中国林业科学研究院朱建华团队按照现行IPCC国家温室气体清单编制指南确定的生态系统碳汇测算模型与系数，运用第三次全国国土调查数据，预计到2030年，中国陆地生态系统年碳汇量约为13.47亿吨二氧化碳/年，其中林农草湿分别占78.6%、8.8%、7.2%、5.6%；到2060年，中国陆地生态系统年碳汇量约为11.94亿吨二氧化碳/年，其中林农草湿分别占77.2%、9.8%、6.8%、6.2%。国内各团队测算，2030年取值区间10.68亿~11.95亿吨二氧化碳/年，2050~2060年期间为7亿~12亿吨二氧化碳/年。总体上，如维持当前工作、技术和保障条件，未来一段时间陆地生态系统碳汇能力会有所增加，到2030年前后仍将保持增长势头，之后由于可新增生态空间减少、森林树龄增长等原因，到2060年左右趋于稳定，有望保持在年均12亿吨。

（二）面临的主要挑战

尽管发展潜力和前景总体可观，但当前我国巩固提升陆地生态系统碳汇也面临着严峻挑战。我国总体上仍然是一个缺林少绿、生态脆弱的国家，生态产品供给不足与人民日益增长的美好生活需要之间的矛盾还相当突出，拓展绿色空间任重而道远。全国宜林地面积4998万公顷中，质量好的仅占12%，质量差的超过50%，且2/3集中分布在青海、甘肃、内蒙古等西北地区，造林和管护难度大、成本高。[②]生态空间保护压力大，部分地区森林、草地、湿地等生态系统依然存在乱砍滥伐、乱垦滥占、乱采乱挖等现象，导致生态功能退化、碳汇能力下降。生态系统经营管理水平亟待提高，森林、

---

① 为了对未来气候作出评估，政府间气候变化专门委员会（IPCC）提出了四种温室气体浓度情景，即RCP（representative concentration pathway，代表性浓度路径），按低至高分别为RCP 2.6（低排放）、RCP4.5（中低排放）、RCP6.0（中高排放）和RCP8.5（高排放）。

② 李慧．全球增绿的中国贡献：中国人工林建设的成就与启示［N］．光明日报，2019-08-08（11）．

草地、湿地、农田均在一定程度上存在经营管理水平低下的问题，如森林资源中人工林占比显著偏高，每公顷森林蓄积只有世界平均水平的72.4%（约为巴西的1/2，不足德国的1/3），农田大量使用化肥、农药、除草剂等高碳型生产资料等，减排增汇潜力尚未充分发掘。①

在技术层面，基础理论研究和技术研发应用有待加强。尽管陆地生态系统已成为自然科学界研究碳循环的热点且具有多年研究基础，但是区域或国别的固碳速率、增汇潜力及定量认证尚未形成广泛共识的标准化方法体系，不同学科、不同行业的理解具有较大差异。同时，陆地生态系统碳汇潜力和持久性高度依赖生态系统经营管理技术的成熟度，但相关先进适用技术的研发与应用仍有欠缺，如测土配方施肥、秸秆还田、生物炭等农业技术尚不成熟、推广程度不高，制约了土壤固碳效应的发挥。此外，碳汇测量、价值评估等相关技术支持、专业人才储备也存在欠缺。

在经济层面，缺乏稳定的资金投入和市场激励机制。一方面，我国生态保护补偿机制尚不完善，未能充分体现碳汇价值，长期以来存在着生态补偿机制单一、补偿标准低、资金来源渠道狭窄、补偿政策落实不到位、补偿机制不可持续等问题，有待科学合理地划分事权，提高人、财、物等要素配置效率。另一方面，市场交易机制不健全。林草碳汇交易价格偏低，湿地碳汇市场交易刚刚起步，土壤碳汇市场交易体系尚未建立。此外，碳汇项目监管体制仍不健全，市场发育相对成熟的林业碳汇项目尚存在监管主体复杂、监管职能交叉等问题，直接影响项目建设和交易效率。

在管理层面，法规标准体系需要进一步建立健全。现行法律法规仍不能完全适应和满足巩固提升陆地生态系统碳汇能力的要求，如缺乏对生态系统碳汇产权归属的明确规定，难以有效保障碳汇供给者的合法权益，降低了市场提供生态系统碳汇的积极性。另外，生态系统碳汇管理工作的标准化、规范化程度不够，尚未建立统一规范的陆地生态系统碳汇调查监测、核算评价等技术方法标准体系，较难实现对生态保护修复碳汇的有效监测评估，同时在与国际标准的衔接方面仍有一定差距。

---

① 刘世荣．提升林草碳汇潜力，助力碳达峰碳中和目标实现［J］．经济管理文摘，2021（22）：3－6.

三、巩固提升路径

从技术原理看，巩固和提升陆地生态系统碳汇能力主要有两类路径。一是容量调控，即通过自然因素或人为管理措施调控生态系统演替过程，改变生态系统碳储量的饱和水平，扩大植被和土壤的碳库容量。二是速率调控，在无法大幅改变生态系统碳蓄积容量时，可以通过对生态系统的演替进程、植物生长、碳固定和排放速率等方面的调控管理，来调节改变生态系统固碳速率和最大固碳速率出现的时间等。现实中许多技术和管理措施往往会对上述两类路径同时产生影响，故常实行容量调控和速率调控两者联动。转化到管理层面，陆地生态系统碳汇能力巩固和提升路径主要是保护现有碳库、增加碳库储量，具体如下。

（一）严格保护陆地生态系统，减少碳库损失

制定全国自然保护地体系规划，全面构建以国家公园为主体，自然保护区为基础，自然公园为补充的自然保护地体系，分类施策，巩固和提升自然保护地的固碳能力。加强天然林全面保护，继续停止天然林商业性采伐，严格执行林地使用定额管理制度，完善林木采伐分类管理制度。落实基本草原保护制度，合理划定基本草原，实施更加严格的草原保护和管理。加强森林和草原火灾、生物灾害监测和预警，强化灾害防治基础设施和应急处置能力建设，提升重点区域综合防控水平，降低灾害导致的碳排放。严格湿地用途管制并实行湿地面积总量管理，探索实施湿地“占补平衡”，建立重要湿地监测体系，稳步提升湿地保护率。结合林长制督查，严厉打击违法违规毁林毁草毁湿等行为。

（二）合理经营利用自然资源，协同增汇与减排

基于系统科学原理和碳循环模式，推行以增强碳汇能力为目的的自然资源经营管理模式，持续提高森林、农田、草地、湿地等生态系统的质量和应对气候变化的抵抗性和适应性。科学编制森林经营方案，实施森林质量精准

提升工程，优化调整林分树种结构、林龄结构，适当延长轮伐期，加强中幼林抚育，加大人工林改造力度等，倡导多功能森林经营。落实禁牧休牧和草畜平衡制度，遏制超载过牧行为，提升草原牧区可持续发展能力。发展绿色低碳农业，因地施策，推广绿色农药、精准施肥和节水灌溉技术，持续建设高标准农田，提升农田土壤碳汇水平，减少农业生产的温室气体排放。

（三）统筹生态系统治理与修复，提升碳汇增量

按照统筹山水林田湖草沙系统治理要求，落实《全国重要生态系统生态保护和修复重大工程总体规划（2021～2035 年）》确定的目标任务，推动陆地生态系统增汇。深入推进大规模国土绿化行动，积极开展国家储备林建设，加大植树造林、封山育林和退化林修复，进一步实行退耕还林重大生态工程。科学部署开展草原生态保护修复工程，改善草原整体生态状况，扭转草原退化和荒漠化趋势。加大退化湿地的治理恢复力度，科学实施退田还湖、退养还滩、泥炭地恢复、排水退化湿地恢复等湿地保护修复工程。健全沙化土地封禁保护修复制度，进一步加大荒漠植被保护力度。推动实施土壤整治，加大土壤修复技术研发，并与农产品生产基地建设、结构布局、污染防治等相互协同。

第二节　森林碳汇

森林碳汇是指森林生态系统吸收大气中的二氧化碳并将其固定在植被和土壤中，从而减少大气中二氧化碳浓度的过程，可以通过人为实施造林、再造林和森林管理、减少毁林等活动，吸收大气中的二氧化碳并与碳汇交易结合，发展形成林业碳汇。森林占整个陆地生态系统碳库的 46%，其中，森林植被生物量占全球植被的 86%，森林土壤有机碳占全球土壤碳的 73%①，因此，基于森林资源发展林业碳汇成为减缓气候变化问题的重要手段。

---

① Post W M，Emanuel W R，Zinke P J，Stangenberger A G. Soil carbon pools and world life zones [J]. Nature，1982，298：156－159.

一、影响机理

（一）森林碳循环机理

森林生态系统和大气间的碳循环，主要通过林地的植被、腐殖质（枯草）、土壤对碳的贮存与释放来完成。林地上的植被是二氧化碳的主要吸收者，通过植被本身生理特性进行光合作用吸收大气中二氧化碳，并将所贮存的二氧化碳以有机碳的形式分别贮存于林木的地表部分和地下的根部。地表植被会有一部分被采伐，破坏其固碳能力，另外还有一部分枯萎败落成为枯枝落叶而将碳贮存于林地表面。这些枯萎败落的植被有一部分直接被分解而将碳回归于大气中，有一部分则被分解成为土壤有机质，而土壤有机质所贮存的碳有一部分也会直接分解、散失而将碳回归于大气中，另一部分则存留于土壤中。这样就形成了“大气—森林植被—土壤—大气”整个森林生态系统的碳循环。森林生态系统有机碳的动态变化过程如图 4 –2 所示。

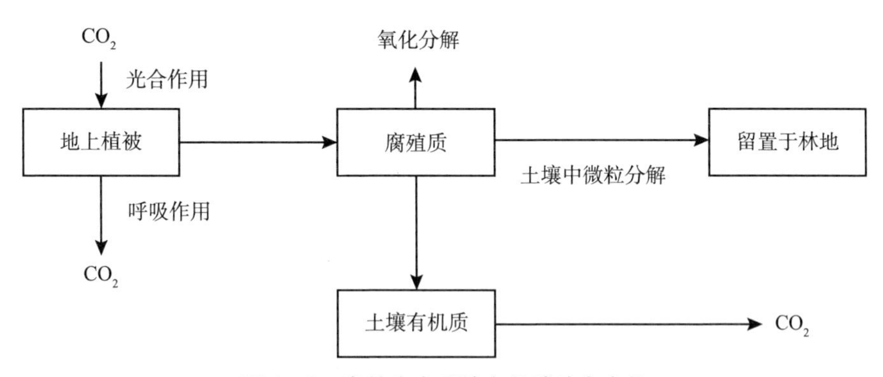

图 4 –2　森林生态系统有机碳动态变化

（二）影响因素

1. 自然因素

气候。温度、水分、二氧化碳浓度等气候因素通过影响植物生产力和生物量的大小来影响森林碳汇能力。一般地，温度上升会提高土壤碳的含量，从而促进植被生物量的增长，但森林生态系统碳循环对气候变化特别是全球变暖的反应并不十分明显。二氧化碳浓度是影响植物生长的主要因素：空气中二氧化碳浓度上升将在短期内提高植被和土壤的碳密度，形成二氧化碳的施肥效应提升森林碳汇，但二氧化碳施肥效应带来的生物量增加不会一直持续下去，当植物长期处于高二氧化碳浓度时，一些植物的光合速率会逐渐下降，最终接近或低于在普通大气二氧化碳浓度下生长的水平，即所谓的光合作用对高浓度二氧化碳的适应。

地形地势。坡度、海拔、坡向等地形地势因素通过影响森林植被面积和类型等的分布情况来影响森林碳储量。森林碳储量与地形地势的关系和森林植被面积分布有密切的关系，同时与森林植被对光照和热量的需求，以及各坡向分布的森林植被类型有关。相关研究表明，森林植被碳储量随坡度的变化表现为陡坡 > 急坡 > 斜坡 > 缓坡 > 平地，森林植被碳储量随坡向变化表现为半阴坡 > 半阳坡 > 阳坡 > 阴坡 > 平地。但从总体来看，森林碳储量随坡向变化没有随海拔和坡度变化大，各坡向的差异不明显。

2. 人为因素

土地利用方式变化。相对于其他类型陆地生态系统，森林碳储量最高，因此，森林破坏及随后的土地利用方式会导致森林植被和土壤中碳的大量释放。在鼎湖山保护区的研究表明，曾经受到人为干扰的次生植被类型森林碳储量明显低于自然植被类型。同时，人为干扰对森林土壤有机碳含量的影响非常大，砍伐森林后立即进行农业垦殖会使土壤有机碳含量迅速减少，森林砍伐后的农业垦殖使得在最初 20 年内土壤有机碳平均减少 20%，热带森林转化为耕地后的表层土壤碳损失程度甚至达到 20% ~50%。[①]

森林经营管理。不同的经营管理方式对森林碳储量的影响不一，一般认为采伐森林对其碳储量影响不大，推行施肥等措施在一定程度上能提高森林碳储量，不同的林网密度和林木栽培周期也会对森林碳储量产生影响。例如，不同经营模式下的杨树人工林碳储量存在显著差异，其中，宽窄行模式为

① 张丽萍，张镱锂．森林砍伐及其转变对土壤性质的影响［M］//自然地理学与生态建设论文集．北京：气象出版社，2006：305 -308.

7.37t/hm^2，片林模式为7.27t/hm^2，微型林网模式为4.60t/hm^2。[①] 我国亚热带杉木林地力存在严重衰退的情况，可能有大量碳储量流失，采用有效的森林管理的方法可以大幅度提高杉木林和热带、亚热带其他森林的生产力，并有效地减少二氧化碳的排放。

二、森林碳汇核算方法

随着森林碳汇在减缓全球气候变暖和发展低碳经济中的作用取得越来越广泛的共识，森林碳汇的核算问题也愈发重要。现有研究中对于森林碳汇的会计确认与计量分为实物计量和货币计量两种类型，针对不同的适用情形选择合适的计量方式，有利于森林碳汇进入森林生态服务市场，实现其应有的经济效应。

（一）森林碳汇的实物计量

1. 生物量法

生物量是指某一时刻单位面积内实存生活的有机物质（干重）总量，一般根据单位面积生物量、森林面积、生物量在各林木器官中的分配比例、林木各器官的平均含碳量等参数计算而得。该方法的优点是操作简便、技术直接、具有很高的实用性，但缺点是测量结果往往存在较大误差，主要原因在于：一是通常选择林木生长旺盛的区域作为样本，导致测得的森林碳汇量整体偏高；二是测量时通常只考虑地上部分，地下部分的植被碳含量很难获取。

2. 蓄积量法

蓄积量法是利用森林蓄积量数据求得生物量，以换算成森林碳汇量的碳估算方法。其具体原理是在林中选若干个面积一致、有代表性的样地，每个样地内测量每株树的胸径、树高，并分别记录树的种类，根据胸径、树高查询相应林木种类的二元立木材积表，把样地内的所有单株蓄积加起来，即为一个样地的蓄积，再将几个样地进行平均进而推算出整个林地的林木蓄积量。

---

① 陈乐蓓．不同经营模式杨树人工林生态系统生物量与碳储量的研究［D］．南京：南京林业大学，2008.

利用林木蓄积量和生物量之间的转换系数求得生物量，再利用生物量与固碳量之间的转换系数最终求得森林的碳汇量。蓄积量法继承了生物量法的优点，但是仍存在一些误差，比如在对转换系数的选择上，只考虑了树种，而对其他因素没有加以考虑。

（二）森林碳汇的货币计量

1. 成本法

森林碳汇的成本法评估是指在评估基准日运用现有的生产材料和技术手段重新生成与原有森林碳汇具有同等功能效用的森林碳汇所需要的成本的一种方法。基本公式为：

$$P = k_1 \times k_2 \times C \tag{4-1}$$

其中，P 表示待评估森林碳汇的价值；k_1 表示森林的成本系数；k_2 表示现行物价指数；C 表示森林资产吸收二氧化碳的能力即固碳量。由于森林碳汇是附着在林木上的，因此在运用成本法评估碳汇资产的价值时，应该运用一定方法分离森林的成本和碳汇的成本，也就是合理确定 k_1 的值，方能合理估计森林碳汇的价值。

2. 市场法

森林碳汇的市场法评估是通过分析最近被出售或被许可使用涉及的类似无形资产，将待评估的森林碳汇与这些成交的无形资产进行对比，并进行差异调整而得到其评估价值的方法。基本公式为：

$$P = k_1 \times k_2 \times \cdots \times k_n \times p \tag{4-2}$$

其中，P 表示待评估森林碳汇的价值；k_1 到 k_n 表示待评估的森林碳汇资产与碳交易市场上可参照碳汇交易之间的差异的调整系数；p 表示可比较参照交易的历史交易价格。由于我国森林碳汇交易市场的活跃度、成熟度不足，因此在使用市场法评估森林碳汇价值时，必须充分考虑不稳定的市场因素和较少的可比案例因素带来的潜在风险。

3. 收益法

森林碳汇的收益法评估是根据资产在未来可获得的收益情况来确定其价值的方法。基本公式为：

$$P = \sum_{i=1}^{n} \frac{A}{(1+r)^{i}} \tag{4-3}$$

其中，P 表示待评估森林碳汇的价值；A 表示森林碳汇未来期间的年交易价格；r 表示收益率，一般采用林业平均收益率；$i=1$ 到 n 表示该项碳汇资产获取收益的期限。收益法方法简单，可操作性强，但是由于需要合理预估未来期间的森林碳汇交易价格，主观性强，易有失公允，因此对相关评估人员的专业性以及相关法律法规的规范性要求高。

三、森林碳汇潜力

（一）世界森林碳汇概况

按照2010年世界森林资源清查数据，全球森林总面积略超过40亿公顷，森林立木蓄积总量为5270亿立方米，森林碳储量为6500亿吨，其中44%在生物量中，11%在枯死木和枯枝落叶中，45%在土壤层。[①] 森林资源分布严重不均，俄罗斯、巴西、加拿大、美国和中国这5个森林资源最丰富的国家，拥有世界一半以上的森林。如果不考虑森林碳密度的改变，一定时间内森林面积的动态变化能够大体上反映出森林碳汇的情况。根据《2010年全球森林资源评估》，大规模造林活动使得全球森林面积净损失明显减少，同时全球毁林速度已经开始出现减缓迹象，但森林破坏的形势仍然严峻。因此，就全球范围而言森林仍然是碳排放源，2005～2010年森林生物量中的碳储量每年减少5亿吨。整体上看，植树造林和再造林在2020～2100年的累计碳汇潜力将达到1000亿～3000亿吨二氧化碳，其中，2050年左右的碳汇潜力峰值约为5亿～36亿吨二氧化碳/年，说明全球森林碳汇潜力的预测结果存在较大的不确定性。

（二）我国森林碳汇概况

中国是世界森林资源总量最为丰富的五个国家之一，森林面积和蓄积总

---

① Food and Agriculture Organization of the United Nations. Global forest resources assessment 2010 [EB/OL]. [2022-06-06]. https://www.fao.org/3/i1757e/i1757e.pdf.

量居世界第五位和第六位，但存在人均不足、质量不高、分布不均的特点。根据第九次全国森林资源清查结果发布的《中国森林资源报告（2014～2018）》显示，全国森林覆盖率为22.96%，森林面积2.2亿公顷，其中人工林面积7954万公顷，继续保持世界首位。森林蓄积175.6亿立方米，森林植被总生物量188.02亿吨，总碳储量91.86亿吨，年固碳量4.34亿吨。总体上看，中国森林资源步入了良性的发展轨道，呈现出数量持续增加、质量稳步提升、功能不断增强的发展态势。

森林碳汇潜力方面，有关研究根据不同的核算方法，对森林碳汇潜力进行核算。综合来看，国内各团队对我国土地利用、土地利用变化和林业（LULUCF）碳汇潜力的测算结果显示，2030年碳汇潜力区间为10.68亿～11.95亿吨二氧化碳/年，2050～2060年约为7亿～12亿吨二氧化碳/年，其中，森林碳汇占到整体碳汇的75%以上。具体地，中国林科院朱建华研究员带领的团队基于国土三调数据和对未来国土空间规划地类的推演，设置了2030年和2060年我国森林覆盖率分别达到26%和28%的发展情景，结合森林面积和单位面积碳密度的变化趋势，预测了我国2030年和2060年森林生态系统年碳汇量分别为10.58亿吨二氧化碳/年和9.22亿吨二氧化碳/年，森林碳汇下降的原因可能在于中、幼龄林的逐渐成熟使得林地碳汇趋于饱和，持续吸收二氧化碳的能力有所下降。

四、林业碳汇项目

基于森林碳汇的功能，开发林业碳汇项目并通过市场化手段参与林业碳汇交易，是森林碳汇价值实现的重要方式，也是国际国内碳汇市场中陆地生态系统碳汇发育相对成熟的类型。林业碳汇项目主要包括森林经营项目和造林项目两类，前者为在现有森林资源上通过实施森林经营手段促进林木生长增加碳汇，后者为在无林地或少量的次生林上开展造林活动增加碳汇。

我国政府高度重视和积极支持林业碳汇项目，2001年启动国际林业碳汇项目开发活动，并于2012年颁布《温室气体自愿减排交易管理暂行办法》

及相关指南文件，推动国内林业碳汇项目开发与交易。鉴于林业碳汇项目在产生机制、技术标准和交易规则等方面的差异，可将国际林业碳汇项目划分为清洁发展机制（CDM）项目、国际核证碳减排标准（VCS）项目、黄金标准（GS）项目等主要类型，国内林业碳汇项目主要包括国家核证减排量（CCER）项目、中国绿色碳汇基金会（CGCF）项目、省级核证减排量（如福建 FFCER 和广东 PHCER）项目等不同类型。由于国际项目受到国际形势的影响较大，审核标准、技术标准和交易规则更加符合我国实际情况的国内林业碳汇项目将成为未来林业碳汇项目的主体。

（1）CCER 林业碳汇项目。主要包括碳汇造林、竹子造林、森林经营和竹子经营碳汇四大类型。通常具有一定的官方背景，由政府部门牵头组织，企业和林权主体参与实施，最终以林权经营主体为收益对象，激励林权经营主体开展造林和森林经营活动，增加碳汇规模。2017 年国家主管部门暂停受理自愿减排交易项目申请前，已有 96 个林业碳汇项目开展项目审定，其中 13 个完成项目备案，同时备案项目中已有 4 个项目陆续实现核证减排量签发交易。

（2）CGCF 林业碳汇项目。以基金会模式运营，于 2010 年 7 月正式成立，大多属于造林碳汇的范畴，旨在通过基金会为广大企业、志愿者及有志者搭建一个能够参与植树造林、林业保护以及森林公益等活动的平台，以此促进森林资源的保护和开发。截至 2019 年，CGCF 基金会已经在全国 20 多个省区市成立了绿色碳基金专项，共开展林业碳汇项目 30 多个，碳汇造林面积超过 10 万公顷。①

（3）FFCER 和 PHCER 林业碳汇项目。FFCER 和 PHCER 林业碳汇项目是服务于特定地区的林业碳汇项目，目标是本地区的碳交易市场，项目收益服务于本地区森林资源的保护和开发，已成为主体项目之外的有力补充。如福建省 2016 年启动碳市场，核证自愿减排量达 141. 19 万吨，成交额高达 2074. 44 万元②；广东省 2017 年开展了资源减排量竞价拍卖，交易量达 37612

① 郝嘉伟，王冰，唐赛男，等．林业碳汇项目类型特征及发展策略探析［J］．农业与技术，2020，40（11）：86－87.

② 黄可权，蓝永琳．林业碳汇交易机制与政策体系［J］．中国金融，2019（1）：77－78.

吨，成交额达55.4万元。[①]

专栏4-1

广东河源市又一森林碳汇项目成功交易

2018年11月，广东河源市桂山林场森林保护碳汇项目在广州碳市所在线成功竞拍，成交价90余万元。这也是河源市第三个成功交易的碳汇项目，是河源市在探索碳汇项目绿色发展方面的又一成功案例，为河源市绿色发展再添动力。

这次交易的桂山林场碳汇项目生态林面积35595亩，核定碳减排量40024吨，交易价格每吨22.5元，成交总值为90余万元。碳汇交易是指各大排放企业出钱向各林场等碳汇项目购买碳排放指标，通过市场机制实现森林生态价值补偿的一种有效途径。也就是说，只要申报的项目能够通过光合作用吸收二氧化碳，形成碳汇，达到标准，就能向市级发改部门申请，经认定并报省发改委通过后便能在平台进行交易，收益将根据林场属性分配到各级财政或村集体。

河源是林业大市，林业碳汇交易是一个极其直接且低成本的将生态优势转换成经济效益的模式。我市桂山林场、新丰江林场两个林场是全市的碳汇项目试点单位，根据市林业局工作部署，该林场在成功交易后，会将这一系列流程编辑成文，成为以后全市碳汇交易项目申报的“说明书”，让生态效益转换为经济效益。

资料来源：刘昕，张寿林．我市又一森林碳汇项目成功交易［N］．河源日报，2018-11-12(1)。

① 广州碳排放权交易所．2017年广东省省级碳普惠制核证减排量（PHCER）项目首次竞价情况［EB/OL］．(2017-06-09)［2022-06-06］．http：//www.cnemission.com/article/news/jysgg/201706/20170600001299.shtml.

第三节 农田碳汇

农田碳汇是指以农田农作物等为载体，通过光合作用将大气中的二氧化碳一部分转化为有机碳进入农作物体内，其余部分储存于土壤中，实现固定大气中二氧化碳的过程、活动和机制。根据联合国粮农组织（FAO）报告，农田是陆地生态系统的三大组成部分之一，已成为第二大温室气体排放源，但也具有巨大的固碳减排能力。因此，充分发挥农业碳汇功能，发展低排放、高碳汇、低投入、高效率的低碳农业成为巩固农业基础地位、推动农业可持续发展的关键，是实现经济低碳化发展的重要领域和根本保证。

一、影响机理

（一）农田碳循环机理

农田碳汇的本质是碳汇功能在农业方面的具体体现。其实质是利用大自然稳定的自净功能，以农作物为载体，一方面通过植物自身的光合作用吸收大气中的二氧化碳形成有机质储存到植物体内，另一方面利用土壤的固碳功能，植物体在其死后进入到土壤中形成土壤有机碳，将剩余的二氧化碳储存到土壤中去，其中一部分有机碳也会在微生物和人类活动的作用下分解，以二氧化碳气体的形式回到大气中。

（二）影响因素

1. 自然因素

农田土壤碳汇的能力与气候、土壤的物理、化学性质有关。

土壤理化性质。农田土壤自身的理化性质是影响有机碳库容量的首要因素。其中土壤质地的影响最为显著，还包括 pH 值、通气性、土壤结构及黏土矿物类型等。与砂质土壤相比，黏粉质土壤中存在更多的有机碳，可能是由于土壤黏土矿物可以通过形成有机矿质复合体固蓄土壤有机碳，进而阻止微生物的矿化分解。

温度和水分。影响土壤有机碳的环境因子中温度和水分是控制有机质分解速率的两个关键因素。温度升高导致微生物活性增加，加快有机质分解。研究显示温度提高10℃，植物残体的分解速率加快2倍。[①] 不同地域土壤有机碳对温度变化的敏感性可能不同，如黑龙江、内蒙古等生态脆弱区域对温度变化非常敏感，而南方热带、亚热带地区的变动幅度较小。土壤水分含量通过影响土壤通气性，改变土壤有机碳的矿化分解和外源有机碳的分解过程。

2. 人为因素

农田生态系统在区域尺度和短时间内更重要的是受到农户农田管理方式特别是农户耕作行为方式的短期而强烈的影响。

施肥。施肥是农田耕作管理措施影响土壤有机碳库的最重要因素，不同类型的肥料对土壤有机碳的影响不同。研究表明，长期不施肥的土壤结构性变差、供肥能力降低。单施无机肥，特别是单施氮肥的土壤碳氮比（C/N）下降，微生物活性提高，土壤有机质分解加速，特别是轻组有机碳的分解加速，致使土壤有机质老化。有机无机肥配施是目前被认可的较合理的施肥措施，既可以补充有机碳源又能改善土壤物理性状，农田土壤有机碳盈亏处于动态平衡。

秸秆还田与翻耕。随着农业生产劳动机会成本的不断升高，农户为节省劳力和时间或方便下期作物的种植，并不会将作物生物量归还到土壤中而是焚烧或作其他用途，这将会切断农田土壤碳库的输入源；在有机质分解的过程中，农户不断翻耕土壤也加速了有机碳的分解增加了碳的释放量。如果改变生产行为方式如采用秸秆还田、减少翻耕土地次数等“碳汇”措施将会使碳流入土壤的量为正，从而增加土壤中有机碳的含量。研究表明1990年以来中国目前的农田管理方式造成农田土壤碳库二氧化碳净排放量约为95Mt C/a、甲烷（CH_4）约为9.2Mt C/a，约占能源消耗所产生二氧化碳的17%、甲烷的78%。如果通过一定的农田管理措施使得秸秆还田比率由当前的15%增

① Ladd J N, Oades J M, Amato M. Microbial biomass formed from 14C, 15N-labelled plantmaterial decomposing in soils in the field [J]. SoilBiology and Biochemistry, 1981 (13): 119-126.

加到 80%，中国农田土壤碳含量将会由亏损状态（-95Mt C/a）变为盈收（+80Mt C/a）。[①]

二、农田碳汇核算方法

农田生态系统既是碳源也是碳汇，为得到农田净碳汇的核算结果，需要运用一定的方法分别核算农田碳源和碳汇。

（一）农田碳源的测算方法

农业活动产生的二氧化碳排放主要来自农用机械化石能源消耗，农膜、化肥、农药的使用，土壤呼吸作用以及秸秆焚烧。

1. 农业机械、农膜、化肥、农药等的碳源测算

目前，针对生产资料排放的二氧化碳常用以下三种方法来测算：实测法、物料平衡法和排放系数法。

实测法：大多用来计算微观尺度上的自然碳排放源，它通过产生二氧化碳区域的现场测量数据来得到碳排放量。公式为：

$$G = K \times Q \times C \tag{4-4}$$

物料平衡法：主要应用在中观尺度，对社会经济排放源和复杂自然排放源的计算，是近几年提出的一种新方法。

排放系数法：是目前在研究碳排放领域中应用最广泛的一种方法，且在宏观领域应用较多。公式为：

$$E = \sum e_i = \sum T_i \times \delta_i \tag{4-5}$$

2. 土壤呼吸的碳源测算

农田土壤呼吸排放的二氧化碳的测算方法主要有微气象法、静态气室法和动态气室法。

微气象法是指依据气象学的相关理论来测量近地层的气体排放通量，其中使用较多的是涡度相关法。

---

① 李长生，等．中国农田的温室气体排放［J］．第四纪研究，2003（5）：493-503.

静态气室法是指把气体收集室安装在待测样方上收集一定体积的二氧化碳，根据收集气体的体积和采集时间求得土壤呼吸速率。静态气室法依照装置的不同分为静态碱液吸收法和静态密闭气室法。

动态气室法是让气室连接红外线二氧化碳分析仪，通过测定二氧化碳在气室中的浓度变化估算出土壤的呼吸速率。

3. 秸秆焚烧的碳源测算

秸秆等农业废弃物的燃烧会产生大量的二氧化碳，研究发现焚烧秸秆排放的二氧化碳通常用排放因子法来测量，碳排放量是秸秆焚烧量与某种气体的排放因子的乘积。

（二）农业碳汇的测算方法

1. 农田土壤的固碳测算

农田土壤的固碳作用一般通过有机质的研究来分析，其中土壤类型法、模型方法、生命地带法和 GIS 估算法应用得最为广泛。

土壤类型法是根据土壤剖面得到的数据来计算各单位土壤的含碳量，再总结出各层次土壤的剖面数据，依照地域标准土壤图上的大小获得土壤的碳储存量。

模型方法是利用碳循环模型来测算不同土壤的含碳量。

生命地带法是依据土壤的碳密度与生态系统类型的面积大小来计算土壤的含碳量。

GIS 估算法要根据土壤有机质的属性来创建数据库，利用 GIS 计算出土壤的碳储量。

2. 农作物光合作用的固碳测算

农作物的光合作用可以吸收大量的二氧化碳，当前学术界对于农作物光合作用固碳量的计量大体有两种方式，即按面积和按作物经济产量计算的方法。其中按作物经济产量计算的方法又分为两种：一种是利用农作物呼吸作用的化学方程式；另一种是通过作物的净初级生产力来计算，这也是最为准确并广泛使用的一种方法。

3. 秸秆还田的固碳测算

秸秆具有强大的固碳增汇的能力，常通过测定土壤有机碳含量来衡量秸秆还田所产生的固碳作用。也就是先测定未经过秸秆还田的农田土壤有机碳含量，然后进行秸秆还田后，再测定同一块农田土壤有机碳含量的变化，从而得到秸秆还田的固碳量。

三、农田减排与碳汇潜力

通过温室气体减排和农田土壤固碳双重途径，农业生产尤其是种植业增加碳汇的潜力巨大。

（一）农业温室气体减排潜力

研究测算，1993～2007 年中国农田单位面积碳排放量为 0.78t CE/hm^2，其中 89% 的碳排放来自化学投入品和电力消耗[①]，据统计，中国 2013 年的农药施用量约为 180 万 t，远超世界平均水平，农药的过度使用、低效率高残留等问题也间接增加了农田碳排放[②]。国内农业生产减少化肥、农药、农膜等化学投入品使用，提高化肥等利用效率，将具有巨大的减排潜力。例如，在其他条件不变的情况下，如果减少 28% ～47% 的氮肥投入，农田每年可实现温室气体减排 4.7～70.1Tg CE[③]。国内年产生 6 亿 t 秸秆[④]，其中露天焚烧的粮食秸秆约有 0.94 亿 t，该过程会排放 919 万 t CO 和 10700 万 t CO_2[⑤]，禁止田间焚烧秸秆、引导秸秆综合利用会显著减少秸秆露天焚烧的碳排放。在秸秆还田过程中通过优化还田方式、还田时间、改变还田技术等措施，可以有

---

① 杨帆，孟远夺，姜义，等.2013 年我国种植业化肥施用状况分析［J］. 植物营养与肥料学报，2015，21（1）：217－225.

② 陈晓明，王程龙，薄瑞. 中国农药使用现状及对策建议［J］. 农药科学与管理，2016，37（2）：4－8.

③ Chai R，Niu Y，Huang L，et al. Mitigation potential of greenhouse gases under different scenarios of optimal synthetic nitrogen application rate for grain crops in China［J］. Nutrient Cycling in Agroecosystems，2013，96（1）：15－28.

④ 白若琦，白朴，吴益伟，等. 种植业固碳减排潜力和技术对策研究［J］. 江苏农业科学，2017，45（22）：279－283.

⑤ 赵建宁，张贵龙，杨殿林. 中国粮食作物秸秆焚烧释放碳量的估算［J］. 农业环境科学学报，2011，30（4）：812－816.

效减少因秸秆还田增加的甲烷（CH_4）排放。

（二）农田固碳潜力

农田固碳主要集中在农作物固碳和土壤固碳两个方面。植物光合作用是最重要的固碳过程，随着品种改良、栽培技术的提高，农作物的光合生产效率不断提升，相同的条件下，单位面积生物量提高，相应的碳汇量也会增加。据统计，中国农作物碳汇在1991～2008年间呈总体波动上升趋势，累计增长19041万t，增幅超过34%。① 土壤作为农业生产的基础，增加土壤有机质对于提高土壤固碳能力具有重要作用，研究表明，农田生态系统通过土壤有机碳固定可以实现0.4～1.2Gt C/a的固碳潜力②，近30年来国内农田土壤30cm土层中单位面积的固碳速率为85～281kg/(hm^2·a)，其中20cm土层的固碳量占65%～87%③。此外，由于国家对于秸秆焚烧的限制和秸秆还田技术的推广应用，小麦、水稻秸秆还田比例从2000年不足25%，分别提升到2010年的39.7%、36.4%，对农田土壤有机碳储量提升具有促进作用。④

第四节　草地碳汇

草地碳汇是指利用草原植被的光合作用储碳功能，通过退耕还草、加强

---

① 李波，张俊飚．我国农作物碳汇的阶段特征与空间差异研究［J］．湖北农业科学，2013，52（5）：1229－1233.

② Lal R. Agricultural activities and the global carbon cycle［J］. Nutrient Cycling in Agroecosystems，2004，70（2）：103－116.

③ Tang H J，Qiu J J，Van Ranst E，et al. Estimations of soil organic carbon storage in cropland of China based on DNDC model［J］. Geoderma，2006，134（1－2）：200－206.

Huang Y，Sun W J. Changes in topsoil organic carbon of croplands in mainland China over the last two decades［J］. Chinese Sci Bull，2006，51（15）：1785－1803.

Yu Y Q，Huang Y，Zhang W. Modeling soil organic carbon change in croplands of China：1980－2009［J］. Global Planet Change，2012：82－83，115－128.

陈镜明．全球陆地碳汇的遥感和优化计算方法［M］．北京：科学出版社，2015：195－232.

④ 赵永存，徐胜祥，王美艳，等．中国农田土壤固碳潜力与速率：认识、挑战与研究建议［J］．中国科学院院刊，2018，33（2）：191－197.

草原经营管理、减少放牧、保护和恢复草原植被等活动，将大气中的二氧化碳吸收并固定在植被与土壤当中，并按照相关规则与碳汇交易相结合的过程、活动或机制。草地生态系统是个巨大的碳库，全球草地总碳储量约为308Pg，占全球陆地生态系统的1/3，仅次于森林生态系统，中国草地生态系统碳储量为29.1Pg，约占全球草地总碳储量的10%①，在改善全球气候变暖方面具有重要作用和积极意义。

一、影响机理

（一）草地碳循环机理

草地生态系统碳循环是在大气、草地植被、土壤等系统中进行的。碳输入方面，草地植物通过光合作用吸收大气中的二氧化碳，将其转化为有机化合物并储存在植物体内，且很大比例储存于植物根系。草地植物固定的碳一部分被草食动物采食利用，另一部分则进入土壤以有机质的形式储存起来。未被动物采食的植物地上部分，通过形成枯草和枯枝落叶层然后被分解向土壤输入，地下部分通过形成植物残根向土壤输入，两者共同构成凋落物进入土壤碳库。碳输出方面，土壤呼吸是草地生态系统碳排放的主要途径，通过土壤微生物呼吸、活根呼吸、土壤动物呼吸和含碳物质化学氧化作用等活动，将土壤中的碳释放到大气中。

（二）草地退化的影响

草地退化不仅会引起草地植被覆盖率下降，加速土壤中碳的释放速度，增加大气中二氧化碳的浓度，加剧温室效应，还会降低草地的固碳能力，减弱其碳汇的作用。以草地沙漠化为例，草地沙漠化导致土壤质地变粗、容重增加、土壤有机质含量显著减少，草地植物-土壤生态系统固碳能力减弱，碳含量减少，从陆地生态系统碳汇向碳源转变，并且随着沙漠化程度由丘

---

① Schuman G E, Janzen H H, Herrick J E. Soil carbon dynamics and potential carbon sequestration by ranglands [J]. Environmental Pollution, 2002, 116: 391-396.

间低地向固定沙地、半固定沙地、半流动沙地以及流动沙地的不断加深，草地土壤中有机碳含量以几何级数递减的趋势减少。由于过度放牧、不合理的开发利用和气候变化等因素的影响，我国90%的天然草地发生了不同程度的退化，其中60%以上为中度和重度退化，对草地碳汇能力造成不利影响。

（三）草地治理的影响

草地治理可以提高草地的生产力及其对二氧化碳的吸收能力，改善草地固碳能力。人工种草、退耕还草、草场围栏封育、禁牧休牧等草地治理措施，使得草地植被得以生长或恢复、草地土壤性状得以改良，因此，草地植被-土壤生态系统中的有机碳含量会显著提高，提升退化草地的固碳能力，从而缓解气候变暖。尽管退化草地恢复过程中可以固持大量的碳，但是草地治理应及早入手，当草地超出其承载力的最大限额后，其恢复能力降低，草地治理和恢复的固碳效果减弱，过程更为漫长。

二、草地碳汇核算方法

（一）草地碳汇的实物计量

草地生态系统通过光合作用产生干物质，给初级消费者（牛羊等）提供食物的同时，释放氧气供地球生物利用，维持地球碳氧平衡。因此，固碳释氧实物量核算采用干物质量换算法，即绿色植物每生产1g干物质吸收1.63g二氧化碳，释放1.19g氧气，通过计算可得到二氧化碳中C的质量分数为0.2727，因此草地碳汇实物量计算公式如下[①]：

$$Gc = A \times Ce \times 1.63 \times 0.2727 \quad (4-6)$$

其中，Gc为草地固碳实物量，Ce为草地干物质生产量，A为草地面积。

① 吕晓洁，潘韬，张玉虎，等．西藏自治区草地生态系统服务功能损益核算研究［J］．首都师范大学学报（自然科学版），2019，40（5）：57-63.

（二）草地碳汇的货币计量

现有研究多使用影子价格法、边际机会成本法和期权定价法等对草地碳汇进行定价。各定价方法在价值理论基础、适用情况、计量方法、研究角度方面有所差异，得到的货币计量结果也不同，但均可为草原碳汇的价值计量提供一定的参考借鉴。

1. 影子价格法

影子价格法是指参加生产的各种经济资源在最优配置的情况下得到的价格，是对资源边际生产力的评价。主要以数学线性规划的方法，在限定的资源约束条件下，求解最优配置的资源价格，反映资源的稀缺程度；即资源的影子价格越高，说明资源的稀缺程度越高，边际效用越大。草地碳汇价值量的影子价格即以固定相同规模的碳所需费用来反映，计算公式如下：

$$Vc = Gc \times \beta_1 \times 10^{-4} \tag{4-7}$$

其中，Vc 为固碳价值量，Gc 为草地固碳实物量，β_1 为固碳价格，取值为 48.18 元/吨。

2. 边际成本法

草原碳汇的形成与牧区畜牧业生产息息相关，草原碳汇功能的实现主要取决于草地植被情况，而草地植被也是牧区牧民进行畜牧业生产的基础。不同的畜牧业生产方式，对草地植被的利用程度和成本投入也不同，也就是不同的草地管理方式使草地植被及地下根系土壤的碳汇量不同。边际机会成本法是社会每增加一单位自然资源生产量所引起的成本增加额，是利用某一单位的环境资源所付出的全部成本。环境资源的价格应该与其边际机会成本（MOC）相等，边际机会成本（MOC）= 边际生产者成本（MPC）+ 边际使用者成本（MUC）+ 边际外部成本（MEC）。

3. 期权定价法

采用期权定价方法计量草原碳汇货币价值时，主要分为三个发展阶段。第一阶段为静态评估法。其主要特点为：不考虑资金的时间价值；各时点上的现金流量价值相同，不予贴现；虽不能客观地反映项目的价值，但简单实用；可对项目进行初步评价。主要计算方法包括回收期法和投资收益率法等。

第二阶段为动态评估法，即现金流贴现法。其主要特点为：考虑资金时间价值，但贴现率固定；不能随项目所处环境变化反映风险变化，且投资决策是刚性的；可能使评估的结果偏离项目的实际价值；比静态评估法较客观。代表性的计算方法为净现值法、收益率法、收益成本法及年值法。第三阶段为实物期权理论。其主要特点为：以期权定价理论为基础，考虑时间价值及机会成本；以实际价值变动的概率及无风险收益率来反映风险变化，可采取延迟、收缩或扩张等柔性决策；适用于不确定条件下，周期较长、复杂性项目的价值评估；评估结果合理且接近实际价值。

三、草地碳汇潜力

（一）全球草地碳汇潜力

全球潜在草地总面积达 7695.62 万平方千米，占潜在植被总面积的 59.69%。当前气候条件下，全球潜在草地年碳汇潜力 18815.6Tg C，占全球陆地潜在植被年碳汇潜力（54505.7Tg C）的 34.52%。全球草地类型来看，萨王纳草地大类的年碳汇潜力最大，为 11095.9Tg C，占潜在草地年碳汇潜力的 58.97%，主要分布在非洲（5166.84Tg C）、美洲（2535.40Tg C）、亚洲（1783.65Tg C）和大洋洲（1572.15Tg C）。其次依次为冻原和高山草地、温带湿润草地、半荒漠草地、热荒漠草地、斯泰普草地、冷荒漠草地大类，年碳汇潜力依次为 2492.3Tg C、1687.8Tg C、1365.0Tg C、1111.0Tg C、971.4Tg C 和 92.2Tg C，分别占潜在草地年碳汇潜力的 13.25%、8.97%、7.25%、5.90%、5.16% 和 0.49%。综合全球草地类型和年碳汇潜力来看，全球草地的碳汇主体是萨王纳、冻原和高山草地大类，主要分布在非洲、亚洲、美洲和大洋洲。[①]

（二）我国草地碳汇潜力

全国潜在草地面积 549.38 万平方千米，其中冻原和高山草地大类的面积

---

① 任继周，梁天刚，林慧龙，等. 草地对全球气候变化的响应及其碳汇潜势研究［J］. 草业学报，2011，20（2）：1-22.

最大，为195.45万平方千米，占全国陆地面积的20.43%。在当前气候条件下，我国潜在草地的年碳汇潜力为773.21Tg C。其中，全国冻原和高山草地大类的年碳汇潜力最大，为250.7Tg C，占全国陆地净固碳（2951.4Tg C）的8.49%，主要分布在西藏（112.8Tg C）、青海（72.7Tg C）、四川（33Tg C）和新疆（24.1Tg C）。其次为温带湿润草地大类，年碳汇潜力为249.5Tg C，占全国陆地年碳汇潜力的8.45%，主要分布在内蒙古（69.6Tg C）、黑龙江（52.8Tg C）和甘肃（18.2Tg C）。再次是斯泰普草地大类，年碳汇潜力为127.5Tg C，占全国年碳汇潜力的4.32%，主要分布在内蒙古（42Tg C）。接下来依次为半荒漠草地、冷荒漠草地、萨王纳草地大类，年碳汇潜力依次为93.7Tg C、36.1Tg C和15.7Tg C，分别占全国陆地年碳汇潜力的3.17%、1.22%和0.53%。热荒漠草地大类年碳汇潜力最小，为0.039Tg C，主要在新疆（0.039Tg C）。综合全国草地类型和年碳汇潜力来看，我国草地的碳汇主体是冻原和高山草地、温带湿润草地、斯泰普草地和半荒漠草地大类，主要分布在内蒙古、西藏、青海、新疆、甘肃、四川和黑龙江。

第五节 湿地碳汇

湿地碳汇是指湿地植物通过光合作用吸收大气中的二氧化碳，随着根、茎、叶和果实的枯落，堆积在微生物活动相对较弱的湿地中，形成了动植物残存体和水所组成的泥炭，且在泥炭水分过于饱和的厌氧特性下固定植物残存体中的大部分碳的过程、活动和机制。湿地是独特而重要的陆地生态系统，在植物生长、促淤造陆等生态过程中积累了大量的无机碳和有机碳。据统计，湿地面积仅占全球面积的4%~6%，但湿地生态系统碳储量达到全球陆地碳储量的12%~24%[①]，反映出湿地系统对全球碳循环的重要作用。

---

① 杨平，仝川. LUCC对湿地碳储量及碳排放的影响［J］. 湿地科学与管理，2011，7（3）：56-59.

一、影响机理

（一）湿地碳循环机理

湿地既是重要的二氧化碳汇，也是甲烷的重要排放源，具有碳汇和碳源双重功能，在温室气体二氧化碳和甲烷平衡关系中发挥着重要的作用。首先，湿地作为二氧化碳汇可以利用湿地植物的光合作用将大气中的二氧化碳转化为有机质，待植物死亡后，其残体通过腐殖化作用、泥炭化作用转化为腐殖质和泥炭，以这种形式储存在湿地系统中；其次，存在于土壤中的有机质通过微生物矿化分解作用可以产生二氧化碳，同时微生物在厌氧环境下也可以对有机质进行分解产生甲烷，这两种温室气体都会释放到大气系统中去，因此湿地也可称为温室气体的“源”。

湿地碳循环主要包括2个基本过程：第一，植物通过绿色叶片的光合作用固定大气二氧化碳并形成总初级生产力，此过程主要受太阳辐射、气温、水分和养分供应等因子的驱动。此过程中植物需要消耗部分光合产物为其自身生命活动提供能量，同时释放二氧化碳。第二，植物死亡后其残体在微生物作用下分解转化，一部分形成转化成颗粒有机碳（particulate organic carbon，POC）和简单的溶解性有机碳（dissolved organic C，DOC），在水介质中经过微生物作用或直接氧化为 CO_2（HCO_3^-），一部分形成泥炭，逐年堆积。上层泥炭以及仍未完全分解的植物残体，继续参与以上分解转化。此过程是个复杂的生物地球化学过程，受植物残体本身性质、气候条件和周围诸多环境因素的影响。另外，对于开放或半开放的湿地系统，POC 和 DOC 是外界与系统之间碳交换的2个重要形态，其在湿地系统碳收支中也具有重要意义。

（二）影响因素

1. 自然因素

湿地生态系统碳循环受到土壤类型、水文状况、微生物状况、植物类型等多种自然因素的影响，使得湿地生态系统源汇的动态变化过程出现差异。湿地土壤中二氧化碳排放强度主要取决于土壤中有机质的含量及矿化速率、土壤微生物类群的数量及其活性、土壤动物的呼吸作用等。水文状况对湿地有机碳的分解转化起着重要作用，当湿地水分含量不足以形成厌氧环境时，有机物分解产物为二氧化碳，研究结果表明，二氧化碳释放量与水位呈负相关性。微生物状况也会影响到湿地土壤中二氧化碳释放，好氧微生物与厌氧微生物的空间分布与二氧化碳的产生和氧化有着密切关系。植物尤其是维管植物，其生长状况、类型、分布等对甲烷（CH_4）的产生、氧化、传输以及排放起着重要作用，不同植物类型具有不同的植物生产力，进而会影响湿地土壤中甲烷通量的变化。

2. 人为因素

人为土地利用/覆盖变化（LUCC）也是影响湿地生态系统二氧化碳净汇与甲烷排放之间的平衡关系的重要因素。LUCC 特别是对湿地进行的开垦，改变了湿地生态系统微环境，干扰了湿地生态系统正常的碳循环模式，进而影响到湿地的碳源和碳排放。研究表明，湿地被垦殖转为其他类型用地（如农田、工业用地、人工绿地、园艺用地）后，植物残体及有机碳分解速率提高，土壤中有机碳加速输出，湿地碳储量通常会出现明显下降，湿地碳汇能力减弱。例如，将湿地改变为草地和农业用地后，二氧化碳（CO_2）净释放量增加了 5～23 倍[①]。特别地，湿地受到人类活动的干扰后，水文状况和理化环境发生变化，湿地土壤有机碳通过有氧降解和厌氧发酵两种途径进行分解、转化，产生大量二氧化碳（CO_2）和甲烷（CH_4），土壤碳输出是湿地生态系统碳库减少的重要方面。但是在湿地变为城市绿地后，如果采取合理施肥、灌溉等有利于绿地植物生长的有效管理措施，反而能够增加土壤有机碳储量。

二、湿地碳汇核算方法

湿地生态系统有机碳主要存储在湿地植被和土壤中，一般湿地植被生长繁茂时，土壤呼吸相对较小，湿地有机碳汇的增量即为植被生物增加量换算

① Kasirnir-Klemedtsson A, Klemedtsson L, Bergelund K, et al. Greenhouse gas emissions from farmed organic soils: a review [J]. Soil Use and Management, 1997 (13): 245-250.

成干物质计算出的有机碳增量。维泰克尔（Whittaker）① 和施莱辛格（Schlesinge）② 提出的湿地碳汇核算方法如下：

$$WTOCS = 1000A_1 \times P \times C + 1000A_2 \times D \quad (4-8)$$

其中，$WTOCS$ 为湿地有机碳储量，单位为 t；A_1 为湿地植被覆盖面积，单位为 m^2；A_2 为湿地生态系统面积，单位为 m^2；P 为湿地单位面积平均生物量（干重），单位为 kg/m^2；C 为生物量（干重）的碳储量系数，一般取值 0.45；D 为湿地平均土壤碳密度，单位为 kg/m^2。

目前，关于植物—土壤—大气系统碳循环的研究主要分为两大部分：一是植物所固定的碳含量，对应的方法有生物量法、遥感/地理信息系统（RS/GIS）法等；二是土壤通过微生物分解呼吸向大气所释放的碳量，方法主要有箱式法、同位素法等。还有一些方法能够比较全面地测定湿地生态系统与大气之间的二氧化碳交换，如涡度相关法、涡度协方差法等。③ 湿地植物固碳量推算方法，见表 4-1。

三、湿地碳汇潜力

（一）全球湿地碳汇潜力

泥炭湿地、湖泊湿地、滨海湿地等许多类型的湿地都具有较高固碳潜力，维持和发展湿地的固碳潜力，对于增加陆地碳库和缓解全球变暖具有深远的意义。不同类型湿地由于其植被、水文、地貌特征、植被净初级生产力等不同，其碳累积速率和碳排放过程差异较大。本节主要讨论陆地生态系统中的主要湿地碳汇类型——泥炭湿地、湖泊湿地，海洋生态系统的湿地碳汇见第五章。

1. 泥炭湿地

全球泥炭湿地分布广泛，主要分布在北纬 45°～65°之间，占全球湿地面

---

① Whittaker R H, Likens G E, Lieth H, et al. Primary productivity of the biosphere [M]. New York: Springer Verlag, 1975: 305-328.

② Sehlesinger W H. Carbon balance in terrestrial detritus [J]. Ann Rev Ecol Syst, 1977 (8): 51-81.

③ 李敏霞，牛冬杰. 湿地生态系统碳平衡及碳核算方法综述 [J]. 四川环境，2011，30 (1): 133-138.

表 4－1　湿地植物固碳量核算方法

方法名称		计算方法	优点	缺点	适用性
植物固碳量	生物量法	根据样方内单株植物生物量、样方密度、生物量在各器官中的分配比例以及各器官平均含碳量进行计算	便于操作、直接，技术简单，成本比较低	结果不够精确，一般会忽略土壤微生物对有机碳的分解，而且只能测定某一时刻植物所固定的碳量	多应用于森林植被固碳研究
	RS/GIS技术	利用遥感手段获取基础数据和参数，然后再运用 GIS 和相关的生态模型分析和研究碳的动态过程	可以在大尺度上进行连续动态监测，获得的基础数据较准确	技术要求比较高，对应成本较高，短期内还无法普遍应用	不同区域范围内植被固碳情况分析
土壤排放通量	静态箱式法	用具有一定体积的箱子罩在待测地表，保证箱子的密闭性，然后每隔一定的时间采集箱内的气体来测定箱内空气中二氧化碳的变化速率；箱内的气体还可以通过碱液吸收法进行测量	操作简单，成本低，方便快捷，可重复操作，可以进行连续观测	由于箱内的气象因素会有一定的变化，可能会造成测定结果的不确定性	适用于土壤、草地、农田等碳通量的研究
	动态箱法	在静态箱制作的基础上，将箱子相对的两侧开口，设法制造流量适当的似稳气流通过，然后通过测量入口与出口处气体浓度就可以确定气体排放通量	可在空气近似于自然条件下测量，结果更为真实	仪器设备比较昂贵，测量时必须有电力供应，给野外测量带来不便	比较适用于测量瞬时和整段时间二氧化碳的排放速率
	同位素分析法	利用碳同位素在植物体内和土壤有机质中的差别对根呼吸和土壤有机物进行分析，得到有机碳的动态变化情况	可以进行原位测定，结果较为精确；可以全面深入地了解气体的物理化学变化机制，更好地解释其变化过程	实验设备昂贵，目前还无法大规模普及	适用于小型植物
整体生态系统	涡度相关技术	通过计算一定高度上垂直风速脉动和被测气体的浓度脉动之间的协方差来计算二氧化碳湍流通量	测定大气与生态系统之间二氧化碳交换量最直接的方法，可以得到时间的连续性	在实际应用中往往受限于一些技术和环境条件，空间连续性较差，不可以从局部生态系统直接推出区域的基本情况，所需设备成本比较高	下垫面平坦、均一，大气边界层内湍流剧烈且湍流间歇期短

积的50%。在过去的6000年里泥炭湿地积累的碳大约是200～445Gt①，相当于将大气中的二氧化碳浓度降低了$50\times10^{-6}g/m^3$②。受到泥炭湿地表层结构（植被状况、淹水泥炭层的厚度）和泥炭沉积速率的影响，不同泥炭湿地固碳速率大约在20～50g C/($m^2\cdot a$) 之间③。

2. 湖泊湿地

湖泊湿地的固碳速率为5～72g C/($m^2\cdot a$)，全球每年的固碳量为42Tg C/a；水库生态系统的固碳速率为400g C/($m^2\cdot a$)，全球每年的固碳量为160Tg C/a。④ 相比之下，旱地生态系统（沙漠、温带森林、草原等）碳的积累速度在0.2～12g C/($m^2\cdot a$) 之间。⑤

（二）我国湿地碳汇潜力

我国湿地资源丰富，根据第三次全国国土调查结果，全国湿地面积2346.93万公顷。关于我国湿地固碳能力的研究不多，据中国科学院生态环境研究中心段晓男等人分析，我国湖泊和沼泽湿地的总固碳潜力为7.19Tg C/a（包括红树林和沿海盐沼）。其中，湖泊湿地的固碳潜力为1.98Tg C/a，综合各湖区的平均固碳速率和湖区面积，各个湖区的碳汇潜力排序从高到低依次为东部平原地区湖泊湿地、蒙新高原地区湖泊湿地、青藏高原地区湖泊湿地、云贵高原地区湖泊湿地、东北平原地区与山区湖泊湿地；沼泽湿地的固碳潜力为4.91Tg C/a，其中，泥炭和苔藓泥炭沼泽湿地的固碳潜力占到沼泽湿地固碳潜力的20%左右，为1.05Tg C/a，内陆盐沼、腐泥沼泽等陆地沼泽湿地的固碳潜力也较大，分别为1.5Tg C/a和0.81Tg C/a。此外，恢复湿地可以

---

① Gorham E. Northern peatlands: role in the carbon cycle and prob-able responses to climate warming [J]. Ecological Application, 1991 (1): 182－195.

② Tanner C C, Sukias J P S. Upsdell M P. Organic matter ac-cumulation during maturation of gravel-bed constructed wetlands treating farm dairy wastewaters [J]. Water Research, 1998, 32 (10): 3046－3054.

③ Tolonen K, Vasander H, Damman A W H, et al. Rate of apparent and true carbon accumulation in boreal peatlands [R]. Pro-ceedings of the 9th International Peat Congress, Uppsala, 1992: 319－333.

④ Dean W E, Gorham E. Magnitude and significance of carbon burial in lakes, reservoirs, and peat-lands [J]. Geology, 1998 (26): 535－538.

⑤ Schlesinger W H. Evidence from chronosequence studies for a low carbon storage potential of soils [J]. Nature, 1990, 348: 232－234.

提高我国陆地生态系统的固碳潜力，退田还湖和退田还泽的固碳潜力分别为30.26Gg C/a和0.22Gg C/a。

第六节　土壤碳汇

土壤碳汇是指将大气二氧化碳以稳定固体的形式被直接或间接储存到土壤中的过程、活动或机制，包括直接将二氧化碳转化为钙或碳酸镁之类的土壤无机物，或间接通过植物光合作用将大气二氧化碳转化为植物能量，并在分解过程中被固定为土壤有机碳。土壤是连接大气圈、水圈、岩石圈和生物圈的枢纽，是陆地生态系统的核心，土壤碳库是陆地上最大的有机碳库，在陆地生态系统碳库中占比达到90%左右，约为植被碳库的2~3倍、大气碳库的2~3倍。另外，冻土区面积约占全球陆地总面积的50%，全球土壤碳库中50%以上的碳储存在冻土区土壤里，全球气候变暖引发冻土的消融和退化，使冻土成为气候变化的敏感区和潜在的碳排放源。因此，提高土壤碳汇在应对气候变化方面的重要地位，充分发掘土壤碳库巨大的减排增汇效益，对于我国碳达峰、碳中和目标的实现具有重要意义。

一、影响机理

（一）土壤碳循环机理

土壤碳库主要由有机碳和无机碳两部分组成。目前土壤碳循环相关研究多关注有机碳，对无机碳研究较少且研究结果差异较大。

土壤有机碳循环包含植被固定大气中二氧化碳的“碳输入”和微生物分解土壤中有机碳的“碳输出”两大环节。碳输入方面，地表（含冻土区）上方植被通过光合作用将大气中二氧化碳转化为有机物质，有机物质中的碳再以根系分泌物、死根系或者残枝落叶的形式进入土壤，并在土壤微生物的作用下转变为土壤有机质，从而形成土壤碳汇。碳输出方面，主要表现为微生物分解土壤中的有机碳，通过二氧化碳和甲烷等形式重新回到大气中。冻土生态系统在土壤碳循环乃至全球碳循环中发挥着重要作用，冻土消融和退化引发的碳输出也是微生物介导的过程，微生物分泌胞外酶将大分子有机质降解为小分子，进而吸收到体内，通过呼吸作用释放二氧化碳。

土壤无机碳多为干旱、半干旱区土壤碳库的主要形式。土壤吸收二氧化碳的机制包括大气压输送、碳酸盐溶解和土壤水包气带渗滤作用，其逆过程则释放二氧化碳，构成形成无机碳循环。

（二）影响因素

诸多自然因素和人为因素共同影响着土壤碳循环的活动过程，且人为因素对土壤碳循环和碳储量的影响程度远超自然因素（如图4－3所示）。

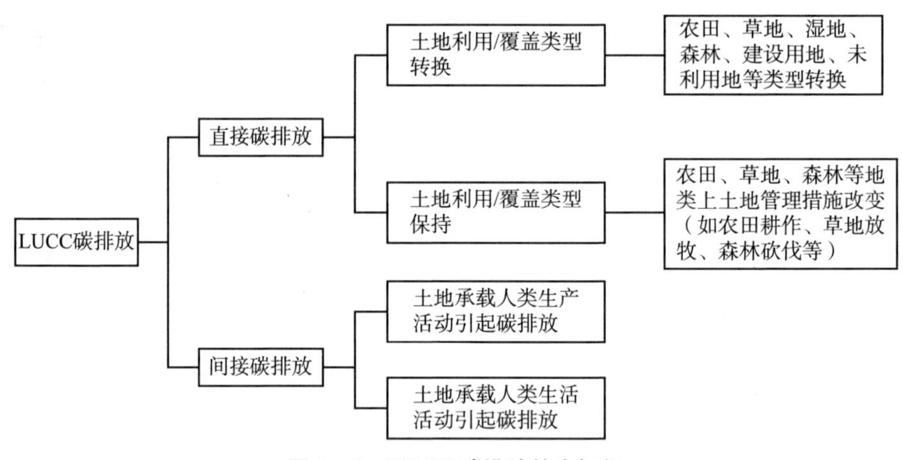

图4－3　LUCC碳排放效应框架

1. 自然因素

土壤碳库的变化受到多种物理和生物因素的影响，如土壤结构及化学、物理和生物属性，气候，植被类型，微生物生理生化过程等，且各因素之间存在相互作用。例如，温度降低使得土壤中微生物活动性下降，分解有机碳的能力相应降低，土壤碳输出减少；降雨使得植物根系水分更多，植物气孔因湿度增加张开更大，光合作用固碳过程更为迅速，碳输入增加；植被越丰茂，通过植物凋落输入土壤的有机碳就越多等。

冻土区土壤碳循环最显著的影响因素是温度。多数研究表明，温度上升增强了冻土区植被生长，带来冻土区活动层土壤碳库的显著增加，并且土壤碳的积累仅发生在下层 10～30 厘米土壤，同时直接导致冻土消融，进而随着微生物分解释放大量温室气体。冻土消融的温度敏感性受到矿物保护和微生物属性等因素影响，矿物保护会减弱冻土碳释放的温度敏感性，而微生物属性则具有双重影响。高微生物丰度（与微生物的数量有关）与活性（与胞外酶的产生有关）会促进其对增温的响应，使其碳释放量增加；高微生物多样性（微生物类群多）会在温度升高时有助于抵抗干扰，降低温度敏感性，使其碳释放变化更小。此外，土壤水分、pH 值、积雪等因素也对土壤冻融的变化产生影响。

2. 人为因素

陆地按生态类型可分成农田、森林、草地、湿地等生态系统碳库。不同土地覆盖和利用方式，土壤碳汇能力差异很大，一般表现为：森林 > 草地 > 湿地 > 农田。而未利用地和建设用地由于植被覆盖少、土地硬化程度高等因素的影响，土壤碳密度更低（见表 4－2）。因此，LUCC 是影响土壤碳排放最主要的驱动力之一，当人类活动引起 LUCC 时，一方面直接改变了生态系统的类型，从而改变生态系统的净初级生产力及相应的土壤有机碳的输入，另一方面，间接改变土壤的生物和理化属性，土壤的呼吸作用随之变化，进而影响土壤碳输出的强度。根据相关研究，部分土地利用变化使土壤碳储量呈下降趋势：草地转为人工林土壤碳储量下降 10%，天然林转为人工林土壤碳储量下降 13%，天然林转为耕地土壤碳储量下降 42%，草地转为耕地土壤碳储量下降 59%。历史上由于土地利用活动导致土壤向大气释放了 80～100Pg C，约占土壤碳库的 3%～5%[①]。另外，合理、可持续的土地利用和管理措施具有良好的土壤碳汇效应，可以通过增加土壤碳吸收（如对人工林施肥增加森林土壤碳吸收等）和减少土壤碳损失（如免耕、合理间作等减少农田土壤碳损失等）两种途径来固定更多的土壤碳。

---

① Houghton R A. Changes in the storage of terrestrial carbon since 1850 [M]//Lal R, et al. Soil and Global Change. Boca Raton, Florida: CRC Press, 1995: 45－65.

表 4-2　　LUCC 对土壤碳密度的影响（一般性结论）

变化前	变化后					
	耕地	林地	草地	湿地	建设用地	未利用地
耕地	0	+	+	+	-	-
林地	-	0	-	+	-	-
草地	-	+	0	+	-	-
湿地	-	-	-	0	-	-
建设用地	+	+	+	+	0	+
未利用地	+	+	+	+	-	0

注：表格中“-”表示碳密度下降，“+”表示碳密度上升。

3. 冻土区土壤碳循环的影响因素探究

科学界正在积极探究土壤冻融循环的时空演变及其关键驱动因子。

二、土壤碳汇核算方法

全球、国家等大区域尺度下土壤碳库变化速率的估算方法主要有 Meta 分析、土壤调查数据差减和过程模拟 3 种类型。Meta 分析主要采用已有文献中的相关数据计算土壤碳变化速率，土壤调查数据差减是通过两期土壤调查实测数据直接差减计算变化速率，过程模拟则是根据气候、土壤、管理等影响因子构建机理模型估算变化速率（常见的模型有 DNDC 模型、Agro-C 模型等）。Meta 分析和两期调查数据差减，在土壤有机碳（soil organic carbon，SOC）变化速率估算中没有整合 SOC 周转过程，主要用于估算“过去”的 SOC 变化速率，并不能获得 SOC 动态的逐年“演变”规律，也难以预测“未来”的固碳潜力。过程模型则整合了 SOC 周转的机理过程，广泛用于“未来”不同假定情景下的固碳潜力预估。

依据《IPCC 2006 年国家温室气体清单指南（2019 修订版）》：土壤碳汇可采用一段时期内土壤碳库的净增加量来表达，土壤碳库是植物剩余物等碳投入与微生物分解等产生的碳排放二者之间动态平衡的结果。土壤碳汇核算主要体现在“农业、林业和其他土地利用”部门，每种土地利用类别都涉及三种碳汇，分别是生物量、死有机物质以及土壤。土壤碳汇核算对象主要是达到国家选择的规定深度的矿质土中的有机碳（默认深度是30厘米，各国可根据实际情况调整），包括土壤中凭经验不能区分的、直径小于2毫米的细根和死有机物质等。土壤碳汇的核算方法主要有三种：①缺省方法，排放/清除因子和参数的默认值来自IPCC-1996-LUCF或IPCC-GPG-LULUCF。②纳入国家特定数据，采用具有较高分辨率的本国活动数据和排放/清除因子或参数。③高级估算系统，使用测量和/或建模的方法，改进碳排放量和清除量的估值。

三、土壤碳汇潜力

（一）全球土壤碳汇潜力

全球土壤有机碳储量估计大约为1500Pg C。从空间分布上看，全球大部分土壤有机碳储存在北半球，特别是北部多年冻土区（包括北方湿润区），统计表明，尽管多年冻土区仅占全球土壤面积的15%，却存储了全球60%的土壤碳。[①] 从生态系统结构上看，IPCC相关研究结果显示，全球森林土壤中的碳存储总量达7870亿吨，其中寒带森林土壤碳存储总量达4710亿吨，草原土壤碳存储总量达5590亿吨，湿地土壤碳存储总量达2250亿吨，农田土壤碳存储总量达1280亿吨。[②] 土壤碳汇潜力方面，2020年发表在《自然》子刊《自然·可持续发展》（*Nature Sustainability*）上的最新研究成果表明，保护和重建土壤有机碳可以为全球增加55亿吨二氧化碳/年的碳汇潜力，占全球自然气候解决方案总潜力的25%。其中，40%的潜力是对现有土壤碳的保护，60%的潜力是对濒危种群的重建。土壤碳分别占森林减排潜力的9%、湿地减排潜力的72%、农业和草地减排潜力的47%。其中，农田作

① Turetsky M R, Abbott B W, Jones M C, et al. Carbon release through abrupt permafrost thaw [J]. Nature Geoscience, 2020 (13): 138－143.

② 周飞飞．土壤碳汇：走在减排科学的前沿［N］．中国国土资源报，2010－04－21（6）．

为受人为管理措施影响最为强烈的土壤利用方式，其土壤有机碳库最为活跃，农田土壤有机碳库也成为唯一可在短时间内通过合理利用而进行适度调节的碳库。

全球冻土区面积约占陆地总面积的 50%，一般分为季节冻土和多年冻土，多年冻土又分上下两层，上层是冬冻夏融或者夜冻昼融的活动层，下层是多年冻结不融的永冻层。冻土是陆地生态系统中最大且周转时间最长的碳库，冻土融化可能会成为一个巨大的碳源，特别是冻土的突然解冻过程会威胁到 50% 的冻土碳储量。在 RCP8.5 情景下，气候变化使得冻土突然解冻速率迅速增长，解冻的面积预计在 2000～2300 年期间增加 3 倍，从 1900 年的 90.5 万平方公里（约占整个多年冻土区的 5%）增长到 2300 年的 250 万平方公里。到 2300 年，冻土突然解冻导致的累积碳排放量约为（80±19）Pg C，而冻土缓慢融化预计导致的碳损失将达到 208Pg C，突然解冻的碳损失相当于缓慢融化碳排放的 40%，导致生态系统从净碳吸收转变为净碳释放。另外，随着时间的推移，突然解冻的区域会变得稳定而逐渐恢复，因此有可能再次形成永久冻土。研究表明，从 2000～2300 年，在冻土突然解冻后的稳定期，植被的恢复抵消了约 20% 的碳排放量（约 51Tg C/a）。[①]

（二）我国土壤碳汇潜力

在我国陆地生态系统整体中，土壤总有机碳库达 2500 亿～3300 亿吨二氧化碳当量，无机碳库约 600 亿吨。陆地森林、灌木林、草地、湿地和农田四种陆地生态系统碳库总储量约为（79.24±2.42）Pg C。其中，82.9% 存储在土壤，16.51% 存储在植被中，0.6% 存储在凋落物中，土壤碳库是草地、湿地和农田生态系统的主体（见表 4－3）。从空间分布看，受到气候、地形等影响，我国土壤碳库储量大致为东高西低的地理格局。东北地区兴安山、青海祁连山和巴彦哈尔、北疆天山和阿尔塔山土壤碳密度最大，其次是南部

---

① Turetsky M R, Abbott B W, Jones M C, et al. Carbon release through abrupt permafrost thaw [J]. Nature Geoscience, 2020 (13): 138－143.

和东南部地区，土壤碳密度较低的是新疆、甘肃河西走廊和黄土高原等部分地区。①

表 4-3　　我国陆地生态系统碳库储量　　单位：Pg C

生态系统	植被碳库	土壤碳库	碳库总量
森林	10.48	19.98	30.46
灌木林	0.71	5.91	6.62
草地	1.35	24.03	25.38
农田	0.55	15.77	16.32
湿地	0.27	6.18	6.45
建设用地	0.17	1.78	1.95
其他用地	0.76	1.34	2.10
无植被土地	—	—	—
总和	14.29	74.98	89.27

注：其他用地包括乔木园、乔木花园、灌木园、灌木花园、草坪等；无植被土地包括裸露的岩石、戈壁沙漠、盐碱地和永久的冰雪。

资料来源：Tang X L, et al. Carbon poolsin China's terrestrial ecosystems: New estimates based on an intensive field Survey [J]. PNAS, 2018, 115 (16): 4021-4026。

近年来国内外学者对我国土壤固碳潜力甚为关注，但多数研究集中在某个试验地区或某种生态系统类型，全国尺度下涵盖各类生态系统类型的土壤碳汇潜力研究不多。国际土壤科学联合会主席拉坦·拉尔（Rattan Lal）粗略估算，2000～2050年中国土壤固碳总潜力为400亿～440亿吨二氧化碳，其中土壤有机碳封存潜力为3.8亿～7.3亿吨二氧化碳/年，无机碳封存潜力为0.26亿～5亿吨二氧化碳/年。中国科学院植物研究所方精云研究团队在《IPCC 2006年国家温室气体清单指南》框架基础上，发展了符合我国国情的陆地生态系统碳收支计量方法体系，基于17090个野外调查样地实测数据，评估出2001～2010年我国土壤碳库储量年均增加2.7亿吨二氧化碳/年。对

① Tang X, Zhao X, Bai Y, et al. Carbon pools in China's terrestrial ecosystems: New estimates based on an intensive field survey [J]. Proc Natl Acad Sci USA2018, 115: 4021-4026.

比两项研究，土壤碳汇潜力测算的范围存在差异，前者包括了土壤无机碳库，后者仅考虑了林地、灌木林、草地和农田等生态系统的土壤有机碳，未考虑湿地、聚居地和其他土地。

冻土碳库及潜在碳排放也亟须重视。我国的多年冻土面积约占北半球的7%，主要分布在青藏高原（约 $1.05\times10^6km^2$）、中西部山地（约 $0.30\times10^6km^2$）以及东北北部的大小兴安岭和长白山等山地（约 $0.24\times10^6km^2$）。其中，青藏高原是中低纬度面积最大的多年冻土区，以青藏高原为核心的第三极也是全球气候变暖最强烈的地区之一。研究表明，该冻土区土壤有机碳自东南向西北递减，0～3m 土壤有机碳总储量约为46.18Pg C，其中多年冻土区21.69Pg C，季节冻土区24.49Pg C。关于未来青藏高原多年冻土退化导致碳排放的预测研究表明，多年冻土退化导致的二氧化碳排放速率范围在0.08～4.5Pg C/a，青藏高原冻土区湿地甲烷（CH_4）的排放速率为0.215～0.412Tg C/a。①

① Wang D, et al. A 1km resolution soil organic carbon dataset for frozen ground in the Third Pole [J]. Earth System Science Data, 2021, 13 (7): 3453－3465.

第五章 海洋生态系统与碳汇

海洋在全球碳循环中扮演重要角色，是地球碳循环的关键组成部分，也是我们这个星球上最大的二氧化碳（CO_2）吸收汇，约93%的二氧化碳的循环和固定通过海洋完成，是大气循环和固定二氧化碳的50多倍。海洋吸收了人类引起的1/3碳排放（IPCC，2019），其储碳形式包括无机、有机、颗粒和溶解碳等形态。海洋碳汇能力受潮汐洪水、沉积物、温度、光照、盐度、无机碳、无机磷、湿地开发等自然和人为因素的驱动，也受植物生产力和物种组成、植物迁移率和有机物分解速率的影响。海洋碳汇中，植物生境尤其是红树林、盐沼和海草的覆盖面积不到海床的0.5%，但植物生境构成了地球的蓝色碳汇，占海洋沉积物中碳储存量50%以上，甚至可能高达71%。海洋固碳在速率方面也具有优势。有研究表明海洋生态系统固碳速率是森林的10～50倍，而且随着每年存储二氧化碳量的增加，已跻身为世界上最主要的碳捕集方式。①

第一节 海洋生态系统碳汇

2009年联合国环境规划署、粮食农业组织、教科文组织以及政府间海洋学

① Nellemann C，Corcoran E，Duarte C，et al. Blue Carbon：The role of healthy oceans in binding carbon：a rapid response assessment [M]. Arendal，Norway：GRID-Arendal，2009：589－598.

会共同合作完成的《蓝碳：健康海洋的固碳作用》中，将海洋碳汇定义为海洋作为一个特定载体吸收大气中的二氧化碳并将其固化的过程和机制，也称“蓝碳”，与陆地上的绿色植物通过光合作用固定空气中的二氧化碳的“绿碳”相对应。海洋碳汇主要分为三部分：一是滨海湿地碳汇，主要是以红树林、盐沼湿地、藻类、泥质滩涂等系统的海洋生物碳汇；二是近海浮游微生物碳汇；三是大洋海水溶解吸收。海洋系统作为最高效的碳汇载体，不仅能长期储存碳，而且能重新分配二氧化碳。地球上超过55%的碳汇作用是由海洋完成的。这些碳通过物理化学作用或海洋生物光合作用，一起实现由气体形态向生物碳或其他形式的固定化（见图5-1），其中一部分被海洋长期储藏起来，并通过食物链等形式被永久封存在海底深处。相关研究指出，大陆架边缘海区是受人类活动影响密切的区域，而其碳汇吸收量则占据了海洋中碳汇总蕴含量的27%~30%。[①]

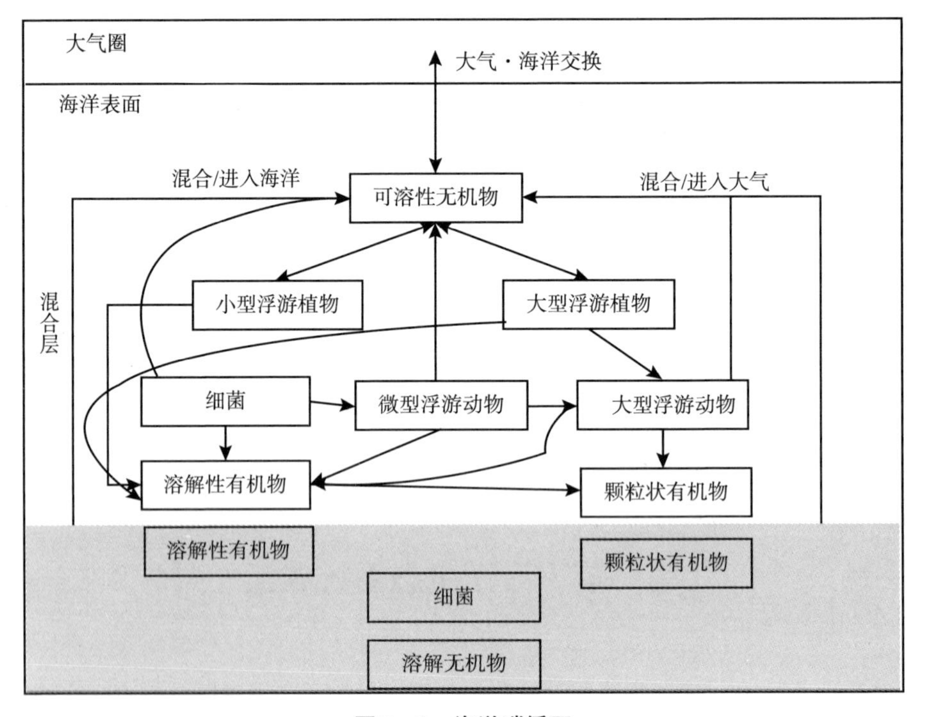

图5-1　海洋碳循环

① Vaidyanathan G. “Blue Carbon” plan takes shape [J]. Nature, 2011 (20): 60-62.

根据世界自然保护联盟（IUCN）和大自然保护协会（TNC）2016 年发布的《强化国家自主贡献：基于海洋的气候行动机会》报告，在全球范围内实施基于海洋的减缓方案，通过海洋生态系统养护、应对海洋酸化等路径，可到 2030 年每年减少近 40 亿吨二氧化碳的排放，到 2050 年每年减少 110 亿吨二氧化碳。因此，海洋吸收、固定二氧化碳是生态系统服务的重要功能之一，在全球大气环境不断恶化的情况下，显得尤为重要（见表 5－1）。

表 5－1　　造福人类自然和经济的海洋解决方案

	平等发展	有效保护	可持续生产
可持续海洋经济	到 2030 年新增 1200 万个就业岗位	减少 1/5 的温室气体（GHG）排放量，实现全球 15℃控温目标	到 2050 年可再生能源增加 40 倍以上
	到 2050 年可持续海洋投资将带来 15.5 万亿美元的净收益	30% 得到全面保护的海洋保护区将恢复和保护栖息地与生物多样性	到 2050 年可持续海产品增加 6 倍以上

一、海洋固碳作用机理

海洋作为二氧化碳的缓冲系统，其容量巨大，整个海洋中蓄积的碳总量达到 3.9×10^{13}t，占全球碳总量的 93%。① 其中生物泵（BP）、微型生物碳泵（MCP）和碳酸盐碳泵（CCP）是海洋储碳的重要机制。

生物泵是指由光合藻类生物、浮游动物等作用，将大气中二氧化碳转变成颗粒有机碳并被沉降到海底的过程，但效率并不高。微型生物碳泵指海洋微型生物通过生长代谢或生物链关系分泌或释放惰性溶解有机碳（RDOC）的过程。碳酸盐碳泵是微生物诱导产生碳酸盐沉淀的过程。

“三泵集成”设想仅靠自然过程难以实现，需要利用生态工程，通过促进光合藻类生长、施加橄榄石粉和黏土矿物等物质使得藻类有机质快速沉积，并在海底形成厌氧环境（黏土矿物作用），由微生物将易降解有机质在高 pH

① 刘慧，唐启升．国际海洋生物碳汇研究进展［J］．中国水产科学，2011，18（3）：695－702.

值和高碱度（橄榄石水解作用）条件下转变成 HCO_3^- 与 Ca^{2+} 结合，大幅提升碳酸钙矿物的产生速率。

二、全球海洋碳汇潜力

当前，国际上没有针对全球 0～6m 水深海域的海洋碳汇能力估算。海洋碳汇潜力主要涉及红树林、盐沼湿地、海草床、河口、大陆架、藻类等海洋生物碳汇，海洋微生物碳汇，海水溶解等。

（一）海洋生物碳汇潜力

全球自然生态系统通过光合作用捕获的碳称为“生物碳”，其中约 55% 的生物碳由海洋生物捕获，特别是红树林、盐沼湿地和海草床能够捕获和储存大量的碳。被这些植物捕获的碳有的被转移到周边生态系统，有的以腐殖质的形式埋入沉积层并被永久封存起来。海藻丛林的固碳作用最为显著，它们在某些海区能够形成厚达 3m 的生物沉积层。从全球来看，“蓝碳”每年储存的碳量是 120～329Tg C①，相当于海洋碳汇年储量的一半左右②。同时，海岸带植物群落的碳捕获速率也非常高，是大洋平均碳捕获速率的 180 倍。海洋浮游植物每年通过光合作用捕获的二氧化碳超过了 36.5Pg C。③ 浮游动物的活动是控制大洋海水中颗粒碳沉积的主要因素，被浮游生物捕获的 CO_2 中，大约有 0.5Pg C/a 沉积并储存在海底。以中国黄海为例，其各季节平均初级生产力为 425～502.37mg/(m^2·d)④，而黄海海域总面积为 38×

---

① Duarte C M, Middelburg J, Caraco N. Major role of marinevegetation on the oceanic carbon cycle [J]. Biogeosciences, 2005 (2): 1-8.

② 郭治明．蓝碳：应对气候变化的海洋方案［EB/OL］．(2021-04-23)［2022-06-06］．https://baijiahao.baidu.com/s?id=1697811570857063490&wfr=spider&for=pc.

③ González J M, Fernandez-Gomez B, Fendandez-Guerra A, etal. Genome analysis of the proteorhodopsin-containing ma-rine bacterium Polaribacter sp. MED152 (Flavobacteria): Atale of two environments [J]. Proc Natl Acad Sci USA, 2008, 105: 8724-8729.

④ 朱明远，毛兴华，吕瑞华，等．黄海海区的叶绿素 a 和初级生产力［J］．黄渤海海洋，1993，11 (3): 38-51.

金显仕，赵宪勇，孟田湘，等．黄、渤海生物资源与栖息环境［M］．北京：科学出版社，2005.

$10^4km^2$①，因此黄海浮游植物年固碳的总量为58.91～69.68Tg C②。中国渤海、黄海、东海的浮游植物固碳强度合计约为222.0Tg C/a，而整个中国近海浮游植物年固碳量达638.0Tg C/a，占全球近海区域浮游植物年固碳量的5.77%。③

《蓝碳：健康海洋对碳的固定作用—快速反应评估报告》估算了全球红树林、盐沼湿地和海草床的碳汇（生物泵）为4.18亿～4.8亿吨CO_2/年，河口为2.97亿吨CO_2/年，大陆架区为1.66亿吨CO_2/年。因此，全球红树林、盐沼湿地、海草床、河口、大陆架等的碳汇能力综合为8.7亿吨CO_2/年。加上大型藻类的碳汇量，全球海岸带的碳汇能力约为10.7亿吨CO_2/年。

（二）海洋微生物碳汇潜力

海洋微生物是一个生态学概念，指的是个体小于20μm的微型浮游生物和小于2μm的超微型浮游生物，包括各类自养、异养、真核、原核的单细胞生物以及没有细胞结构但有生态功能的浮游病毒、噬菌体。海洋浮游生物、细菌和病毒占海洋生物总量的90%④，其生产力则占海洋初级生产力的95%以上⑤。海洋病毒的数量估计为1×10^{30}个。海洋中每1秒钟都有大约1×10^{23}次病毒侵染发生，导致每天有20%～40%的表层原核生物受到感染并释放出108～109吨碳。⑥ 估计有大约25%的生物有机碳都是在病毒的作用下

---

① 中国科学院《中国自然地理》编委会．中国自然地理：海洋地理［M］．北京：科学出版社，1979.

② 王其翔．黄海海洋生态系统服务评估［D］．青岛：中国海洋大学，2009.

③ 宋金明，李学刚，袁华茂，等．中国近海生物固碳强度与潜力［J］．生态学报，2008，28（2）：551－558.

④ Sogin M L，Morrison H G，Huber J A，et al. Microbial diver-sity in the deep sea and the underexplored "rare biosphere"［J/OL］. PNAS，2006 103（32）：12115－12120. www. pnas. org_cgi_doi_10. 1073_pnas. 0605127103.

Suttle C A. Marine viruses-major players in the global eco-system［J］. Nat Rev Microbiol，2007（5）：801－812.

⑤ Pomeroy L R，Williams P J，Azam F，et al. The microbialloop：In a sea of microbes［J］Oceanography，2007，20（2）：28.

⑥ Suttle C A. Marine viruses-major players in the global eco-system［J］. Nat Rev Microbiol，2007（5）：801－812.

得以转化。[①] 海洋细菌能在阳光的作用下利用变形杆菌视紫红质（proteorhodopsin）吸收二氧化碳，约有半数海洋细菌都具有变形菌视紫质。

（三）海水溶解碳汇潜力

海洋总面积约占地球总面积的70.8%，是全球碳循环系统的一个重要子系统。每年来自矿物燃料的二氧化碳中大约40%，即约2×10^{5}g C被海洋吸收进入海洋中，主要以碳酸氢根离子和碳酸根离子的形式存在。海洋从大气中吸收的二氧化碳（107×10^{15}g C）稍大于从海洋返回大气中的二氧化碳（105×10^{15}g C）。[②] 大气中的二氧化碳是可溶性的，通过水流涡动、二氧化碳气体扩散和热通量等一系列物理反应进行碳的物理交换，实现海洋中的碳转移过程。据统计，1959~2016年，在人为累积排放的（415±45）Gt C的二氧化碳中，海洋吸收了其中的23%，海洋对人为二氧化碳的吸收减少了大气中的温室气体含量，在一定程度上缓和了全球变暖。近年来，研究学者采用厢式模型（BM）和普通环流模型（GGM）[③] 估算海洋每年从大气中吸收二氧化碳约为44亿吨；采用环流模型预测计算得出，到2050年，全球海洋每年从大气中吸收二氧化碳达55亿吨。

三、巩固提升路径

海洋是地球上最大的活跃碳库，有着巨大的碳汇潜力和负排放研发前景。海洋负排放潜力巨大，是当前缓解气候变暖最具双赢性、最符合成本-效益原则的途径。我国的海洋碳汇理论研究已走在国际前沿，需要进一步推动科学与政策的连接。

（一）通过陆海统筹减排增汇

加强典型河口和近海生态系统微型生物适应机制以及储碳效应研究，通

---

① Hoyle B D, Robinson R. Microbes in the ocean [M/OL]. Water: Science and Issues, 2003 [2010-03]. http://findarticles.com/p/articles/mi_gx5224/is_2003/ai_n19143480.

② 方精云．全球生态学：气候变化与生态响应 [M]. 北京：高等教育出版社，2000.

③ 严国安，刘永定．水生生态系统的碳循环及对大气CO_2的汇 [J]. 生态学报，2001（5）：827-833.

过整合长期数据资料，结合实验研究，解析河口和近海生态系统微型生物对多变环境的适应机制以及对人类活动和气候变化响应的生态韧性，认知河口近海固碳/储碳动态变化规律，确立可用于生态调控的主导因素。研究陆源输入与河口近海碳“源-汇”转换的生态动力学机制，解析陆源输入有机碳的结构特征、营养盐的动态行为、淡水/海水锋面生物地球化学过程，通过实验和生态模拟，认知 BP 和 MCP 联合增汇的优化边界条件。进行陆海统筹典型河口海区负排放生态工程示范：选择研究基础较好、资料积累较多、陆源输入可控、环境参数可测的河口海区，开展现场生态调控示范性研究。结合现场实测数据和面上遥感数据，检验微型生物固碳/储碳能力随环境条件变化的参数拟合度，评估大范围推广应用的可行性和生态效益。建立陆海一体化的碳汇监测网络和陆海联动的减排增汇模式，统筹协调环境保护与社会经济可持续发展。

（二）增加海洋缺氧、酸化环境的碳汇潜力

对近海典型缺氧酸化海区进行系统的现场观测，解析 MICP 自然过程与驱动机制。在上述基础上进行矿物添加实验，研究碱性矿物在海水中的行为及其化学热力学和生态动力学过程，获取系统的过程参数，解析 MCP + CCP + BP 储碳最大化的环境条件和调控边界值。在典型缺氧酸化海区建立海洋负排放示范区，建立 MICP 综合储碳模型，打造可复制的海洋负排放工程样板。

（三）提升滨海湿地生态服务功能与增汇

选择典型的盐沼湿地、红树林湿地和海草床生态系统，建立滨海湿地碳通量监测网络，查明滨海湿地水—土—气生物循环中的碳通量、时空演变与受控机制；对互花米草等外来物种进行系统的研究，全面认识其在生态系统中的作用与功能，综合评估其生态风险和“碳-汇”效应。构建滨海湿地蓝碳示范区，建立不同类型的滨海湿地固碳增汇的生态管理对策。

（四）通过海水养殖增强碳汇潜力

系统研究综合海水养殖区固碳储碳过程与机理、查明各个环节的碳足

迹、建立有效的碳计量方法、形成技术规程，为海洋碳汇交易做好技术准备；实施海水养殖负排放工程，基于环境承载力进行贝、藻、底栖生物等不投饵生物标准化混养，形成多层次立体化生态养殖格局，实施清洁能源驱动的人工上升流生态增汇工程；建立健康的海洋牧场模式，恢复和发展原有种群和群落，例如实施“蛎礁藻林”工程，以人工块体为附着基恢复浅海活牡蛎礁群，建立以活牡蛎礁为基底的野生海藻场，形成野生贝藻生态系统，拓展蓝碳富集区和海洋生物栖息地，促进海洋负排放与生态系统可持续发展。

（五）加强珊瑚礁生态系统“源－汇”效应评估与增汇

第一，加强珊瑚礁生物固碳机理、生物之间的物质转化以及主要的钙化生物对碳酸盐沉积的贡献的研究，示踪并定量各营养层级和珊瑚共生体的碳流分配，阐释珊瑚弹性营养方式对碳汇过程的影响机制，建立珊瑚高分辨率碳特征标识体系；第二，揭示微型生物在珊瑚礁系统有机碳埋藏/无机碳矿化平衡中的作用，阐明惰性有机碳在珊瑚礁区的动态变化过程及其“源－汇”效应，基于实验参数，建立普适性模型，回答学术界对于珊瑚礁系统长期悬而未决的“源－汇”悖论；第三，建立有关珊瑚礁碳循环以及珊瑚礁系统碳增汇模型，针对不同珊瑚礁区域碳库变动的共性/特异性和环境差异，研究惰性有机碳调控及人工上升流工程对珊瑚礁系统的生态影响，解析有机碳生态调控的动力学过程和边界效应，建立多重胁迫下的珊瑚礁增汇模型，并在典型海区进行示范研究。

（六）加强海洋碳汇核查技术体系研发

根据海洋微型生物多样性极高、生态功能各异、所介导的碳循环过程复杂等特点，解析碳汇相关的关键微型生物物种、功能基因家族、代谢产物水平上的碳汇图谱；针对海水的流动性所带来的碳汇溯源难题，根据微型生物碳泵理论追踪惰性有机碳的化学结构特征、生物合成特征以及基因特征，研发分子水平上高分辨率有机碳溯源与示踪技术；通过环境基因组测序，建立碳汇主线关键微型生物物种和功能基因碳指纹与环境参数数据库；高分辨率碳指纹监测技术，如碳汇功能基因芯片、高分辨率质谱等，建立用于海洋碳汇核查估算的技术规程与标准体系。

第二节　滨海湿地碳汇

海洋生物碳汇包括红树林、盐沼湿地、海草床、河口、大陆架和藻类等。特别是红树林、盐沼湿地和海草床能够捕获和储存大量的碳。

一、固碳功能及机制

（一）红树林

红树林是分布在热带、亚热带潮间海岸带的木本植物群落，具有独特的形态结构特征和生理生态过程，对潮间带滩涂环境具有很强的适应能力。我国红树林总面积约为 $3.3\times10^4hm^2$①，主要分布于广东、广西、海南、福建、台湾、浙江、香港和澳门等地，共有真红树植物和半红树植物 34～38 种，如红树、秋茄树、红茄苳、海莲和木榄等。此外，由于大部分红树植物不耐寒，其分布呈随纬度增加而减少的趋势且以灌木树种为主。由于红树林水热环境优越，植被生产力较高，并且地下根系周转较为缓慢，较高的沉积速率和较低的分解速率使得红树林生态系统有着较高的固碳能力，是全球重要的碳汇之一。

红树林固碳主要通过红树林初级生产力、沉积物有机碳的埋藏等途径实现，其中 88.9% 由植物体吸收固定，剩下的 11.1% 隔离在土壤中。红树林拥有高净初级生产力，可以吸收大气中的二氧化碳并储存在植被和土壤中。在潮汐过程中，红树林复杂的植被地上结构（如地表支柱/呼吸根、茂密的植株等）发挥的消浪作用，有利于促进潮水中颗粒有机碳的沉降，植

① 贾明明．1973～2013 年中国红树林动态变化遥感分析［D］．北京：中国科学院大学，2014：1－128.

物凋落物和死亡的根系分解后部分也能埋藏到沉积物中。随着红树林发育，土壤 pH 降低、温度降低、红树酚类的输入等变化都有利于红树植物有机碳在土壤中累积。同时，红树林中食草性底栖动物对红树林凋落物的储存和摄食作用也促进了红树植物有机碳埋藏进入土壤。高多样性的微生物群落持续不断地将红树林凋落物转化成可被植物利用的氮、磷或其他营养物质。

（二）盐沼

盐沼是地表过湿或季节性积水、土壤盐渍化并长有盐生植物的地段，广泛存在于全球中高纬度地区滨海淤泥质海岸的潮间带，以温带地区分布最为广泛。其基本特性为地表水呈碱性、土壤中盐分含量较高，表层积累可溶性盐，其上生长着盐生植物，植被类型以草本植物为主。由于盐沼生境不利于植物生长，故植物种类少，群落结构简单，多为单层，类型也较少。

盐沼在我国沿海各省均有分布，北方盐沼植被群落以芦苇、碱蓬、柽柳等为代表，南方以茳芏、芦苇、盐地鼠尾粟、海雀稗等为代表。全国芦苇滩、碱蓬滩、海三棱藨草滩和互花米草滩的总面积至少 1206.54km^2。① 滨海盐沼湿地具有相对较高的碳沉积速率和固碳能力，在缓解全球变暖方面发挥着重要作用。

海床下的有机物质生产是盐沼土壤有机碳的最重要来源，盐沼土壤中所积累的有机质的来源有内源输入和外源输入两种。内源输入主要指湿地植被的地上凋落物和地下根残体、浮游植物、底栖生物的初级生产和次级生产的输入。在滨海盐沼，植被不仅是固碳的初级生产者，还在滩面垂直增长和演化中扮演重要角色。在许多盐沼，地下生产力显著高于地上生产力。这些土壤生物量不容易输出到碎屑食物链中，而是作为有机质储存于土壤中，通过根的生产而导致的土壤中有机质的积累是盐沼土壤持续垂直增长的关键。外源输入主要指通过外界水源补给过程，如地表径流、地下水和潮汐等携带进来的颗粒态和溶解态的有机质。受潮汐影响，涨潮时海水流经过植物群落后，

① Guan D-M. China's Coastal Wetlands [M]. 北京：海洋出版社，2012.

流速大幅减弱，水中所携带的大量颗粒物沉降，而在落潮初期的水流速度小，无法使滩面沉积物发生再悬浮，加大了盐沼的沉积速率，从而实现了固碳的功能。

（三）海草床

海草是指生活在热带和温带海域浅海中的单子叶种子植物，属于大型沉水植物，它们具有高等植物的一般特征，在水中完成生活史。单种或多种海草植物沿着潮下带形成海上草场，又称海草床。海草床主要分布于除南极外的 -6m 浅海水域，其分布深度可达 90m。全球海草床总面积为 1770 万 ~ 6000 万 hm^2。① 我国海草床面积约为 8765.1hm^2，分布范围较广泛且海草类型多样，基于其分布特点，可划分为中国南海和中国黄渤海两大分布区，目前已确定的海草植物共 22 种，隶属于 4 科 10 属，约占全球海草种类总数的 30%。其中，广东、广西的海草床主要优势种为喜盐草，在海南和台湾广泛分布的为泰来藻，山东和辽宁则主要为叶藻。②

海草床属于独特的海洋生态系统，虽然占海洋总面积的比例很小，但具有极高的初级生产力，在地球系统碳循环中起着不可忽视的作用，每年所捕获并封存于沉积物的碳总量在各类滨海生态系统中仅次于滨海盐沼，高于红树林，保守估计全球海草床的碳储存范围为 4.2 ~ 8.4Pg C。③

海草床的固碳功能主要表现在较强的初级生产力、强大的悬浮物捕捉能力以及低分解率和相对稳定性等方面。在自身固碳方面，海草植物通过光合作用从大气/海洋中吸收二氧化碳，并将其转化为植物组织（如叶片、茎、根/根状茎）以增加植物生物量。植物生物量的很大一部分被分配到根和茎，并在厌氧条件下缓慢分解，从而将碳储存在沉积物中。在有机悬浮颗粒物捕获方面，由于海草床分布在广阔的滩涂中，经常受到波浪、潮汐和海岸洋流

① Duarte C M, Boyum J, Short F T, et al. Seagrass ecosystems: Their global status and prospects [J]. Aquatic Ecosystems, 2005: 281 -294.

② 郑凤英，邱广龙，范航清，等. 中国海草的多样性、分布及保护 [J]. 生物多样性，2013，21 (5): 517 -526.

③ Laffoley D, Grimsditch G. The management of natural coastal carbon sinks [R]. Gland, Switzerland: International Union for Conservation of Nature, 2009.

的冲击，洋流会将有机悬浮颗粒物从邻近的生态系统（近海或陆地）输送到海草床，海草草冠对水体有机悬浮颗粒物有高效的捕获能力，能将其截获并埋存于沉积物中，从而增加碳储量。海草对有机悬浮颗粒物的捕获可以通过直接捕获的方式实现，也可通过抑制波浪和水流促进悬浮颗粒物沉积的间接方式实现。其中直接捕获又分为海草叶片上吞噬性原生动物对颗粒物的摄食以及滤食性动物过滤的主动过程和被吸附在叶片上的被动过程。海草附着藻类及其他初级生产者（漂浮大型藻类、底栖大型藻类、底栖微藻及浮游植物等）不仅是构成海草生态系统生物多样性的重要部分，亦是该生态系统初级生产力的主要贡献者。有研究表明，海草草冠可在 1 小时内捕获进入草冠内 73% 的悬浮颗粒物，其颗粒物沉降速率是无海草区域的 4 倍。[①] 在有机质低分解率和相对稳定性方面，由于部分种类海草的有机碎屑物中富含如腐殖质、木质素等难分解的物质，氮（N）、磷（P）含量较低，缺氧厌氧环境，所处海水温度较低且变化幅度小等原因，海草碎屑物和悬浮物中的有机碳仅有小部分（<10%）被分解，绝大部分长期埋存于海底。对比陆地森林，封存于海草床沉积物中的有机碳表现出更低的分解率和更高的稳定性。

（四）海藻

海藻是基础细胞所构成的单株或一长串的简单植物，通常固着于海底或某种固体结构上，主要特征为：无维管束组织，没有真正根、茎、叶的分化现象；不开花，无果实和种子；生殖器官无特化的保护组织，常直接由单一细胞产生孢子或配子；无胚胎的形成；可以通过自身体内的色素体和光合作用来合成有机物。海藻分为海洋浮游藻类和海洋底栖藻类，包括红藻、褐藻和绿藻三大门类。全世界现有海藻共记录 6495 种，其中红藻 4100 种、褐藻 1485 种、绿藻 910 种。[②] 我国沿海已有的记录 835 种，分隶于红藻门 36 科

---

① Agawin N, Duarte C M. Evidence of direct particle trapping by a tropical seagrass meadow [J]. Estuaries and Coasts, 2002 (25): 1205 – 1209.

② 曾呈奎，张峻甫．海洋植物．中国大百科全书（大气科学、海洋科学、水科学卷）[M]．北京：中国大百科全书出版社，1987：435 – 436.

140属463种、褐藻门25科54属165种、绿藻门15科45属207种，约占世界总数的1/8。①

海藻作为海洋生态系统初级生产力的重要组成部分，在海洋生态系统蓝色碳汇中扮演着重要的角色，在不到海洋总面积1%的沿岸带构成海洋总初级生产力的10%②。尤其是海带、紫菜等大型海藻的种植和收割可以从海洋中移除大量的有机物，增加海洋对二氧化碳的吸收能力，降低二氧化碳对全球温室效应造成的影响，提高碳循环能力。

海藻固碳主要是藻体利用光合作用光反应时释放的三磷酸腺苷（ATP）和还原型辅酶Ⅱ（NADPH）将二氧化碳（CO_2）同化成有机碳的过程，该过程被称为卡尔文循环（Calvin cycle）。由于大气中的 CO_2 进入海洋后，会与海水发生化学反应成为溶剂性无机碳，并以碳酸氢根（HCO_3^-）、碳酸根离子（CO_3^{2-}）、CO_2 和碳酸（H_2CO_3）等形式存在，因此藻体光合作用利用无机碳的方式和机制也会因为藻类不同而表现出显著差异，主要有以下三种方式：一是以 CO_2 形式通过扩散作用穿过海藻细胞被其吸收利用，以潮间带的海藻种类为主，如酵母状节荚藻、红叶藻等。二是利用CA酶催化 HCO_3^- 产生 CO_2 或者将CA酶催化 CO_2 转化为 HCO_3^-，进而被藻体吸收进行光合作用。该方式是海藻进行光合作用的最普遍方式。三是不具备胞外CA的海藻可以通过对 HCO_3^- 的主动运输系统（阴离子交换蛋白）来吸收利用 HCO_3^- 进行光合作用。此外，部分藻类同时兼有CA酶对 HCO_3^- 的催化吸收和对 HCO_3^- 直接吸收两种方式。由于 HCO_3^- 直接吸收利用方式不需要消耗大量能量，或受生境条件的影响等，CA酶活性表现不显著，如裂片石莼、肠浒苔等。

二、碳储量的估算方法

（一）红树林

红树林碳储量包括植被生物碳储量（地上生物碳储量与地下生物碳储量

① 张水浸．中国沿海海藻的种类与分布［J］．生物多样性，1996（3）：17－22.

② Smith J V. Marine macrophytes as a global carbonsink［J］. Science，1981，211（4484）：838－840.

之和)、死亡有机物碳储量（枯木碳储量与凋落物碳储量之和）和土壤碳储量。计算碳密度是估算红树林碳储量的重要环节。红树林总碳密度即为植被生物碳密度、死亡有机物碳密度与土壤碳密度之和。

植被生物碳密度主要是根据植被生物量与其含碳系数之积计算获取。植被生物量根据研究对象的时空尺度和研究手段，可以大体将研究方法分为三类：样地调查法、异速生长方程法和遥感估算法。目前最常用的是异速生长方程法，在实测生物量数据的基础上，根据树木胸径、株高、盖度等一系列易于测量的外部生长特征值，建立与样木生物量的回归方程，从而获得红树林植被的生物量。异速生长方程法可以在不造成大面积植被破坏的前提下，快速估算出大面积红树林的生物量。含碳系数可利用元素分析仪等进行测定。

死亡有机物碳密度与植被生物碳密度计算方法类似，通过测定样方内枯木、凋落物（枝、叶、花、果）的含碳系数，再根据其现存量分别乘以对应的含碳系数，相加后即死亡有机物碳密度。

土壤碳密度计算方法为有机碳含量、容重和土壤厚度之积。由于红树林土壤取样困难，目前我国对于红树林土壤的研究较少，相应的碳储量研究以及分布规律的研究都处于起步阶段。

（二）盐沼

由于厌氧环境的限制，植物残体分解和转化的速率缓慢，通常表现为有机碳的积累。盐沼碳储量的估算方法主要有 2 种：

（1）根据沉积物剖面第 i 层平均有机碳密度 C_i（kg/m^3）和单位面积一定深度内（$j \sim n$ 层）有机碳储量 T_c（$10t/km^3$），计算土壤碳储量，公式如下：

$$C_i = D_i \times M_c$$

$$T_c = \sum_{i=j}^{n} C_i \times D_j$$

其中，D_i（g/cm^3）为第 i 层干物质容重；M_c（g/kg）为相应的干物质含碳量；D_j（cm）为第 i 层厚度。

（2）基于底泥里的碳库的变化是源于碳通量的变化原理，包括垂直和水平两个方向的流动，即：

$$dC/dt = F$$

其中，C（g/m^2，以 C 计）表示一个系统的碳库；t 表示时间；F[g/(m^2 · s)]表示各类碳通量（垂直或水平的汇和源）。

（三）海草床

海草床的碳储量计量参数包括海草的地上、地下部分，海草上的附着生物，海草床中的生物，以及海草滤留的有机碎屑等。因此海草床碳储量计算公式为：

$$C_{st} = C_{se} \times C_{she} \times C_{sed}$$

其中，C_{se}为海草床底栖藻类固碳；C_{she}为海草初级生产固碳；C_{sed}为捕获沉积物固碳。

（四）海藻碳

目前，主要是利用大型海藻光合作用将海水中的溶解无机碳转化为溶解有机碳，通过收获把这些已经转化为生物产品的碳移出水体而达到固碳的作用。海藻碳储量通常以藻体中的碳比重和碳产量来进行计算。

三、固碳能力及其影响因素

（一）红树林

据研究，全球红树林总碳储量为 147.9 亿 t CO_2。其中，赤道附近红树林碳储量 99.82 亿 t CO_2，10°～20°N 之间红树林碳储量 36.7 亿 t CO_2，20°～30°N 之间碳储量 10.64 亿 t CO_2。全球红树林年碳汇量为（8±2.86）亿 t CO_2，碳汇能力为热带雨林的 50 倍。我国不同地区红树林固碳速率为 6.86～9.73t/(hm^2 · a)，最高可达 16.3t/(hm^2 · a)，各地区红树林总碳储量为 0.2327 亿～0.2745 亿 t CO_2，每年的平均净碳汇量超过 7.34t/hm^2，高于全球平均水平

6.39t/(hm² · a)。①

红树林的固碳能力强弱受多重因素影响，主要表现在生境条件、红树树种以及种植措施等方面。受地形、地貌和风浪影响，一般河口内湾区域红树林的碳储量高于开阔海岸和河口边缘区域；盐度在2.2～34.5之间是红树植物生长的最佳环境，植被生物量积累最多，在淡水和高盐海水中红树林会出现生长不良；红树林主要分布在平均海平面（或稍上）与大潮平均高潮位（或最高潮水位）之间的潮滩面，潮位高的红树林碳储量高于潮位低的红树林碳储量，不同的红树植物抗淹水能力不同，水位决定着红树植物的种类分布组成，间接影响红树植物的固碳能力；此外，不同种类红树植物的生长速率存在差异，从高到低依次为速生乔木、乔木、灌木/丛。适宜的生境条件，搭配高碳密度的红树植物物种以及合理的种植措施有利于红树林形成稳定的植物群落，提高红树林植被的初级生产力，促进土壤有机碳累积。

（二）盐沼

全球盐沼储藏了18.72亿～374.34亿t CO_2，平均碳埋藏速率为7.12～8.88t/(hm² · a)，年碳汇量28479.2万～36186.2万t CO_2。我国盐沼碳库总储碳量1.12万～3.18万t CO_2，按世界盐沼碳固碳速率估算，我国现存盐沼每年可固定96.52万～274.88万t CO_2。②

滨海盐沼固碳能力受到诸多因素影响，如植被、盐度、淹水变化等。植被发育及其过程对盐沼沉积物影响显著，在沉积物粒径及其组成方面尤为明显。盐沼植被通过水动力的衰减以及对细颗粒悬浮泥沙直接黏附作用，使细颗粒物质在盐沼区域沉降。沉积物颗粒表现出自海向陆（表层样）以及自表及底（柱状样）逐渐变细的规律，随着高程的增加，沿着岸线向上，盐沼茂密地区的沉积物要比盐沼稀疏地区的沉积物细。盐度和淹水变化对土壤有机碳库的影响可划分为直接影响和间接影响。其中，直接影响

① 刘红晓．中国红树林的碳储量及其固碳潜力［D］．北京：中国科学院大学，2013.

② 李捷，刘译蔓，孙辉，等．中国海岸带蓝碳现状分析［J］．环境科学与技术，2019，42(10)：207－216.

是指环境因素直接改变土壤理化性质，影响微生物群落结构或生理活性，进而调节土壤有机碳累积和矿化分解过程；间接影响是指环境因素通过改变植物初级生产力和群落结构等，一方面调节有机碳内源输入或外源捕获，另一方面改变土壤理化性质和微生物群落组成与活性，最终影响土壤有机碳分解输出。

（三）海草床

海草床较高的固碳能力以及碳捕获能力使大量碳流向海草床底质。全球海草床储藏70亿～237亿t CO_2，平均固碳速率3.67～6.46t/(hm^2·a)，每年埋藏6496万～38760万t CO_2。我国海草床总储碳量约为0.035亿t CO_2，以世界海草床碳埋藏速率估算，我国现存的海草床碳埋藏效率为3.2万～5.7万t CO_2。①

海草床固碳影响因素众多，主要有温度、光照、营养盐、盐度等。海水温度直接影响海草的酶的活性，从而影响其光合作用。海草分为温带和热带或亚热带海草，前者的最适生长温度范围在11.5℃～26℃，包括鳗草属、虾形草属等；后者的最适生长温度范围在23℃～32℃，包括海菖蒲属、二药草属和喜盐草属等。海草广泛分布在海洋表面至海深50m的地方，其分布主要受到光照的影响。相比其他海洋大型植物，海草的最低光需求更高，更容易受到光限制。不同种海草由于其生理和形态不同，对光的需求也不同；而同种海草，由于地理位置的隔离，最低光需求差异也很大。海草的低光适应能力与碳平衡有关，而后者受到最低光需求限制。沉积物和水体中的可用营养盐是限制海草生长和生产力的因素之一，其中氮和磷营养盐的限制作用最大。氮营养盐富集情况下，由于海草体内合成氨基酸需要消耗大量的磷，从而可能会产生磷限制。另外，磷酸盐通常和 Ca^{2+} 结合形成沉淀而限制海草对磷的吸收利用。营养盐浓度升高虽然能提高海草的光合作用效率和生长率，但是营养盐富集会减少海草碳储量、引起藻类暴发从而造成光限制对海草产生严重的负面影响，进而影响海草的生长。尽管很多海草

① 李捷，刘译蔓，孙辉，等．中国海岸带蓝碳现状分析［J］．环境科学与技术，2019，42(10)：207－216.

是广盐性，但是长时间暴露在不适宜盐度下会使海草的生产力和生物量降低。盐度变化最直接的影响是改变了海草细胞的渗透压，降低海草的光合效率，进而影响其生长和存活。

（四）海藻固碳能力及其影响因素

在海藻固碳能力方面，绿藻类的固碳能力最强，褐藻类次之，红藻类最低。绿藻一般在浅水中漂浮生长，造成水体中二氧化碳浓度波动较大，因此利用 HCO_3^- 能力较强；红藻通常为沉水型，由于生活在较深水中，水体二氧化碳浓度较稳定，因此利用 HCO_3^- 能力较弱。有对大陆架海域大型藻类固碳潜力的预测研究显示，全球大型藻类每年可固碳 0.7Gt，占全球海洋年均净固碳总量的35%左右。[①] 我国沿海各省区市滨海湿地各类型的分布及碳埋藏能力差异较大（见表5－2）。

表5－2　2015年中国沿海各省区市滨海湿地各类型的分布及碳埋藏能力

省区市	面积（km²）				碳埋藏能力（Gg C/a）			
	盐沼	红树林	滩涂	合计	盐沼	红树林	滩涂	合计
辽宁	974.73	0.00	0.01	974.74	162.78	0.00	0.00	162.78
河北	103.47	0.00	83.05	186.52	17.28	0.00	13.95	31.23
天津	189.69	0.00	0.00	189.69	31.68	0.00	0.00	31.68
山东	421.34	0.00	342.08	763.42	70.36	0.00	57.47	127.83
江苏	465.98	0.00	62.77	528.75	77.82	0.00	10.55	88.36
上海	602.66	0.00	109.81	712.47	100.64	0.00	18.45	119.09
浙江	76.60	1.06	217.40	295.06	12.79	0.21	36.60	49.60
福建	51.21	8.27	282.85	342.33	8.55	1.60	48.54	58.69
广东	53.61	92.05	348.07	493.73	8.95	17.86	64.19	91.00
广西	8.98	112.51	697.32	818.81	1.50	21.83	133.94	157.27

① Alpert S B, Spencerdf H G. Biospheric options for mitigating atmospheric carbon dioxide levels [J]. Eng Convers Manag, 1992, 33 (5－8): 729－736.

续表

省区市	面积（km^2）				碳埋藏能力（Gg C/a）			
	盐沼	红树林	滩涂	合计	盐沼	红树林	滩涂	合计
海南	15.67	36.30	50.31	102.28	2.62	7.04	9.37	19.02
台湾	15.41	7.36	180.75	203.52	2.57	1.43	31.89	35.89
香港	0.02	1.04	0.02	1.09	0.00	0.20	0.00	0.210
澳门	0.00	0.00	0.07	0.07	0.00	0.00	0.01	0.010
总和	2979.36	258.60	2374.51	5612.47	497.55	50.17	424.96	972.68

资料来源：Wang F M，Sanders C J，Santos I R，et al. Global blue carbon accumulation in tidal wetlands increases with climate change [J/OL]. National Science Review，2021，DOI：10.1093/nsr/nwaa1296；Kirwan M L，Guntenspergen G R，D'Alpaos A，et al. Limits on the adaptability of coastal marshes to rising sea level [J]. Geophysical Research Letters，2010，37（23）：L23401。

影响海藻固碳能力的因素包括生态因子和化学因子。其中在生态方面表现为：第一，不同海藻对温度耐受性不同，但存在最适温度，温度过高或过低对海藻的二氧化碳利用均具有抑制作用。第二，光强是影响海藻光合固碳效率的最直接因素。在光饱和点以下，增加光强可促进光合作用，在光抑制之后，光合固碳能力随之下降。第三，分布于潮间带的海藻，因其生态位较特殊，高潮沉水和低潮干出交替状态对光合作用的影响。低潮干出状态下，藻体直接暴露于空气中，生境骤变导致藻体脱水，进而对海藻细胞的光合作用产生巨大影响。第四，阳光紫外辐射（UVR）会抑制海藻光合作用，造成DNA损伤，色素含量减少等，海藻不同部位对阳光紫外辐射（UVR）的敏感性具有较大差异。在化学方面表现为：一是，大气二氧化碳浓度对海藻光合固碳能力有一定的影响，二氧化碳浓度的增加对潮间带海藻光合固碳能力有促进作用。但二氧化碳浓度过高时，海藻光合固碳能力下降，对海水中 HCO_3^- 利用能力降低。二是，不同藻类对 pH 的耐受能力有差异，又因不同海藻对二氧化碳的亲和力不同，因此即使在相同 pH 条件下，不同种类海藻的光合固碳能力也会有较大差别。三是，氮（N）、磷（P）等营养盐含量对海藻光合固碳特性有一定的影响。

第三节　近海生态系统碳汇

除滨海湿地以外，近海生态系统中的海洋微生物、海洋浮游植物、贝类生物等通过有机泵、碳酸钙泵以及海－气界面通过溶解泵固碳，将大气中的二氧化碳吸收、转化并长期保存到海岸带底泥中的这部分碳，以及其中一部分从海岸带向近海及大洋输出的有机碳。与深海大洋相比，近海生态系统的面积较小，只占全球海洋面积的7%～8%，海水中储藏的碳只有3.1×10^{11}吨，不到深海大洋的1%。但其中的初级生产力却占全球海洋系统中的15%～30%，有机碳埋藏更是占整个海洋埋藏量的90%，另外近海海洋环境还受人类活动严重影响，全球大约有40%的人口居住在近岸100千米的范围内，生产活动产生的大量有机质和营养盐通过河流排入并沉积于此，近海已成为人为二氧化碳的重要汇区。①

一、固碳功能及机理

近海碳循环是一个非常复杂的体系。从界面上来说，涉及海－陆、海－气、海－沉积物、表层海水－深层海水、近海－外海等诸多界面。从过程上来说，一系列物理、化学、生物、地质等过程交汇其中。近海碳汇主要通过物理溶解碳泵（大气二氧化碳）溶解到海水里、生物碳泵（海洋浮游植物通过光合作用吸收和转化二氧化碳并沉积到海底）以及海洋碳酸盐泵（贝类、珊瑚礁等海洋生物对碳的吸收、转化和释放）来固碳（见图5－2）。

（一）陆源碳输入

河流与地下水是陆源碳向海洋输送的主要途径。陆源营养物质过量输入不仅会引发近海富营养化和赤潮等生态灾害，还会影响到河口和近海的储碳。

---

① 宋金明．中国近海生态系统碳循环与生物固碳［J］．中国水产科学，2011，18（3）：703－711.

（a）大量陆源营养物质入海致使河口海域经常是CO_2的“源”

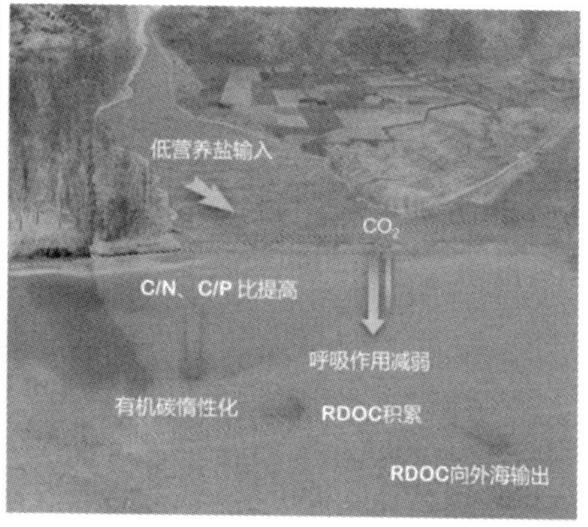

（b）通过实施海陆统筹减排增汇生态工程，有望变“源”为“汇”，提高河口近海综合储碳能力和生态服务功能

图 5-2 近海富营养化海区“源”“汇”原理示意

资料来源：张靖尧、佟蒙蒙（2021）。

尽管初级生产力在一定程度上会随营养盐增加而增加，但由于光合作用产物主要是活性有机碳，进入环境后反而会成为滋生异养细菌的温床。尤其是在海源活性有机质激发效应作用下，相当部分的陆源有机碳在河口和近海会被转化成二氧化碳释放到大气，使得高生产力的河口海区反而成为排放二氧化碳的源。同时，由于风浪潮流造成沉积物再悬浮，使得基于颗粒有机碳沉降与埋藏的生物泵（BP）储碳机制被削弱。而对于微型生物碳泵（MCP）而言，尽管其不受沉降与再悬浮的直接影响，但氮磷等营养盐浓度过高则不利于惰性溶解有机碳（RDOC）的形成和保存。因此，富营养化的河口海区的储碳量大都低于理论值。

（二）生物碳泵

生物碳泵是以浮游植物光合作用固定的碳通过微食物环和经典食物链的逐级传递、转化，形成向海底沉降的以颗粒有机碳（POC）为主的有机碳，因此生物碳泵也被称为“沉降生物泵”。微型生物碳泵是指通过生物碳泵固定的 POC 和溶解性有机碳（DOC）在微型生物（主要为原核生物）的复杂作用下转化为不易降解的惰性溶解性有机碳（RDOC）的过程，从而能长期保存在海洋中。人类活动是可以影响近海生物碳泵，近海的营养物质的传输和气候变化带来的海水酸化等都能改变微型生物碳泵的大小，从而影响对 RDOC 的固定。如何增进微型生物碳泵的功能，增加近海的 RDOC 碳汇，需要进一步做大量的研究。

（三）碳酸盐泵

钙化浮游生物所产生的碳酸钙或其他营养级较高的海洋动物碳酸钙质残骸被输送到深海，进而被埋藏的过程就是所谓的碳酸盐泵（carbonate pump）。此外贝类和珊瑚礁的钙化过程影响了海洋的碳循环。海洋的钙化过程是个双向的复杂过程，贝壳的形成过程会释放二氧化碳，而贝壳的分解过程是一个吸收二氧化碳的过程。但是，从碳循环的全周期来看，贝壳形成所需的 H_2CO_3 来自海水中溶解的二氧化碳，而这部分二氧化碳也可能来自大气中二氧化碳的溶解。所以，如果贝壳养殖中的碳酸钙（$CaCO_3$）被捕捞并库存于陆地，失去淋溶的条件，贝壳养殖有可能是潜在的碳汇（Ahmed et al.，2017）。但是，如何从海洋生态系统的角度来计量贝壳形成过程所需水里的碳酸氢根（HCO_3^-）以及排放在水里的二氧化碳如何影响大气二氧化碳浓度，是有待进一步研究的问题。

（四）溶解泵作用

海洋持有的碳约比大气多 50 倍，其中大部分是以碳酸盐（CO_3^{2-}）和碳酸氢盐（HCO_3^-）离子的形式存在。二氧化碳在海水表面和大气圈之间交换的一个重要控制因子是二氧化碳在海水与大气间的分压差，而海水二氧化碳分压的大小取决于植物光合作用、洋流涌升、温度、盐度和 pH 值等多种因素，其中，海洋动力条件在很大程度上决定碳源汇的强度，近海环流、上升流过程、海水上下层的混合等决定着海 – 气间二氧化碳通量的方向及碳在海洋水体中的分配和最终的储藏量。海 – 气界面过程还决定于大气动力条件等气象因素，通过水 – 气界面的气体通量随风速增加而增大。

二、固碳能力及其控制因素

（一）固碳潜力

我国海洋国土面积为299.7万km^2，包括内水、领海及专属经济区和大陆架。关于我国近海浮游植物固碳能力研究如表5-3所示，部分学者研究渤海近海岸水域浮游植物固碳能力，得出浮游植物固碳量约为8.62×10^6t/a，年初级生产力为112g C/($m^2\cdot a$)。以黄海、东海海域浮游植物为研究对象，相关学者的研究结果表明该海域浮游植物固碳量约为60.42×10^6t/a，年初级生产力为159g C/($m^2\cdot a$)。以南海大陆架海域为研究对象，相关学者研究得出南海大陆架海域的固碳量为416.64×10^6t/a，年初级生产力为408g C/($m^2\cdot a$)。①

表5-3　中国近海固碳能力研究

海域	年份	作者	研究成果	固碳量，年初级生产力
渤海	1984	吕培顶等[a]	浮游植物Chl-a和初级生产力的分布有明显的季节性变化	8.62×10^6t/a，112g C/($m^2\cdot a$)
	2002	王俊、李洪志[b]	渤海近海岸水域表层表现为春季>夏季>秋季，而初级生产力表现为夏季>春季>秋季	
	2005	Zhao，Wei[c]	湍流混合的不均匀是造成富有植物高值区呈斑块分布的原因之一；水平对流通过改变营养基础的分布造成海域生物量的显著变化，从未降低海域的生物量	

① 郑国侠．南黄海浮游植物的固碳强度与污染物胁迫下海水碳源/汇格局的变化［D］．青岛：中国科学院海洋研究所，2007.

续表

海域	年份	作者	研究成果	固碳量，年初生产力
渤海	2010	钱莉等[d]	基于 Sea WiFS 反演计算的 Chl-a 浓度多年月平均最大值出现在 2～3 月，最小值出现在 7 月。渤海属于典型的二类水体，由于受到黄色物质、悬浮泥沙等因素的影响，反演的结果相对偏高。发展更适合监测二类水体叶绿素的算法有待研究	8.62×10^6t/a，112g C/(m^2·a)
	2018	焦念志等[e]	基于不同海区（渤海、黄海、东海、南海）、不同界面（陆－海、海－气、水柱－沉积物、边缘海－大洋等），以及不同生态系统（红树林、盐沼湿地、海草床、海藻养殖、珊瑚礁、水柱生态系统等）多层面对海洋碳库与通量进行了较系统地综合分析，初步估算了各个碳库的储量与不同碳库间的通量	
黄海、东海	2003	李国胜等[f]	整个东海海域初级生产力变化具有明显的双峰特征，表现为冬季、夏季较低，春季、秋季较高	60.42×10^6t/a，159g C/(m^2·a)
	2006	檀赛春、石广玉[g]	Chl-a 浓度在空间分布上呈近岸高、外海低、表层高、真光层底部低的特点	
	2006	Li 等[h]	Chl-a 浓度春季明显比夏季高，且春季大部分海域含量垂直分布均匀，而夏季则出现较为明显的分层现象，在次表层出现最大值	
南海	2002	Liu 等[i]	水深较浅的近岸海域 Chl-a 浓度没有明显的季节变化，而在深海水域 Chl-a 浓度有显著季节变化	416.64×10^6t/a，408g C/(m^2·a)
	2005	Chen 等[j]	南海大陆架海域的初级生产力要高于南海海盆，而南海海盆的初级生产力在春、夏、秋、冬四季依次为 260g C/(m^2·a)、190g C/(m^2·a)、280g C/(m^2·a)、550g C/(m^2·a)，依此可计算出浮游植物在不同季节的固碳强度	

续表

海域	年份	作者	研究成果	固碳量，年初生产力
南海	2012	林丽茹、赵辉[k]	叶绿素质量浓度和温度的变化大致呈反相关，即温度升高对应叶绿素质量浓度降低	416.64×10^6t/a，408g C/($m^2\cdot$a)

注："Chl-a"表示叶绿素 a。a　吕培顶，费尊乐，毛兴华，等．渤海水域叶绿素 a 的分布及初级生产力的估算［J］．海洋学报，1984，6（1）：90－98。b　王俊，李洪志．渤海近岸叶绿素和初级生产力研究［J］．海洋水产研究，2002，23（1）：23－28。c　Zhao L，Wei H. The influence of physical factors on the variation of phytoplankton and nutrients in the Bohai Sea［J］. Journal of O-ceanography，2005，61：335－342。d　钱莉，刘文岭，李伟，等．渤海海域表层叶绿素 A 浓度的分布特征［J］．盐业与化工，2010，39（5）：20－24。e　焦念志，梁彦韬，张永雨，等．中国海及邻近区域碳库与通量综合分析［J］．中国科学：地球科学，2018，48（11）：1393－1421。f　李国胜，王芳，梁强，等．东海初级生产力遥感反演及其时空演化机制［J］．地理学报，2003，58（4）：483－493。g　檀赛春，石广玉．中国近海初级生产力的遥感研究及其时空演化［J］．地理学报，2006，61（11）：1189－1199。h　Li X B，Chen C Q，Shi P，et al. Estimation of primary production of South China Sea from 1998 to 2002 by remote sensing and its spatio-temporalvariation mechanism［J］. Journal of Tropical Oceanography，2006，25（3）：57－62。i　Liu K K，Chao S Y，Shaw P T，et al. Monsoon-forced chlorophyll distribution and primary product ion in the South China Sea：observations and a numerical study［J］. Deep-Sea Res I，2002，49：1387－1412。j　Chen Y L L. Spatial and seasonal variations of nitrate-based new production and primary production in the South China Sea［J］. Deep-SeaResearch I，2005，52：319－340。k　林丽茹，赵辉．南海海域浮游植物叶绿素与海表温度季节变化特征分析［J］．海洋学研究，2012，30（4）：46－54。

（二）影响因素

要实现对海洋碳汇形成过程与机理的全面认识和了解，不仅要从微观的过程机制入手，还要结合宏观效应，如海洋巨大碳汇的生态动力学变化及其控制机制。沉积碳汇是海洋碳汇的主要成分，而且是长期（千年）甚至永久碳汇。边缘海具有高沉积速率的特征有机质埋藏效率高，碳汇潜力大。[①] 近海沉积碳汇主要受以下几个因素控制。

第一，高的初级生产力和输出生产力可以向沉积物输送大量的海洋有机碳；所以在高生产力的河口区域，沉积有机质的埋藏量也是高的，而在低生产力的中陆架和外陆架区，沉积有机质的埋藏量是比较低的。

① Tao S Q，Eglinton T I，Montluçon D B，et al. Diverse origins and pre-depositional histories of organic matter in contemporary Chinese marginal sea sediments［J］. Geochim Cosmochim Acta，2016，191：70－88.

第二，水体的物理、化学和生物过程也决定了颗粒有机碳的降解和沉降，从而最终决定了沉积有机质的埋藏效率。颗粒物在深水区比较容易发生多过程的降解，导致沉积物有机质含量低，埋藏效率也低。低氧区生物降解过程复杂，厌氧降解往往不能将有机物彻底降解为二氧化碳和水，总的结果是增加了有机质的保存，使得更多的有机质能够沉降到沉积物，增加沉积碳汇。[①]

第三，海底沉积物界面的沉积环境与动力过程对沉积有机质的埋藏至关重要。一方面，高的沉积速率能够很快地把有机质埋藏并增加保护效率，所以在高沉积速率的近海区域有机质的埋藏量也高，比如黄河口、长江口及闽浙沿岸；另一方面，沉积物性质也影响有机质的保存和埋藏。细粒度的泥质区有机质的保存效率高，而粗颗粒的沉积区域有机质比较容易氧化，埋藏效率低。

三、近海碳汇研究发展方向

近海区域的碳汇机理及相关核算方法仍处在科学研究与实验阶段，特别是在学术界还未能形成系统完善的可监测、可报告、可核查的核算方法。国内外专家学者在增汇机理过程、方式方法等方面积极开展研究。

近海区域是实施应对气候变化地球工程的重要潜在场所，若干具有可实施性的增汇工程（如施铁肥、人工上升流等）均以提高海洋储碳能力和增加海洋碳汇为目标。在大多数海域中，如大面积的陆架海域，可用营养盐（常量元素氮、磷、硅和微量元素铁等）是限制初级生产力的主要因素之一。[②]人工上升流作为一种地球工程系统，可以持续地将低温、高营养盐的海洋深

① Yao P, Yu Z G, Bianchi T S, et al. A multiproxy analysis of sedimentary organic carbon in the Changjiang Estuary and adjacent shelf [J]. J Geophys Res-Biogeosci, 2015, 120: 1407 - 1429.

② Hlaili A S, Chikhaoui M A, El Grami B, et al. Effects of N and P supply on phytoplankton in Bizerte Lagoon (western Mediterranean) [J]. J Exp Mar Biol Ecol, 2006, 333: 79 - 96; Arrigo K R, Robinson D H, Worthen D L, et al. Phytoplankton community structure and the drawdown of nutrients and CO_2 in the Southern Ocean [J]. Science, 1999, 283: 365 - 367; Leinen M. Building relationships between scientists and business in ocean iron fertilization [J]. Mar Ecol Prog Ser, 2008, 364: 251 - 256.

层水带至真光层。这个过程不仅会提升总的营养盐浓度，同时会调整氮/磷/硅/铁的比例，从而促进浮游植物的光合作用、增大渔获量和养殖碳汇，并通过增加生物泵效率的方式增加向深海输出的有机碳量。① 因此，人工上升流被视为一种有巨大前景、可以用于刺激地球自愈能力的地球工程手段。②

要真正实现提高海洋储碳能力、增加海洋碳汇，提高初级生产力不是碳汇工程的终点，而应结合 BP 和 MCP 的过程机制，创新性地将人工上升流系统与微型生物固碳储碳生态效应相结合，才是近海增汇的最有效途径。因此，通过研究海洋人工上升流形成方法，其参数与营养盐、初级生产力、水体含氧量、pH 和二氧化碳海气交换之间的关系，以及后续引起的 POC 输出、DOC 转化和 RDOC 产生的储碳效应，将有助于建立有效的典型陆架海区增汇模式和示范，实现海域增汇。③

针对受陆源输入影响较大的近海富营养海区，中国科学家结合中国近海实际，创新性提出了一个可检验、可实施的减排增汇生态工程策略：降低陆地营养盐输入，增加近海储碳。目前，陆地普遍存在过量施肥，导致大量营养盐输入海洋，形成了近海的氮、磷等富营养环境；过量的营养盐会刺激海洋微型生物降解更多的 RDOC，导致原先环境中本应该被长期保存的 DOC，被转化为二氧化碳重新释放到大气中。若能够控制陆源营养盐的输入，降低向近海排放营养盐的总量，可以增加水体中碳、氮、磷的比例，从而使更多 RDOC 保留在水体中；同时，也会提高 MCP 的生态效率，最终实现增加碳汇的目标。④

---

① Lovelock J E, Rapley C G. Ocean pipes could help the Earth to cure itself [J]. Nature, 2007, 449: 403 - 403; Kirke B. Enhancing fish stocks with wave-powered artificial upwelling [J]. Ocean Coast Manage, 2003, 46: 901 - 915.

② Williamson P, Wallace D W R, Law C S, et al. Ocean fertilization for geoengineering: A review of effectiveness, environmental impacts and emerging governance [J]. Process Safety Environ Protection, 2012, 90: 475 - 488.

③ 张瑶，赵美训，崔球，等. 近海生态系统碳汇过程、调控机制及增汇模式 [J]. 中国科学：地球科学，2017，47 (4)：438 - 449.

④ Jiao N Z, Tang K, Cai H Y, Mao Y J. Increasing the microbial carbon sink in the sea by reducing chemical fertilization on the land [J]. Nat Rev Microbiol, 2011 (9): 75.

第四节 大洋生态系统碳汇

海洋占地球面积的70%，因而海洋吸收、释放、转化和转移的能力对大气中二氧化碳浓度和变化起着重要的作用。由于温度、流场、盐度和化学成分的差异，不同海洋生态系统的碳捕获和储存能力也不尽相同。

一、固碳功能及机理

二氧化碳通过海-气界面的交换，进入海洋或从海洋逸出。它们在海洋中通过生物化学过程转化为各种碳化合物。海洋中的碳化合物通过物理过程在水平方向传输和垂直转移。同时，海洋植物通过光合作用利用海水中的二氧化碳；而二氧化碳浓度的变化导致上述平衡产生移动，各分压将发生变化。由于海水中二氧化碳分压变化，二氧化碳在海-气界面的交换率也将改变，海洋生物生产过程和食物链传递中把无机碳转化为有机碳，把溶解碳转化为颗粒碳。同时颗粒碳在水平输运和垂直转移中，直接受物理力的作用。因而在研究海水中碳的转化和转移时，将涉及化学、生物和物理海洋学多学科的问题。

海洋中的二氧化碳总量以物理和生物两种方式进行循环。许多过程支配着海洋中的碳由表层水域向深层水域及沉积物中的传输，以及各种形式的有机与无机之间的循环。在北大西洋、北太平洋及南大洋地区，寒冷的表层水二氧化碳的溶解度要高于较温暖的海区，这些海区较寒冷且密度较大的海水吸收了空气中的二氧化碳并下沉形成在海洋中缓慢循环流动的深水体。虽然被极地海域吸收的一部分二氧化碳又通过上升流在其他地区释放出来，但这种“物理（或称作‘溶解性’）泵”能保持表层水域的二氧化碳浓度始终低于深层水域，从而促使二氧化碳由大气向海洋的整体流动。

具有充足光照的表层水域或透光带的浮游海藻通过光合作用的过程吸收营养盐和二氧化碳；这一过程发生的速度被称作初级生产率。通过这一过程制造出来的一些有机物在上层水域的食物链网中进行循环，另一些则以颗粒的形式沉入海底，以溶解有机碳的形式在水体中循环或在更深的水体中被重新矿化为溶解无机碳。这种生物泵决定了表层水域与深层水域之间二氧化碳浓度的梯度变化以及向海底和沉积物传输的碳的数量。

大气中二氧化碳的含量和温度以一些更加微妙的方式影响着生物泵的作用。如果气候的变化将改变海洋环流的模式，例如硝酸盐或硅酸盐等营养盐的上升流发生了变化，那么这种变化会对透光带浮游植物的生长起到非常重要的作用。海藻的新陈代谢所需的例如铁等微量元素的分布也会受到影响。据研究，这些地区铁元素浓度偏低会严重影响海藻的生长速度。海洋中大部分铁元素是被风从陆地吹向海洋的。如果气温的升高增加了风力或改变了风的模式，铁元素的提供量也会相应地发生变化。

二、全球大洋生态系统碳汇

全球大洋不同海域对控制生物泵功能的过程差异较大，特别是不同地区的生物地球化学循环受到季节变化和随机事件的强烈影响，如风暴、季风等，导致不同区域大洋的碳循环差别巨大。20 世纪 80 年代，许多国家联合开展全球海洋通量联合研究（JGOFC），在全球尺度确定和了解海洋控制碳及其有关生源要素通量变化的过程，估价不同区域海洋与大气、海底和大陆架边界间的交换量。

（一）赤道太平洋

作为二氧化碳释放到大气的最大的自然的海洋来源，赤道太平洋在碳循环中起着十分关键的作用。沿赤道上升流把富含营养盐和溶解无机碳的海水带到表面，在正常年代会在南美洲近海水域一直向西扩。物理过程和生物生产力控制着每年的海源二氧化碳的量级。

（二）北大西洋

在北大西洋，由于物理和生物过程的共同作用为全球大洋吸收更多的二氧化碳。由于营养盐大量的供应，包括风从撒哈拉大沙漠带来的铁元素，这个海盆是世界上生物繁殖最多的海区。

（三）阿拉伯海

阿拉伯海的碳循环形式与其他大部分海区不同，绝大部分的碳从海表层水中释放出。大型浮游动物，像桡足类甲壳动物在碳输出过程中起着守门员的作用，它们的繁殖与浮游植物的大量繁殖相一致。大型浮游动物产生的粪便颗粒带有很高的沉降速度，垂直移动，为向深海输送有机碳提供了机制。这种输出与缺乏高纬度富氧水的补充，造成了中间水层的缺氧。

（四）南冰洋

控制南冰洋年度海－气二氧化碳通量和初级生产力的主要因素包括海冰的运动速度影响，大洋边界，如锋区，以及铁、硅对浮游植物生长的约束。在南极大西洋段富含营养盐的锋区水域有利于夏季硅藻的生长。这些硅藻的大量沉积和很厚的硅质藻壳，把碳和硅输送到深海和海底淤泥中。

（五）北太平洋

北太平洋可以被视为一个大的河口，被位于100～120m深的很强的盐度跃层把深层水体与表层水分开。深海水域的营养盐含量是全球大洋中最高的，因为它是深海环流的终止区域。高初级生产力和强海－气相互作用决定了这个区域的碳循环的性质。

三、大洋碳汇影响因素

全球海洋－大气二氧化碳通量由天然热量传输和生物活动决定的，人类活动引入的二氧化碳对海洋中强大的自然通量形成了一个小规模的干扰。从已有的研究看，大洋碳通量主要受以下因素影响。

（一）海洋食物链网

大洋中的生物泵受复杂食物链网的运行情况影响，初级生产物质主要被原生动物等浮游动物或较大浮游动物的幼体消耗掉了。这些微型浮游动物也以消耗海水中的大量溶解有机碳的细菌为食，而这些有机碳是由浮游植物和浮游动物的捕食活动产生的。细菌回收其他浮游植物排出的以溶解有机物形式存在的碳并把它传输到以所谓微生物环的形式存在的食物链网中。只有很少量的碳被输送到深海及沉积物中去。另外，这种存在于经典食物链网中的联系开始于硅藻及甲藻之类的大型海藻的初级生产中，随后被桡足类甲壳动物和磷虾之类的大型浮游动物吃掉，最后被更高营养级的动物吃掉。虽然只有很少一部分的初级生产经历了这一路径，但大型的、快速下沉的粪粒的产生以及硅藻和其他海藻的聚集成为向深海传输碳的主要方式。不同的浮游生物群落具有不同的细菌、浮游植物和浮游动物的结构组成，并且各自向深海输送碳的能力大不一样。

（二）铁元素的作用

在大多数海城中，生物泵的强度是由透光带内硝酸盐、磷酸盐和硅酸盐等大量营养盐物质的存在控制的。然而在亚寒带的太平洋地区、赤道太平洋地区和南大洋，情况并非一致。这些地区往往以高营养盐－低叶绿素的水体为特点，其生物泵的量的变化能力大大影响海洋吸收二氧化碳的能力。20 世纪 80 年代的研究人员投入巨大的力量来调查影响低叶绿素地区藻类生物量的各种因素，包括铁元素含量、光照程度和浮游动物的摄食控制。调查研究结果表明，海藻需要铁元素帮助完成与光合作用、呼吸作用和固氮作用相关的合成，铁元素供应不足会导致细胞生长速度缓慢。

（三）透光带的碳传输

通过初级生产率这一过程制造出来的一些有机物在上层水域的食物链网中进行循环，另一些则以颗粒的形式沉入海底，以溶解有机碳的形式在水体中循环或在更深的水体中被重新矿化为溶解无机碳。这种生物泵决定了表层水域与深层水域之间二氧化碳浓度的梯度变化以及向海底和沉积物传输的碳的数量。

第六章
新领域负排放技术

本章聚焦碳捕集与封存的负排放技术，分别以地质封存技术［碳捕集与封存（CCS），碳捕集、利用与封存（CCUS）］、生物质能碳捕集与封存（BECCS）、直接空气捕集（DAC）、岩溶碳汇、矿物碳汇、海洋增强风化作用等六类负排放技术为对象，在收集、整理各类研究文献的基础上，重点围绕“是什么、技术进展、落地状况、运行成本、技术潜力”等方面，从学理及实施路径角度进行概述。

第一节　碳捕集与封存

一、碳捕集与封存的定义

根据政府间气候变化专门委员会（IPCC，2006）的定义，碳捕集与封存（carbon capture and storage，CCS）是“将二氧化碳从工业或相关能源产业的排放源中分离出来，输送并封存在地质构造中，长期与大气隔绝的过程”。《IPCC 全球升温 1.5℃特别报告》专门强调了在 21 世纪中叶实现净零排放的重要性。该报告提出将全球升温控制在 1.5℃的四种情景——所有情景都需要移除二氧化碳才能得以实现，其中三种情景涉及大量运用 CCS 技术。CCS

技术也在长时间内被认为是未来大规模减少温室气体排放、减缓全球变暖的可行办法。

按技术流程，CCS 可分为捕集、运输与地质封存三个环节（见图 6－1）。

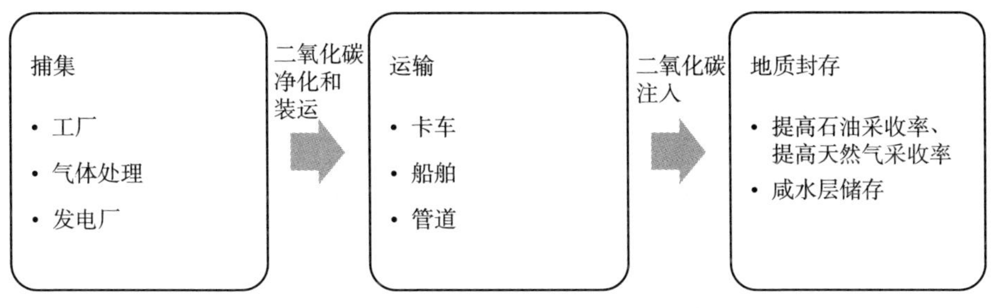

图 6－1　碳捕集与封存（CCS）示意

环节 1，二氧化碳捕集（见图 6－2）是指利用吸收、吸附、膜分离、低温分馏、富氧燃烧等技术将不同排放源的二氧化碳进行分离和富集的过程。之后，经将捕集后的低压二氧化碳进行多级增压和温控达到低温液态、超临界态等运输所需状态。捕集过程的碳源主要针对电力、钢铁、水泥、化工等能源生产和工业过程等大型集中排放源，而“负排放”的提出又将二氧化碳捕集的碳源拓展至生物质、大气、分散碳排放等领域。按二氧化碳捕集工艺和碳源之间的集成方式分类，二氧化碳捕集分为燃烧后、燃烧前、含氧燃料和工业过程四种形式（见图 6－2）。

环节 2，二氧化碳运输是指将捕集的二氧化碳运送到可利用或封存场地的过程，主要包括船舶、铁路、公路罐车以及管道运输等不同方式。一般来说，小规模和短距离运输可考虑选用公路罐车，长距离规模化运输或 CCS 产业集群优先考虑管道运输。

环节 3，二氧化碳地质封存技术是指通过工程技术手段将捕集的二氧化碳注入深部地质储层，实现与大气长期隔绝的技术。地质封存技术主要集中于驱油、驱煤层气和深部咸水层，方式包括陆上封存（陆上咸水层封存、枯竭油气田封存等）和离岸封存（又称海洋封存）两种方式。

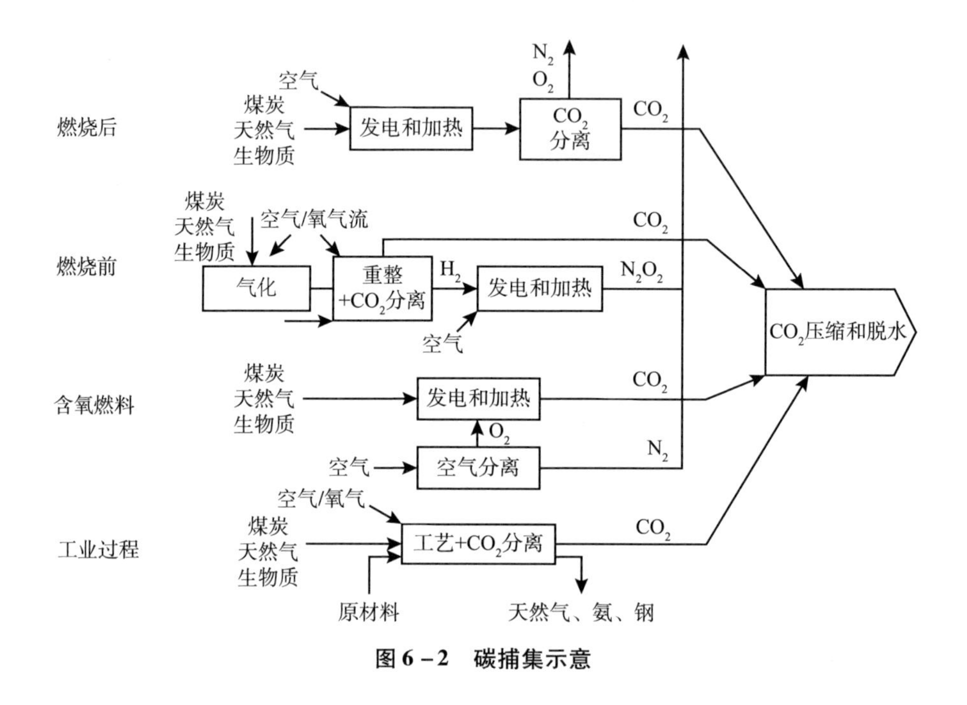

图6-2　碳捕集示意

CCS 可在以下四个主要方面为实现具有成本效益的净零排放提供助力：

（1）在减排难度较大的行业实现深度脱碳。由于其工艺特性和高温热处理要求，水泥、钢铁和化工行业排放大量二氧化碳，且属于最难脱碳的行业。能源转型委员会和国际能源署（IEA）等数家机构所发布的多份报告都得出一致结论，即如果不采用 CCS，这些行业几乎不可能实现净零排放，且无论如何也逃不过成本升高的结局。对于减排难度较大的行业来说，CCS 是最成熟、成本效益最好的选择。

（2）实现低碳氢的规模化生产。煤或天然气结合 CCS 技术是成本最低廉的低碳制氢方式。在那些难以减排部门的脱碳过程中，氢将有很大可能发挥重要作用。同时，氢也可能成为住宅供暖和灵活发电重要的能源来源。对于无法为电解制氢提供大量可负担可再生电力的地区和化石燃料价格较低的地区而言，该方案仍是成本最低的选择。为了使难以减排的行业实现脱碳和净零排放，全球的氢产量必须实现大幅增长，从现在的年产 7000 万吨增至 21 世纪中叶的年产 4.25 亿 ~6.50 亿吨。

（3）实现负排放。难以减排部门的剩余排放量需要通过其他方式抵消。CCS 为二氧化碳移除技术方案奠定了基础，其中包括生物质能结合碳捕集与封存和直接空气捕集结合碳封存。虽然移除二氧化碳不是万灵药，但如果一年一年过去却不见二氧化碳排放量显著减少，就必须采用这个方案。

国际能源署的可持续发展情景对未来进行了一番畅想，届时联合国设定的与能源相关的排放、能源获取和空气质量方面的可持续发展目标全部得以实现，利用 CCS 技术捕集的二氧化碳总量从现在的每年约 4000 万吨增至 2050 年的约 5.6Gt（1Gt 等于 10 亿吨），增幅超过 100 倍。CCS 贡献巨大，分别为钢铁、水泥、化工、燃料转化和发电部门的减排量贡献的 16% ~90% 不等。[①] CCS 用途多样，具有战略重要性，对净零排放未来的意义不言而喻。

二、碳捕集与封存的技术进展

（一）碳捕集的技术进展

碳捕集在工业工艺中的应用可追溯到 20 世纪 30 年代，当时天然气行业使用化学溶剂（如水溶液中的胺）吸收二氧化碳，将二氧化碳从甲烷中分离出来（见图 6－3）。

从 20 世纪 40 年代始，出现了使用物理溶剂从含有较高二氧化碳浓度（25% ~70%）和较高压力条件（约 100 巴）的工艺气流中捕集二氧化碳的工艺。这些溶剂用于使用煤、石油焦和生物质原料的气化厂。

在 20 世纪 50 年代和 60 年代，使用变压吸附等固体吸附剂的吸附过程，实现了制氢（精炼厂）、制氮和脱水应用中的气体分离。在 70 年代和 80 年代，开发了“膜”来捕集二氧化碳，用于天然气处理。然而，碳捕集正越来越多地应用于电力部门和其他低浓度稀薄气流行业的脱碳。预计到 2025 年，第二代捕集技术将可进入示范阶段。技术改造的目标是从第一种技术开始将成本降低 30%，并在 21 世纪 30 年代进行示范，其他捕集创新技术也应运而生。

① 全球碳捕集与封存研究院．全球碳捕集与封存现状 2020［R/OL］.（2021－01－30）［2022－06－06］. http：//www.greenbr.org.cn/cmsfiles/1/editorfiles/files/2f014976fff3402caf190ca32e87286f.pdf.

<table>
<tr><th>1930 年代</th><th>1940 年代</th><th>1950 年代</th><th>1960 年代</th><th>1970 年代</th><th>1980 年代</th><th>1990 年代</th><th>2000 年代</th></tr>
<tr><td colspan="2">气体吸收
化学溶剂</td><td colspan="2">天然气脱硫</td><td></td><td></td><td></td><td></td></tr>
<tr><td></td><td colspan="3">气体吸收
物理溶剂</td><td></td><td></td><td></td><td>汽化炉
• 燃煤锅炉</td></tr>
<tr><td></td><td></td><td colspan="2">气体吸收</td><td>脱水
• 气体处理
• 空气分离</td><td>氢
• 氨
• 油气精炼
• 化学合成</td><td></td><td>氮
• 空气分离
• 化工厂</td></tr>
<tr><td></td><td></td><td></td><td></td><td colspan="3">气体分离膜</td><td>二氧化碳
• 天然气处理</td></tr>
</table>

图 6－3　二氧化碳捕集技术的发展

（二）碳运输的技术进展

运输是碳捕集与封存（CCS）链的重要组成部分，连接二氧化碳源和二氧化碳储存场所。如今，二氧化碳主要通过管道和船只进行压缩和运输。二氧化碳也通过卡车和铁路运输。从根本上说，通过任何一种方法运输气体和液体都是成熟的。然而，与 CCS 相关的超大规模二氧化碳运输尚未通过船舶或铁路实现。

在所有的二氧化碳输送方式中，只有管道在大规模输送二氧化碳。美国拥有超过 8000 公里的二氧化碳运输管道，占全球所有二氧化碳管道的 85%。自 20 世纪 70 年代初第一条用于大型 CCS 设施的二氧化碳管道投入使用以来，这些管道一直以良好的安全记录运行。除美国外，巴西、中国、加拿大、荷兰和挪威的二氧化碳管道也在运行。挪威拥有一条近海二氧化碳管道（斯诺赫维特二氧化碳储存设施 153 公里近海管道）。

与管道相比，航运只是目前才正在被考虑大规模运输二氧化碳的选项。小规模食品级二氧化碳航运已经成为 30 多年来的普遍做法，但尚未在适合 CCS 的规模上实施。

船运已经实行了 30 多年，但该行业的规模很小，总共只有大约 300 万吨/年的二氧化碳通过船舶运输。迄今为止的航运经验完全与食品和饮料行业有关。当前，二氧化碳通过800～1800立方米的小型船舶从生产现场运输到配送终端，并通过火车或卡车配送到最终用户。根据国际能源署温室气体计划的资料，技术经济价值方面的最大负荷规模将为10000吨二氧化碳。①

虽然船运经验相对有限，但天然气行业有80多年的商业经验船运各种加压气体。二氧化碳船舶运输和所需港口基础设施与液化天然气（LNG）和液化石油气（LPG）的二氧化碳运输非常相似。因此，可以合理地假设，在没有重大技术挑战的情况下，二氧化碳船运技术升级到CCS所需的规模是可以实现的。②

（三）碳储存的技术进展

二氧化碳的地质储存是CCS价值链的最后一步。地质储存将二氧化碳与大气永久隔离。储存需要将二氧化碳压缩到非常高的压力（绝对最低压力超过74MPa，二氧化碳的临界压力通常为100MPa或更高），以提供适当的安全空间，并考虑管道内的压降。储层深度必须至少为800米，密度类似于水，但性质介于液体和气体之间，以确保保持此压力。

致密相二氧化碳使可储存在固定体积中的二氧化碳质量最大化，确保目标地质储存体积的有效利用，并且更容易预测和监测二氧化碳运动。二氧化碳储存在地质构造中，与那些天然含有水、石油或天然气的构造相当。在这些地质构造中注入、储存和监测二氧化碳，基本上采用了近50年来为提高石油采收率（EOR）而开发的相同技术。

三种地质储存方式在技术上已经成熟：通过二氧化碳提高采收率（CO_2-EOR）储存、在咸水层中储存和在枯竭油气田中储存。

（1）通过CO_2-EOR储存。CO_2-EOR运行已有近50年的经验。目前，全球共有40多处CO_2-EOR作业，绝大多数在美国进行。CO_2-EOR的主要目的是最大限度地提高石油采收率，而不是储存二氧化碳。如果CO_2-EOR用作减

---

① 于洋，王欢．CCS的技术成熟度和成本问题的研究报告［R］．国外地质调查管理，2021（14）．

② 张墨翰．二氧化碳捕集、运输与储存技术进展及趋势［J］．当代化工，2017，46（9）：1883－1886.

排方案，则需要额外的二氧化碳特定监测，以验证注入二氧化碳的永久储存情况。

（2）咸水层中储存。1996 年以来，斯莱普纳（Sleipner）CCS 设施已向深部咸水层注入了超过 2000 万吨的二氧化碳。二氧化碳储存在不同的地理位置、地形和地质条件下。地质储存总是需要特定地点的分析、建模和监测。这包括储存容量预测、注入优化以及通过监测进行二氧化碳验证和量化。当前，识别、评价、利用、监测和关闭地质储存资源所需的技术和工具都已经建立并且成熟。

（3）枯竭油气田中储存。枯竭油气田的地质储存在技术上已经成熟（即与咸水层的储存基本上没有区别）。因为目前它仅用于示范项目，商业成熟期即将来临。

三、碳捕集与封存的成本及其驱动因素

碳捕集与封存（CCS）全链条成本受二氧化碳排放源类型、捕集技术类型、运输方式、二氧化碳封存场地地质条件等多种因素影响，各环节成本因项目而异，主要是由于 CCS 设施的规模和位置以及二氧化碳排放源的特征不同所致。技术是 CCS 中一个至关重要的考虑因素，但它不是唯一的因素。CCS 价值链的成本还受一系列其他因素的影响。

现阶段全球主要碳源（煤电厂、燃气电厂、煤化工厂、天然气加工厂、钢铁厂及水泥厂）的二氧化碳全链条减排成本约为 15～262 美元/吨。其中，中国 CCS 成本整体处于世界较低位水平。从 CCS 各技术环节看，二氧化碳捕集成本占比最大，二氧化碳运输与封存成本占比相对较小，具体取决于实际项目。

（一）二氧化碳捕集成本

二氧化碳捕集成本的一个关键因素是气源的性质。其中，二氧化碳分压是影响成本的关键因素。通常情况下，二氧化碳捕集成本与气流中二氧化碳的分压成反比。大多数行业中的烟气都是在接近大气压力情况下产生的，二

氧化碳体积百分比浓度在1%（炼铝厂）到35%（钢铁厂熔融还原工艺）之间，这使它们的二氧化碳分压相当低（低于40kPa）。在某些部门，如天然气加工、化肥生产和制氢气源的压力相当高，是大气压的许多倍。发电和工业部门的二氧化碳捕集通常占整个CCS链成本的大部分。

碳捕集成本的一个重要因素是能源成本，低成本能源供应是减低成本的一项有效策略。全球CCS研究所对采用不同的再生供热策略的捕集成本进行了研究，在现代发电厂和热集成良好的工业发电厂中，碳捕集的能源损失通常反映为发电损失或新锅炉的投资和运营成本。在钢铁、纸浆和造纸等大型工业工厂以及发电厂的废物中，可以使用热电联产（CHP）工厂提供的热量。反过来，这些热量可以支持高效的碳捕集过程集成，而无须建造新的锅炉。热电联产工厂可以使用多种燃料，包括化石燃料和可再生燃料，几乎不受地理限制。在水泥、钢铁生产中，也有大量的机会利用生产过程中的余热。来降低捕集成本。例如，水泥生产中煅烧过程的温度超过800℃。从出口气体中产生的大量多余热量可以用于碳捕集。在钢铁生产中，有机会从干渣粒化和焦炭干式淬火过程中回收余热。使用余热（如果有的话）可以使每吨捕集成本降低10～20美元左右。

规模经济和模块化是影响碳捕集成本的重要因素。随着规模增加，捕集装置规模的扩大，捕集成本会显著下降。成本降低的幅度在约30万吨/年已捕集二氧化碳时减弱，最终在50万～60万吨/年规模时成本不再下降。为了最大限度地降低捕集成本，二氧化碳捕集单元的容量应至少为40万～45万吨/年。[①] 至关重要的一点是未来的发电单元不能过小。在小规模生产中，CCS成本会高得多。

通过模块化缩短施工时间，从而为项目带来了更多的经济效益。通常，它们是在现场以外的专用设施中制造的，并以分散的、模块化组件（通常在海运集装箱中）交付。模块化的碳捕集装置可以通过以下方式帮助降低成本：其一，标准化厂房基座；其二，标准化厂房设计，包括所有工程图

① 蔡博峰，李琦，张贤，等．中国二氧化碳捕集利用与封存（CCUS）年度报告（2021）：中国CCUS路径研究［R］．生态环境部环境规划院，中国科学院武汉岩土力学研究所，中国21世纪议程管理中心，2021.

纸；其三，远程或自动运营；其四，模块化包装，可大大减少现场施工时间和成本。

对10年前完成的发电站二氧化碳捕集和压缩的成本研究，得出其平均成本约为95美元/吨二氧化碳。2018～2019年完成的可比研究估计，到2025年，捕集和压缩成本可能将降至约50美元/吨二氧化碳。[①]

（二）二氧化碳运输成本

捕集的二氧化碳需要运输到封存场地，然后注入地质建造中。有两种方式可以大量运输二氧化碳：第一，将二氧化碳压缩至密相（>74MPa）进行管道运输；第二，将二氧化碳冷冻成液相，用船舶、卡车或其他交通工具运输。捕集的二氧化碳通常含有水分。在运输之前必须将水清除，以防止二氧化碳和水形成可能腐蚀管道和其他设备的酸。脱水通常与压缩或冷冻同时进行。管道和船舶两种运输方式的指示性成本随运输规模和运输距离的不同而存在显著差异。CCS价值链由各种不同的组件组成，每个组件的成本范围因不同的驱动因素而不同。二氧化碳必须被捕集、压缩和脱水，然后输送到注入点，最后注入并进行监测。项目的特征也决定了任何地点的项目成本。例如，北极光项目计划用船将二氧化碳从各个港口运输到北海海底的封存地点，其封存成本为35～50欧元/吨二氧化碳。

管道规模经济的强大影响力是CCS枢纽发展的关键驱动力。百万吨级的二氧化碳源，如发电站、天然气加工厂或其他大型工业源，应该能够自行支撑一条经济的二氧化碳管道。这样，它们就可以作为枢纽的主力客户，使得较小的二氧化碳源也可以使用管道，而不会产生在小流量时观察到的更高的管道成本。对于非常长的运输距离和中等吨位，船运可能比管道更经济。航运不具有管道那样的规模经济，但是其优势在于，它可以以一种模块化的方式进行部署——从一艘船开始，根据需要逐步扩大规模，并且可以定向到不同的封存场地，如果封存场地之间出现价格竞争，这可能会很有用。

---

① 于洋，王欢.CCS的技术成熟度和成本问题的研究报告［J］.国外地质调查管理，2021（14）.

（三）碳压缩成本

二氧化碳压缩成本有两个主要组成部分：设备的资本成本和驱动压缩机的能源成本。封存需要将二氧化碳压缩到密相（>74MPa），以充分利用封存地层中可用的空隙空间。对于管道运输，与气相运输相比，压缩至密相还可以降低二氧化碳管道的成本。尽管压缩技术仍在不断改进，主要目的是提高效率和可靠性，但由于压缩技术属于成熟技术，因此，预计二氧化碳压缩成本不会有显著的下降。

（四）封存成本

在地下深处，注入、封存和监测二氧化碳的技术已经很成熟。成本和未来成本降低的驱动因素主要体现在三个方面：选址、部署和技术进步。

（1）在选址上。石油和天然气行业以及环境服务部门采用的技术已经成熟，这使人们对成本估算有了更大的信心。地质封存的成本范围很广。例如，美国国家石油委员会估计，在美国封存二氧化碳的成本为1~18美元/吨。造成这一成本范围变化很大的因素归因于场地的选择，包括：①准入：海上封存比陆上封存昂贵得多；现有的土地利用和准入会影响陆上封存的成本。②知识：特征描述良好的场地（以前的油气田、二氧化碳勘探或开发），其开发成本比未勘探的场地低。例如，枯竭油气田在油气生产过程中可获得大量的数据，证明地质储存建造的适宜性所需的额外数据较少。③现有基础设施：地面设施、海上平台、管道和井可以重复使用，这可减少所需的资本投资。④储存能力/注入能力：高注入速率的大型地质储层每注入1吨二氧化碳所需要的注入井更少。⑤二氧化碳体积和纯度：在整个作业周期内，大量、接近纯净的二氧化碳可以提高注入效率。⑥监测：部署的便利性、二氧化碳足迹、关闭后的要求，都会影响监测运营的持续成本。

（2）在部署上。每口井的高注入速率和每个场地的二氧化碳封存量并不是实现规模经济的唯一途径。提高CCS的整体部署速度也将降低二氧化碳封存作业的成本。到目前为止，二氧化碳专用材料的制造和二氧化碳运营的经验虽然成熟，但与油气行业相比规模仍然很小。2018年，注入的天然和人为二氧化碳约8000万吨/年。为了实现气候目标，到2050年必须注入超过50亿吨的人为二氧化碳。随着对二氧化碳封存场地的勘探和评估成为一项经常性工作，预计评估成本将可降低20%，这主要是由于专门针对二氧化碳的地震和钻井工艺的发展（IEA，2019）。

（3）在技术进步上。技术进步有望适度降低地质封存成本。未来的成本节约可以通过改进现有设备、数字化创新和自动化来实现。根据国际能源署温室气体研究与开发计划机构（IEAGHG，2020）的数据估算，未来一处理论上的在海上咸水层封存的CCS设施，预计资本成本将减少4500万美元，运营成本将下降6000万美元。这些成本的降低主要应当归功于数字化创新（自动化和预测性维护）。

四、全球碳捕集与封存地质封存潜力

全球范围内具有战略意义的、可用的地质存储场地组合，对于实现碳捕集与封存（CCS）的净零排放规划和开发至关重要。基于专家判断，在世界范围内，适合储存二氧化碳的岩石非常普遍。全球所有估计的储存能力，都明显超过5万亿吨（见表6-1），并且可以比大多数国家的总排放量大得多的速率容纳二氧化碳。

表6-1　全球二氧化碳容量估算　单位：Gt

地理范围	低估值（P10）	高估值（P90）	资料来源
全球	8000	53000	Kearns et al.，2017
全球	6000	40000	Consoil and Wingust，2017
北美	2400	22000	NETL，2015；USGS，2013
中国	1100	3600	Li et al.，2009；Consoil and Wingust，2017

尽管全球天然气和油田具有巨大的二氧化碳储存潜力（仅美国一个国家，其石油和天然气田就拥有1850亿~2300亿吨的储存量），但其仅占二氧化碳可利用总资源的一小部分。但是，从水文地质学和石油与天然气工业获

得的经验使人们对更多的二氧化碳储存能力充满信心。

在关键国家或地区，可用资源与已知的商业上可行的存储能力之间仍然存在巨大差距（类似于资源与已探明的油气储量之间的区别）。《二氧化碳封存资源目录》审查了全球约500个场地。该目录使用行业采用的二氧化碳存储分类系统，即存储资源管理系统，对超过12000Gt二氧化碳的存储资源进行了审查。结果是，“仅发现”了400Gt二氧化碳，即具有足够的数据来确认存储资源。如今，只有0.001%（1亿吨二氧化碳）的储存能力被认为是合格的，并且已经投入商业生产。如今，大多数经过良好评估的存储资源都位于拥有先进CCS企业的国家（挪威、英国、美国、加拿大和澳大利亚）。到2030年，其他国家（尤其是中国、印度、墨西哥湾沿岸国家和东南亚国家）的全球存储容量组合必须与CCS捕集率要求相符。这些场地必须在商业上降低风险，在技术上可行，在环境上可持续并且必须被当地接受。同时，国际标准组织也在制定选址和评估标准。

根据中国21世纪议程管理中心等机构公开发布的数据，中国油田主要集中于松辽盆地、渤海湾盆地、鄂尔多斯盆地和准噶尔盆地，通过二氧化碳强化石油开采技术（CO_2-EOR）可以封存约51亿吨二氧化碳。中国气藏主要分布于鄂尔多斯盆地、四川盆地、渤海湾盆地和塔里木盆地，利用枯竭气藏可以封存约153亿吨二氧化碳，通过二氧化碳强化天然气开采技术（CO_2-EGR）可以封存约90亿吨二氧化碳。中国深部咸水层的二氧化碳封存容量约为24200亿吨，其分布与含油气盆地分布基本相同。其中，松辽盆地（6945亿吨）、塔里木盆地（5528亿吨）和渤海湾盆地（4906亿吨）是最大的3个陆上封存区域，约占总封存量的1/2。之外，苏北盆地（4357亿吨）和鄂尔多斯盆地（3356亿吨）的深部咸水层也具有较大的二氧化碳封存潜力。

五、与碳捕集与封存相关的法律情况

透明和可预测的法律和法规是碳捕集与封存（CCS）实施的前提。各国政府和政府间组织强调，有必要澄清CCS在国际法和国内法中的地位，并制定框架以支持CCS的部署。投资者、工业界以及广大公众经常将围绕现有法律法规的不确定性作为主要关注点。关键不确定因素主要包括：第一，准入孔隙空间及其所有权；第二，作业要求，包括监视、报告和验证；第三，责任问题，包括长期责任要求和责任转移到国家。

对于一些先行国的政府而言，在正式确定对该技术部署的早期政策承诺时，解决此问题是当务之急。在过去十年间，消除法律障碍和发展国家体制内的监管途径已成为国家 CCS 活动的决定性方面。已经出现了专门针对 CCS 的特定立法。尽管 CCS 工艺的核心要素已作为油气行业广泛运作的一部分实践了很多年，但其作为减缓气候变化技术的作用已向政策制定者和监管机构采用新的监管方法提出挑战。结果就是制定了新的法律和法规框架，旨在规范 CCS 流程的整体或离散方面。在过去十年中，对国际和地区协议进行了修订，明确将 CCS 活动纳入其范围之内，并在欧洲、北美、亚洲和澳大利亚的司法管辖区制定了针对 CCS 的特定立法。

除一种情况外，决策者和监管机构已采用以下两种方法之一：要么通过 CCS 特定条款增强现有监管框架，要么制定独立的 CCS 特定法律框架。例外情况是制定“特定于项目的”法规来规范单个项目的运作。例如《巴罗岛法》，该法规范了西澳大利亚州的 Gorgon 二氧化碳注入项目。

欧盟《二氧化碳地质封存指令 2009/31/EC》（*Directive 2009/31/EC of the European Parliament and of the Council on the Geological Storage of Carbon Dioxide*）提供了 CCS 特定法律框架的早期示例，该框架在整个项目生命周期内以及在气候变化的背景下都涉及技术的所有方面。该指令消除了 CCS 的若干潜在法律障碍，并根据包括废物和水法规在内的更广泛的欧盟指令和法规阐明了该技术的地位。欧盟委员会选择将该指令的重点放在 CCS 流程的存储方面，并利用了几种预先存在的法律手段来管理与流程的捕集和运输方面相关的某些风险。由此产生的指令是针对 CCS 的全面制度，其中包括允许勘探和存储活动、监视和报告义务、责任和财务安全规定的要求，以及能够关闭和长期管理存储场地的过程。

在加拿大，国家实体与省或地区机构之间共享制定法律的监管能力，而针对 CCS 监管框架的设计和实施主要发生在省一级。阿尔伯塔省的法律法规体系可能是迄今为止该国确定的最全面的、专门针对 CCS 的特定模式。同样，在美国，联邦和州政府都制定了 CCS 的专用法律法规。这些方法可作为其他国家或地区的模板，考虑如何为项目开发商和投资者提供清晰的信息。

由于这些以及相关的立法进展，政策制定者和监管者现在可以反思监管 CCS 流程所涉及的重大法律挑战和复杂性。尽管迄今为止所制定立法的雄心和复杂性相差很大，但突出几个共同领域，并且如果监管制度要解决投资者和公共利益相关者的担忧，则需要核心的法律和监管要素（“基石”）。

全球只有少数几个国家制定了定义明确且全面的专门针对 CCS 的特定框架。这将不足以在 21 世纪中叶之前实现净零排放，并需要建立监管框架。这些管辖区及其监管模式为设计和实施 CCS 特定法规所面临的挑战提供了极好的案例。为实现全球部署目标，将需要更多国家制定对技术的监管响应，并且不得低估进行该过程所需的时间。鉴于为实现全球气候变化承诺和实现零排目标（包括 2030 年目标）而计划的时间表，这项活动的紧迫性将变得越来越突出。

六、全球碳捕集与封存商业化情况

2011 ~2017 年期间容量同比下降，可能是由于公共和私营部门关注全球金融危机后的短期复苏等因素。自 2017 年以来，早期和高级开发阶段都有增长。

如表 6 –2 所示，根据全球碳捕集和封存研究院数据库中的商业碳捕集与封存（CCS）设施统计数据，全球 CCS 项目中有 135 个（2 个暂停）。2021 年的前 9 个月，新增了 71 个项目，其中一个前项目因开发停止而被移除。这些数字表明，自《2020 年全球碳捕集与封存（CCS）现状报告》发布以来，运营或开发中的 CCS 设施总数惊人地翻了一番。美国再次领跑全球排行榜，拥 36 个新增设施。美国的成功令人信服地表明，只要政策为投资创造了商业案例，项目就会继续进行。其他领先的国家是比利时（4 个）、荷兰（5 个）和英国（8 个）。

表6－2　2021年9月商业碳捕集与封存（CCS）设施的数量和总容量

项目	运行中	建设中	高级开发阶段	早期开发阶段	暂停运行	总计
设施数量（个）	27	4	58	44	2	135
捕获容量（Mtpa）	36.6	3.1	46.7	60.9	21	149.3

注：全球碳捕集和封存研究院在商业化CCS设施统计中，由于二氧化碳利用情况的设施存在调查统计难度，所以表中CCS设施数据中包含了部分碳捕集利用与封存（CCUS）设施。

第二节　碳捕集、利用与封存

一、碳捕集、利用与封存的定义

2009年，中国在碳捕集领导人论坛上建议在碳捕集与封存（CCS）原有三个环节的基础上增加“利用”环节，并提出碳捕集、利用与封存（carbon capture，utilization and storage，CUSS）。CCUS技术（见图6－4）是CCS技术新的发展趋势，即把生产过程中排放的二氧化碳进行捕获、提纯，继而投入到新的生产过程中进行循环再利用或封存的一种技术。从碳捕集与封存（CCS）到碳捕集、利用与封存（CCUS），多了一个“U”。“U”被定义为对二氧化碳的资源化利用，包含地质资源利用、化工利用、生物利用等，这是当前CCUS技术发展的方向和前沿课题。

中国一次能源结构中化石能源消费占比高，2020年达到84.3%，其中煤炭消费占比达到56.8%。据国际能源署预测，如果不采用CCUS技术，中国要实现长期气候目标需要完全关闭燃煤及天然气发电，这将给经济社会发展造成更加巨大的影响。因此，加强二氧化碳的资源化利用，将二氧化碳作为一种“资源”转化为新的物质，或是通过地质利用（驱油或驱水）进行封存，增加收益，降低成本，而不仅限于封存，这样既拓展了碳封存技术的发展空间，更为CCS注入了新的活力。

联合国欧洲经济委员会（UNECE）于2021年3月1日发布《碳捕集、

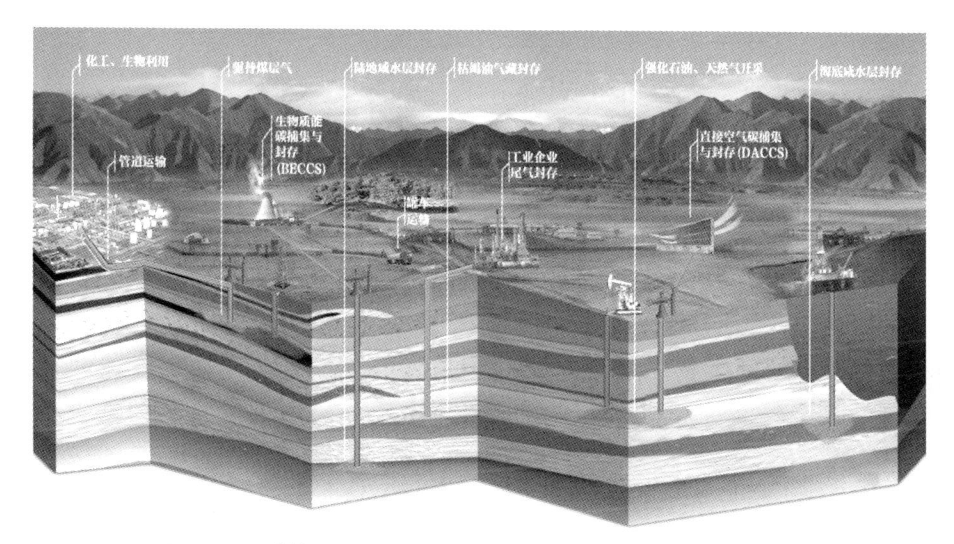

图6－4　碳捕集、利用与封存（CCUS）技术及主要类型示意

资料来源：中国地质图书馆。

利用与封存（CCUS）技术简报》，突出强调了CCUS技术在碳中和进程中的作用，呼吁加快CCUS的部署。呼吁“碳捕获、利用和储存技术是减缓气候变化的关键一步。CCUS是UNECE成员国实现碳中和的一条途径，并可将其排放控制在目标之内”。

二、二氧化碳利用技术的进展

按技术流程，碳捕集、利用与封存（CCUS）与碳捕集与封存（CCS）相比关键在于“利用”环节（见图6－5）。碳利用是利用二氧化碳生产具有经济价值的产品。具体来说，二氧化碳利用是指通过工程技术手段将捕集的二氧化碳实现资源化利用的过程。根据工程技术手段的不同，可分为二氧化碳地质利用、二氧化碳化工利用和二氧化碳生物利用等。其中，二氧化碳地质利用是将二氧化碳注入地下，进而实现强化能源生产、促进资源开采的过程，如提高石油、天然气采收率，开采地热、深部咸（卤）水、铀矿等多种类型资源。

在一些国家广泛运用EOR等技术提高石油、天然气的采收率。碳利用可细分为3个主要领域（矿化、生物和化学）。值得注意的是，某些碳利用选项，

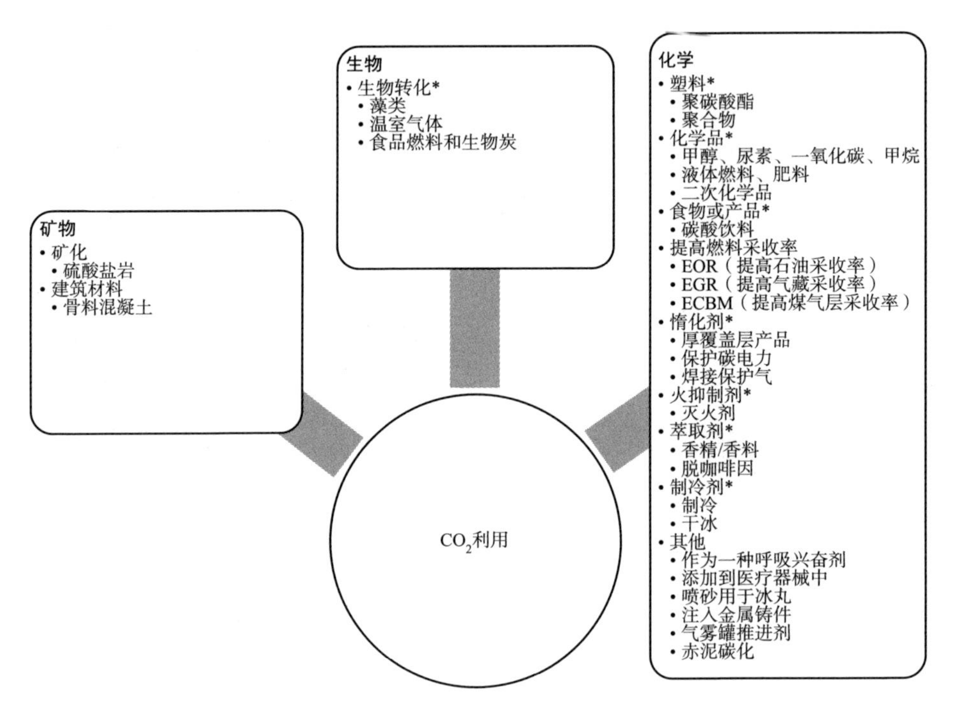

图 6-5　CCUS 中的“利用技术”

注：* 表示使用了碳但无法永久封存碳的产品。

如在某些化学品工艺、灭火产品等中使用二氧化碳，并不等同于混凝土或碳酸盐等永久性固碳解决方案。为了中和二氧化碳的再释放问题并达到碳中和，需要与直接空气碳捕集与封存（DACCS）进行耦合。

由于其目前市场规模有限，将二氧化碳转化为产品对实现气候变化的温室气体目标做出的贡献不大却十分重要。在未来氢经济中，二氧化碳中的碳可以用来制造许多目前使用化石燃料制造的化学品和塑料。碳利用可以为工业部门、钢铁、水泥和化工部门解锁这些项目的商业化进程。

三、碳捕集、利用与封存中二氧化碳利用的市场需求潜力

除 EOR 外，许多产品正在成为未来需求可能增加的“潜在汇”。表 6-3 所示产品可以使用二氧化碳作为原料来生产材料。许多初创公司的目标是创

造更经济、更环保的路径，将二氧化碳排放“汇”到产品中，而不是进行地下地质储存。利用二氧化碳生产的骨料和混凝土具有最大的吸收二氧化碳潜力，市场总规模约为25000亿美元/年。然而，现有产品的低价格使得此类产品的市场渗透具有挑战性。

表6－3　利用市场和潜在的二氧化碳需求

产品	价格（美元/吨）	需求量（百万吨/年）	二氧化碳利用量（吨二氧化碳/吨）
骨料	10	55000	0.25
混凝土	100	2000	0.025
甲醇	350	140	1.37
乙醇	475	100	1.91
碳酸钠	150	60	0.42
碳酸钙	200	10	0.44
聚合物	1900	24	0.08

注：对于化学产品而言，二氧化碳利用只有在替代石化产品的情况下才是一种净效益。化工产品的寿命太短，不能被视为碳汇。对于更高的环境影响，二氧化碳必须来自BECCS、DACCS或废物流。

资料来源：联合国欧洲经济委员会（UNECE）于2021年3月1日发布《碳捕集、利用与封存（CCUS）技术简报》；贾凌霄、马冰（2021）。

甲醇和乙醇生产也为二氧化碳“汇”在产品中创造了机遇，但由于液体燃料最终会燃烧，因此它们不被视为是长期的碳汇解决方案，除非与DACCS、BECCS和绿氢结合起来，以产生替代化石燃料的燃料。其余产品完全成为二氧化碳汇解决方案的潜力有限，因为与化石燃料市场相比，这些产品的市场很小，加工成本也很高。随着骨料、混凝土和化学品生产中二氧化碳的使用量增加，低成本的二氧化碳可供性将限制其用于化学品生产。为了发展新的捕集能力和基础设施，将需要在碳捕集、利用与封存（CCUS）技术供应商和化学工业界之间建立伙伴关系。

四、主要国家碳捕集、利用与封存的落地情况

（一）美国

美国2020年新增12个碳捕集、利用与封存（CCUS）商业项目。运营中

的 CCUS 项目增加至 38 个，约占全球运营项目总数的 1/2，二氧化碳捕集量超过 3000 万吨。美国 CCUS 项目种类多样，包括水泥制造、燃煤发电、燃气发电、垃圾发电、化学工业等。半数左右的项目已经不再依赖 CO_2-EOR 得到收益。这得益于美国政府推出的补贴政策。美国 CCUS 项目可以通过联邦政府的 45Q 税收抵免和加利福尼亚州政府的低碳燃料标准获得政府和地方的财政支持。这些举措大幅改善了 CCUS 项目的可行性并使其长期健康运行成为可能。

另外，2020 年美国能源部投入 2.7 亿美元支持 CCUS 项目，也极大地鼓励了 CCUS 项目的发展。45Q 税收抵免政策经过 2018 年的修订后，每吨二氧化碳的补助金额得到大幅提升。45Q 采用递进式二氧化碳补贴价格的设定方式。其中，二氧化碳地质封存的补贴价格 25.7 美元/吨二氧化碳（2018 年）递增至 50.00 美元/吨二氧化碳（2026 年），非地质封存（主要指 CO_2-EOR 和二氧化碳）的补贴价格由 15.29 美元/吨二氧化碳（2018 年）递增至 35.00 美元/吨二氧化碳（2026 年）。2021 年 1 月 15 日，美国发布 45Q 条款最终法规，抵免资格分配制度更加灵活，明确私人资本有机会获得抵免资格。这种方式使得投资企业可以确保 CCUS 项目的现金流长期稳定，并大大降低了项目的财务风险，从而鼓励企业投资新的 CCUS 项目。

（二）欧盟

欧盟 2020 年有 13 个商业 CCUS 项目正在运行，其中爱尔兰 1 个、荷兰 1 个、挪威 4 个、英国 7 个。另有约 11 个项目计划在 2030 年前投运。欧洲主要的商业 CCUS 设施集中于北海周围，而在欧洲大陆的 CCUS 项目由于制度成本以及公众接受度等各种因素，进展较为缓慢。与美国不同，欧洲 CCUS 项目的二氧化碳减排价值主要依靠欧盟碳交易市场（EU ETS）和 EOR 来体现。2020 年以前，欧洲碳交易市场的二氧化碳价格较低，该市场对 CCUS 项目的支持力度有限。

另外，碳交易市场的碳价不确定性也影响了企业对 CCUS 投资的判断。欧洲 NER300、Horizon 2020、Horizon Europe 等基金都发布了为 CCUS 项目提供公共资金支持的计划。但 NER300 因为最终没有为任何一个 CCUS 项目提供支持而受到批评。欧盟一直积极推进低碳经济，并采用积极的政策与制度来推进低碳转型。2020 年“欧洲绿色协议”和《欧洲气候法案》将 2050 年净零排放的目标变成了政治目标和法律义务。这使得今后欧洲可能施行更多的减排政策。

由于 CCUS 是一项重要的减排手段，可以预见欧洲将会采取更加积极的政策来支持 CCUS。2020 年 6 月创立的总额为 100 亿欧元的欧洲创新基金（Innovation Fund）被广泛认为会成为今后 CCUS 项目的主要公共资金来源。值得注意的是，与其他低碳能源项目相比，欧盟的 CCUS 政策是谨慎和保守的。

（三）日本

日本由于地质条件原因，没有可用于 EOR 的油气产区，所以日本的 CCUS 项目多为海外投资，例如美国的 Petra Nova 项目、东南亚的 EOR 项目等。日本本土的全流程项目有 2012 年开始建设、2016 年开始运行的苫小牧 CCS 项目。广岛的整体煤气化联合循环发电（IGCC）项目已经开始了二氧化碳捕集，并准备在今后开展二氧化碳利用的实证试点。日本政府在 2020 年宣布了 2050 年净零排放的目标。同年议会通过了成长战略并且制定了施行计划。CCUS 作为 14 个重点领域中的一个，经济产业省为其制定了在水泥、燃料、化工和电力领域的普及路线图。需要注意的是，近年日本政府的工作重心是二氧化碳的利用，在地质封存上的投入较以往有所减少。

（四）中国

截至 2020 年，中国 CCS 项目遍布 19 个省份，已建成 40 个示范项目，捕集能力 300 万吨/年，累计注入封存二氧化碳超过 200 万吨。13 个涉及电厂和水泥厂的纯捕集示范项目总体捕集规模达 85. 65 万吨二氧化碳/年，11 个二氧化碳地质利用与封存项目相关项目的累计利用规模达 182. 1 万吨二氧化碳/年。其中，用于驱油的二氧化碳利用规模约为 154 万吨/年。宏观来看，中国多以石油、煤化工、电力行业小规模的捕集驱油示范为主，缺乏大规模的多种技术组合的全流程工业化示范。

2019 年以来，主要进展如下：

（1）捕集。国家能源集团国华锦界电厂新建15万吨/年燃烧后二氧化碳捕集项目；中海油丽水36－1气田开展二氧化碳分离、液化及制取干冰项目，捕集规模5万吨/年，产能25万吨/年。

（2）地质利用与封存。国华锦界电厂拟将捕集的CO_2进行咸水层封存，部分CO_2-EOR项目规模扩大。

（3）化工、生物利用。20万吨/年微藻固定煤化工烟气二氧化碳生物利用项目；1万吨/年二氧化碳养护混凝土矿化利用项；3000吨/年碳化法钢渣化工利用项目。

五、中国的碳捕集、利用与封存技术进展

（一）已具备大规模捕集、利用与封存二氧化碳的工程能力，正在积极筹备全流程碳捕集、利用与封存产业集群

中石油吉林油田EOR项目是全球正在运行的21个大型碳捕集、利用与封存（CCUS）项目中唯一的中国项目，也是亚洲最大的EOR项目，累计已注二氧化碳超过200万吨。国家能源集团国华锦界电厂15万吨/年燃烧后二氧化碳捕集与封存全流程示范项目已于2019年开始建设，建成后将成为中国最大的燃煤电CCUS示范项目。2021年7月，中石化正式启动建设我国首个百万吨级CCUS项目（齐鲁石化－胜利油田CCUS项目）。2022年1月29日，我国首个百万吨级CCUS项目——齐鲁石化－胜利油田CCUS项目建成。

（二）碳捕集、利用与封存技术项目遍布19个省份，捕集源的行业和封存利用的类型呈现多样化分布

中国13个涉及电厂和水泥厂的纯捕集示范项目总体二氧化碳捕集规模达85.65万吨/年，11个二氧化碳地质利用与封存项目规模达182.1万吨/年，其中EOR的二氧化碳利用规模约为154万吨/年。中国二氧化碳捕集源覆盖燃煤电厂的燃烧前、燃烧后和富氧燃烧捕集，燃气电厂的燃烧后捕集，煤化工的二氧化碳捕集以及水泥窑尾气的燃烧后捕集等多种技术。二氧化碳封存及利用涉

及咸水层封存、EOR、驱替煤层气（ECBM）、地浸采铀、二氧化碳矿化利用、二氧化碳合成可降解聚合物、重整制备合成气和微藻固定等多种方式。

（三）二氧化碳驱提高石油采收率日渐成熟

我国地质利用和封存项目以提高石油采收率为主，主要围绕几个油气盆地开展，包括东北松辽盆地、华北渤海湾盆地、西北鄂尔多斯盆地和准噶尔盆地。驱替煤层气项目当前处于先导试验阶段，由中联煤在沁水—临汾盆地的柳林和柿庄开展。二氧化碳铀矿地浸开采技术已成熟，中国核工业集团在通辽进行了工业应用。

二氧化碳驱提高石油采收率（见图 6 -6）项目在国内三大石油公司中石化、中石油以及延长石油的油田开展，包括中石化胜利油田、中原油田以及中石油大庆、吉林、新疆油田和长庆油田。其中，吉林油田的注气产油比大概为 4. 67∶1，即注入 4. 67 吨二氧化碳能够产出 1 吨油，胜利油田的注气产油比约为 2∶1。新疆油田二氧化碳年注入量 5 万 ~10 万吨，产油 1. 4 万 ~3. 9 万吨/年，注气产油比约为 2. 56 ~3. 57∶1。截至 2019 年，华东油气田累计注入二氧化碳 40 万吨，产油 13 万吨，注气产油比约为 3. 07∶1。

图 6 -6　提升油气采收率

资料来源：联合国欧盟经济委员会（UNECE）。

以中石化为例，建成了燃煤电厂、炼厂烟气、高碳天然气分离的全流程CCUS示范项目，年捕集能力达到60万吨。经过多年的发展，应用对象从低渗透油藏，拓展到特高含水油藏、复杂断块油藏等，应用领域不断拓展，华东、胜利、中原等油田二氧化碳驱矿场试验提高采收率达到8%～15%。已形成了实验评价、数值模拟、驱油与埋存一体化优化、防窜封窜、安全监测评价等全过程技术体系。此外，胜利油田在捕集方面，围绕燃煤电厂燃烧后捕集开发了以乙醇胺（MEA）为主的甲基磺酸（MSA）复合吸收剂，二氧化碳吸收能力提高30%，腐蚀速率、降解速率下降90%以上；在驱油方面，低渗－特低渗油藏二氧化碳驱油取得良好效果，阶段换油率0.27t油/t二氧化碳，区块提高采出程度13.3%。

（四）二氧化碳驱替煤层气正处先导试验阶段

由中联煤联合阿尔伯塔研究院、澳大利亚联邦科学与工业研究组织、中国科学院武汉岩土力学研究所等单位，于2004年起在沁水—临汾盆地的柳林和柿庄开展了一系列试注与监测研究。

（五）积极探索二氧化碳利用新技术运用

中国科学院过程工程研究所在四川达州开展了5万吨/年钢渣矿化工业验证项目；浙江大学等在河南强耐新材股份有限公司开展了二氧化碳深度矿化养护制建材万吨级工业试验项目；四川大学联合中石化等公司在低浓度尾气二氧化碳直接矿化磷石膏联产硫基复合肥技术研发方面取得良好进展。中国二氧化碳化工利用技术已经实现了较大进展，电催化、光催化等新技术大量涌现。但在燃烧二氧化碳捕集系统与化工转化利用装置结合方面仍存在一些技术瓶颈尚未突破。生物利用主要集中在微藻固定和气肥利用方面。

（六）咸水层封存技术已经成熟

国家能源投资集团有限责任公司（神华）煤制油分公司深部咸水层二氧化碳地质封存示范工程，是中国首个，也是世界上规模最大的全流程煤基二氧化碳捕集和深部咸水层地质封存示范项目。工程位于内蒙古鄂尔多斯市伊金霍洛旗东南约40千米处。示范工程于2011年5月9日实施注入实验，2015年停止注入，截至2015年底，完成30万吨注入目标。该工程的二氧化碳源是从煤制氢装置变换单元的尾气中截流后，经气液分离、除油、脱硫、净化、精馏等工艺，将纯度为88.8%的二氧化碳提纯至99.99%以上。然后用低温罐车将二氧化碳运至封存区，首先导入缓冲罐内，再经加压、加热后注入地下。缓冲罐、注入井、监测井内压力、温度等监测数据实时传输至综合办公楼内。

不过，我们也应看到中国CCUS技术集成、海底封存和工业应用同国际先进水平还有一定的差距。

（1）我国尚未开展百万吨级的CCUS技术全流程集成示范，与美国、加拿大等拥有多个全流程CCUS技术示范项目经验的国家差距明显。

（2）海洋二氧化碳封存能力薄弱，与美国、挪威等国技术差距较大。例如，挪威政府近期批准了欧洲首个区域合作大规模全流程碳捕集与封存项目“长船项目”，将从垃圾焚烧厂和水泥厂捕集的二氧化碳运输到北海海底的一个近海封存地点进行永久封存。长船项目第一阶段将于2024年投入运营，预计初期每年可注入和封存150万吨二氧化碳。

（3）工业领域CCUS技术滞后于欧洲和中东国家。例如，阿联酋雷亚达CCUS项目作为阿联酋建立CCS大型网络枢纽的一部分，主要是从钢铁厂排放的烟气中捕集二氧化碳并用于驱油，当前年均捕集、运输和注入80万吨二氧化碳。

整体来看，我国CCUS技术基础研究工作较为薄弱，缺乏大规模的工业化示范和应用。在捕集技术上，比较成熟的化学吸收法，存在能耗高、成本高的问题；在封存技术上，国外已开展了大量的咸水层封存示范，国内仅开展了十万吨级咸水层封存示范；在驱油利用上，还需要开展陆相油藏提高增油效果及“驱油埋存一体化”优化研究，以实现驱油和埋存双赢。大规模推广CCUS还面临诸多挑战。

六、中国碳捕集、利用与封存的成本

经济成本首要构成是运行成本，是碳捕集、利用与封存（CCUS）技术在实际操作的全流程过程中，各个环节所需要的成本投入。与碳捕集与封存（CCS）运行成本相似（上文已对CCS成本做了分析），主要涉及捕集、运输、封存、利用这四个主要环节。CCUS的利用环节成本，主要是为初始设备投入。本节以中国为例，解剖 CCUS 成本情况。

中国 CCUS 示范项目整体规模较小，成本较高。CCUS 的成本主要包括经济成本和环境成本。经济成本包括固定成本和运行成本，环境成本包括环境风险与能耗排放。

预计至 2030 年，二氧化碳捕集成本为 90 ~ 390 元/吨，2060 年为 20 ~ 130 元/吨；二氧化碳管道运输是未来大规模示范项目的主要输送方式，预计 2030 年和 2060 年管道运输成本分别为 0.7 元/(吨 · km) 和 0.4 元/(吨 · km)。2030 年二氧化碳封存成本为 40 ~ 50 元/吨，2060 年封存成本为 20 ~ 25 元/吨。

此外，环境成本主要由 CCUS 可能产生的环境影响和环境风险所致。一是 CCUS 技术的环境风险，二氧化碳在捕集、运输、利用与封存等环节都可能会有泄漏发生，会给附近的生态环境、人身安全等造成一定的影响。二是 CCUS 技术额外增加能耗带来的环境污染问题，大部分 CCUS 技术有额外增加能耗的特点，增加能耗就必然带来污染物的排放问题。从封存的规模、环境风险和监管考虑，国外一般要求二氧化碳地质封存的安全期不低于 200 年。如表 6 - 4 所示，预计 2030 年和 2060 年管道运输成本分别为 0.7 元/(吨 · km) 和 0.4 元/(吨 · km)。2030 年二氧化碳封存成本为 40 ~ 50 元/吨，2060 年封存成本为 20 ~ 25 元/吨。

表 6 - 4　2025 ~ 2060 年碳捕集、利用与封存（CCUS）各环节成本

项目		2025 年	2030 年	2035 年	2040 年	2050 年	2060 年
捕集成本（元/吨）	燃烧前	100 ~ 180	90 ~ 130	70 ~ 80	50 ~ 70	30 ~ 50	20 ~ 40
	燃烧后	230 ~ 310	190 ~ 280	160 ~ 220	100 ~ 180	80 ~ 150	70 ~ 120
	富氧燃烧	300 ~ 480	160 ~ 390	130 ~ 320	110 ~ 230	90 ~ 150	80 ~ 130
运输成本［元/(吨 · km)］	罐车运输	0.9 ~ 1.4	0.8 ~ 1.3	0.7 ~ 1.2	0.6 ~ 1.1	0.5 ~ 1.1	0.5 ~ 1.0
	管道运输	0.8	0.7	0.6	0.5	0.45	0.4
封存成本（元/吨）		50 ~ 60	40 ~ 50	35 ~ 40	30 ~ 35	25 ~ 30	20 ~ 25

注：成本包括了固定成本和运行成本。数据来源：王枫等（2016）；刘佳佳等（2018）；科技部（2019）；Fan et al.（2019）；蔡博峰等（2020）；魏宁等（2020）；王涛等（2020）；Yang et al.（2021）。

资料来源：生态环境部，中科院武汉岩土力学研究所，中国 21 世纪议程管理中心．中国二氧化碳捕集、利用与封存（CCUS）年度报告 2021：中国 CCUS 路径研究［R］. 2021。

七、中国碳捕集、利用与封存的减排潜力

（一）理论潜力

根据中国地调局的评估成果，我国417个面积大于200平方千米的陆域及毗邻海域沉积盆地区域尺度二氧化碳地质封存潜力为7.5万亿吨。其中，390个陆域沉积盆地封存潜力为5.4万亿吨，27个海域沉积盆地封存潜力为2.1万亿吨。按封存介质类型，深部咸水层封存潜力为7.4万亿吨，枯竭油气藏及深部不可采煤层封存潜力0.1万亿吨。

（二）二氧化碳地质利用与封存有较大的减排潜力

（1）从地质利用来看。二氧化碳地质利用主要包括二氧化碳驱油、二氧化碳驱替煤层气、二氧化碳强化天然气开采、二氧化碳强化页岩气开采、二氧化碳强化地热开采、二氧化碳地浸采铀矿、二氧化碳增采咸水。

（2）从利用成熟程度来看。二氧化碳驱油当前已应用于多个驱油与封存示范项目。铀矿地浸开采技术处于商业阶段；强化煤层气开采技术正在现场试验和技术示范。强化天然气开采、强化页岩气开采、强化地热开采技术处于基础研究阶段。强化深部咸水开采技术是近几年提出的新方法，尚未开展现场试验，其大部分关键技术环节可借鉴咸水层封存和强化石油开采，但需要开发相应的抽注控制及水处理工艺。

（3）从地质封存减排量来看。二氧化碳地质利用与封存技术类别中，二氧化碳增采咸水技术可以实现大规模的二氧化碳深度减排，占总封存量的90%以上。二氧化碳驱油和二氧化碳增采咸水在目前的技术条件下可以开展大规模的示范，并在特定的经济激励条件下可实现规模化二氧化碳减排。

第三节　生物质能碳捕集与封存

一、生物质能碳捕集与封存的定义

生物质能碳捕集与封存（bioenergy with carbon capture and storage，BECCS）是碳捕集与封存（CCS）的一种“变体”，是将生物质燃烧或转化过程中产生的二氧化碳进行捕集与封存，从而实现捕集的二氧化碳与大气长期隔离的过程。在 IPCC 评估报告的大多数 1.5℃与 2℃的情景中，均需要实现负排放，因此 BECCS 被广泛纳入这些低排放情景。由于 BECCS 属于陆地生态系统碳汇与 CCS 的组合方法，且两项基础方法均已被政府间气候变化专门委员会（IPCC）纳入国家温室气体排放清单，所以 BECCS 也是被 IPCC 承认的合规碳汇。BECCS 碳汇遵守按照《IPCC 国家清单指南》（第 2 卷第 5 章）中 CCS 方法学，如美国 IL-ICCS 项目，是目前规模最大的 BECCS 项目，碳汇规模是 1000 万吨/年二氧化碳，其碳汇量就是按照地质封存量核算的。2014 年，IPCC 第五次评估报告（AR5）和《全球升温 1.5℃特别报告》中都提出 BECCS 等相关的二氧化碳移除技术（carbon dioxide removal，CDR）是未来有望将全球升温稳定在低水平的关键技术，获得了广泛关注。

按技术流程，BECCS 大致流程如下（如图 6－7 所示）：

环节 1，生物质固碳，通过土地（海洋）管理等方式，利用生物的光合作用，将大气中的二氧化碳转化为有机物，并以生物质碳汇的形式积累存储下来。

环节 2，生物质能源利用，光合作用产生的生物质可以直接用于燃烧产生能量，或者利用化学反应合成天然气或乙醇等其他高价值清洁能源。

环节 3，碳捕捉与封存，利用 CCS 技术捕获生物质能量利用过程产生的二氧化碳，经过进一步处理输送，最后被注入合适的地质构造中永久储存。

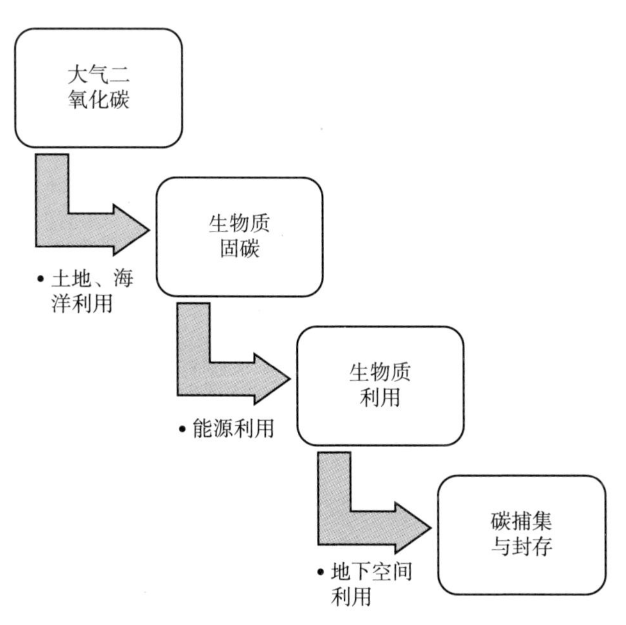

图 6－7　生物质能碳捕集与封存（BECCS）基础流程

目前普遍认为生物质是可持续碳中性能源的一个重要组成部分，利用生物质进行能量生产不会排放多余二氧化碳，因为在能量转换期间释放到大气中的二氧化碳等同于前期光合作用从大气中获取的二氧化碳量。实际上，BECCS 建立了从大气到地下的二氧化碳流动，潜在地实现整体负碳平衡。在全过程中二氧化碳可以看作是一个能量载体，将太阳能转化为生物质能再转化为热能被利用，前后二氧化碳总量不变。在运用 BECCS 技术的系统中，光合作用捕获的二氧化碳不会重新释放到大气中，而是通过 CCS 技术永久储存在地层中。BECCS 导致负排放的过程被认为是 CDR（二氧化碳移除）的形式。

二、生物质能碳捕集与封存的落地情况

截至目前，生物质能碳捕集与封存（BECCS）项目全球约有 27 个，这些项目主要分布在欧洲（14 个）、美国（8 个）和日本（2 个）等，大部分是

基于现有的乙醇工厂、水泥厂、制浆造纸厂及生物质发电厂。已完成评估的项目如澳大利亚重点利用市政生活垃圾，农业和林业部门的有机废物研究和评估垃圾填埋气在燃气轮机、甘蔗渣和森林残渣以及城市固体垃圾燃烧的四个 BECCS 项目。美国伊利诺伊州正在实施的 BECCS 项目是目前规模最大的，该项目于 2017 年 4 月开始运行，从玉米转化为乙醇的过程中，每年捕获 100 万吨二氧化碳。捕获的二氧化碳经过压缩和脱水后，注入位于西蒙山（Mount Simon）的大约 2.1km 深的砂岩地层中永久封存。英国也开展了 BECCS 试点，将英国最大的 Drax 发电厂 2/3 的发电机组进行升级，改用生物质替代煤炭，并每天从生物质发电产生的气体中捕集 1 吨二氧化碳。英国皇家科学院和皇家工程师学会预计，到 2050 年，BECCS 可以实现每年捕集 5000 万吨二氧化碳，大约相当于届时英国全国碳排放目标的 1/2。单纯靠种植农作物来收获生物质的可用量是不够的，这种模式容易因为经济性的缺乏而被取消，所以正在规划的 BECCS 项目应多考虑结合其他途径的生物质，同时使用各种生物能源技术，如废物转化为能源（挪威和荷兰）、乙醇工厂（法国、巴西和瑞典）、生物质燃烧/共烧（日本）、纸浆和纸（瑞典的 2 个项目）、生物质气化（美国）和沼气厂（瑞典）。

中国尚未开展完整的 BECCS 项目，但在先进生物质能和 CCS 两方面中国已有商业化示范，如何结合这两者实现负排放是未来努力的方向。

三、生物质能碳捕集与封存的技术优势

生物质能碳捕集与封存（BECCS）系统提出了一种将生物质能和二氧化碳捕集与封存联合的模式，具有负排放和提供碳中性能量的双重优势。与其他负排放技术相比，BECCS 具有一定的比较优势。

（一）应用情景广泛

生物质在组成成分和性质上与煤等化石燃料不同，有着明显缺点，比如热值低，水分含量高，但经过预处理和运用一些燃烧技术，在一定程度上是可以替代煤燃料用于工业生产，同时生物质通过一些化学反应比如厌氧发酵，

可以生成其他热值高的清洁能源，所以发电厂、生物质炼油厂或生物质气化厂等均可应用 BECSS 来实现二氧化碳负排放。

（二）成本较低

如图 6－8 所示，捕集前初始浓度越高，捕集成本越低，这也是 BECCS 比 DAC 便宜的原因。就 BECCS 而言，从燃料转化过程（如从甘蔗或淀粉蔗中生产生物乙醇）或生物质气化（仅需预处理和压缩来捕集二氧化碳）成本约为 15～30 美元/吨。生物质发电的捕集成本约为 60 美元/吨，而应用于工业过程的 BECCS 成本约为 80 美元/吨。

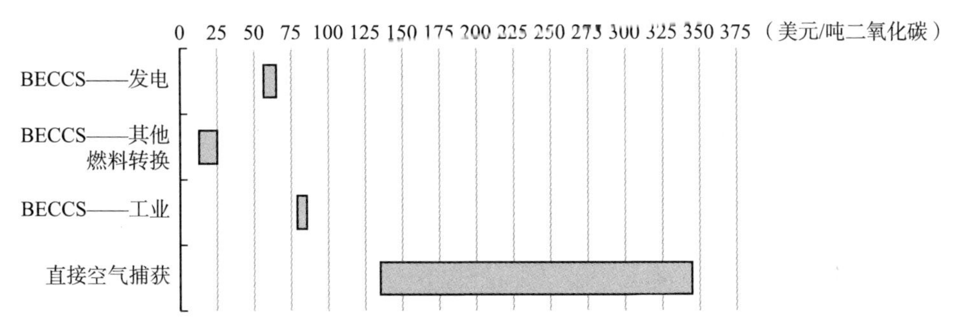

图 6－8　当前按部门分列的用于碳去除技术的二氧化碳捕集成本

资料来源：生态环境部。

四、生物质能碳捕集与封存的技术潜力

生物质能碳捕集与封存（BECCS）在全球范围内具有可观的碳减排潜力。IPCC 第五次评估报告提及的 116 个限制全球变暖（2℃）的情景中，有 101 个涉及碳汇等负排放，主要是造林/再造林和 BECCS。BECCS 技术的发展规模和前景是一个复杂的不确定决策问题，目前很多研究从碳减排需求的角度实施探讨。例如，《全球升温 1.5℃特别报告》中提出实现 1.5℃温控目标的 4 种减排模式，在近中期资源能源消耗最高、二氧化碳排放最高的 P4 发展模式下，全球从 2030 年左右就需要大规模发展 BECCS。

如图 6－9 所示，从 2030 年开始大规模部署 BECCS，到 2070 年，在可持续发展情景下，BECCS 累计捕集约 45 吉吨（Gt）二氧化碳。该技术主要安装在发电（55%）和燃料转化（40%）中，其余用于水泥、纸浆和造纸工业。到 2070 年，一半的生物质燃烧发电与 CCUS 有关。当 BECCS 被部署在燃料转化部门（其二氧化碳捕集比其他部门便宜）时，大约一半的碳仍然存在于生物燃料产品中，这为难以减排的运输方式提供了一种碳中和燃料。

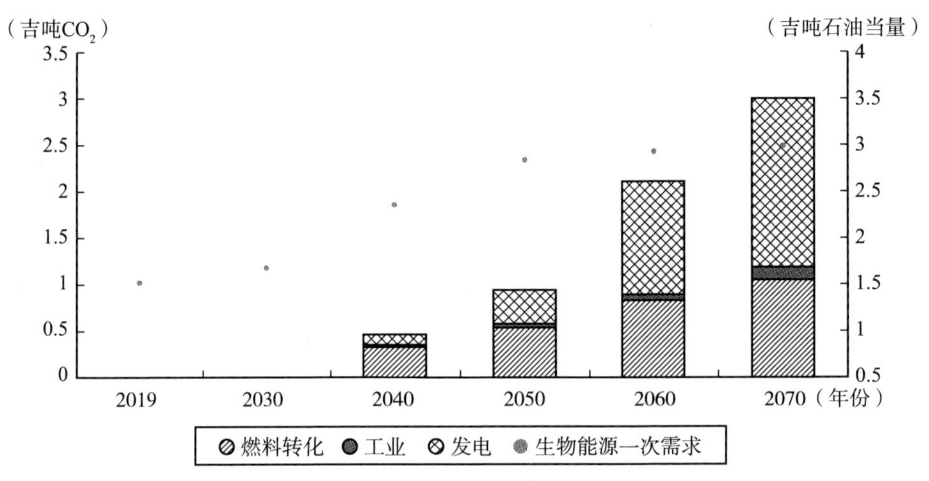

图 6－9　2019～2070 年可持续发展情景下生物能源一次需求划分的世界二氧化碳捕集量

资料来源：生态环境部。

目前关于中国实施 BECCS 的研究不多。北京大学和国家发展改革委的一项联合研究认为，在 1.5℃温控目标的情景下，中国 BECCS 在 2030 年后将会迅速增加，到 2050 年每年需要移除超 8.2 亿吨二氧化碳；清华大学等单位估算认为到 2050 年，在实现 2℃温控目标情景下中国每年将依靠 BECCS 捕获 5.9 亿吨二氧化碳，1.5℃温控目标情景下为 9.5 亿吨二氧化碳。浙江大学等单位提出在较为理想的假设下，不同生物天然气规模下，我国目前 1 年的畜禽粪污总量为 40 亿吨，秸秆总量约为 9 亿吨，若将上述有机物全部用于沼气生产，那么沼气年产量将可达到约 5000 亿立方米。若沼气全部用于替代天然气，那么其减排潜力约为 6 亿吨二氧化碳。将沼气自带的二氧化碳及燃烧后产生的二氧化碳全部捕集和封存，则其二氧化碳总减排潜力约为 9.8 亿 t/a。

五、生物质能碳捕集与封存面临的挑战

生物质能碳捕集与封存（BECCS）可以在全球能源系统实现净零排放方面发挥决定性作用。然而，这些技术在实践中的潜在贡献仍然存在很大不确定性，尤其是在未来成本和性能、商业化速度、公众理解和接受程度、可持续生物量可用性限制等方面，以及如何开发运输和存储基础设施。这就凸显了高强度研发的必要性，以确保这些技术在未来十年内为大规模部署做好准备，并考虑所涉及的交付周期。

（一）土地限制

由于粮食需求预计到21世纪中叶将翻一番，因此重新大量利用现有的农业用地生产BECCS的原料或进行造林/再造林，可能会对粮食供应和粮食价格产生重大影响，对国家安全和生物多样性产生深远影响。如果造林/再造林和BECCS可以扩展到数亿公顷的耕地，而不影响粮食供应或砍伐剩余的热带森林，那么这些方案可以形成100亿吨/年以上的二氧化碳负排放。然而，扩大造林规模将需要农业生产力的革命性突破或饮食的革命性变化（大幅度减少肉类消费）和减少食物浪费。除非研究证明，否则谨慎的做法是将造林/再造林和BECCS部署远大于100亿吨/年以上二氧化碳负排放的上限视为是不切实际的。此外，BECCS的土地足迹估计为每清除100万吨二氧化碳占用1000~17000平方公里土地，这取决于许多因素，包括生物量的位置和来源（例如森林和农业残留物，以及专门种植的能源作物）。

（二）次生风险

对BECCS减缓全球气候变化所发挥效用的评估中，生物质原料的资源潜力是关键制约因素之一。然而，能源植物、农业剩余物以及林业剩余物等生物质资源在空间上并不是均匀分布，可利用的土地面积、环境政策的制约和技术经济的情况等都会影响到生物质供应量能力。在发展BECCS中还可能发生一些“应对目标带来次生风险”问题。例如，生物质燃料的快速发展对

2008年全球粮食安全的主要影响？生物燃料生产是否会诱发大规模天然林采伐，从而导致碳排放量增加？

（三）技术成熟度

第一，BECCS涉及的生物质能利用和CCS两个技术体系都有待完善。部分先进的生物质能利用技术，如纤维素乙醇、生物质气化联合循环发电等，尚处在研发示范阶段，未来的发展存在较大不确定性。第二，BECCS的很多技术也处于示范工程阶段，技术的大规模实施存在众多不确定性。第三，在BECCS捕集、运输与封存的三类技术中，最成熟的环节是运输，其中管道运输又最为成熟。未来二氧化碳在运输阶段的最大挑战在于如何连接现有的管道网络和建设船舶运输的基础设施（如暂时存储和液化的设施），以便优化运输成本。第四，碳捕集技术主要包括燃烧前捕集、燃烧后捕集和富氧燃烧技术。虽然燃烧后捕集技术已具有一定商业可行性，但是富氧燃烧等技术仍处于工程示范阶段。第五，碳封存技术在短期或长期都是主要挑战，限制了全球范围的大规模碳捕集、利用和封存的实施。第六，在石油和天然气田以及盐沼池构造进行地质封存在特定条件下是可行的，但是对于无法开采的煤层，这些技术的可行性尚未证实，而对于海洋封存及其生态影响尚处于研究阶段，还未开始试点。

第四节 直接空气捕集

一、直接空气捕集的定义

直接空气捕集（DAC）是一种使用化学反应从大气中捕集二氧化碳的技术方法。虽然很多人认为DAC是新技术，但其核心技术历史却是久远。从空气中清除二氧化碳设备自二战以来一直在潜艇上运行，并自20世纪60年代起在宇宙飞船上运行——如阿波罗13号的标志性场景。空气中捕捉二氧化碳已成为一项减缓气候变化的战略技术。

DAC 技术是直接从大气中提取二氧化碳永久储存（除碳）或利用，如用于食品加工或生产合成碳氢化合物燃料（二氧化碳最终被重新释放）。目前，从空气中捕集二氧化碳技术，依赖于液体吸附剂（使用氢氧化物溶液）或固体吸附剂（使用二氧化碳“过滤器”和胺基化学吸附剂）。虽然现有 DAC 技术既依赖燃料供热，也依赖电力为旋转设备提供动力，但固体吸附剂只能依靠电力运行，而电力可能来自可再生能源。另外，液体吸附剂很可能始终需要天然气等热源，以达到煅烧炉所需的工作温度（约 900℃），除非有一种提供低碳热源的新方法（目前尚不存在）。如果用天然气提供热量，那么相关的二氧化碳排放量也需要与直接从空气中捕集的二氧化碳一起捕集和储存，以最大限度除碳。

DAC 系技术流程如图 6 - 10 所示，空气中二氧化碳通过吸附剂进行捕集，完成捕集后的吸附剂通过改变热量、压力或温度进行吸附剂再生，再生后的吸附剂再次用于二氧化碳捕集，而纯二氧化碳则被储存起来。捕获的二氧化碳可以注入地下以永久储存在某些地质构造中或用于各种产品和应用。永久储存将带来最大的气候效益。

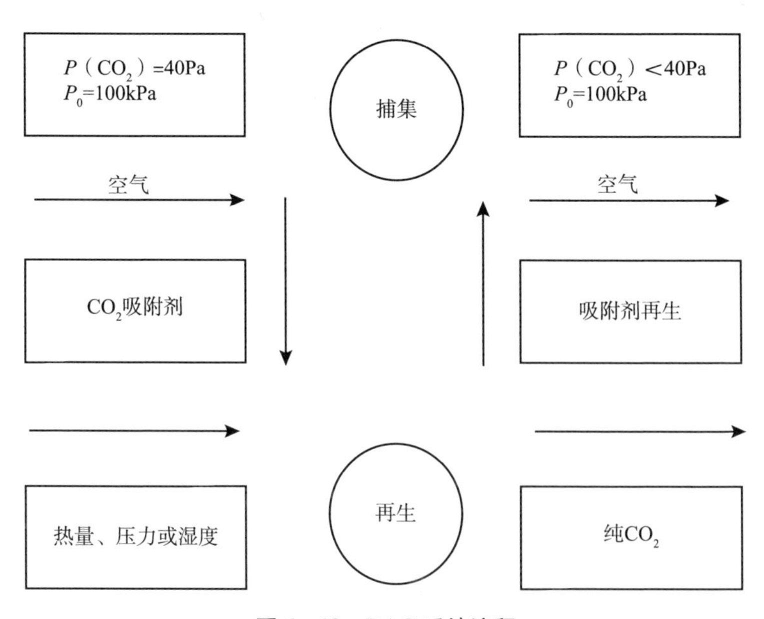

图 6 - 10　DAC 系统流程

目前，DAC 工艺一般由空气捕集模块、吸收剂或吸附剂再生模块、二氧化碳储存模块 3 个部分组成。在空气捕捉模块，大多先通过引风机等设备对空气中二氧化碳进行捕集，再通过固体吸附材料或液体吸收材料吸收二氧化碳。吸收或吸附材料再生模块主要通过高温脱附等方法对材料进行再生。二氧化碳储存模块主要通过压缩机将收集的二氧化碳送入储罐中贮存。DAC 在工业领域的发展还处于初步阶段。限制 DAC 发展的主要因素之一为成本过高，目前主要以中小型规模为主。

DAC 技术关键之一在于高效低成本吸收/吸附材料的开发设计。因此如何开发兼具高吸附容量和高选择性的吸附材料是 DAC 技术未来商业化应用的关键。此外，从吸附剂中解吸二氧化碳过程也必须简单、高效、耗能少。吸收/吸附材料能经历多次循环使用。

DAC 技术另一关键是高效低成本设备的开发。DAC 技术涉及的装置主要有捕集装置、吸附或吸收装置、脱附或再生装置。改进空气捕集装置提高二氧化碳捕集率是降低成本的关键。对吸附装置以及脱附装置的改进和研究至关重要。目前 DAC 在工业领域涉及较少，所以相关 DAC 设备研究报道较少。总体而言，对 DAC 技术进行过程强化以及对工艺系统进行整合优化是降低成本的关键。

自 2020 年初以来，用于 DAC 研究的支出也有所增加。以美国为例，2020 年 3 月美国能源部宣布为 DAC 提供 2200 万美元的资金。2020 年 6 月，英国政府为这项技术拨款 1 亿英镑。此外，领先 DAC 的技术开发商之一 Climeworks 公司于 2020 年 9 月宣布，已筹集 1 亿瑞士法郎（1.1 亿美元）用于技术开发。

二、直接空气捕集的能量需求

直接空气捕集（DAC）具有高能耗和高成本的特点，其所需能量以及燃料和电力之间的份额取决于技术类型以及是否需要压缩二氧化碳以进行运输和储存。用于二氧化碳利用的氢氧化物溶液需要相对较少的电力（不到总能源需求的 5%）。用于储存的固体吸附剂通常需要更多电力（23%）。天然气

（通常是较便宜的升温能源）主要用作在100℃左右（S-DAC）或900℃（LDAC）的溶剂再生。

目前两个空气中直接捕集二氧化碳系统分别由不同温度要求。液体溶剂系统需900℃（1652℉）来释放捕获的二氧化碳，而固体吸附剂系统需要80℃～120℃，这意味着固体吸附剂系统可以使用较低等级的废热。近期研究表明，将固体吸附剂直接空气捕集与地热或核能生产商相结合可能达到必要的10亿吨去除规模，这样做可以加速空气中直接捕集二氧化碳——每年可能捕获多达数百万吨的二氧化碳。

三、直接空气捕集的用水量

直接空气捕集（DAC）的用水量除技术水平影响外，还取决于系统类型以及环境温度和湿度。两类DAC系统在炎热干燥的气候中都需要使用水，但在凉爽和潮湿的条件下，则可以产生水。对于液体溶剂DAC系统，在美国的合理选址位置捕获一吨二氧化碳可能需要1～7吨水，这与生产1吨水泥或钢铁所需的水量相当。工厂所在地的相对湿度和温度是水分流失水平的主要决定因素，在炎热和干燥的环境中流失率会更高。将DAC设置在凉爽潮湿的地区将最大限度地减少用水量。

取决于吸附剂再生方法的固体吸附剂DAC系统在用水方面差异很大。使用蒸汽冷凝来再生吸附剂的系统可能会导致水流失到环境中，采用该方法的典型工厂估计每捕获1吨二氧化碳将使用1.6吨水。使用间接加热来再生吸附剂会最大限度地减少水分流失。例如，Climeworks的固体吸附剂系统实际上是净水生产商，它们每捕获1吨二氧化碳估计会使用0.8～2吨水。

四、直接空气捕集对土地的影响

直接空气捕集（DAC）不需要耕地，这可以最大限度地减少对粮食生产或其他土地用途的影响。DAC发电厂可建在地质储存地点附近，以最大限度地降低储存运输成本，或建在未使用的废热源附近，以减少对能源系统的影响。

与能源需求类似，大规模 DAC 部署所需的土地面积取决于 DAC 系统类型和能源。对于液体溶剂系统，由于建造液体溶剂工厂的成本优势，每个工厂的规模都比固体吸附剂工厂大。

与其他一些领先的 CDR 方法（如重新造林）相比，DAC 每去除 1 吨二氧化碳需要的土地更少。要捕获 100 万吨二氧化碳，DAC 工厂需要 0.4 ~ 24.71km^2 来用于工厂和能源资源，而从森林中捕获类似数量的二氧化碳将需要 2 ~ 862km^2。DAC 捕获 10 亿吨二氧化碳只需要 400 ~ 24700km^2，这个区域大约相当于美国佛蒙特州的面积。相比之下，重新造林面积相当于加利福尼亚面积的两倍多（约 860000 公里）——最新研究表明，为避免气候变化影响，全球可能需要重新造林的数量是这个数字的几倍。

五、直接空气捕集的经济成本

直接空气捕集（DAC）当前仍处于商业运用初期，其经济成本随着吸附剂和工艺的发展而不断下降。因高温水溶液吸收和低温固体吸附的不同路径，DAC 资本支出几乎处于同一水平。但低温固体吸附由于对热量需求低，有利用废热降低成本的潜力。某些用于 DAC 吸附的阴离子交换树脂成本降至 3 美元/kg，商业化成本能达到 50 ~ 70 美元/kg，大规模生产后成本可能降至 10 美元/kg。虽然这些材料要经过结构调整才能获得很好的吸附容量，但已展现出巨大的应用前景。随着吸附材料的发展以及吸附剂寿命和稳定性的提高，DAC 成本会进一步下降。

总体来看，现行 DAC 经济成本较高。一方面，随空气中二氧化碳的浓度增加，它在空气中所占的比例仍然非常稀少，需要大量的能量成本才能分离出来。另一方面，二氧化碳的市场有限，无法提供足够的收入来抵消捕集成本。例如，当今最大的二氧化碳市场是提高石油采收率（EOR），这涉及将二氧化碳注入油田以回收额外的石油，同时将注入的二氧化碳锁定在地下深处。EOR 作为二氧化碳的最大市场，DAC 公司被激励与 EOR 合作。然而，由于石油价格的波动，EOR 的收入并不一致。此外，使用捕获的二氧化碳生产化石燃料，燃烧时将新的二氧化碳释放到大气中，不一定会导致碳去除，也可以被视为对化石燃料的长期依赖。二氧化碳的其他市场，例如用于混凝土的合成骨料，正在开始发展，并且可能成为捕获二氧化碳的有吸引力的替代用途。

DAC 的捕集成本远高于 BECCS（约为 2 ~ 25 倍），这主要是因为与工业流相比，二氧化碳的初始浓度较低。DAC 的成本根据技术类型（固体或液体技术）以及捕集的二氧化碳是否需要压缩到高压进行运输和储存，而不是在低压下立即使用。由于这项技术尚待大规模论证，未来的成本极不确定。文献中报告的成本估算范围很广，通常为从 100 ~ 1000 美元/吨二氧化碳。碳工程公司称，根据财务假设、能源成本和具体的工厂配置，成本可以实现低至 94 ~ 232 美元/吨。

六、直接空气捕集的商业状态

加拿大、欧洲和美国共有 15 座直接空气捕集（DAC）厂在运营。其中大多数是小规模的试点和示范厂，二氧化碳被用于各种用途，包括化学品和燃料生产、饮料碳酸化和温室，而不是进行地质储存。瑞士目前有两家商业厂在运营，向温室和饮料碳化出售二氧化碳。冰岛只有一个试点厂储存二氧化碳，该工厂从空气中捕集二氧化碳，并将其与从地热流体中捕集的二氧化碳混合，然后将其注入地下玄武岩地层进行矿化，转化为矿物。

七、直接空气捕集的前景

自克劳斯·拉克纳尔（Klaus Lackner）于 1999 年提出直接空气捕集（DAC）技术以来，DAC 是否可行一直广受争议。但随着技术日益发展和工艺逐渐完善，国外公司基于碱性溶液和胺类吸附剂对 DAC 规模化应用的初步探索以及中国学者基于湿法再生吸附技术进行的试验研究都表明，DAC 在助力碳减排和实现碳中和方面具有巨大的应用潜力。总体而言，国内外学者对 DAC 进行了初步探索并尝试规模化设施的运行，未来关于 DAC 的研究主要关注以下方面：

（1）进一步开发低成本、高通量、高选择性 DAC 吸附/吸收材料，探索胺类等新型吸附剂对低浓度二氧化碳的吸附能力，开展 DAC 吸附/吸收材料稳定性、寿命及循环性能长周期测试，为后续 DAC 技术规模化应用奠定基础。

（2）研发能够快速装载和卸载吸附剂的 DAC 相关设备，提出适用于 DAC 工艺的过程强化技术，并开发基于不同吸附剂的高效工艺，对工艺系统进行整合和优化，构建出成本低廉、装置简易的 DAC 工艺系统。

（3）结合生命周期评价等手段，开展不同时间和空间尺度范围 DAC 工艺与可再生能源系统耦合的技术经济性评价和碳减排潜力分析，为减少全球碳排放、实现碳中和提供重要技术支撑。

第五节　岩溶碳汇

一、岩溶碳汇的定义

岩溶碳汇主要由水体无机碳、颗粒有机碳和水生生物固定的有机碳三部分组成，岩溶碳汇指碳酸盐岩－水－二氧化碳的相互作用机制，二氧化碳溶解于水形成无机碳，其中部分无机碳进一步被生物吸收转化为有机碳，进而持续降低大气的二氧化碳含量。

目前 IPCC“国家温室气体清单”虽未给赋予岩溶碳汇与其他碳汇相同的合法地位，但生态环境部于 2019 年 11 月发布的《中国应对气候变化的政策与行动 2019 年报告》的“增加碳汇”部分中，将“自然资源部积极探索人工造林种草、土壤改良、外源水灌溉及水生植物培育等 4 种增加岩溶碳汇的方法”纳入其中。这意味着岩溶碳汇在实现应对气候变化、努力增加碳汇等目标中将发挥重要作用。

二、岩溶碳循环过程

由于碳酸盐岩在地质历史时期形成于温暖、见光、清洁的浅海环境中，其溶解过程也是通过清澈、透明的岩溶水展现的碳酸盐岩风化驱动无机碳循环产生的碳汇十分隐蔽。因此，碳酸盐岩风化溶解产生的碳循环过程是静悄悄的。

如图 6 - 11 所示，流域尺度岩溶碳循环过程主要包括三个部分：

第一部分，水和二氧化碳（包括生物作用）对碳酸盐岩溶解、生成水体中的无机碳，碳酸盐岩作为可溶岩，在雨水作用下与碳酸反应，生成碳酸氢根和钙离子，而驱动这一反应的驱动力是水及二氧化碳，水主要来源于雨水，二氧化碳来源于大气与植被土壤。

第二部分，水流与无机碳的迁移与转化，碳酸盐岩溶解将大量大气/土壤二氧化碳转移到水体中，并随着水流经过岩溶表层带 - 饱气带（洞穴）- 饱水带（地下河），随着水流条件（水温、水压和流速等）的变化，水体中部分二氧化碳可溢出水体。

第三部分，水生植物与无机碳 - 有机碳之间的转化，当水流从地下河流出地表，成为地表河后，因岩溶水中富含碳，可刺激水生植物的光合作用，从而将水体中的无机碳转变为有机碳，有机碳一部分在流域内沉积，一部分随水流流出流域。70% ~80% 的岩溶碳循环发生在浅表层的岩溶表层带，只有少部分发生在地下河和地下洞穴中。富含 HCO_3^- 的岩溶水在迁移过程中，少部分 HCO_3^- 转化为二氧化碳逃逸到洞穴空气中；更多的 HCO_3^- 随地下水的流动，以泉、地下河的形式流出地表，成为地表河，这些高浓度无机碳含量的岩溶水，刺激水生植物进行光合作用，使部分无机碳转化为有机碳。因此，流域尺度的岩溶碳汇通量包括在流域中沉积下来的有机碳、随水流流出流域的有机碳和无机碳。

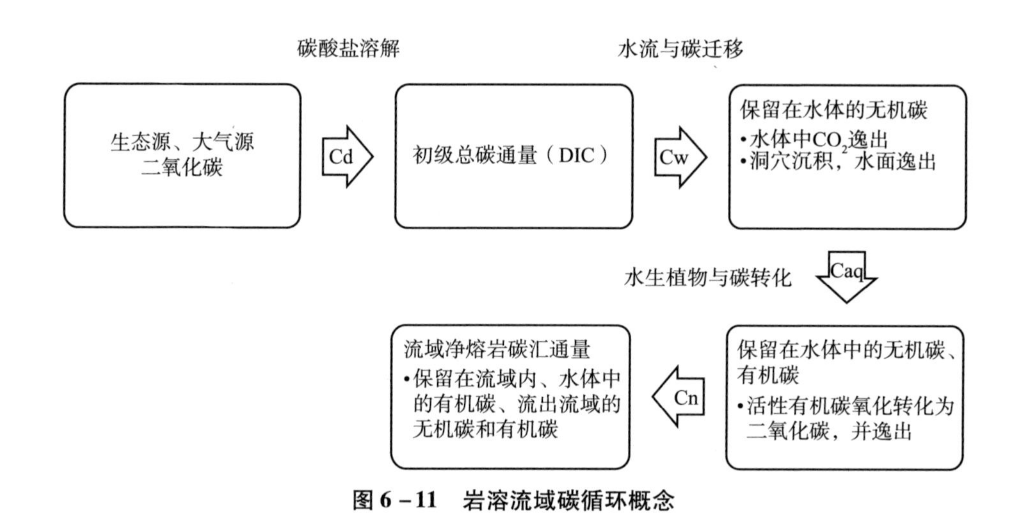

图 6－11　岩溶流域碳循环概念

三、中国岩溶碳汇的潜力

根据中国地质调查局岩溶所评估，2015 年我国岩溶碳汇通量约 1. 8 亿吨二氧化碳当量，预计 2030 年，大气二氧化碳浓度达到 450ppm，西南石漠化得到治理，岩溶碳汇可达到 4. 8 亿多吨。预计 2060 年，经过 40 年的生态修复、土壤改良和水生生物培育等工程，我国岩溶碳汇量可达 11 亿多吨。中国地质调查局项目组通过对广西桂江流域的岩溶作用调查、测试，获得 100 多个水点的测试数据，由此计算了流域内单位面积二氧化碳通量达每年每平方公里 41 吨，比该流域 2005 年发表的由几个点观测资料计算的结果高出 51. 5%。通过中国北方山西霍泉、雷鸣寺泉等泉域的碳汇调查，初步计算出中国北方岩溶地区单位面积二氧化碳通量为每年每平方公里 5. 3 吨。

调查结果表明，中国岩溶碳汇总量每年可达 6000 多万吨，占全球岩溶碳汇 6 亿吨的 1/10 强。同时，该项目对全国主要河流的碳酸盐风化所消耗的大气二氧化碳量进行了资料统计，统计结果也是占全球河流大气二氧化碳消耗量的 1/10 强。由此证实了我国的岩溶作用对于全球大气碳汇具有重要作用。调查研究还发现，不同土地利用方式对岩溶碳汇的影响很大，从石漠化到灌丛到次生林地，由岩溶作用产生的碳汇可增加 2 ~8 倍。因此，我国西南大范围的岩溶石漠化综合治理不但可以提升碳汇潜力，而且对于改善区域生态环境和维护生态安全具有重要意义。

四、人为干预增汇的路径

根据流域岩溶碳循环机理，可以通过以下 4 种技术途径提高岩溶碳汇通量及其稳定性。

（1）植树造林。鉴于植物光合作用和碳酸盐岩风化溶解的驱动力均为 $CO_2 + H_2O$，因此，植树造林不仅能使地表生物碳汇通量增加，还能使地下岩溶碳汇通量增加。从灌丛到次生林地再到原始林地，岩溶作用产生的碳汇通量可增加 2 ~ 8 倍。

（2）改良土壤。岩溶碳汇的碳主要来自土壤二氧化碳，土壤二氧化碳浓度比大气高 1 ~ 2 个数量级，通过改良土壤增加土壤二氧化碳循环即可强化岩溶碳汇效应。

（3）重视外源水的作用。来源于硅酸盐岩区的外源水具有很强的侵蚀力。典型流域监测结果显示，桂林毛村地下河流域，上游 32% 的砂岩补给区流入的外源水，进入下游岩溶区，会增加 34% 的碳汇通量；漓江流域的监测结果显示，当小流域中碳酸盐岩分布面积在 50% 左右时，外源水对岩溶碳汇影响最大。

（4）增强水生植物的光合作用。水体中高浓度的 HCO_3^- 极不稳定，当水文条件发生改变时，容易转化为二氧化碳，逸出到大气中。如果通过水生植物的光合作用，消耗部分 HCO_3^-、降低其浓度，将无机碳转化为有机碳，可极大提高岩溶水体中碳迁移过程的稳定性。延长其在水圈、生物圈滞留的时间。提高建立岩溶区固碳、增汇试验示范，将人为干预、增加岩溶碳汇通量，实现可计算、可报告、可核。

五、岩溶碳汇研究现状

岩溶作用碳汇研究始于袁道先院士主持的 IGCP379 项目“岩溶作用与碳循环”（1995 ~ 1999 年）。当时，在世界很多岩溶地区如中国、波兰、俄罗斯、日本、美国、英国、澳大利亚等国都开始了岩溶动力条件的监测和碳汇的估算。在我国不同岩溶类型区建立了18个岩溶动力系统观测点，以野外观测资料为依据，采用不同的方法估算出中国岩溶作用吸收大气二氧化碳的量为1.774×10^7t/a，并由此进一步估算出全球岩溶作用每年吸收大气二氧化碳的量为6.08×10^8t/a。此外，师承袁道先院士的刘再华教授团队还利用全球水循环及化学平衡方法估算出全球岩溶碳汇为每年6亿吨碳。

2010年，国土资源部启动“地质碳汇潜力研究”项目，我国岩溶作用碳汇效应研究进一步积累了丰富的调查和观测数据，并发现我国岩溶碳汇作用不局限于裸露岩溶区，在我国344万km^2碳酸盐岩分布区均存在岩溶作用碳汇过程。以项目取得的最新调查监测和统计资料为依据，对南方亚热带岩溶区、青藏高原高寒岩溶区、北方干旱半干旱岩溶区、东北温带岩溶区及中国岩溶作用碳汇量进行了重新计算，由此获得我国岩溶作用产生的碳汇总量为3699.1万t CO_2/a。最新计算对当前我国不同岩溶地区岩溶作用吸收大气二氧化碳的量进行了较为全面的考虑，结果更为准确。此外，珠江流域的典型碳汇调查研究发现，虽然程度不同，但无论是碳酸盐岩分布区还是硅酸盐岩分布区均能形成河流水化学离子成分以HCO_3^-、Ca^{2+}、Mg^{2+}为主的特征，这说明陆地上不同的岩石化学风化作用均可以产生碳汇效应。

最新的岩溶碳汇研究进展主要包括以下两个方面：

（1）岩溶作用具有短时间尺度效应，并远大于硅酸盐碳汇效应，大气圈、水圈、生物圈和岩石圈是地球的四大圈层，岩溶作用是发生在岩石圈浅表层的其中一种地质作用过程，与上部圈层紧密相连。在碳酸的参与下碳酸盐岩溶蚀动力学过程十分快速，并且非常敏感地响应于环境的变化，导致岩溶碳汇作用远大于硅酸盐风化碳汇作用，并具有短时间尺度效应，更积极地参与了全球碳循环。

（2）水生光合作用对重碳酸根（HCO_3^-）的利用形成的有机质的埋藏，形成稳定碳汇。水生植物专家的研究表明水中的HCO_3^-可以作为大型水生植物和藻类的无机碳源。在特殊的岩溶生境中，植物在碳酸酐酶（carbonic anhydrase，CA）的催化作用下，直接利用水体中的HCO_3^-为原料进行光合作用。在喀斯特逆境中，适生植物受干旱、高钙、高pH4、高HCO_3^-浓度以及低无机营养等因素胁迫的影响，碳酸酐酶活力升高，植物的喀斯特适生性提升，实现在喀斯特逆境中交替利用 HCO_3^- 和 CO_2 作为无机碳源。以贵州茂兰自然保护区典型研究为例，拉桥表层岩溶泉排泄形成的水池中，水生光合生物利用水体中 HCO_3^- 为原料形成的有机碳通量夏季和冬季分别为 677t C/(km^2 · a) 和 336t C/(km^2 · a)。重庆金佛山水房泉流域，水体中大约 65% 的 HCO_3^- 在夜间被水生光合生物吸收利用，平均每天约 0.73kg C。

第六节 矿物碳汇

一、矿物碳汇的定义

矿物碳汇是指人为加速自然界中硅酸盐风化的过程，将二氧化碳转化成固态物质或可溶解碳酸盐的方法。矿物碳汇共有三种实现方式：

（1）原位矿物碳汇，是在不开采、不破坏地质岩层的情况下，将含二氧化碳的流体注入矿床或岩层深处，使目标矿物与二氧化碳发生反应。

（2）异位矿物碳汇，是将开采的矿物运送到二氧化碳排放源或捕获地所在位置，并与富含二氧化碳的流体反应。

（3）矿物表层碳汇，利用尾矿、废渣等碱性工业废弃物，或活性岩屑的高比表面积特性，与含二氧化碳的流体发生反应（见图 6 - 12）。

矿物碳汇独特的化学俘获机理可确保二氧化碳被永久封存在地球内部，泄露风险很低，易被公众接受，是较为安全和理想的二氧化碳封存方法。如 1 吨橄榄石、辉石、蛇纹石和冶金渣的二氧化碳固定能力，分别约为 0.62 吨、0.5 吨、0.4 吨、0.5 吨。另外，与天然矿物相比，工业固废具有来源丰富、经济成本低、反应活性高、粒度小、可综合回收等优点，同时不少固体废弃物靠近碳排放源，粉煤灰、钢渣、大部分尾矿等是良好的矿物碳汇载体。

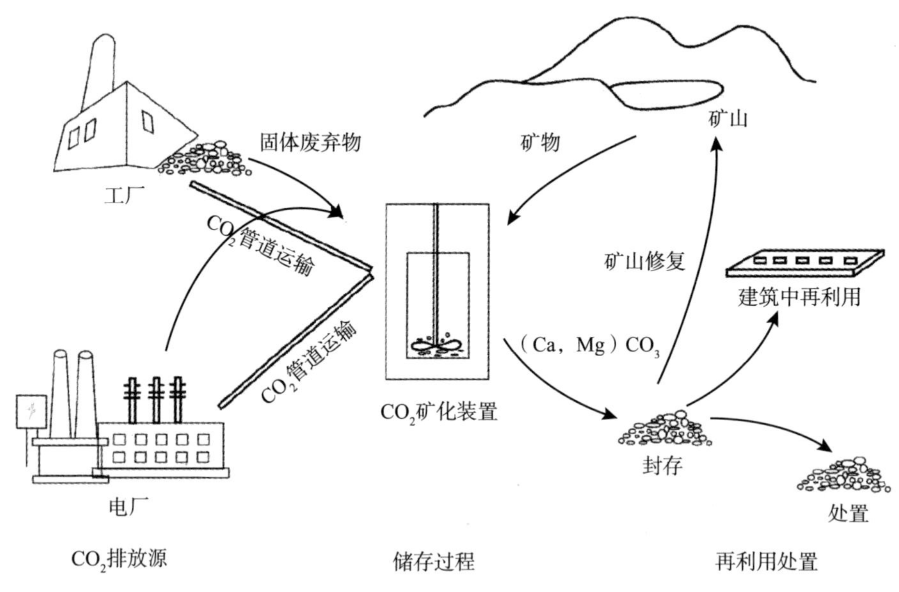

图 6－12　矿物碳汇过程示意

资料来源：荷兰能源研究中心（ECN）。

二、矿物碳汇的技术优势

矿物碳汇对于自然生态的意义在于，作为辅助型碳汇具有良好经济性和协同性，能促进提升其他类型碳汇，既减少废弃物的排放，又能生成高附加值的碳酸盐产物。

矿物碳汇技术对自然生态的积极影响包括以下方面：

（1）对尾矿等废弃物进行经济利用。使用尾矿进行碳捕捉或封存的成本很低，尾矿与二氧化碳反应后形成的碳化产品或副产品可用于建筑材料。

（2）具有良好的土壤生态效应。中国科学家采用盆栽苋菜实验，通过向土壤中添加钾长石和碳酸盐矿物，不仅促进了土壤无机和有机碳的固定，还能改善土壤性状与促进植物生长。

（3）可以实现与碳捕集与封存（CCS）的有机结合。矿物碳汇可以与CCS 技术联合使用，在利用地质储存二氧化碳的同时，促进二氧化碳的矿化反应，实现安全永久封存。

（4）提升海洋碳汇。矿物碳汇形成的碳酸盐会随着全球水循环进入海洋，在地质尺度上影响碳在大气和海洋之间的分布，进而提升海洋的碳吸收规模。

三、矿物碳汇的经济可行性

根据美国国家科学、工程和医学院（NASEM）报告，因矿物碳汇路径的不同导致成本差异巨大，其中尾矿等矿物表层碳汇成本较低（甚至可以忽略），原位矿物碳汇成本约为每吨二氧化碳 30～100 美元，异位矿物碳汇成本相对较高。相比碳捕集与封存（CCS），矿物表层碳汇和原位矿物碳汇在成本上具有优势。具体来看：

（1）尾矿等矿物表层碳汇具有经济可行性。矿物表层碳汇主要是利用尾矿等固体废弃物，其碳汇行为是矿业开发及利用活动的附加行为，新增成本几乎可以忽略不计，如尾矿碳汇的成本主要包括开采、破碎、运输、储存四部分，而在正常生产的矿山中，即使不开展尾矿碳汇行动，这四个生产步骤也是生产所必需的。

（2）在借助已有钻井等设施情况下，原位矿物碳汇具有经济可行性。在借助已有地热井等钻井的条件下，原位矿物碳汇成本估计为每吨二氧化碳 30 美元，比 CCS 的成本高 10～20 美元，如果将钻井费用考虑在内的话与地热井相似，预计成本为每吨二氧化碳 100 美元。在缺少 CCS 封存条件的地区，原位矿物碳汇可能是当地首选的方法。但异位矿物碳汇尚无法大规模实施。NASEM 通过研究矿物碳汇的成本，发现异位矿物碳汇的总成本约为每吨二氧化碳 1000 美元，比原位矿物碳汇要大一个数量级，明显高于 CCS。IPPC 关于 CCS 的特别报道也介绍了一项有影响力的研究结论，即已知的异位矿物碳汇和其他点源捕获二氧化碳的方法过于昂贵，以燃煤发电厂为例，使用异位矿物碳汇的电力成本约增加 1 倍。因此，当前经济技术条件下无法大规模实施。此外，异位矿物碳汇造成了开采、破碎、运输和储存数十亿吨矿物材料的问题，这可能会造成巨大成本费用和未知环境风险。

四、中国矿物碳汇的潜力

适合矿物碳汇的矿产资源丰富。我国是世界上橄榄石、硅灰石、蛇纹石资源最丰富的国家之一，多种适宜矿物资源储量位于世界第一，其中仅化肥用蛇纹石储量就达到130亿吨，其碳汇潜力约为52亿吨二氧化碳。

尾矿、废石、冶金渣等废弃物具有巨大的碳汇潜力。根据国家发改委提供的数据，到2019年，我国大宗固废累计堆存量约600亿吨，大宗固废年产生量为62.5亿吨，其中尾矿14.8亿吨、冶金渣5.9亿吨、粉煤灰5.3亿吨，而尾矿、冶金渣等都是良好的碳汇载体。中国地质调查局“中国矿物碳汇试验研究”项目资助的两项研究结果显示，中国金川铜镍矿尾矿的碳汇能力约为4000万吨二氧化碳，河北承德地区尾矿未来固碳潜力最高可达20亿吨二氧化碳。

五、矿物碳汇的项目案例

近年来，全球已经有少数国家（如美国、日本、冰岛等）启动了矿物碳汇工程验证项目，以便开展现场试验和研究。

（1）冰岛Carb Fix项目是当今世界上规模最大的二氧化碳矿物转化示范项目之一。在项目第一阶段，工作人员把280吨二氧化碳饱和水注入30℃的玄武岩中，结果在两年内完全矿化。从2014年开始，工作人员将注入速度提高到每年1万~1.5万吨，并注入深度更大、温度更高的岩层里。研究表明，注入的大部分二氧化碳在几个月时间内就开始转化为碳酸盐矿物，二氧化碳在玄武岩层中的矿化速度远远超过了研究人员预期。2021年，Carb Fix计划启动另外两个注入项目：在雷克雅未克能源公司地热厂每年注入约1000吨的二氧化碳进行先导性试验；向另外一个较浅的玄武岩储层内每年注入高达4000吨的二氧化碳。

（2）美国华盛顿瓦鲁拉（Wallula）先导性试验项目始于2009年，是美国能源部区域碳封存合作伙伴倡议计划中的一部分，该任务是在华盛顿东南部瓦鲁拉（Wallula）玄武岩中进行矿物转化试验。该项目在 3 周时间内，一共向大陆玄武岩岩层注入了将近 1000 吨二氧化碳，两年时间内成功实现了二氧化碳的矿物转化。取样分析证实已发生了碳酸盐矿化反应。

（3）美国 Cascadia 盆地碳储存保证设施企业计划（Carbon SAFE），是美国能源部和国家能源技术实验室（NETL）碳封存研究计划 Carbon SAFE 中的一部分。该项目计划在 20 年内从集中点源捕获并隔离 5000 万吨二氧化碳，并将其注入距太平洋海岸约 320 千米的近海玄武岩储层中，然后使其转化成为碳酸钙。项目任务包括对拟建二氧化碳注入场地进行技术（如场地特征和监控）和非技术评估。

（4）日本长冈实验内容为向火山沉积地层内注入大约 1 万吨的超临界（液态）二氧化碳。注入后经流体取样分析表明，地下正在发生预想中的矿物 - 流体化学反应，但还不能对矿物转化反应速率进行准确估算。

（5）成都理工大学在攀枝花地区开展了为期 48 天的万年沟尾矿库二氧化碳封存实验项目。万年沟尾矿库容量为 10 亿吨，据实验和推算，在采用模拟酸雨淋滤条件下，每年形成的碳汇量可达 28.9 万 ~43.1 万吨二氧化碳。

六、矿物碳汇的前景

以 Carb Fix 为典型项目代表，展现了玄武岩封存的技术潜力：首先，二氧化碳泄漏的可能性很小，存储具有永久性。其次，随着技术的进步，成本还会不断降低。然而目前该技术仍需消耗大量水资源，成本很高，Carb Fix 项目尚未进入商业化阶段。橄榄岩矿物碳汇紧随其后。研究表明，位于大陆 40 千米或大洋 6 千米以下的地幔橄榄岩被逆冲断层推到地表，必将导致其与地表水和二氧化碳处于不平衡状态，形成钙华沉积、碳酸盐裂隙和碳酸盐脉。尽管现有研究和实验表明橄榄岩封存二氧化碳的潜力巨大，但在加热、水化和碳酸盐化条件下，橄榄岩的水压致裂结果还不能在实验室定量预测。

洋底矿物碳汇潜力巨大。洋底玄武岩因水热蚀变易于碳酸盐化。目前，除美国能源部的卡斯卡迪亚盆地 Carbon SAFE 项目以外，其他玄武岩、橄榄岩封存项目大都位于陆地上。实际上，相对于大陆，海底基性岩、超基性分布更加广泛，封存潜力更大。比如美国西海岸胡安·德富卡（Juan de Fuka）板块的深海玄武岩可储存的碳约为目前全球二氧化碳年排放量的30倍。然而，洋底封存成本更高，对矿物碳汇技术和设备也提出了更多要求，但未来潜力很大。

第七节　海洋增强风化作用

一、OAE的定义

增强风化或加速风化（OAE）是指利用特定的天然或人工制造的矿物从大气中去除二氧化碳的地球工程方法，这些矿物吸收二氧化碳，并通过在水存在时发生的化学反应（例如以雨水、地下水或海水的形式）将其转化为其他物质。海洋环境中增强的风化作用也称为海洋碱度增强OAE，涉及将地面矿物质直接添加到海洋中或将它们倾倒在海滩上，在那里波浪作用将它们分散到水中，理论上会增加碱度，从而增加二氧化碳的吸收，从而将其逆转为酸性。二氧化碳是酸性气体，所以需要碱性物质去吸收中和二氧化碳气体。所以海洋增强风化作用也可以称为海洋碱性增强。OAE模拟了地球调节大气温度的主要地质过程，即碱性岩石的风化。

几千年来，二氧化碳和碱性岩石之间的酸碱反应稳定了大气化学，驱动了海洋碳捕获，并防止了地球上的极端温度变化，OAE的建议旨在提高这种自然现象发生的速度，以抵消人为增加的二氧化碳排放量。目前全球岩石开采量（以及由此产生的碱度的应用）增加10%，理论上可以导致大气中的一氧化碳大幅减少，每年大约减少3~5千兆吨。二氧化碳减排成本估计为每吨10~100美元，因此可与其他二氧化碳减排提案相比。

如图6-13所示，海洋是碳酸盐—硅酸盐循环的重要组成部分，在长期稳定地球气候方面发挥着关键作用。在这个周期中，火山岩被风雨所风化，释放出钙、镁、钾或钠离子，最终被带到海洋中。海洋中，钙化生物利用钙离子和碳酸氢盐离子（由二氧化碳与海水的反应产生）形成碳酸钙。当生物死亡时，它们的身体会沉入海底，长时段内贝壳和沉积物层被黏合在一起变成岩石，并会将碳储存在石头中形成石灰石及其衍生物。当板块碰撞时，一个沉入另一个板块之下，它携带的岩石在极端的高温和压力下融化。加热的岩石重新组合成硅酸盐矿物，释放出二氧化碳。当火山爆发时，它们会向大气中排放气体，用新鲜的硅酸盐岩石覆盖这片土地，开始循环。

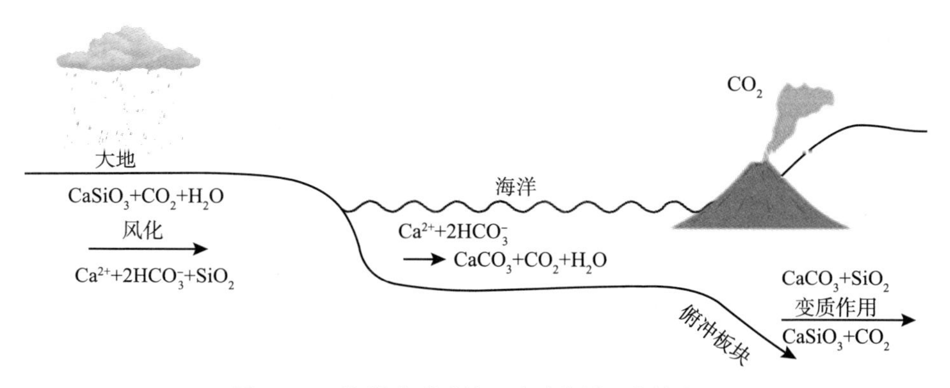

图 6-13 海洋在碳酸盐—硅酸盐循环中的作用

资料来源：中国地质图书馆。

二、OAE 的技术原理

碱性随着大气二氧化碳（CO_2）过量而增加。当过量的大气 CO_2 被动扩散到海洋中时，大部分 CO_2 迅速水合形成碳酸。碳酸离解成碳酸氢根离子（HCO_3^-）和质子（H^+），后者使海水变得更酸。一部分额外的质子与碳酸根离子（CO_3）结合形成 HCO_3^-，因此增加了 HCO_3^- 的浓度并降低了海水中的 CO_2，后者导致碳酸盐饱和状态下降。海洋通常吸收大气中释放的 25% ~ 30% 的 CO_2，随着大气 CO_2 水平的增加，海洋中的 CO_2 和酸度水平也会增加。为了解决这个问题，有三种在海水中加入化学碱（碱度）的方法。

首先，CO_2 反应形式的碱度可以消耗并转化表层海水 CO_2 为碳酸氢盐和碳酸根离子形式的溶解无机碳，从而降低表层海洋的 CO_2 分压（p CO_2）。因此，这要么减少了海洋（例如上升流区）过量 CO_2 的排放，要么迫使海洋吸收大气中的净 CO_2。

其次，提高海洋碱度通过以下方式对抗海水酸度及其生物效应：消耗酸度和提高 pH 值；和/或增加海水的碳酸钙饱和状态，这对维持包括珊瑚和贝类在内的成壳生物的钙化至关重要。

最后，在海水中加入或形成溶解的碱性碳酸氢盐和碳酸根离子，为人为 CO_2 提供了一种巨大的、天然存在的、相对稳定的碳储存介质。海水中的碳酸氢盐和碳酸盐池已经是与大气接触的最大的碳储存库，使空气、陆地生物群和土壤中的碳含量相形见绌。

在理论上，如果安全浓度的活性碱度（例如氢氧化物）均匀分布在海洋，它可以减少酸化造成的生态压力，同时增加海洋中 CO_2 的吸附和储存能力。然而，在实践中，这一提议很复杂，因为传统的活性碱度来源不是在所需的时间和空间（全球）范围内产生的，而且生产和分配成本高、碳密集。

加入碱度，消耗酸度，碳酸盐饱和度增加，大气中的 CO_2 会被吸出。如果加入与 CO_2 反应的碱性形式（可溶性氧化物、氢氧化物或碳酸盐碱），它们会迅速与海水 CO_2 反应，在很大程度上形成不与 CO_2 反应的碳酸氢盐，这是海水碱性的主要形式。因为这种反应消耗酸性（CO_2），海水的酸碱度因此升高，碳酸盐饱和状态也是如此。此外，海水 CO_2 化学转化为碱性碳酸氢盐意味着水中的 CO_2 含量下降。如果海水与大气接触，其 CO_2 浓度低于大气，空气中的 CO_2 会自发扩散到水中，直到空气/海水中的 CO_2 和化学物质达到平衡。前面的净效应是 CO_2 从大气中被清除到海洋中，而海水的碱度、酸碱度、碳酸盐饱和状态和无机碳浓度都比最初高。

一旦新碱化的海水与大气达到平衡（如果环境允许的话），形成的碳酸氢盐（和一些碳酸盐）离子就进入海洋中这些化合物的现有大型储库，估计在那里的停留时间接近 20 万年。最终，它们通过固体碳酸钙的生物形成（贝壳形成）从海水中被去除，其中将近一半的碳沉淀到海底，而其余的以 CO_2：Ca^{2+} 的形式返回海洋/大气系统。

$$Ca^{2+} + 2HCO_3 = CaCO_3 + CO_2 + H_2O$$

通过大陆矿物风化作用向海洋输送的碱度、由厌氧代谢（在沉积物中）

产生的碱度以及海水通过海洋下矿物基质的热液循环进一步增加了海洋碱度生物地球化学的复杂性。

三、OAE 的提升路径

（一）添加碱性硅酸盐岩石

碱性硅酸盐矿物与 CO_2 的反应及其随后向海洋输送的碱度在消耗过量 CO_2 和在地质时间尺度上重新平衡海洋化学方面发挥了重要作用（Archer et al.，2009）。因此，有人提出，可以通过大幅增加这种矿物的反应表面积（通过研磨成小颗粒）并将它们置于土壤或海洋中来加速。然后，这加速了硅酸盐风化的自然过程，产生了长寿命的溶解的钙和镁碳酸氢盐，它们要么在海洋中产生，要么通过上游的河流输送，增强了矿物风化。陆地矿物风化每年自然消耗约 1Gt CO_2。并将这些碳以碳酸氢盐碱度的形式释放到海洋中。加速这一过程的主要是提取、研磨和分配硅酸盐矿物的成本和环境影响，以及伴随这种碱性的二氧化硅和痕量金属的下游生物地球化学影响以及碱性本身的影响（Hartmann et al.，2013）。

（二）热煅烧产生氢氧化物

几个世纪以来，石灰一直是一种碱性试剂，它在海洋除碳方面的应用可以追溯到 20 世纪 90 年代中期。石灰产品一直被用作重要的商业和工业碱以及水泥和砂浆的成分。因为石灰是一种能够中和酸的强化学碱，所以它也被用来处理土壤、饮用水、废水和工业酸性流。克什吉（Kheshgi，1995）首先考虑将其用于海水的碱化，以提高碱度和去除大气中的 CO_2。煅烧是一个典型的能源和碳密集型过程，在此过程中，石灰石［碳酸钙（$CaCO_3$）］被燃烧并分解成纯石灰［氧化钙（CaO）］，然后当加入水中时，纯石灰自发地转化为氢氧化钙。一旦在水中，这种氢氧化物迅速与 CO_2 反应，形成溶解的碳酸氢钙（$Ca^{2+}+2HCO_3^-$）和在较小程度上溶解的碳酸钙离子。最终结果是向海水中添加氢氧化钙，增加了海洋/大气系统中过量 CO_2 的去除量，并将这些碳储存在稳定的溶解碳酸氢盐/碳酸盐碱度中。据估算，为实现每年从大气中去除 1Gt C（3.7Gt CO_2），大约需要 6.5Gt 石灰石来生产 4.5Gt 石灰（Renforth and Henderson，2017；Krueger and Renforth，2012）。相比之下，2018 年全球水泥产量为 4.1Gt。

（三）石灰岩加速风化（$CaCO_3$）

正如在硅酸盐岩石添加中一样，哈维（Harvey，2008）提出了将矿物碳酸钙（石灰石）直接添加到海洋中的想法，作为加速天然碳酸盐矿物风化以影响 CDR 的一种手段。然而，碳酸钙的溶解和碱度的产生仅在海洋地下水中自然发生（碳酸钙在地表水中不反应，因为它们在碳酸钙中均匀饱和），因此对海洋/大气 CO_2 的影响将至少几百年都感觉不到，直到深水自然平流到表面。研究认识到，海水中 CO_2 含量的大幅增加会迫使碳酸钙溶解并消耗大部分 CO_2，因此建议将富含 CO_2 的废气流与海水和石灰石直接接触，以促进矿物溶解，并将 CO_2 转化为碳酸氢钙。于是，石灰岩加速风化的概念就诞生了。

石灰岩加速风化是一种从化石燃料发电厂和水泥制造等其他点源捕捉和隔离 CO_2 的低技术方法。最简单的形式是在沿海废气流的位置建造一个 AWL 反应器，然后在反应器内与海水和石灰石接触。如果废气流中 CO_2 的浓度大于1%，石灰石会自发地与 CO_2 反应并消耗 CO_2，主要形成溶解的碳酸氢钙，碳酸氢钙已经是海洋中碱度（和碳）的主要形式。将海水泵入和泵出反应堆可能会消耗大量能源，但许多沿海工厂已经泵入大量海水用于冷凝器冷却。在这种情况下，降低或降低 10 美元/吨 CO_2 的成本是可能的，特别是如果附近有低成本（如废物）的石灰石（Rau，2011）。

（四）电化学方法

豪斯等（House et al.，2007）提出了一个电化学方案，将氯碱工艺中产生的碱性氢氧化钠添加到海洋中，以实现化学还原，同时产生的氢气和氯气在燃料电池中反应，产生电能和盐酸。该研究提出，硅酸盐矿物将被用来消耗这种酸，并将其转化为良性的可溶性盐（如氯化镁），然后也可以安全地添加到海洋中。净效应将是加速硅酸盐风化和CDR，同时也再生最初在该过程中使用的一些电力。劳（Rau，2008）改进了这种方法，将钙碳直接添加到海水电解槽中，从而再次产生过量的氢氧化物，吸收CO_2并产生稳定的溶解碱度（碳酸氢钙/钠）和氢（H_2）。

随后，一种类似的电化学电池配置被用于直接与硅酸盐矿物反应，以实现CDR并产生H_2和碳酸氢盐碱度（Rau et al.，2013）。当由可再生电力提供动力时，所有前述系统都产生负排放电力或氢气，并且这种方法的估计全球CDR容量似乎比具有碳捕集和存储的生物能源（BECCS）大得多（并且土地密集程度较低），后者是迄今为止唯一被广泛考虑的其他负排放能源系统（Rau et al.，2018）。除了矿物提取、研磨和运输以及潜在的下游生物地球化学影响之外，这些方法的主要问题是需要大量低成本的可再生电力。

四、OAE的经济可行性

由于所用技术的差异、所需碱度来源的地理可用性以及在缺乏全面测试、部署、学习和提炼的情况下，预测实际经济性的不确定性，成本估算范围很广。

为OAE计算的总拥有成本（t CO_2）的净去除成本在3～200美元（在这两种情况下，在图6-14中看不到异常值），中间值在55美元（加速风化）到107美元（热煅烧）。几乎所有提案的主要成本驱动因素都是能源和原材料。能源来源（化石与非化石）也决定了CO_2去除的净效率，从而影响净成本。例如，最具成本效益的加速风化方案假设使用可再生能源和采矿废料粉末，并且靠近沿海水域和有碳捕获和储存设施的发电厂。这些假设自然会降低提案的预期可扩展性。审查的技术经济评估都没有。根据实地的实际观察，一旦运营成本得到充分考虑（包括效率低下、负债和尚未量化的成本驱动因素，如碱度的运输和分配），当前的成本估算大幅增加也就不足为奇了。另外，OAE正处于早期阶段，未来在能效和与其他工业系统的协同增效方面的突破可能会大幅降低成本（Rau et al.，2018）。

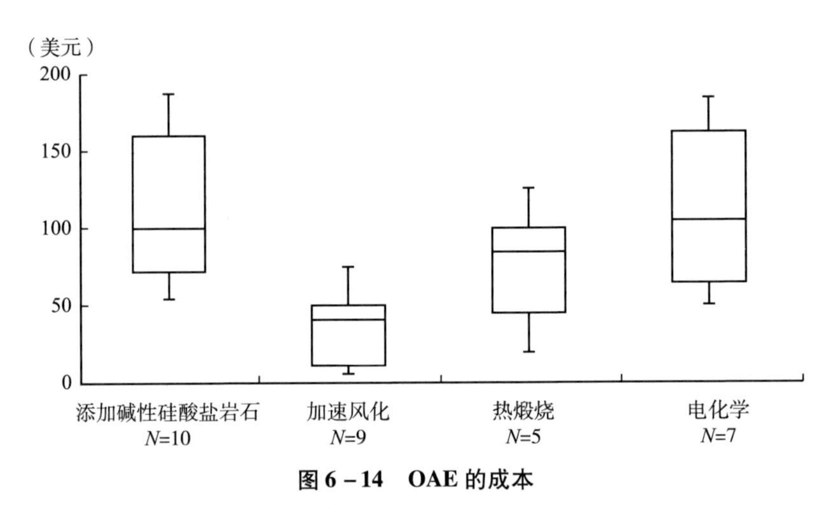

图 6－14　OAE 的成本

资料来源：中国地质调查局地学文献中心。

五、OAE 所面临的问题

OAE 仍处于概念阶段，很多问题仍未得到检验和回答。它们包括化学和物理海洋学问题（例如碳酸盐饱和度、表层海洋的 CO_2 分压）和生物学问题（例如 OAE 副产品，包括痕量金属，对海洋生物群的生理功能有什么影响）。

（一）碱性添加剂在多大程度上有助于保护海洋生物免受酸化

1976 年，美国环境保护署（EPA）发布了一项建议（至今仍然有效），即“对于开阔洋水域的深度明显大于透光层，其酸碱度的变化不应超过自然变化的 0. 2 个单位”。鉴于工业革命前海洋的平均酸碱度约为 8. 2（美国环保局，2016），这意味着将海洋的酸碱度保持在 8. 0 以上。冯等（Feng et al.，2016）估计，每年增加 1～10Gt 石灰的区域可能能够扭转大堡礁、加勒比海或南海的酸碱度下降。然而，模型模拟是使用 100 公里的网格进行的，对于特定的环境需要更高分辨率的海洋环流模型。帕凯和齐伯（Paquay and Zeebe，2013）评估了全球范围内的碱度要求，并估计每年需要投入 5～26Gt 石灰来保持海洋表面的酸碱度高于该水平。这些估计基于长期海洋－大气－沉积物碳循环储层模型的简单配置。然而，尽管在全球范围内用 OAE 对抗海洋酸性似乎令人“望而生畏”，但 OAE 的小规模应用（例如在选定的珊瑚礁、牡蛎养殖场、海洋保护区等）可能会有帮助，具体效果及影响需要进一步的研究才能发现。

（二）开采部门是否准备大规模开采和加工碱性岩石

出于比较的目的，GHG 的缓解措施通常根据其缓解 1 千兆吨以下的能力进行评估。埃伦福特和亨德森（Renforth and Henderson，2017）估计，在一个完全高效的系统中，每捕获 1.5Gt CO_2，就需要提取 1 到 3.5Gt 的原材料。保守地说，这可能意味着每年需要提取 50 亿吨岩石去提高海洋碱度，这会导致水泥生产中使用的数量增加 1 倍，或者比目前的集料岩石提取量增加 10%。在过去十年里，这种规模所需的持续增长（未来 25 ~ 50 年每年 15% ~ 20%）只在中国出现，但在过去几年里略有放缓。一个悬而未决的问题是，采掘业是纯粹由需求信号驱动，还是也受到监管框架和供应动态的制约。另外，OAE 的碱度不一定来自岩石；它也可以来自全球丰富的盐，如氯化钠（如海水）、氢氧化钠是从商业上电化学衍生的。总之，OAE 在全球范围内不受碱性岩石资源的限制，而是受到扩大提取或生产碱性岩石的能力以及承担环境和货币成本的意愿的限制。

（三）航运业需要多少额外的能力来分配碱性物质

2017 年，全球海运贸易达到每年 10.7Gt（UNCTAD，2018），为全球贸易增加 5Gt 石灰需要新的船只和运输路线。在某种程度上，现有能力可能会缓冲一些增加的需求：主要航运公司的集装箱航运已开始在诸如产量管理、航运报价、货运量管理、新航运服务的设计和空船运营等过程中利用信息技术；运输材料增加 50% 可能不需要运输能力增加 50%。克鲁格和伦福思（Kruger and Renforth，2012）估计，每年 1Gt 的石灰分配只需要额外的 100 艘散装货船（每艘 300000 载重吨）来吸收额外的石灰运输需求。增加一个 300000 载重吨的 100 艘马拉加运输船意味着干散货船运力增加 4%。考虑到 2017 ~ 2018 年这一运输领域增长了 3%，这似乎是一个微不足道的增加，尤其是考虑到 OAE 的应用在过去几十年中增长缓慢。

六、OAE 的应用范围

OAE 全球最大化 CO_2 去除或酸度中和有效性的理论模型假设碱度将均匀分布在世界海洋的表层，尽管尚不清楚这实际上是如何实现的。一项研究（Lenton et al.，2018）表明，只要向表层海洋的某些部分添加足够的碱度，全球 CO_2 和酸度的去除对表层海洋碱度添加的地理位置相对不敏感。OAE 的理想地点可能是二氧化碳含量高、酸度高、平均风速高的上升流区。OAE 战略上位于这样的位置，在向空气脱气之前将消耗过量的海水 CO_2，并且水平运输可以允许在表层海洋的混合层中长时间停留（以防止失去与空气的接触），并且允许碱度（及其益处）从输入点扩散。另外，为了抵消酸化对珊瑚礁的局部影响，上游碱度的增加必须基于海水冲刷珊瑚礁的方向、强度和季节性。

第七章
国土空间优化与碳达峰碳中和

党的十八大以来，党中央和国务院大力推进全面深化改革，《关于全面深化改革若干重大问题的决定》《生态文明体制改革总体方案》等制度文件的出台，标志着中央着力构建以空间治理和空间结构优化为主要内容，全国统一、相互衔接、分级管理的空间规划体系成为改革的重要领域。现阶段，推进国家治理体系和治理能力现代化、推进生态文明建设以及高质量发展，解决部门职责交叉重复、地方规划朝令夕改等问题。《深化党和国家机构改革方案》提出，将国土资源部的职责，国家发展和改革委员会的组织编制主体功能区规划职责，住房和城乡建设部的城乡规划管理职责，水利部的水资源调查和确权登记管理职责，农业部的草原资源调查和确权登记管理职责，国家林业局的森林、湿地等资源调查和确权登记管理职责，国家海洋局的职责，国家测绘地理信息局的职责整合，组建自然资源部。作为国务院组成部门，统一行使全民所有自然资源资产所有者职责，统一行使所有国土空间用途管制和生态保护修复职责，着力解决自然资源所有者不到位、空间规划重叠等问题，构建国土空间规划体系。国土空间规划在国土空间治理和可持续发展中起着基础性、战略性的引领作用。

从生态系统视角看，国土空间是所有生物体、生物体之间以及生物体与特定位置周围环境的统称，存在于从土壤颗粒到整个地球的各个层面之中，如森林、河流、湿地、草原、河口和珊瑚礁等是地球最直观的形态表现，城市和乡村是人类经济社会活动的重要国土空间。作为国土空间发展的指南、可持续发展的空间蓝图，国土空间规划既是生态文明建设的重要支撑，也是各类开发保护建设活动的基本依据。碳达峰、碳中和背景下，综合考虑人口分布、产业布局、国土利用、生态环境保护等因素，整体谋划新时代国土空间开发方略，科学布局生产空间、生活空间、生态空间，是加快形成绿色生产方式和生活方式、积极应对气候变化的关键举措。充分发挥国土空间规划全方位规划和统筹管控作用，从构建绿色低碳化国土空间开发保护格局、创新城镇化绿色发展模式、优化能源生产消费空间布局、发挥地下空间多功能性和储能作用、推进蓝色国土空间立体化利用等积极开展碳达峰、碳中和行动计划，从减排和增汇两方面多领域引领提升国土空间应对气候变化能力和治理水平现代化。

第一节　构建绿色低碳化国土空间开发保护格局

一、构建多中心网络化开放式集约型国土空间开发格局

作为人类的居住地，城市贡献了全球70%的温室气体排放，是控制人为温室气体排放的关键主体。二战之后，城市无序蔓延，小汽车出行成本较低，导致人们出行距离变长，以固定能源排放为主的排放结构日益形成。通过更高的集聚效应，充分挖掘城市结构性潜能，按照绿色生态、节约集约、清洁低碳的要求，依据资源环境承载能力和经济社会发展实际，促进大中小城市功能错位和资源要素合理配置，以城市群为主体构建大中小城市和小城镇协调发展的城镇格局。结合重点城市群、都市圈、中心城市、县城、特色小镇等比较优势，发挥其在动力系统不同层级的功能节点效果，通过基础设施、产业协作、社会治理等方面的合作，促进不同等级行政区之间的协调联动，建立不同等级地区和城市的协作网络。

（一）构建以城市群、都市圈、中心城市为主体的城镇空间形态

加快建设成渝地区和长江中游地区，打造我国经济绿色低碳增长的新动

力源，带动中西部地区高质量发展，与京津冀、粤港澳、长三角三大动力源共同形成引领全国绿色低碳发展、经济高质量增长的重要引擎。积极推进山东半岛、海峡西岸、哈长、辽中南、中原、长江中游、成渝、关中平原、北部湾、山西中部、呼包鄂榆、黔中、滇中、兰州—西宁、宁夏沿黄、天山北坡16个城市群能源动力转换与绿色低碳转型升级，增强科技创新引领的集聚能力和辐射能力，形成全国绿色低碳发展的多极支撑局面。鼓励中心城市进一步发挥龙头带动作用，抓住雄安、浦东、深圳等创新型城市加快集聚绿色低碳高端资源要素，依托省会城市和省内重点城市打造一批高端制造业，推动都市圈经济活跃发展。

（二）优化城市内部功能结构布局

在“资源环境承载力评价”和“国土空间开发适宜性评价”工作基础上，合理确定城市建设规模、开发强度和空间布局，构建与自然地理格局相适应的、以低碳排为导向的、集约型城市空间结构，全面整合土地利用，引导人口适度集聚，推动企业集中布局、产业集群发展、资源集约利用与城市功能集合优化，构建规模、职能与空间关系更加协调的城市功能结构。具体而言，加大对“散乱污”企业的惩治和治理力度，加快污染产业搬迁重组，通过布局性调整、提升性搬迁，推动减污降碳协同增效，实现产业、人口与城市空间相协调。打造城市与自然相融、产业相融，坚决避免走粗放式、扩张型的城市发展老路。引导功能复合型产业社区发展，严控新建超高层建筑和高层高密度住宅，严格限制建设超高层建筑，限制县城居住建筑高度，推进职住平衡。实施内涵式集约型绿色化城市有机更新，加强城市步行和自行车等低碳交通系统和绿色基础设施建设，推动土地混合利用和空间复合利用。微改造以社区为单元有序推进老旧小区，建设“15分钟社区生活圈”。

（三）推进乡村绿色发展

按照“望得见山、看得见水、记得住乡愁”的理念，尽可能在原有自然地理形态上改善乡村居民生产生活条件。乡村建设要根据自身所处的自然地理水文环境，依托山水脉络、自然格局，合理布局、打造绿色生产生活生态空间。生产空间方面，以生态环境友好和资源永续利用为导向，推动形成绿色生产方式，实现投入品减量化、生产清洁化、废弃物资源化、产业模式生态化。生活空间方面，以建设美丽宜居村庄为导向，以农村垃圾、污水治理和村容村貌提升为主攻方向，推进农村“厕所革命”。生态空间方面，加强乡村生态保护与修复，健全耕地、草原、森林、河流、湖泊等休养生息制度，全面提升自然生态系统功能和稳定性，增强生态产品供给能力。充分发挥自然资源多重效益，因地制宜发展生态产业、绿色产业、循环经济，推动乡村自然资本加快增值。

二、构建复合型立体化网络化的国土生态碳汇格局

（一）构建“四屏四带三廊多点”生态碳汇格局

划定并严守生态保护红线，守住自然生态安全边界，减少人类活动对自然生态空间的占用，建设面向全球的生物多样性保护网络。加快构建青藏高原、黄土高原、秦岭—大别山和内蒙古—新疆北方一线四大生态屏障，实施东北森林带、南方丘陵山地带、长江中下游水体与湿地生态保护带、海岸带四条生态保护带，建设沿燕山—太行山山脉由北到南的森林生态廊道、沿京杭大运河两侧南北人工植被生态廊道和北方农牧交错带—南方喀斯特地区的南北生态廊道。同时，以大江大河重要水系为骨架、其他国家重点生态功能区为支撑，以点状分布的国家禁止开发区域为重要组成部分的“四屏四带三廊多点网络化”国土生态安全格局。

（二）积极推进大规模国土绿化行动

加快建立以国家公园为主体的自然保护地体系，开展国家公园勘界立标，利用现代高科技技术手段和装备，整合提升管护巡护、科研监测、公众教育和支撑能力系统，构建天空地一体化、全覆盖、智慧化的立体保护网络。优化自然保护地体系和空间结构布局，继续对自然保护区、地质公园、森林公园等各类自然保护地进行整合优化，实现自然生态系统的整体性保护。工程

措施方面，深入推进退耕还林还草工程，统筹耕地保护和退耕还林还草的关系，逐步将陡坡耕地、重要水源地、15～25 度坡耕地、严重沙化耕地、严重污染耕地、严重石漠化耕地等不宜耕种耕地纳入工程范围；着力加强三北等防护林体系工程建设，持续推进长江、珠江、太行山、沿海和平原防护林体系工程建设，重点加强“长江经济带”，南水北调中线区域，洞庭湖、鄱阳湖、三峡库区、丹江口库区，以及南北盘江水源涵养林、水土保持林和护岸林建设；加快太行山区水土流失治理步伐；强化沿海基干林带、消浪林带建设和修复。

（三）实施重点区域生态系统保护和修复重大工程

在高寒海拔、水源涵养生态功能区、水土流失重点防治区等重点生态功能区推进排土场生态恢复、动物通道建设和湿地连通修复。具体包括：实施青藏高原生态屏障区生态保护和修复重大工程，大力实施草原保护修复、河湖和湿地保护恢复、天然林保护、防沙治沙、水土保持等工程。实施黄河重点生态区生态保护和修复重大工程，大力开展水土保持和土地综合整治、天然林保护、三北等防护林体系建设、草原保护修复、沙化土地治理、河湖与湿地保护修复、矿山生态修复等工程。实施长江重点生态区（含川滇生态屏障）生态保护和修复重大工程，大力实施河湖和湿地保护修复、天然林保护、退耕还林还草、防护林体系建设、推田（圩）还湖还湿、草原保护修复、水土流失和石漠化综合治理、土地综合整治、矿山生态修复等工程。实施东北森林带生态保护和修复重大工程，大力实施天然林保护、退耕还林还草还湿、森林质量精准提升、草原保护修复、湿地保护恢复、小流域水土流失防控与土地综合整治等工程。实施北方防沙带生态保护和修复重大工程，大力实施三北防护林体系建设、天然林保护、退耕还林还草、草原保护修复、水土流失综合治理、防沙治沙、河湖和湿地保护恢复、地下水超采综合治理、矿山生态修复和土地综合整治等工程。实施南方丘陵山地带生态保护和修复重大工程，大力实施天然林保护、防护林体系建设、退耕还林还草、河湖湿地保护修复、石漠化治理、损毁和退化土地生态修复等工程。实施海岸带生态保护和修复重大工程，推进“蓝色海湾”整治，开展退围还海还滩、岸线岸滩修复、河口海湾生态修复，以及红树林、珊瑚礁等典型海洋生态系统保护修复、热带雨林保护、防护林体系等工程建设，加强互花米草等外来入侵物种灾害防治。

第二节　创新城镇化绿色发展模式

一、加快产业园区绿色化升级改造

全面摸排全国现有628家国家级开发区、2053家省级开发区以及15000多个各类产业园区[①]土地、能源、水资源利用及废物排放等方面情况，加强园区能源资源的梯级利用和系统优化，推动不同行业的企业以物质流、能量流为媒介进行链接共生，促进园区产业循环耦合，实现原料互供、资源共享，全面提高资源产出率，构建园区产业循环体系。加强中西部地区特别是黄河上游、新疆等内陆省份园区能源环境基础设施建设，推进园区内排水和污水处理、再生水回用、危废收集处置、固废处置及资源化利用、污泥干化处置等环境基础设施共建共享，减轻企业环保负担。促进园区建设电、热、冷、气等多种能源协同的综合能源项目，提高园区整体能源利用效率。对新建园区，要从设计开始贯穿绿色发展理念，明确选址、环保、能耗、水耗、物耗、产业循环链条等准入标准，促进企业入园发展，全面提高新建园区绿色化水平，重点在中东部地区，打造绿色循环低碳的新建示范园区。

二、扎实推进绿色城市建设

（一）打好污染防治攻坚战

第一，坚持精准治污、科学治污、依法治污，保持力度持续打好蓝天、

① 张贵．飞地经济的发展逻辑及效能提升［J］．人民论坛，2021（26）：68－72.

碧水、净土保卫战，提高京津冀及周边地区“2+26”城市和汾渭平原城市，以及河北北部、山西北部、山东东部和南部、河南南部部分城市清洁能源使用比例，集中攻克老百姓身边的突出生态环境问题。加强绿色公共交通建设，严格执行区域禁限目录并实施无污染产业替代，鼓励创建绿色生态城区、生态社区和“碳中和”产业园区。第二，大尺度规划蓝绿交织生态空间，建设蓝绿开敞的城市空间系统和城市绿心，引导城市绿地均衡、系统布局；运用科技手段加强大气污染防治，构建网络化生态廊道和通风廊道，降低城市热岛效应。第三，深入推进垃圾分类和资源循环利用，完善废旧物资回收网络，推行“互联网+”回收模式，加强城市资源再生品和再制造产品推广应用，全面提高资源利用效率。强化固体废弃物循环利用，鼓励“城市矿产”基地的高水平建设，充分发挥减少资源消耗和降碳的协同作用。

（二）优化能源利用与排放结构

加强去煤、减油、控气和电气化“组合拳”管理，加快推进能源结构向清洁低碳安全高效特点调整升级，支持能源绿色低碳技术创新成果转化。实施北方城市群煤、电、气、热协同工程，加快跨区域热力管网规划建设，推动电厂余热资源大范围优化配置，在北方城市群形成以余热承担基础取暖负荷、天然气承担调峰的新格局。依托区域电网平台，打破省际壁垒，加强主要城市间智能配电网建设，实现风、光、水、火等多类型资源的互补互济，保障区域内电力可靠供应，满足新能源、分布式电源、储能、电动汽车等接入电网需求，推动互联网信息技术与能源融合。积极开发使用太阳能、地热能、风能和生物质能，在有条件的地区建设以地源热泵集中供热、建筑应用等为主的可再生能源综合利用系统，倡导清洁能源使用理念，带动全民参与节能减排。

（三）大力发展快速公共交通和慢行系统

发展快速公共交通和慢行系统、提高人们绿色出行比率是解决交通拥堵的治本之策。绿色城市建设中，实施公共交通优先发展战略，提高公共交通的舒适性、便利性和快捷性，确立其在城市交通体系中的主体地位。综合统筹交通出行方式，创造便利生活的绿色交通环境，开展人性化、精细化道路空间和交通设计，保障步行和自行车路权，促进公共交通改善与连续安全的步行和自行车网络体系融合发展，弥补现有公共交通短板。优化城市非机动交通系统，积极鼓励、引导市民绿色出行意识并形成绿色出行新风尚。同时，通过市场和法治双管齐下积极引导燃油小汽车逐步退出和电动化替代。

（四）全面推行绿色建筑

建立高质量的绿色建筑发展路径与全过程管理体系，加快既有建筑绿色化改造、推广新型绿色建造方式、促进绿色建材推广应用、强化绿色建筑技术创新和科学管理，构建绿色建筑发展新模式。设立更严格的建筑节能设计标准，积极推行绿色建筑与超低能耗建筑、装配式建筑、健康建筑有机融合，提升新建建筑包括住宅、商业和公共建筑中“被动式建筑”和“光伏一体化建筑”的占比，实现新建建筑的近零/零碳能耗。全面实现对老旧建筑的节能改造，特别是加强北方地区老旧小区建筑能效提升，降低供热和制冷需求。

第三节　优化能源生产消费空间布局

一、科学匹配能源供需国土空间布局

（一）准确把握能源供需关系新变化

受益于相应技术进步和可持续发展的考虑，全球能源结构加快转型，低碳化和电力化将是当前和今后较长一段时期内的主要发展方向。先进制造业、

现代服务业等中高端产业、中高端消费将成为能源需求新增长点；电气化持续推进，电能消费占比不断提高，电能替代将继续向建筑、交通、工商业等部门深入推进，电能在终端能源消费中的比重将从 2019 年的 26% 左右稳步提高到 2025 年的 30% 以上[①]；“十四五”时期我国将基本完成工业化，随后高耗能产品的产能、产量都呈下降趋势，工业领域的能耗增长空间将会部分被建筑和交通等消费领域的能耗增长所填补。

新增能源空间供给方面，新增用地需求将主要通过风电、太阳能发电以及天然气来实现；煤炭发展空间将受到严格限制；受资源约束等影响，水电、核电进一步发展空间相对有限。风电、太阳能发电将由主要依靠基地式大发展的路径，重点转向户用分布式发展，形成大规模集中利用与分布式生产、就地消纳有机结合，分布式与集中利用“两条腿”走路的格局。天然气作为推动能源低碳转型的重要过渡能源，在居民生活、发电、交通运输等各个领域的利用规模将进一步扩大。一方面，煤炭将面临越来越严格的控制消费总量、降低消费比重、清洁高效利用的要求；另一方面，“压舱石”的战略定位将进一步明确，需要发挥在极端情况下弥补油气供应缺口的战略兜底作用和对新能源发展的战略支撑作用。核电将按照安全高效、沿海和内陆并重方针，加快建设。水电将在满足生态环保要求、建立合理的水电价格形成机制基础上，实现科学开发合理开发。

（二）提前谋划能源供需发展新空间

优化传统能源的国土空间布局。从空间上科学匹配陕北、黄陇、神东、蒙东、晋北等大型煤炭基地和东部能源需求重点区域的布局对接，在发展长距离电力输送技术、降低空间距离损耗的同时，加大发展煤炭清洁高效转化示范。立足“两个市场、两种资源”，结合东部沿海地区空间地理位置优势，充分利用国内外资源，建设世界级石化产业基地。依托“一带一路”国际合作倡议，统筹国内外天然气管线建设，构建国际天然气输送走廊和网络，保障碳达峰后天然气持续增长的需求。调查评价我国页岩气资源潜力和空间分

① 国家发展改革委，等．关于进一步推进电能替代的指导意见（发改能源 2022〔353〕号）[Z]．2022.

布，优选页岩气远景区、有利目标区，科学划定重点勘查开采区，推进页岩气勘查开发快速、有序、健康发展，促进我国清洁能源比重不断提升。

科学匹配可再生能源产需空间。综合利用立体国土空间，扩大发展“风光热储”一体化项目，实现风光热储多能互补。加大太阳能开发力度，利用西北光照资源充沛的自然特点，加大青海、甘肃、内蒙古西部等地太阳能热电站示范推广。扩大风能资源开发利用，有序建设华北、东北、西北地区大型风电项目，加大内蒙古、新疆、黑龙江等风能资源丰富区电场建设。积极开发利用水能，以西南地区金沙江、雅砻江、大渡河、澜沧江等为重点，发展绿色水电产业和建设大型水电基地。稳步发展生物质能，统筹好生物能源与粮食安全、生态环境之间的相互影响，在“不与粮争地”前提下推进生物能源开发利用。强化国土空间规划和用途管制，开展可再生能源发展环境承载能力调查，探索可再生能源生产与电力需求空间匹配的解决方案，研究攻关风光电能并网技术难题，提升可再生能源的使用效率和稳定性。

需要强调的是，由于竞争性土地利用、生态多样性等方面影响，成为各种清洁能源发展的制约因素。风能、太阳能、水能等可再生能源布设，既要考虑一定规模的国土空间，又要考虑局地小气候的作用与变化。以光伏为例，1MW 光伏发电系统，需要 25 ~ 30 亩土地。2020 年 12 月 12 日习近平总书记在气候雄心峰会上宣布，到 2030 年，风电、太阳能发电总装机容量将达到 12 亿千瓦以上。[①] 2020 年底，风电、太阳能发电总装机容量 5.3 亿千瓦，保守估计，如 2030 年两者均为 6 亿千瓦，仅光伏就需要新增土地 1000 万亩。水电因资源有限和前期投资巨大的限制，近年来水电装机增速显著放缓，我国水力资源技术开发程度达 56%，已属于较高水平，新开发面临居民安置、生态保护、建设成本等问题。核事故的安全性问题使多国限速核电拓展，福岛核电站事故后，各国核能发展政策更加谨慎。生物质储存的能量比目前世界能源消费总量大 2 倍，但属于低品位能源，开发技术尚未成熟，目前绝对量仍较小。

---

① 习近平在气候雄心峰会上发表重要讲话 [N]. 人民日报，2020 - 12 - 13 (1).

二、准确研判能源生产消费国土空间布局

（一）生产空间集中趋势愈发加强

煤炭生产向晋陕蒙新高度集中。我国煤炭资源呈现“北富南贫、西多东少”的分布特点，山西、陕西、内蒙古、新疆为主要产煤区，消费地主要集中在东部和南部地区，这决定了我国北煤南运的格局。近年来，随着南方小煤矿加快退出，煤炭生产进一步向晋陕蒙新地区集中，目前四省区产量已占全国的75%以上，供需逆向分布的特征更加明显。新的形势下，随着“双碳”目标的不断深化，煤炭的生产、运输和储备必然面临新的需求。一方面，煤炭主产地到消费地的运输能力要增加。我国能源结构调整不会一蹴而就，现在发展阶段煤炭的作用不能认为简单被其他能源替代，这必然是一个长期的过程。随着民生等用煤需求的波峰性变化，晋陕蒙新四省区仍是新增煤炭的主要产出地，通过铁路、公路、水路等方式，输往煤炭净调入省份。另一方面，煤炭净调入省份为应对极端天气或突发事件对地区煤炭供应的影响，短期内也不会完全摒弃煤炭需求。通过加大煤炭储备能力，扩大煤炭消费地、铁路交通枢纽、主要中转港口等多元煤炭储备能力，仍是未来煤炭净调入省份的主要选择。

（二）消费空间呈多元发展态势

随着经济增速变化、结构变化以及产业转移的推进，东部地区能源需求增速有望进一步放缓，中西部地区能源需求仍将保持较快增长。综合考虑能源生产消费布局变化，东部地区需要充分利用国内外天然气，发展核电、分布式可再生能源和海上风电，积极吸纳其他地区富余清洁能源，加快建设海上油气资源战略接续区，持续推进煤炭减量。中部地区需要大力发展分布式可再生能源，压缩煤炭生产规模，加快发展煤层气，建设区外能源输入通道及能源中转枢纽。西南地区需要建设云贵川及金沙江等水电基地，大力发展

川渝天然气，积极发展生物质能源，加快煤炭产能关停退出。西北地区需要建设化石能源和可再生能源大型综合能源基地，保障全国能源平衡。东北地区需要加快淘汰煤炭落后产能，大力发展新能源和可再生能源，完善国外能源输入通道，实现供需平衡。与此同时，还要有效衔接能源开发地与输送网，实现能源优先就地平衡，尽量减少远距离大规模输送。结合全国能源生产供应布局，统筹多种能源输送方式，推进能源开发基地、加工转换基地与能源输送通道的同步规划、同步建设。

第四节　推进蓝色国土空间立体化利用和碳汇能力建设

一、充分利用蓝色国土空间发展“蓝色能源”

（一）大力发展可再生能源

加快发展海上风电产业，依托蓝色海洋海上风电与海洋牧场融合发展项目，有序推广“蓝色粮仓 + 蓝色能源”发展新模式。加强海洋新能源开发与沿海区域发展空间匹配，缓解沿海地区和海岛用电紧张，间接减缓大气中二氧化碳含量的增加。统筹海洋能与海洋产业发展，将潮流能和海水淡化、氯碱生产等产业相结合，在发展海洋资源产业同时，降低电力输送空间距离成本和空间输送损耗。结合环境问题和经济性，研究提高海洋能综合利用技术水平和效率，加强多能互补联网运行的技术研究支持。

（二）推进海上风电与海洋产业协同发展

坚持“用海空间立体化、资源利用最大化”，科学利用海上风力资源，以发展海洋风能促进碳减排目标实现。做好海域海岛地形勘察和风向监测分析，开展海洋环境跟踪监测工作，促进海上风力资源的高效使用。调查研究海洋生态环境数据，监测分析海洋生物多样性及种群密度变化，推进海洋风能与海洋牧场协同发展。促进海上风电科技创新，推进海上风电规模化发展和大型风电场的建设，提高海洋空间的利用率和发展的可持续性。

（三）发挥海域空间的油气资源运输存储功能

充分利用海洋空间功能，为改变以煤炭为主的能源结构和能源资源安全提供保障。充分利用海底空间，科学布局海底油气输送管道，保障连续、大量的油气输运。统筹陆海空间资源利用，对近岸储量较大的油气资源，利用海洋管道输送到油港或岸上炼油厂等陆上终端。加强浅海空间利用，发挥浅海枯竭油气层能源储备功能，如渤海湾油气资源勘探开发后，未来具有油气储备潜力。拓展深海空间能源潜力，加强深水海域油气勘探，提升海洋油气资源开发整体水平，为发展低碳能源做好储备。

二、发挥地下空间多功能性和储能作用

（一）充分利用地下空间储能储热

以产业升级为契机，充分利用去产能产生的废弃矿井等地下国土空间，综合考虑矿井空间、地下水再利用和新能源储能问题，推进抽水蓄能技术创新和废弃矿井抽水蓄能电站的改造利用。充分利用地下空间的热量贮存功能，研究太阳能等存储技术，加强电站废热及工业余热储存，发展地下储能系统和清洁能源的同时达到节约土地资源的目的。加强地下空间系统勘查评价，摸清地热资源分布和潜力，推广浅层地热能开发利用技术，加快推进中深层地热能开发利用，建立地热能开发利用的空间支撑体系。

（二）积极发挥地下空间油气储备作用

向地下要空间，利用好各种盐岩洞穴、废弃矿洞、废弃油井、枯竭油气

层等地下国土空间，合理设计利用地下空间贮存石油、液化天然气资源，为未来国家能源需求和能源安全做好战略储备。加强水文地质、水压力学等关键技术研究，在发挥地下空间储能作用的同时，提前谋划碳汇空间布局，开展“二氧化碳气田”、盐水层分布调查，减少地质灾害和降低有害气体排放。加强对地下空间的技术改造，合理布局能源储存空间和储存设备，加大储油储气基础设施建设，为电力调峰保供提供保障。

第八章
自然资源保护利用与碳达峰碳中和

自然资源是碳源和碳汇的自然载体，其贯穿“碳中和”问题的始终，依靠自然资源治理能够有效调控人类活动对环境的影响程度，是推动经济社会低碳转型发展与应对气候变化的重要战略途径。其中，土地、矿产等资源经济开发属性较强，是碳排放的主要来源，通过资源利用结构和效率的综合治理，可以有效减少社会系统的碳排放强度；而森林、草原、海洋等生态系统具有显著的正向固碳作用，实施国土空间用途管制、生态系统保护修复是实现稳汇增汇的最重要治理手段。

第一节　自然资源利用结构与碳达峰碳中和

不同种类和类型的自然资源在利用过程中碳排放强度也存在明显差异，可以通过完善自然资源配置利用政策，从而影响自然资源利用的结构性差异，实现减碳增汇的目的。

一、土地利用结构

土地是陆地生态系统碳源/汇的自然载体，土地利用变化是通过改变地表自然覆被和人类活动强度，来影响不同类型土地所承载的自然及人为碳通量过程。

（一）土地利用类型

《国家温室气体清单指南》已在政府间气候变化专门委员会（IPCC）各缔约方温室气体清单的编制过程中得到了广泛应用，对土地利用变化的碳效应评估提供了指导作用，其中土地利用变化和林业的温室气体清单指南，把土地利用类型划分为六大类，即林地、农田、草地、湿地、定居地和其他土地。

目前已基本形成了比较完整的土地利用结构分类体系（见表8-1）。自1998年《中华人民共和国土地管理法》将土地分为农用地、建设用地和未利用地后，土地管理部门及有关部委分别从不同的角度（或者不同的管理环节需求）制定了相应的分类标准，主要包括：《土地利用现状分类》（GB/T 21010—2017）从土地调查和用途变更的角度进行分类；《第三次全国国土调查技术规程》（TD/T 1055—2019）增加了湿地作为二级分类；《城市用地分类与规划建设用地标准》从规划及用途管理的角度进行分类；《海域使用分类》

表8-1　中国土地利用分类现状

资源	名称	主要分类内容
土地资源	《中华人民共和国土地管理法》	将土地分为农用地、建设用地和未利用地
	《土地利用现状分类》	将土地资源分为耕地、园地、林地、草地、商服用地、工矿仓储用地、住宅用地、公共管理与公共服务用地、特殊用地、交通运输用地、水域及水利设施用地、其他土地等12个一级类
	《第三次全国国土调查技术规程》	在《土地利用现状分类》（GB/T 21010—2017）基础上增加了“湿地”作为土地资源的二级分类
	《城市用地分类与规划建设用地标准》	将城乡用地分为建设用地和非建设用地2个大类，下分9个中类、14个小类；将城市建设用地分为8个大类、35个中类、43个小类
	《国土空间调查、规划、用途管制用地用海分类指南（试行）》	分为耕地、园地、林地、草地、湿地、农业设施建设用地、居住用地、公共管理与公共服务用地、商业服务业用地、工矿用地、仓储用地等14个一级类

（HY/T 123—2009）从用途的角度对海域进行分类；《国土空间调查、规划、用途管制用地用海分类指南（试行）》在整合原《土地利用现状分类》《城市用地分类与规划建设用地标准》《海域使用分类》等分类基础上，建立了统一的国土空间用地用海分类，并与“国土三调”工作分类进行对接。

（二）土地利用结构变化的碳效应

以往研究表明，1850～1998 年全球碳排放中，土地利用变化引起的直接碳排放约占同期人类活动影响总排放量的 1/3。[①] 随着研究的深入，基于土地利用变化的陆地生态系统碳汇功能逐渐显现，根据 2019 年 IPCC 发布的《气候变化与土地特别报告》，2007～2016 年，全球土地利用变化的碳汇量已完全抵消其产生的二氧化碳排放量，整体上发挥碳汇效果。针对我国土地利用变化形势，开展科学有效的碳收支核算和潜力预测研究，特别是土地利用结构优化的碳减排效应分析，对于我国实现“碳中和”战略目标具有重要意义。

从排放角度看，土地利用碳排放分为直接碳排放和间接碳排放。其中，直接碳排放包括土地利用类型转换（主要指导致生态系统类型更替的土地利用变化，如围湖造田、建设用地扩张等）带来的排放以及土地利用类型保持（侧重于土地管理方式的转变，如农田耕作、湿地旱化、种植制度改变等）的排放；间接碳排放则是指土地利用类型上所承载的人类活动排放，包括聚居区的能源消费碳排放、工矿用地承载的工业过程碳排放以及交通用地上的交通工具尾气排放等。

从碳汇角度看，可通过土地利用结构优化以及人为改变土地利用的措施以增加碳汇。如退耕还林、还湿、还草，采取保护性耕作方式等土地管理措施，见表 8－2。

① 南京市规划和自然资源局江宁分局．土地利用变化影响碳排放［EB/OL］.（2010－04－21）［2022－06－06］. http：//zrzy. jiangsu. gov. cn/njjn/gtzx/ztzl/sjdqrzt/201004/t20100421_530468. htm.

表 8－2　　　　单位面积土地利用类型转换的碳效应

单位：吨二氧化碳/公顷

变化前	变化后					
	耕地	林地	草地	湿地	建设用地	未利用地
耕地		11.72	－2.86	32.54	－208.0	－14.61
林地	－13.68		－14.71	20.70	－219.8	－26.46
草地	0.14	13.70		34.52	－206.0	－12.63
湿地	－34.38	－20.82	－35.41		－240.5	－47.15
建设用地	1.53	15.10	0.51	35.92		－11.24
未利用地	12.77	26.33	11.75	47.15	－193.4	

注：表格中正值表示正效应，负值表示负效应。
资料来源：南京大学黄贤金团队研究成果。

（三）土地利用变化形势

从间接效应看，土地作为人类生产生活碳排放的空间载体，土地利用管理为从宏观上调控经济社会活动碳排放提供了干预可能。南京大学赖力等对土地所承载的人类生产活动开展了土地利用变化的间接碳排放研究，发现1985～2009年我国土地利用间接排放二氧化碳从69.7亿吨/年迅速提升到315.3亿吨/年，1985年时陆地生态系统碳汇约能吸纳能源、工业部门碳排放量的1/3，但到2005年时吸纳比例已不足1/10。中国林科院研究团队分别预测了2030年和2060年我国不同陆地生态系统年碳汇量情况，发现2060年相较于2030年，林地年碳汇量虽仍处于绝对优势，但碳汇量有所下降，可能由于中、幼龄林的逐渐成熟使得林地碳汇趋于饱和，持续吸收二氧化碳的能力有所下降；新增建设用地碳排放将大幅减少，一方面是由于实行建设用地减量化发展模式，年度新增建设用地面积呈下降趋势，另一方面是在建设用地内部进行结构调整，减少高消耗、高排放的建设项目。

（四）土地利用结构治理途径

整体上看，以土地利用为载体的经济社会发展完全决定了我国的碳排放国情，亟须统筹考虑土地利用间接碳排放，通过采取全流程的土地规划、供应、利用、管理等措施，对经济社会活动实行积极引导和合理干预，从而间接调控整体碳排放水平。

土地利用管理能够有效调控人类活动对环境的影响程度，是推动经济社会低碳转型发展与应对气候变化的重要战略途径。土地利用结构治理助力碳达峰、碳中和的途径是，提高土地利用优化政策的规划影响力和系统性、协同性。一方面，发挥国土空间规划对土地利用的引导和管控作用，严控国土开发强度，优化建设用地结构，降低工矿用地规模比例，对高排放的工业实施空间集聚治理，实行建设用地减量化、存量化、集约化发展模式。优化调整非建设用地结构，增加林地比例，推行宜耕则耕、宜草则草、宜湿则湿政策，重视各类土地的管理与管护。另一方面，通过土地利用结构优化引导产业发展，优先保障低消耗、低排放的项目用地，切实发挥土地利用调控方式的减排效应。另外，强化土地利用管理工作的系统性与协同性。提高土地管理和气候变化应对相关管理部门之间的协同工作效率，将防治荒漠化、土地退化，以及基本农田保护等土地管理工作与应对气候变化工作充分协同，避免土地利用竞争或管理目标冲突。在系统评估土地载体上人为能源和产业活动碳排放情况的基础上，开展土地利用结构和布局统筹调控，重视自然生态系统和人工生态系统之间的平衡，实现整体空间上土地利用碳排放效率的优化。

在城乡建设用地结构与布局的优化上，优化建设用地利用结构有利于调整和降低土地承载人类活动引起的间接碳排放。一方面，重点完善城乡建设用地增减挂钩政策，打破“拆旧”与“建新”一一对应的管理模式，逐步拓展建设用地指标交易范围，完善建设用地指标交易平台和交易规则体系，推进城乡土地利用结构调整；另一方面，调整优化城镇用地内部结构，合理安排生产、生活、生态用地比例，避免重复低效建设造成的土地浪费和碳排放，同时增强城市绿地系统碳汇功能。推进构建绿色低碳的建设用地格局，引导工业向开发区集中、人口向城镇集中、住宅向社区集中，推动农村人口向中心村、中心镇集聚，禁止在城镇开发边界以外设立各类城市新区、开发区和工业园区，避免占用优质耕地特别是永久基本农田。

二、矿产资源利用结构

因此，实现“碳达峰、碳中和”目标，尤其是碳减排目标，离不开矿产资源配置方向和利用结构的调整优化。

（一）矿产资源种类

《中华人民共和国矿产资源法实施细则》将矿产分为四类矿产，包括：煤炭、石油等能源矿产 11 种，铁、锰等金属矿产 60 种，金刚石、石墨等非金属矿产 92 种，地下水、矿泉水等水气矿产 6 种。四类矿产资源中，能源矿产和金属矿产均与碳达峰、碳中和密切相关。一方面，不同种类能源矿产资源在利用过程中碳排放强度也存在明显差异，如原煤单位热量碳排放分别是原油、天然气的 1.29 倍和 1.69 倍；另一方面，锂、钴等金属矿产资源是新能源产业发展的必要材料，制造使用相关产品需要大规模的矿产作为支撑。

（二）化石能源矿产的碳排放系数及影响

化石能源矿产碳排放系数是指每一种化石能源燃烧或使用过程中单位能源所产生的碳排放数量。一般在使用过程中，根据 IPCC 的假定，可以认为某种化石能源的碳排放系数是固定不变的。煤炭、原油、天然气等石化能源资源的二氧化碳排放系数分别为 2.7725 吨二氧化碳/吨标准煤、2.1492 吨二氧化碳/吨标准煤、1.6442 吨二氧化碳/吨标准煤（见表 8－3）。[①]

据《世界银行发展报告 1992》和国家统计局数据显示，中国单位能源消费的碳排放量比经济合作与发展组织国家高出近 20%，主要原因是发达国家能源构成以油、气为主，水、核等非化石能源也占了较大的份额，而中国的能源构成以煤为主。这不仅造成了能源利用效率低下，且拥有较高的能源资源含碳量特征。2020 年我国煤炭和石油消费是 28.28 亿吨和 9.41 亿吨标准

---

① 赵敏，张卫国，俞立中．上海市能源消费碳排放分析［J］．环境科学研究，2009，22（8）：984－989；吴国华．化石能源消费的二氧化碳排放量计算与分析：以济南市为例［J］．理论学刊，2012（3）：61－65.

表 8-3　　主要化石能源的二氧化碳排放系数

能源种类	二氧化碳排放系数（吨二氧化碳/吨标准煤）	能源种类	二氧化碳排放系数（吨二氧化碳/吨标准煤）
原煤	2.7725	煤油	2.1062
洗精煤	2.7725	柴油	2.1707
焦炭	3.1379	燃料油	2.2647
其他焦化产品	2.3641	液化石油气	1.8483
焦炉煤气	1.3003	炼厂干气	1.6871
其他煤气	1.3003	其他石油制品	2.1492
原油	2.1492	天然气	1.6442
汽油	2.0525	—	—

资料来源：何建坤，刘滨．作为温室气体排放衡量指标的碳排放强度分析［J］．清华大学学报（自然科学版），2004（6）：740-744。

煤，分别占能源消费总量的56.8%和18.9%。其中，煤炭一直是中国第一大能源，中国通过大力推进高效清洁煤电系统建设，提升能源利用效率，降低排放水平。

（三）矿产资源利用结构治理途径

一是提升传统化石能源资源高效清洁利用水平。“十三五”期间，国家实施系列措施推进煤炭供给侧结构性改革，从2016年到2018年底，煤炭行业累计化解过剩产能8.1亿吨①，提前完成去过剩产能目标任务。2019年煤炭由“总量性去产能”全面转入“结构性去产能、系统性优产能”的新阶段。“十四五”期间，强化煤炭减量替代，是国家统筹应对能源安全保障、生态环境保护和温室气体减排的关键举措。煤炭领域供给侧结构性改革的重点和政策着力点集中在：一方面是根据科学产能要求优化煤炭产能规模和生产布局。完善煤炭“科学产能”评价方法，有效指导区域煤炭开发规模与布

① 高歌．煤炭去产能即将步入第五年，效果如何？［EB/OL］．（2019-11-25）［2022-06-06］．https：//baijiahao.baidu.com/s？id=1651183503868429547&wfr=spider&for=pc.

局，不断提升科学产能的比例。继续关闭淘汰落后小煤矿，以及与保护区等生态保护红线冲突、安全事故多发的煤矿。以提高质量和效益为核心，发展工艺先进、生产效率高、资源利用效率高、安全保障能力强、环境保护水平高的科学产能，保障煤炭长期稳定供应。另一方面，推动煤炭绿色开发和智能化生产，持续推动绿色矿山建设。严格以绿色化无害生产和煤矿区生态修复治理为标准，大力推进煤炭行业的绿色化生产水平，高标准建设绿色矿山。建立煤矿清洁生产评价体系，因地制宜推广充填开采、保水开采、煤与瓦斯共采等绿色开采技术。加强煤矿生产的智能化改造，建设智能矿山体系。做好传统煤炭产业与新产业的转换衔接，推进采煤沉陷区治理利用，利用采煤沉陷区、关闭退出煤矿工业场地发展现代农业、现代服务业等产业。

提升煤炭资源高效清洁利用水平，还需要坚持最具综合效益的煤炭资源开发利用策略，做好煤炭资源供给源头的科学管控，以煤炭资源优化配置促进能源产业结构改善，进而控制碳排放规模增长。坚持世界上最严格的排放标准，继续用好我国具备世界先进水平的煤炭资源利用技术和升级不久的生产设备。实施煤炭资源减量化和清洁化利用并举战略，加强示范项目建设和洁净煤技术推广，充分用好这一目前最可靠、最经济的能源矿产。

二是提升清洁能源资源开发利用水平。平衡好天然气的持续快速增长和资源安全。把握油气资源特别是天然气资源需求比例将提升的基本趋势，认清中国天然气对外依存度持续升高的基本判断。密切关注转型政策推动下导致的天然气需求过快增长问题，以及潜在资源安全问题。加强油气资源地质勘查和储备，加快构建全面开放条件下的能源安全保障体系，努力提升国际能源市场话语权，确保能源资源安全。同时，要做好非化石能源综合评价和物质储备。科学评估风光能源、水能、地热能、生物能、核能等各类清洁能源潜力，合理预测可再生能源在未来能源结构中提升的比例。系统开展各类清洁能源的调查评价和勘查，加强地热能、太阳能和风能可用性评价，积极发现新的有利区块。创新理论技术和研发新能源高效利用新技术、新设备，依靠科技提高新能源资源的开发利用效率，降低新能源开发利用成本。

三是提升新兴战略矿产资源需求保障水平。加强新兴战略产业相关矿产地质调查评价。持续开展能源金属找矿突破行动，加大对锂、钴、镍等战略性金属矿产资源的勘查开采力度，实现新发现矿产地的突破与储备，为新能源汽车、锂离子电池、太阳能光伏板、风力涡轮机等新型低碳设备提供矿产资源保障，促进交通、电力等部门转型升级。

第二节　自然资源利用效率与碳达峰碳中和

自然资源利用优化与自然生态保护是生态文明建设的内在要求，提升自然资源利用效率，对于推动碳减排和碳清除意义重大。

一、土地节约集约利用

当前，建设用地规模增加是导致土地利用碳排放的重要原因，通过规模引导、布局优化、标准控制、市场配置、盘活利用等手段，提高建设用地节约集约利用水平，能够促进碳排放总量降低并减少碳汇损失。

（一）土地节约集约政策发展

我国节约集约用地政策总体经历了由萌芽探索、基本确立到不断完善再到成熟发展的演进过程。计划经济体制时期，节地政策主要体现在管控政府征地行为，减少土地浪费。在市场经济和政府职能转变背景下，节地政策转向从严控制建设占用耕地、实行国有土地有偿使用制度、探索土地利用计划与规划管理，并形成了以土地用途管制为核心的用地管理制度。党的十八大以来，我国节约集约用地政策体系不断健全完善。2012 年国土资源部发布《关于大力推进节约集约用地制度建设的意见》，建立了包括规划管控、计划调节、标准控制、市场配置、政策鼓励、监测监管、考核评价和共同责任八个方面的节约集约用地制度框架体系。2019 年自然资源部修订《节约集约利用土地规定》提出了从规模引导、布局优化、标准控制、市场配置、盘活利用、监督考评六个方面的节约集约用地管控手段。

目前我国土地节约集约利用政策方面，主要围绕规模引导，通过国土空间规划实施建设用地总量和强度控制，实行土地利用计划调节制度。围绕布局优化，将“三条控制线”作为约束建设用地蔓延扩张的空间红线，通过激励政策和约束，推广节地技术和节地模式。围绕标准控制，实行建设项目用地准入标准，出台禁止和限制用地项目目录；制定工程建设项目、工业项目、房地产开发等用地控制标准，对未出台相关标准的实行建设项目节地评价。围绕市场配置，实行国有土地有偿使用制度，减少非公益性用地划拨，实行经营性用地招拍挂出让，探索土地弹性年期供应制度，以价款、税收手段促进节约集约用地。围绕盘活利用，重点实行“增存挂钩”机制、低效用地再开发专项用地政策以及城乡建设用地“增减挂钩”政策。围绕监督考评，重点实行土地市场动态监测与监管、土地利用动态巡查制度以及区域、城市和开发区节约集约用地评价与考核制度。

（二）土地节约集约利用形势

一是建设用地总规模不断增加但增速有所放缓。近年来各地严格控制建设用地规模，2010～2016 年，尽管国土开发强度由 6.4% 上升到 7%，但开发速度逐年降低，年变化量从 1.12‰降至 0.87‰，建设用地总规模的增幅保持较低水平。分区域看，西部地区（1.8%）增速最快，东北地区（0.5%）增速明显慢于其他区域。

二是经济增长的用地消耗不断下降但地区间差距较大。全国单位国内生产总值地耗从 2015 年的 12.6 公顷/亿元下降到 2018 年的 8.0 公顷/亿元，建设用地经济产出效率不断提升，但地区间建设用地节约集约利用水平差异显著，2016 年单位国内生产总值地耗最高为西藏（91.45 公顷/亿元），最低为北京（2.42 公顷/亿元）；天津、北京、上海、浙江等省（区、市）集约利用程度位居前列；甘肃、内蒙古、宁夏、辽宁、山西、吉林、海南等地急需进一步提高土地资源利用效率。①

三是存量建设用地问题突出但盘活利用取得积极成效。由于历史积累，土地批而未供、供而未用等低效和闲置问题较为突出，2010～2016 年我国批

① 自然资源部一项评价显示：土地城镇化快于人口城镇化的趋势初步扭转．中国自然资源报[EB/OL].（2018-08-31）[2022-06-06]. https://mp.weixin.qq.com/s/bLdAHj9bopdq4BH8V7ZcMw.

而未用土地共计 2797.9 万亩，占批准用地总量的 43.1%；2018 年批而未供土地 100.6 万公顷、闲置土地 15.1 万公顷。2018 年起创新实施建设用地“增存挂钩”机制，至 2020 年三年累计消化批而未供土地 1041 万亩，处置闲置土地 290 万亩[①]；2019 年全国认定 862.2 万亩低效用地中，已完成改造 143.3 万亩，正在实施改造 110.0 万亩。

四是开发区土地利用强度提升但效益降低。国家级开发区内土地开发有序、供应及时、建设充分，土地开发率、供应率和建成率均接近或超过 90%，开发利用建设程度高；2019 年国家级开发区综合容积率、工业用地综合容积率分别达到 0.98、0.93，较 2010 年提高 0.14、0.12[②]，土地利用强度稳步提升，并呈现出土地利用集约度“东部 > 中部 > 西部 > 东北部”的格局。但 2018 ~ 2019 年开发区用地效益有所降低，综合地均税收逐年降低 0.79%、3.87%，且主要源自中西部地区土地产出效益明显下滑。

（三）土地节约集约利用治理途径

一是建设用地总量和强度的双重管控。在进一步明晰不同土地利用方式的土壤碳汇源转化机制及固碳效应的基础上，科学评估建设用地扩张的碳源效应，综合社会主义现代化建设发展与“双碳”目标需求，科学确定建设用地总量控制目标。强化国土空间规划对城乡建设用地总量和强度的整体管控，逐步减少新增建设用地计划，鼓励和支持有条件的地区率先开展建设用地减量化发展，严格控制建设用地对农地和生态用地等碳汇区的占用。综合考虑不同地区发展潜力、节约集约用地水平和生态碳汇能力，逐级分解落实建设用地总量控制指标，强化地区建设用地“双控”目标的考核和约束，将其纳入经济社会发展综合评价体系，注重在区域尺度上推动落实碳达峰、碳中和。

二是建设用地节约集约利用的标准化控制。强化用地标准引领、准入管

---

① 2018 年批而未供土地 100.6 万公顷、闲置土地 15.1 万公顷［EB/OL］.（2021 - 07 - 08）［2022 - 06 - 06］. http：//news. cctv. com/2021/07/08/ARTItnk5lvr5PvH9Z2aAF4Hf210708. shtml？ spm = C94212. P4YnMod9m2uD. ENPMkWvfnaiV. 26.

② 关于 2020 年度国家级开发区土地集约利用监测统计情况的通报|自然资源部通报第 19 期［J］. 自然资源通讯，2021（2）：46 - 47.

控和技术引导，既能有效降低建设用地扩张产生的直接碳排放，又能通过建设用地利用管理降低其间接碳排放。实行建设项目用地标准控制制度，完善重点行业用地标准，加强建设项目用地审查、供应和使用，引导加快土地利用方式转变。将碳排放标准纳入土地资源开发利用负面清单、准入评价制度，探索设置建设用地碳排放准入门槛，来限制高碳排放项目的建设用地供应。总结和推广节约集约用地的新技术新模式，制定和发布《第三批节地技术和节地模式推广目录》，为地方推进节约集约用地提供典型示范和技术支撑。完善建设用地项目节地评价体系、区域评价体系、节约集约模范县（市）评选等，考虑将单位建设用地碳排放量下降率等纳入评价体系，引导土地节约集约利用与碳减排协同推进。

三是节约集约用地的市场化引导。通过完善市场规则、促进市场竞争，提高土地资源配置效率，防止对生态碳汇功能区的过度占用。首先，健全建设用地有偿使用制度，扩大国有建设用地有偿使用范围，加快修订《划拨用地目录》，鼓励公共服务项目有偿使用国有建设用地；完善经营性开发用地的审批条件和程序，完善国有建设用地使用权权能和有偿使用方式，健全长期租赁、先租后让、弹性年期供应、作价出资（入股）等工业用地市场供应体系；推动建立同地同权同价、城乡统一的建设用地市场，完善建设用地使用权转让、出租、抵押二级市场。其次，探索创新建设用地扩张的碳汇功能补偿政策，结合建设用地价格和税费体系调整，探索制定重大基础设施以及城乡建设用地扩张的碳达峰、碳中和政策。

四是存量建设用地的盘活利用。盘活存量建设用地是实现减量化发展的根本之策，也是减少生态碳汇损失的关键路径。创新存量建设用地利用管理制度，包括：一是重点完善建设用地“增存挂钩”制度，扩大存量土地范围，增加新增建设用地报批条件等，强化对地方政府的激励和约束效应，破解批而未供土地和闲置土地处置难点问题；二是完善城镇低效用地再开发制度，进一步明确低效用地认定标准，健全规划引导和管控，完善产权、地价、收益分配等配套制度，推进以多种方式盘活利用城镇低效用地；三是推进乡村存量建设用地盘活利用，深化农村宅基地制度改革试点，建立农村宅基地自愿退出和激励补偿机制，鼓励因地制宜通过就地盘活、区位调整、产权置换、指标交易等方式盘活存量土地。

二、矿产资源利用效率

（一）矿产资源利用效率提升对碳减排的支撑作用

提高资源节约集约循环利用水平，实现矿产资源高效利用，既是加速资源开发领域高质量发展的重要途径，也是推进生态文明建设的重要内容之一。习近平总书记多次就资源利用做出重要指示，指出要树立节约集约循环利用的资源观，更加重视资源利用的系统效率，更加重视在资源开发利用过程中减少对生态环境的损害，更加重视资源的再生循环利用，用最少的资源环境代价取得最大的经济社会效益。一般而言，矿产资源开发利用过程中，需要消耗大量能源并排出温室气体。目前，通过提高资源利用效率为碳达峰、碳中和提供有力支撑，已得到科学验证、成为普遍共识。根据中国循环经济协会测算，对比生产环节资源开发利用情况，“十三五”期间，发展循环经济对我国碳减排的综合贡献率达25%，从自然资源角度出发，主要体现在材料替代方面，即：利用固体废弃物替代原生矿产等高载碳原料，可有效降低生产环节二氧化碳排放，每综合利用1吨固体废弃物可减少二氧化碳排放约0.85吨。[①] 因此，需要以矿产资源开发利用管理为着力点，围绕提升能源和矿产资源利用效率、提升废弃资源对原生资源的代替比例、推广绿色低碳先进适用技术等重点，推进矿业经济高质量发展和生态环境高水平保护，提供人类应对气候变化问题的矿业可持续发展方案。

（二）矿产资源开发过程中的能源消耗强度

我国矿业碳排放的能源种类主要为电力和煤炭类能源，在矿业能源消费产生的碳排放总量中，前者占比超过40%，近年来呈现逐步增加的态势，后者占比略低于40%。石油类能源消费产生的碳排放占比近年来不断缩小，天

① 中国循环经济协会．循环经济助力碳达峰研究报告（1.0版）[R].2021.

然气和热力消费产生的碳排放占比较小且稳定。近年来矿业整体碳排放强度下降趋势明显，尤其是黑色金属采选业、煤炭开采和洗选业、有色金属和非金属矿采选业均有较大幅度的下降，年均下降在6%以上。未来应加强技术和政策引导、持续提升能源利用效率、改善产业结构、加大清洁能源利用，着力降低资源开发过程的能源消耗强度，减少矿业活动的直接碳排放。

油气资源开发利用过程中，采油厂和电厂产生了大量的碳排放，未来可加大地上地下空间的开发利用，利用地质作用形成的天然地下空间以及开采油气后的枯竭油田、气田和地下"水田"，形成埋藏及封存二氧化碳的"人工二氧化碳气田"，以此来减少油气资源开发利用过程中的碳排放。目前，碳捕获系统面临的最大问题是经济上的挑战，固碳成本根据具体方式、可利用的地质环境以及运输成本等要素变动较大。今后若要大范围推广应用，仍需要通过科技创新降低成本以及国家相关政策支持。

（三）中国矿产资源开发利用形势

随着生态文明建设深入推进，我国的矿产资源开发利用水平得到持续提升。

一是矿产资源"三率"水平得到提高。2012年以来，我国铅、锌、锡、钨等有色金属矿产采矿回采率普遍超过90%，铁矿等黑色金属矿产露天采矿回采率维持在95%以上；选矿回收率处于较高水平，如大部分有色金属和铁矿选矿回收率达到75%以上。[①] 煤炭洗选水平提升最为明显，2018年煤炭入洗率较2012年提高了15.8%，煤炭洗选能有效减少煤炭中硫、硝等有害组分，提高燃煤效率，对于降低燃煤大气污染、节约资源意义重大。[②]

二是废石尾矿等固体废弃物利用方式多样化，利用率稳步提高。大宗固废是指煤矸石、粉煤灰、尾矿等固体废物，是我国固废治理的"老大难"。截至"十三五"末，我国大宗固废累计堆存量已达600亿吨，年新增堆存量近30亿吨，环境影响突出，但利用前景广阔。2018年全国综合利用尾矿总

---

① 周凤禄．基于物质流分析的氧化铝工业可持续发展研究［D］．沈阳：东北大学，2014．

② Tekic Z，Drazic M，Kukolj D，et al. From patent data to business intelligence PSALM case studies [J]. Procedia Engineering，2014，69：296－303．

量约为3.4亿吨，综合利用率约为27.7%，比2017年提高5.6个百分点。①目前，我国废石尾矿利用方式多元化、附加值不断增加，综合利用的方式主要有地下开采采空区的充填、修筑公路、路面材料、建筑材料等。近年来，废石尾矿年排放量增速逐年下降，年综合利用率逐年提高，但堆存总量仍在增加，矿山固体废弃物综合利用必须加速。

三是矿业集约化水平持续提高（见图8-1）。从规模和数量上优化矿产资源规划管理，根据中央精神积极调整矿山规模政策，实施最低开采规模准入制度，明确新建煤、铁和建材类矿山规模要求。随着资源环境政策收紧，2018年全国大中型矿山占比和单个矿山平均产量分别为18%和16.5万吨，较2011年提高幅度达到114.3%和96.4%，矿业集约化水平显著提高。同时，科学设定矿山数量，山东推进矿山合并与秩序整顿工作，在保障社会需求和矿业权人权益的前提下，规范整合“小、散、差”矿山，大幅调整矿山总量，相比2015年山东省矿山数量减少5928个，压缩幅度达到70.2%。②

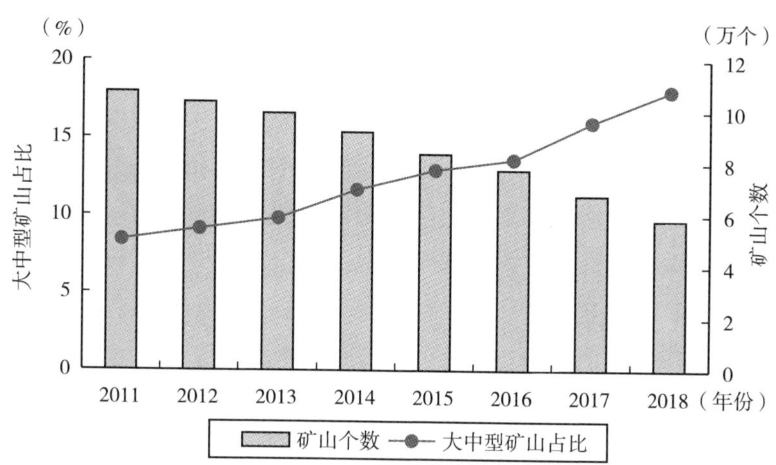

图8-1 2011~2018年全国矿山集约化水平变化趋势

资料来源：《矿产资源开发利用年报》（2012~2019年）。

① 朱黎阳. 大力发展循环经济 助力实现碳达峰碳中和目标：解读《关于完整准确全面贯彻新发展理念做好碳达峰碳中和工作的意见》[J]. 表面工程与再制造，2022，22（1）：11-14.

② 宋猛，王海军，赵玉凤. 矿产资源高效利用的监管思考和路径选择[J]. 国土资源情报，2021（7）：29-34.

（四）矿产资源利用效率治理途径

一是提高矿产资源开发利用水平减少对原生资源的消耗、降低生产过程的碳排放。从资源开发环节看，就是要在采选环节提高“三率”水平。未来一段时期，需要加快研究制定矿产资源开发利用水平调查评价办法，并推动全面实施，梳理评估已发布334项先进适用技术，形成《矿产资源节约和综合利用先进适用技术推广目录》动态更新机制。完善绿色矿山标准体系，推动绿色矿山全面建设。落实已有矿业用地政策，细化配套税费政策，深化财税、技术、资源等政策改革，引导矿山企业通过产品深加工、新产品开发，增加产品应用范围和市场需求，完善矿产资源高效利用政策体系，推动矿业绿色低碳发展。

二是加大矿业绿色低碳技术创新。依托国家工程技术研究中心、重点实验室及各级科技创新平台，支持和鼓励矿山企业、科研院所、高校等产学研有机融合，大力研发先进技术以适应碳达峰、碳中和目标的需要。在煤炭资源绿色开发、天然气水合物探采、油气与非常规油气资源开发、金属资源清洁开发等方面，突破并掌握一批核心关键技术。建立矿产资源节约和高效利用先进适用技术推广平台，畅通矿山企业获取先进技术信息渠道，引导研发单位指导矿山企业应用先进适用技术，实施技术工艺和设备升级改造，提高机械化、信息化、智能化水平。把促进清洁能源消纳、推动绿色低碳发展作为市场建设的关键目标，扩大市场主体范围，全面放开重点行业用户进入市场，研究打破省际壁垒，循序渐进形成统一市场规则，积极稳妥推进现货交易试点，努力构建清洁低碳、安全高效的能源体系。

三是提高大宗固废综合利用水平。有研究显示，利用大宗固废替代天然矿产资源生产建筑材料，可有效减少天然矿石开采、优化技术工艺流程、提高系统能效水平，节能降碳效果十分显著。例如，高炉矿渣作为水泥掺和料，与传统水泥生产过程相比，每生产1吨水泥可节约50%的能源消耗，减少44%的二氧化碳排放。此外，利用大宗固废生产新型墙材的减碳效果也十分明显，有关企业每年消纳工业副产石膏约2500万吨，与利用天然资源相比，每年可减少碳排放约400万吨①，碳减排效果显著。《2030年前碳达峰行动方案》提出，到2025年，大宗固废年利用量将达到40亿吨左右，到2030年，年利用量可达45亿吨左右，将产生较为可观的碳减排效益。

三、森林经营与开发利用

根据国家林草局《关于全面加强森林经营工作的意见》，森林经营就是以森林为经营对象的全部管理工作，这既包括普通的营林活动，也包括森林调查、规划设计、林地利用、木材采伐、林区动植物利用、林区建设以及森林生态效益评价等内容。一般意义上，森林经营利用管理主要以森林的生态系统为经营对象，并以可持续经营为理论指导，主要是为了实现经济效益和环境效益的共同保障，实现社会低碳可持续发展。

（一）森林经营对碳中和的影响

对森林资源展开科学有效的经营管理，能够直接快速地缓解二氧化碳在大气中的积累，森林经营对森林碳汇的作用形式主要在三个方面：

一是固碳作用。我国森林采伐和毁林已经成为燃烧化石燃料以外增加二氧化碳浓度的最大排放源。在社会经济发展进程中，森林资源最大的经济用途就是采伐森林，获得更多木材资源。同时毁林主要发生在森林土地再利用上，将森林资源转变为农业用地、水电开发、建设道路等方面，土地利用的变化对于森林碳储量以及生物量产生了巨大的影响。因此，需要对森林资源展开管理控制，让森林采伐得到直接减少，让更多自然森林资源受到全面保护。通过改善采伐森林的收获方式，让木材利用率有所提升，采取有效的手段，科学应对火灾灾害和病虫害等灾害，使森林碳储量得到全面的保护。

二是吸碳作用。目前我国土地资源有限，当造林项目到达一定面积的时候，只能采取提高森林管理效果让碳储量不断增加。研究表明：处于生长旺盛时期的中幼林具有较强的固碳速度和固碳潜力，成熟的森林固碳量达到最

① 朱黎阳．全面推进大宗固废综合利用是实现碳达峰碳中和的重要途径之一［J］．中国战略新兴产业，2021（5）：54－57.

大值，而继续固碳的能力几乎为零。森林只有新增蓄积和新增加的叶、茎、根才能形成新的碳汇，因此，从固碳制氧的作用上讲，森林的生长量比总蓄积量更重要。需要开展造林、再造林项目扩大森林面积，使得轮伐期得到延长。通过改善疏伐方式，控制林分密度，让森林植被覆盖面积不断增加，有效增加森林碳密度。对次生林以及已退化森林展开科学的保护和改造，延长木材产品使用期限，创新木材利用方式，保护木质林产品中的碳储量，从而持续增加碳储量。

三是减碳作用。严格控制化石燃料能源的使用，减少水泥制品的使用，深度开发使用生物质能源，生物能源是一种可以大规模替代石化能源的可再生清洁能源，发展油桐、光皮树、蓖麻、乌桕等能源植物能源林，利用能源林林副产品提炼生物质能源；综合开发以风能、水能、热能等清洁能源代替化石燃料能源，从而减少温室气体排放源，创造以低碳排放为特征的新的经济增长点，促进经济发展模式向高能效、低能耗、低排放模式转型，已成为国际公认缓解能源危机和改善环境的有效途径。

（二）森林经营管理途径

一是增加森林面积。通过科学的碳汇造林项目，可以对荒山和荒地进行造林，能够让森林面积得到增加。碳汇造林项目在森林经营管理活动中要求对土壤的扰动符合水土保持的要求，如沿等高线进行整地、土壤扰动面积比例不超过地表面积的 10% 且 20 年不重复扰动，不能采取除烧的林地清理方式。

二是提高森林质量。在具体实施过程中，需要实施森林质量精准提升工程，加强中幼林抚育和退化林修复，推进国家储备林建设，加快优良遗传基因的保护利用，大力培育适应气候变化的良种壮苗。根据温度、降水等气候因子变化，适应物种向高纬度高海拔地区转移的趋势，科学调整造林绿化树种和季节时间。坚持因地制宜、适地适树，提高乡土树种和混交林比例，增加耐火、耐旱（湿）、耐贫瘠、抗病虫、抗极温、抗盐碱等树种造林比例，合理配置造林树种和造林密度，优化造林模式，培育健康森林。尤其是旱区造林绿化，要宜乔则乔、宜灌则灌、宜草则草、乔灌草结合，加快植被恢复，努力构建适应性好、植被类型多样的森林生态系统，使森林更好地发挥保护生物多样性、涵养水源、防风固沙、固碳除碳等生态效益。

三是促进森林可持续发展。在森林资源的经营管理中，需要根据实际情况制定采伐规划，展开采伐工作，推进森林更新工作，避免虫害和火灾的出现，提升森林碳汇量。另外，还需要积极引进科学技术，加强对虫害和火灾等灾害的检测。据《自然》杂志研究成果，亚马孙热带雨林东部地区已经成为碳源，西部则为碳中性地区，造成热带雨林成为碳源的主要原因是森林砍伐和火灾，其中火灾使亚马孙热带雨林每年向大气中排放大约16亿吨的二氧化碳，为森林吸收二氧化碳的3倍。我国虽然有着大面积的人工森林，但是火灾等灾害也时常发生。因此要对不同区域森林特点进行研究，建立灾害的评估体系，保障森林资源和碳汇。

第三节　国土空间用途管制与碳达峰碳中和

通过强化“碳源”和“碳汇”的空间用途管制，能够有效实现社会系统的“减碳降碳”与生态系统的“增汇固碳”。其中，生态保护红线是重要的碳汇空间，永久基本农田是碳汇能力提升的重要潜力空间，城镇开发边界是主要的碳源空间和碳减排潜力空间。

一、生态空间

生态空间是指具有自然属性、以提供生态服务或生态产品为主体功能的国土空间，包括森林、草原、湿地、河流、湖泊、滩涂、岸线、海洋、荒地、荒漠、戈壁、冰川、高山冻原、无居民海岛等。《关于完整准确全面贯彻新发展理念做好碳达峰碳中和工作的意见》提出，强化国土空间规划和用途管控，严守生态保护红线，严控生态空间占用，能够有效稳定现有森林、草原、湿地、海洋、土壤、冻土、岩溶等固碳作用。

（一）生态保护红线

生态保护红线是指在生态空间范围内具有特殊重要生态功能、必须强制性严格保护的区域。生态保护红线概念于2011年首次提出，随后被纳入《中华人民共和国环境保护法》（2015年），2017年和2019年，中共中央办公厅、国务院办公厅先后印发了《关于划定并严守生态保护红线的若干意见》《关于在国土空间规划中统筹划定落实三条控制线的指导意见》，明确自然资源部会同有关部门建立协调机制，共同推进三条控制线划定和管理，结合国土空间规划编制工作有序推进落地。目前，生态红线划定工作已基本完成，将国土面积至少25%的陆地和海洋面积纳入生态红线保护范围（见图8－2）。

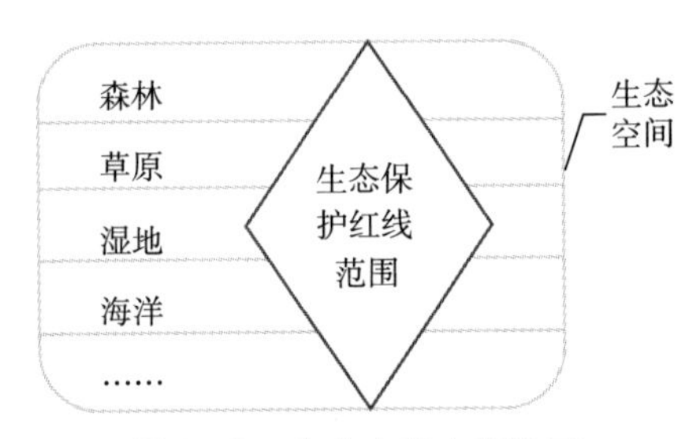

图8－2　生态空间内部关系

生态保护红线的划定与管理。生态保护红线优先将具有重要水源涵养、生物多样性维护、水土保持、防风固沙、海岸防护等功能的生态功能极重要区域，以及生态极敏感脆弱的水土流失、沙漠化、石漠化、海岸侵蚀等区域划入生态保护红线。其他经评估目前虽然不能确定但具有潜在重要生态价值的区域也划入生态保护红线。对自然保护地进行调整优化，评估调整后的自然保护地应划入生态保护红线；自然保护地发生调整的，生态保护红线相应调整。生态保护红线内，自然保护地核心保护区原则上禁止人为活动，其他区域严格禁止开发性、生产性建设活动，在符合现行法律法规前提下，除国家重大战略项目外，仅允许对生态功能不造成破坏的有限人为活动，主要包括：零星的本地居民在不扩大现有建设用地和耕地规模前提下，修缮生产生活设施，保留生活必需的少量种植、放牧、捕捞、养殖；因国家重大能源资源安全需要开展的战略性能源资源勘查，公益性自然资源调查和地质勘查；自然资源、生态环境监测和执法包括水文水资源监测及涉水违法事件的查处等，灾害防治和应急抢险活动；经依法批准进行的非破坏性科学研究观测、标本采集；经依法批准的考古调查发掘和文物保护活动；不破坏生态功能的适度参观旅游和相关的必要公共设施建设；必须且无法避让、符合县级以上国土空间规划的线性基础设施建设、防洪和供水设施建设与运行维护；重要生态修复工程。

生态红线对于碳储量、碳汇能力和生态资源保护意义重大。首先，生态红线范围内生态资源和生物碳储量密度较大。红线区域的划定是基于技术评估的科学结论，评估标准主要包括保护生物多样性、提供生态系统服务（如提供淡水、健康的土壤，以及休憩环境），以及减少灾害风险（如防止海岸侵蚀、洪水、滑坡和沙尘暴等）等。整体评估为保护自然提供了更充足的理由，让更多主要的受影响社区和组织都能参与进来。评估结果显示，生态红线区涵盖了类型广泛的生物群落区中的数以千计形状、大小各异的区域。另外，红线划定有助于生态空间的保护。在红线区域内，一切会产生重大影响的开发和建设活动都受到禁止，仅允许非常有限的低强度人类活动，如本地社区的活动。在执法方面，红线区域会经常性地受到监管，从而让地方政府提高重视程度。例如，此前海南三亚正在建设的新机场被环保督查发现位于生态红线区域之内，且未获建设许可，因此被叫停。

在生态红线划定管理工作中，需要制定并落实《生态保护红线管理办法》，调整优化生态保护红线管控规则，完善生态保护红线监管制度和执法督察体制。对建设项目占用生态保护红线确实难以避让的，由省级人民政府出具不可避让的论证意见，并采取相关修复措施；占用自然保护区项目，要求省级自然资源主管部门说明项目用地位于哪一类功能区及用地面积，并明确是否经省级林草主管部门同意。对未批先建涉及生态保护红线、自然保护区的重大项目用地，督促指导地方对违法用地行为严肃查处。

（二）森林生态空间

森林的储碳功能会促进林业成为全球转变为净碳汇的关键组成部分，对降低大气温室气体浓度上升以及缓解气候变化起积极作用。受宜林土地面积制约，权威机构预测全球范围内林业碳汇能力将接近极限，如欧盟联合研究中心（Joint Research Center，JRC）的一项研究成果指出，除非欧盟改变目前的森林管理政策，否则欧洲现有森林或许已达到碳汇能力的极限。另据中国林科院预测，中国森林覆盖率已接近宜林面积的极限，且面临森林老化等问题，未来林业碳汇潜力将受到空间制约。因此，通过加强森林保护，提升林业碳汇的可持续发展，已经变得十分必要。

森林面积占陆地总面积的1/3，但森林植被区的碳储量几乎占到了陆地碳库总量的50%，森林资源保护利用在碳中和工作中具有不可替代的作用。森林资源在其整体生命周期内及后续利用中（如各种家具、板材、建筑材料等），都继续发挥储碳作用，因此，严格保护和科学利用森林资源是减缓气候变化、提升森林碳汇能力的简单易行方法。要全面加强天然林保护，严格落实《天然林保护修复制度方案》，全面保护29.66亿亩天然林。继续停止天然林商业性采伐，并按规定安排停伐补助和停伐管护补助。加强天然灌木林地、未成林封育地、疏林地管护和修复。切实转变森林经营利用方式，推动采伐利用由轮伐、皆伐等向渐伐、择伐等转变，确保森林恒续覆盖，提升森林生态系统的质量和稳定性。认真落实《森林法》关于消耗量低于生长量的要求，指导各地科学编制实施年度森林采伐限额，完善林木采伐分类管理制度，鼓励各地科学开展人工商品林采伐，合理确定主伐年龄，全面推行采伐公示制度，稳定森林面积、提升森林质量、增强森林生态功能。

（三）草原生态空间

草原既是碳源，也是碳汇。草原生态系统作为碳汇时，是通过固定大气中的二氧化碳形成的有机碳。这些固定下来的碳，一部分进入家畜生产环节，一部分通过枯落层和根系进入土壤中储存。草原成为碳源，除自然原因外，主要是草地被人为利用，包括开垦和放牧，一旦草地土壤遭到开垦和过度放牧破坏，其腐殖质层中的有机碳就会迅速氧化而释放出大量二氧化碳，草地就可能转变成为碳源。研究表明，典型草原开垦35年后，其土壤和根系有机碳截存比围封草地分别降低了37.9%和70.8%。[1]

在自然资源利用管理中，要按照因地制宜、分区施策的原则，编制全国草原保护修复利用规划，明确草原功能分区、保护目标和管理措施。健全和实施基本草原保护制度，将维护国家生态安全、保障草原畜牧业健康发展所需最基本、最重要的草原划定为基本草原，确保基本草原面积不减少、质量不下降、用途不改变。严格落实草原承包、禁牧休牧划区轮牧、草畜平衡等制度，不断强化草原资源利用管理。加快推进草原确权登记颁证，解决牧区半牧区草原承包地块四至不清、证地不符、交叉重叠等问题。控制放牧牲畜数量，优化畜群结构，提高科学饲养和放牧管理水平，减轻天然草原放牧压力。推动施肥、补播等草原改良技术研究和应用，提升草原生态系统的质量和稳定性。

二、耕地与永久基本农田

根据联合国粮农组织（FAO）报告，农业已成为第二大温室气体来源，根据国家温室气体排放清单，2014年中国温室气体净排放总量为111.86亿吨二氧化碳当量，其中农业为8.3亿吨，占7.4%。[2] 但同时农业尤其是耕地生态系统也具有巨大的固碳减排能力，耕地生态系统在碳的增汇减排中占有重要地位和作用，通过采用合理的耕地管理措施，减少农田土壤释放二氧化碳或增强土壤固碳能力，增加土壤碳库的存量，提高土壤质量及其农业生产力，可以实现农业增产的同时增加碳汇量，改善生态环境。因此，开展耕地数量、质量、生态“三位一体”保护，有利于稳定与增加农田生态系统碳库，对于保障粮食安全和缓解气候变化具有双重积极意义。

---

① 杨雪．碳中和目标下，生态草牧业何去何从？［EB/OL］.（2022－02－16）［2022－06－06］. http：//www.chinahightech.com/html/chany/jnhb/2022/0216/5628205.html.

② 中华人民共和国生态环境部．中华人民共和国气候变化第二次两年更新报告［EB/OL］.（2019－07－01）［2022－06－06］. http：//big5.mee.gov.cn/gate/big5/www.mee.gov.cn/ywgz/ydqhbh/wsqtkz/201907/P020190701765971866571.pdf.

（一）严格耕地保护

耕地数量是稳定和提升农田生态系统固碳能力的根本保证，实现耕地保护目标的重中之重是守住永久基本农田控制线。全国已划定15.5亿亩永久基本农田，目前正组织开展永久基本农田划定成果核实整改和补划工作，应统筹考虑粮食安全和碳达峰、碳中和目标，实事求是划定永久基本农田并“上图入库”、落地到户，加强永久基本农田储备区建设，严控严管永久基本农田占用与补划，确保耕地数量和农田生态系统碳库保持基本稳定。

在行政管理环节，需要健全管控、建设、激励多措并举的耕地保护新机制，牢牢守住耕地红线。健全耕地用途管制措施，除了控制建设用地占用之外，还应严格管控不合理的农地内部转化，遏制碳源增加和碳汇减少。严控非农建设占用永久基本农田，严格审查占用永久基本农田的必要性、合理性，重大建设项目占用永久基本农田的，按照“数量不减、质量不降、布局稳定”的要求进行补划。加强永久基本农田储备区建设，保证永久基本农田占用后能够保质保量得到补划。

在监督执法环节，采取“长牙齿”的硬措施，落实最严格的耕地保护制度。强化耕地保护责任目标考核机制和永久基本农田动态监管，以自然资源督察、综合执法为重点手段，结合自然资源调查、年度变更调查、耕地质量调查监测与评价、自然资源督察等，充分利用自然资源综合信息监管平台，以及互联网技术、影像传输、视图判别分析等现代信息技术，对永久基本农田数量、质量变化情况进行全程跟踪，实现动态管理。

（二）提升耕地质量

第21届联合国气候变化大会上提出的“千分之四”倡议，其核心主旨就是通过改善耕地质量，提高土壤有机质含量，进而提升土壤碳汇能力。我国是传统农业大国，长期高强度的耕作导致我国土壤耕地质量总体不高，并且过去几十年间城镇化和工业化快速推进占用了大量优质耕地，提高耕地质量迫在眉睫。

首先，解决耕地质量下降问题的关键，是规范和改进耕地占补平衡制度。

针对部分地区出现的补充耕地质量差、建设标准低、缺乏后期管护等问题，在控制源头占用的同时，以耕地产能为核心、以土地整治为核心拓展补充渠道，提高补充耕地项目工程建设标准，数质并重落实耕地占补平衡。针对部分地区耕地后备资源日益匮乏、占补平衡难以为继的现实困境，组织实施好国家统筹补充耕地，适度扩大占补平衡统筹范围，实现耕地质量平衡和碳汇能力平衡。同时，强化对占用耕地的监督管理，严格补充耕地选址论证，建立全过程监管机制。

其次，推进农田高标准农田建设，是加强耕地质量建设的重要抓手。建设一批集中连片、旱涝保收、稳产高产、生态友好的高标准农田，重点抓好重大工程、示范省和示范县建设及高标准基本农田日常管护，对高标准基本农田建设情况进行集中统一、全面全程监管并定期考核，实现耕地质量保护与碳汇能力提升。

最后，加强耕地经营管理，处理好耕地碳源与碳汇的功能转换。农地集约化经营会增加碳投入和碳足迹，农地粗放化利用和弃耕休耕有利于发挥土壤碳汇效应。与美国、澳大利亚等发达国家相比，我国保护性耕作面积比重和农业机械化水平较低，应对发展多功能生态农业给予更多关注。调整农业种植结构，采用轮作、间作套种等栽培措施，大力发展固碳效益高、成本低的水稻、小麦、玉米、马铃薯等大田作物，增加作物碳汇。推广实行保护性耕作和低碳农业技术，大力推广施用有机肥料和测土配方施肥，尽量减少化肥、农药等的用量，鼓励秸秆还田，发展和推广少耕免耕栽培技术，降低作物生产碳投入和土壤有机碳排放。李克让测算了中国主要农作物的单位播种面积碳汇量、中国主要农作物的经济系数和作物光合作用合成 1 克干物质所吸收的碳量，并测算了中国 1949～1996 年的几种主要农作物的年二氧化碳吸收量①，具有重要的参考价值。因此借鉴其关于中国主要农作物的经济系数（H_i）和 1 千克干物质所吸收的碳量（C_f）进行中国农业碳汇测算，具体系数见表 8－4。

---

① 李克让．土地利用变化和温室气体净排放与陆地生态系统碳循环［M］．北京：气象出版社，2002：260－265.

表 8-4　中国农作物二氧化碳（CO_2）吸收系数

类别		H_i	C_f
粮食作物	水稻	0.45	0.4144
	小麦	0.40	0.4853
	玉米	0.40	0.4709
	高粱	0.35	0.4500
	谷子	0.40	0.4500
	薯类	0.65	0.4226
	大豆	0.35	0.4500
	其他	0.40	0.4500
经济作物	棉花	0.10	0.450
	油菜籽	0.25	0.450
	向日葵	0.30	0.450
	花生	0.43	0.450
	烟草	0.55	0.450

资料来源：李克让．土地利用变化和温室气体净排放与陆地生态系统碳循环［M］．北京：气象出版社，2002：260-265。

（三）加强耕地生态建设

碳汇是耕地的主要生态功能之一，我国耕地数量大、分布广，提升农田生态系统碳汇增量潜力大。注重加强耕地、林地、草地、湿地的整体协同性，优化耕地布局，是提升耕地碳汇功能的关键。

需要协调好耕地保护与生态保护。一是注意审慎推进耕地后备资源开发，按照“宜耕则耕、宜林则林、宜草则草”的原则，严格把关耕地补充途径，降低对林地、荒草地、滩涂等重要碳汇区的破坏。二是要对农业污染、水资源匮乏、水土流失严重以及土壤侵蚀、酸化、盐渍化等问题地区，开展实施生态退耕、治理面源污染、减少地下水开采、土壤修复等综合治理措施，提升耕地生态系统服务功能。三是借鉴典型国家地区的休耕时空配置经验，建立健全耕地休耕轮作制度，综合考虑水土匹配度、污染状况和生态脆弱性等，合理确定我国休耕轮作时空配置方案。

同时，也要完善农业碳汇功能补偿机制。建立完善农业碳汇功能补偿机制可激励增加农业碳汇，目前我国农业碳汇补偿和碳交易等方面还存在诸多法律和政策空白，未来健全农业生态补偿法律和政策体系需考虑农业碳汇补偿，实现生态保护与资源利用相统一。一是发展和完善农业碳汇补偿政策，加大政府对农业碳汇补偿力度，研究制定政府补贴的标准，积极挖掘耕地利用碳汇潜能。二是将农业碳汇逐步纳入碳交易体系，推动碳汇补偿主体扩大到企业或者其他社会组织等。三是建立农业碳汇第三方评价机构，主要是针对规模化大田作物农业生产开展农业碳汇评估，为开展农业碳汇补偿和交易提供技术支持。

三、城镇开发边界及空间准入

不同土地利用类型碳排放强度存在差异，其核算标准也不同（见表8－5），如林地的碳排放强度、碳吸纳强度和净吸纳排放强度分别为0.033Tg C/hm^2、0.52Tg C/hm^2和0.487Tg C/hm^2，建设用地碳排放强度、碳吸纳强度和净吸纳排放强度分别为55.81Tg C/hm^2、0.204Tg C/hm^2和－55.603Tg C/hm^2，建设用地呈较强的碳净排放状态，严控城镇开发边界及空间准入门槛是实现“双碳”目标的必由之路。

表8－5　不同土地利用类型碳排放核算标准　单位：Tg C/hm^2

指标	农用地	林地	牧草地	建设用地	湿地和水面	未利用地
用地碳排放强度	0.502	0.033	0.241	55.81	0	0
用地碳吸纳强度	0.13	0.52	0.05	0.204	0.045	0.005
净吸纳排放强度	－0.372	0.487	－0.191	－55.603	0.045	0.005

资料来源：董祚继．低碳概念下的国土规划［J］．城市发展研究，2010，17（7）：1－5。

因此，要改革土地计划和审批制度管理，以真实有效的项目落地作为配置计划的依据，着力从审批源头减少批而未供和闲置土地问题。从项目是否符合规划、受理条件、用地标准三方面着手，控制建设项目用地规模，坚决核减不合理用地，强化节约集约用地。建立高效的用途管制信息监管系统，包括用地审批服务系统、地方实施备案系统，用途转用监测系统等，提高建设用地审批效率和监测监管力度。同时，严格国土空间规划的管制措施，提高高耗能、高排放产业的空间准入门槛，推进落后产能淘汰，释放城镇空间的减碳潜力。

第四节　国土空间生态修复与碳中和

生态修复（ecological remediation/restoration）是指协助受损和退化的自然生态系统进行恢复、重建和改善的过程。具体说，生态修复是利用生态系统的自我修复能力，或通过适当的人工辅助措施，使退化、受损或毁坏的生态系统恢复的过程，建立一个能够自我维持或在较少人工辅助下能自我维持的健康生态系统。

一、陆地生态修复

（一）中国生态修复工程对碳汇贡献

2001~2010年中国生态修复工程对陆生碳汇贡献达25%~35%。《美国科学院院刊》（PNAS）报道，中科院生态环境研究中心逯非等（Lu et al.，2018）对中国境内实施生态修复的森林、灌丛和草地生态系统进行了大规模（约占国土面积16%）的生物量和土壤碳调查，以评估2001~2010年间生态修复工程对中国碳汇的贡献。研究估计，在这十年中目标区域生态系统的碳储量增加了15亿吨，年碳汇量约为1.32亿吨，其中由生态修复项目引起的碳汇量为0.74亿吨，这相当于中国所有主要陆地生态系统年碳汇的25%~35%，可抵消当年中国碳排放量的5%左右（见表8-6）。

表 8-6　　项目区域生态系统及生态修复工程产生碳汇情况　　单位：Tg C

国家生态修复工程	10 年生态系统碳汇			年生态系统碳汇	生态修复工程产生碳汇	
	生物质	土壤	合计		10 年间	年均
森林保护	479.6 ±230	409.5 ±386.1	889.1 ±449.4	68.4 ±34.6	181.7	14
草原保护	63.8 ±2.4	59.9 ±45.9	123.7 ±46	15.5 ±5.8	117.8 ±47.8	14.7 ±6
三北防护林	100.4 ±18.2	23.82 ±42	124.3 ±45.8	12.4 ±4.6	119.7 ±49	12 ±4.9
砂源控制	43.1 ±21	9.2 ±20	52.3 ±29	5.2 ±2.9	69.7 ±24.4	7 ±2.4
退耕还林还草	181 ±26.1	89.7 ±79.4	270.8 ±83.6	24.6 ±7.6	198.5	18
流域防护林	51.4 ±10.2	7.4 ±13.3	58.8 ±16.7	5.9 ±1.7	83 ±38.2	8.3 ±3.8
合计	919.3 ±233.4	599.5 ±399.8	1519 ±462.9	132 ±36.3	770.4 ±82.1	74 ±8.9

注：三北防护林第四阶段，流域防护林为第二阶段。

资料来源：Lu F, Hu H F, Sun W J, et al. Effects of national ecological restoration projects on carbon sequestration in China from 2001 to 2010 [J]. PNAS, 2018, 115 (16): 4039-4044。

（二）陆地生态修复重点领域

自然生态系统保护修复。针对受损、退化、功能下降的森林、草原、湿地、荒漠、河流、湖泊、沙漠等自然生态系统，开展防沙治沙、石漠化防治、水土流失治理、河道保护治理、野生动植物种群保护恢复、生物多样性保护、国土绿化、人工商品林建设等。全面提升生态系统碳汇能力，增加碳汇增量。

一是农田生态系统保护修复。针对生态功能减弱、生物多样性减少、开发利用与生态保护矛盾突出的农田生态系统，开展全域土地综合整治，实施农用地整理、建设用地整理、乡村生态保护修复、土地复垦、生物多样性保护等，改善农田生境和条件。

二是城镇生态系统保护修复。针对城镇生态系统连通不畅、生态空间不足等问题，实施生态廊道、生态清洁小流域、生态基础设施和生态网络建设，提升城镇生态系统质量和稳定性。

三是矿山生态保护修复。针对历史遗留矿山存在的突出生态环境问题，实施地质灾害隐患治理、矿山损毁土地植被恢复、破损生态单元修复等，重建生态系统，合理开展修复后的生态化利用；参与绿色矿山建设，提高矿产资源节约集约利用水平。

（三）陆地生态修复路径

完成“双碳”目标需要推进国土空间生态修复保护，对历史遗留矿山、生态退化地区等采取土地复垦、植被修复等措施，提升生态系统的碳汇能力，同时实现碳汇生态产品价值并创造经济收益，提高自然资源的碳汇功能与潜力。以土壤、森林、草原等为重点，系统协同开展陆地生态系统修复，提升各类自然资源和国土空间的碳汇能力。具体包括：第一，实施土壤碳保护修复。严格土地利用管理，通过优化耕作放牧方式、有机物还土、污染控制等手段，提升土壤碳汇。第二，以系统化思维推进全域土地综合整治。通过全域规划、整体设计和综合整治，推动田、水、路、林、居综合整治，科学优化调整林地、湿地、耕地等潜在碳汇土地布局，以系统化工程实现减源增汇。第三，继续实施国土绿化行动。结合自然地理格局和土地利用适应性，持续开展国土绿化工程和天然林保护工程，提高森林覆盖面积。开展基于自然的树龄、树种结构优化，充分发挥森林在气候调节中的作用。第四，加大草原保护修复力度。加快推进草原生态保护修复与质量提升，以产权制度和国有草原资源有偿使用制度改革为契机，推进草原保护修复市场化建设。第五，鼓励和支持社会资本参与生态保护修复。鼓励和支持社会资本参与生态保护修复项目投资、设计、修复、管护等全过程，围绕生态保护修复开展生态产品开发、产业发展、科技创新、技术服务等活动，对区域生态保护修复进行全生命周期运营管护。重点鼓励和支持社会资本参与以政府支出责任为主（包括责任人灭失、自然灾害造成等）的生态保护修复。对有明确责任人的生态保护修复，由其依法履行义务，承担修复或赔偿责任。

二、海洋（岸）生态修复

我国近海海域面积辽阔，而近海环境最突出的问题是氮、磷浓度超标。因此，开展海洋生态修复工作迫在眉睫。

（一）海洋生态修复内容和主要流程

海洋生态修复的目的是通过生态修复，最大限度地修复受损和退化的海洋生态系统，恢复海岸自然地貌，改善海洋生态系统质量，提升海洋生态系统服务功能。

海洋生态修复是针对海洋生境退化、外来物种入侵等问题，实施退围还滩还海、岸线岸滩整治修复、入海口海湾综合治理、海岸带重要生态廊道维护、水生生物资源增殖、栖息地保护等。探索在不改变海岛自然资源、自然景观和历史人文遗迹的前提下，对生态受损的无居民海岛开展生态保护修复，允许适度生态化利用。主要内容包括：一是海域海岸带生态保护修复，包括修复海域（含重要海湾、河口海域和浅海）生态、拆除废弃码头、清理废弃物、整治人工岸线、恢复沙滩和自然岸线、修建防潮堤和护岸等。二是海岛生态保护修复，包括海岛生态环境整治、海岛基础设施建设和特殊用途海岛保护，通过海岛岛体修复、基础设施提升、植被种植、岸线整治、沙滩修复、周边海域清淤以及养殖池和废弃设施拆除等措施，改善海岛生态环境；通过领海基点所在海岛以及重要生态价值海岛修复，提升海岛生态价值和管护能力。三是典型生态系统保护修复，通过退养还海、退养还滩、退养还湿等措施，恢复碱蓬、芦苇和柽柳等植被，修复滨海湿地、珊瑚礁、红树林和海草床等典型生态系统。四是生态保护修复能力建设，包括管护能力提升、监视监测能力建设和海洋预警预报系统建设等。

海洋生态修复的技术流程一般分为修复规划、工程设计、工程实施和管理维护四个基本阶段。其中第一个阶段为整体布局环节，后三个阶段为具体实施过程。

一是修复规划。立足于区域尺度对区域整体进行现状调查与分析、问题识别与诊断、目标设定、适宜性分析和整体布局、进度安排与资金估算等，充分体现海洋生态修复的整体性和系统性特征。

二是工程设计。依据修复规划确定的修复单元或对象，开展工程实施前本底调查，详细掌握拟修复区域的生态现状，诊断生态问题，确定参照生态系统，设定工程项目的具体修复目标，明确工程的修复重点和内容。针对关键生态问题进行修复工程建设布局，设计各单项修复工作的具体技术细节。基于生态系统的特征和修复优先级，有序安排修复计划进度，并进行工程资金概算，制定海洋修复工程实施方案。参照国家和行业等相关标准，根据工程项目要求编制设计文件，包括工程初步设计文件、工程施工图设计文件。

三是工程实施。按照相关管理要求，组织开展项目报批、招标等手续，并严格落实法人制、公开制、招投标制、合同制、监理制及财务管理等相关管理制度。依据设计文件，开展修复工程项目施工。施工期间，应同步开展生态环境监测，采取必要施工管理措施避免工程施工导致的次生生态环境影响。加强施工监理，严把施工质量；严格控制施工时间进度，如需变更施工方案，应开展针对性论证，并整体优化施工安排。

四是管理维护。管理维护是基于生态系统特征和修复目标，制定修复后管理维护方案。明确修复后监测评估的内容和指标，布设项目区生态监测站点，采用遥感、现场和调访相结合方式，开展修复工程全过程监控，形成时序完整的修复后监测数据，定期评估修复成效。根据监测和评估结果，对照生态修复目标，发现生态修复过程中的问题和风险，适时调整修正，开展基于生态系统的适应性管理。

（二）海洋（岸）生态修复典型实施路径

一是海岸带生态修复的增汇工程。通过海岸整治修复、滨海湿地恢复、生态廊道建设等措施，恢复受损的海岸带生态环境，增强其碳汇生态产品供给、生物多样性保护和海洋灾害抵御等能力。如浙江省洞头区通过蓝色海湾生态修复项目，打造了79.7公顷的生态湿地和15.5公里的生态海堤，通过增加海洋生物多样性，提升海岸带生态系统碳汇。

二是全域土地综合整治。通过全域规划、整体设计和综合整治，盘活农村和城市存量建设用地，优化调整林地、湿地、耕地等碳汇潜在土地布局，提升碳汇生态产品供给能力。如福建省厦门市五缘湾片区开展陆海统筹的土地综合整治，2019年度五缘湾片区生态系统服务价值达到了23896.4万元，片区内生态用地面积增加了2.3倍，建成100公顷城市绿地公园和89公顷湿地公园，水质接近Ⅰ类海水水质标准，海洋生态系统得到恢复。[①]

三是依托海洋生态保护修复工程，加强海洋“蓝碳”生态系统保护修复，提高海洋“蓝碳”生态系统固碳能力。针对红树林、海草床、盐沼等海洋“蓝碳”生态系统所处的河口、海湾、海岛等重点区域，科学研判生态问题，提出保护修复措施，建立中央海洋生态保护修复项目库。积极争取中央财政支持，加大海洋生态保护修复投入，提高红树林、海草床、盐沼的生物固碳量，提升海洋生态系统碳汇增量。同时，保护恢复海藻场和牡蛎礁生态系统，不断拓展海洋“蓝碳”生态系统保护修复工作内容。多部门联合推动海堤生态化建设，将传统的“硬质灰色”工程和“生态绿色”措施相结合，在确保安全的基础上，因地制宜地构建基于自然、更具韧性的海岸带综合防护体系，建设生态海岸带，促进减少碳排放。

① 刘伯恩，宋猛．碳汇生态产品基本构架及其价值实现［J］．中国国土资源经济，2022，35（4）：4－11.

第九章 碳达峰碳中和决策支撑体系

生态系统碳汇基础能力建设在碳达峰、碳中和目标任务实现中发挥着关键作用。中共中央、国务院印发的《关于完整准确全面贯彻新发展理念做好碳达峰碳中和工作的意见》中，围绕绿色低碳重大科技攻关和推广应用、健全法律法规标准和统计监测体系、完善政策机制等基础能力建设方面，明确提出了加强生态系统碳汇等基础理论和方法研究，推进规模化碳捕集利用与封存技术研发、示范和产业化应用，建立生态系统碳汇监测核算体系，将碳汇交易纳入全国碳排放权交易市场，建立健全能够体现碳汇价值的生态保护补偿机制等具体任务，为新时代自然资源管理支撑碳达峰、碳中和提供了具体遵循和行动指南。自然资源领域需要围绕碳达峰、碳中和目标布局，在调查监测、权属权益、技术标准、经济政策以及基础研究等方面加强对提升生态系统碳汇能力的跟踪研究和基础支撑。

第一节　自然资源调查监测支撑碳达峰碳中和

按照建立统一规范的自然资源调查监测评价制度的要求，在自然资源调查监测体系构建总体方案的框架下，组织统一开展全国土地、森林、草原、水、湿地、海域海岛等自然资源领域碳汇调查监测工作，整合优化相关碳汇调查监测技术力量，推进方法标准规范制定、调查监测网络建设和相关制度建设等，提升陆海生态系统碳汇调查监测能力，提高调查监测成果时效性，为国家制定温室气体排放目标和应对气候变化战略制定提供有力数据支持。

一、统一生态系统碳汇调查监测标准体系

加快建立健全碳汇调查监测标准体系，是开展陆海生态系统碳汇调查监测的重要基础。

（一）统筹碳汇调查监测标准与碳汇评价标准构建

加强生态系统碳汇基础理论和基础方法研究，明确各领域碳汇能力评价与核算方法学，在此基础上反推构建陆海生态系统碳汇调查监测指标体系和标准规范。具体来说，应与调查监测的技术手段相结合，如样地地面调查、遥感技术和其他调查等。根据不同调查监测技术手段的特征和适用范围，分别构建各领域碳汇调查监测标准体系。

（二）逐步形成全国统一的碳汇调查监测标准体系

多年来，林业、地质、海洋等领域在碳汇调查监测方面已开展了较多工作，但现有多数碳汇监测技术指南（除林草外）仍停留在地方和部门规范性文件层面，不同地区和部门在试点探索中形成了各自不同的标准、规范及工作机制。因此，未来应在各个领域分别形成统一的标准规范，统筹碳汇调查监测管理。

（三）将碳汇纳入自然资源调查监测评价标准目录编制

自然资源部长期开展的土地、森林、草原、矿产、湿地等资源调查与清查工作，均与碳汇调查监测息息相关。当前自然资源部正致力解决不同自然资源调查监测标准与规范不衔接、存在冲突等问题，逐步统一自然资源调查监测指标体系和统计标准。在编制自然资源调查监测评价标准目录中，统筹考虑碳汇调查监测标准体系构建，正是恰逢其时，应做好碳汇调查监测与自然资源数量、质量等调查监测相衔接。

二、统筹建立生态系统碳汇调查监测网络

建立健全碳汇调查监测网络，是开展陆海生态系统碳汇调查监测的核心关键。

（一）重点优化完善林业碳汇计量监测网络

从自然资源部已有碳汇调查监测工作来看，林业碳汇计量监测体系建设部署最早、相对成熟。2009 年起国家林业局启动全国林业碳汇计量监测体系建设，现已完成两次全国林草碳汇计量监测、三次国家信息通报和五次国家温室气体清单编制。目前林业碳汇计量监测重点以森林生态系统为监测对象，草地、湿地和木质林产品碳储量监测等处于试点测试和技术规程制定阶段，未来应整合优化林草湿碳汇计量监测技术力量，健全林业碳汇计量监测网络，全面定期监测森林、草原、湿地等碳库储备和变化情况、碳密度、空间分布等情况。全国林业碳汇计量监测体系建设为重点突破口，有利于充分发挥示范引领作用。

（二）逐步试点建立地质、海洋等碳汇调查监测网络

与林草碳汇计量监测相比，地质、海洋等领域调查监测仍停留在生物量调查或碳汇试点监测层面，与网络化、体系化要求还有很大差距。针对二氧化碳地质封存潜力调查和评价，完善地质调查工作体系，以掌握我国沉积盆地区域尺度二氧化碳地质封存潜力及适宜性。2020 年自然资源部组织开展了盐沼、海草床生态系统调查评估工作，结合以往开展的红树林专项调查，初步摸清了海洋“蓝碳”三大生态系统，应在此基础上逐步健全海洋生态系统碳汇调查监测网络，定期实施蓝碳储量和海气二氧化碳通量监测。

（三）加强碳汇监测网络与自然资源调查监测网络的衔接

将碳汇调查监测统一到自然资源调查监测网络体系下，作为针对自然资源独特功能属性的专项调查。一方面，在各类自然资源专项调查监测中，加

入碳汇相关指标情况调查和监测，做好碳汇专项调查监测与自然资源调查清查工作的衔接；另一方面，从适应国家应对气候变化的目标需求出发，完善重点碳源区、碳汇区及平衡区的监测网点建设，健全陆海生态系统碳汇监测网络。

三、构建统一的生态系统碳汇信息平台

构建统一的陆海生态系统碳汇信息平台，并纳入国土空间基础信息平台，是服务国家应对气候变化科学决策的重要支撑。一方面，要建立统一的陆海生态系统碳汇调查监测数据库。结合自然资源领域各类碳汇调查监测成果，按照统一标准、空间参考和分类体系，构建内容完整、标准权威的碳汇数据体系，汇集整合各类调查监测数据，建立统一的陆海生态系统碳汇调查监测数据库。另一方面，要研发构建碳汇调查监测评价应用系统。基于陆海生态系统碳汇调查监测数据库，建立碳汇评价与核算模型，增加数据分析、预报与发布功能，为国家提供陆海生态系统碳汇综合监测、形势分析预判以及应对气候变化宏观决策等提供服务支撑。

四、完善生态系统碳汇调查监测机制建设

建立系统完备的生态系统碳汇调查监测机制，通过法律、法规约束和相关制度建立，推动将碳汇调查监测纳入统一的自然资源调查监测体系中，保障碳汇调查监测工作依法依规持续开展。

（一）加强碳汇调查监测组织体系和工作机制建设

针对原来分散到各个部门的调查监测技术力量，充分整合资源，最大限度发挥效能，有条不紊地构建组织体系。针对缺乏碳计量专业技术人才、缺少专业调查队伍的现实问题，建立常态化技术培训机制，整体提升监测技术队伍水平。同时，进一步完善国省统筹协调工作模式，厘清中央与地方事权范围，注重各地区监测结构的层次化管理，形成组织有序、功能均衡的工作格局。

（二）建立碳汇调查监测质量管理制度和控制体系

研究建立碳汇调查监测质量、信誉评价制度，研究陆海生态系统碳汇调查监测成果数据的汇交、发布、共享和应用管理办法，建立碳汇数据分布式统一管理机制，并建立与政府各部门等外部数据汇集与获取机制，确保碳汇调查监测数据的完整性、系统性和准确性。

五、开展生态系统碳汇调查监测评价技术攻关

加强陆海生态系统碳汇调查监测评价技术攻关，是提升碳汇调查监测能力的基础工程。当前我国乃至全球对生态系统碳汇的调查监测技术尚不成熟，如草地、湿地等碳循环的监测计量相对复杂，源、汇的最终界定存在不确定性。需要围绕建成天空地海一体化生态系统碳汇调查监测智能技术与装备体系，梳理亟须攻克的技术难关，如遥感应用技术、计算机自动判读解译技术等，拟定生态系统碳汇调查监测重大科技攻关项目并加紧推进。

第二节　生态碳汇权属权益支撑碳达峰碳中和

坚持“绿水青山就是金山银山”的理念，充分认识碳汇的生态产品属性，在提升各类自然资源和国土空间碳汇能力、厚植碳汇生态产品价值的基础上，科学研制碳汇生态产品实物量和价值量核算方法规范，完善以“政府主导、市场运作”为原则的碳汇生态产品价值实现模式体系，发挥政府在规则制定、经济补偿、营造社会氛围等方面的主导作用，以及市场在供需对接、价格形成、资源配置等方面的决定性作用，科学统领、试点先行，推动碳汇生态产品价值有效转化。

一、建立碳汇生态产品价值量核算机制

科学有效开展碳汇生态产品价值量核算，是建立健全碳汇生态产品价值

实现机制的重要基础。

（一）完善不同类型碳汇生态产品实物量核算方法

针对森林、草原、湿地、耕地、海洋、地质等不同类型生态系统，借鉴政府间气候变化专门委员会（IPCC）碳汇核算方法学，加强以二氧化碳吸收量为基础的碳汇生态产品实物量核算方法研究，科学确定核算边界，提高核算精度，形成与我国生态系统基本属性相适应的核算方法学体系，并通过宣传引导的方式强化核算方法的社会认可度。

（二）制定碳汇生态产品价值量核算规范

探索构建以碳汇项目为单元、以碳汇实物量为基础的碳汇生态产品价值评价体系，建立反映碳汇生态产品保护和开发成本的价值核算方法，指导开展碳汇项目价值量核算，并通过具体项目实践修正完善核算方法，探索制定核算规范，明确碳汇生态产品价值核算指标体系、具体算法、数据来源和统计口径等内容，推进碳汇生态产品价值核算标准化。同时，探索在自然资源资产负债表编制工作中，将碳汇生态产品核算纳入自然资源核算。

（三）推进碳汇生态产品统一确权登记工作

研究将碳汇生态产品产权逐步纳入自然资源确权登记体系，作为产权交易流转的基础。明晰碳汇资产产权主体，实行所有权与使用权相分离，依托自然资源统一确权登记明确政府、碳汇供给者、碳汇购买者、碳汇中介服务机构等碳汇生态产品利益相关方的权利与责任。

二、拓展碳汇生态产品价值实现模式

实行多元化碳汇生态产品价值实现模式，是推动碳汇生态价值转化为经济价值的基本路径。

（一）推动碳汇权益进入碳排放权市场交易

重点推动碳排放权市场机制下的林业碳汇交易，有序研究推进海洋、地质、草原、耕地等其他类型碳汇生态产品入市交易。优先选择国有林（农、草）场、林（农）业生产大户等作为碳汇项目开发主体，确保资产产权明晰、经营管理规范。研究制订与碳汇项目经营和碳汇交易相关的制式合同示范文本，对项目参与方权利义务、风险和责任分配等内容进行明确约定。健全碳汇项目参与碳排放权市场的交易和结算规则，适当放宽碳汇项目碳抵销配额参与市场交易的比例限制，鼓励重点排放单位通过碳汇交易取得碳信用指标。

（二）探索实施碳汇生态产品特许经营模式

在国家公园等国家管控的生态空间范围内，设置生态旅游、文化体验等活动经营的特别许可权利，并转让给特定主体运营，通过获取转让收益的方式实现生态产品的价值。以三江源国家公园、海南热带雨林国家公园为试点，明确制定特许经营项目清单和产业准入正面清单，以及特许经营产业发展布局及保障措施等要求，强化生态保护监管，避免造成生态空间损害，并将转让收益专款专用于区域内自然生态空间保护和碳汇生态产品开发。

（三）实行生态空间占补平衡及指标交易

在占用可提供生态产品的林地、耕地、草地、湿地等生态空间且必须进行补充的管控要求下，探索建立生态空间指标跨区域交易机制，由指标购买方通过市场交易指标的方式，给予生态空间指标供给方一定的经济补偿，推动生态空间的规模平衡或增加，确保碳汇生态产品不受损。健全完善自然资源分等定级工作，建立生态空间占用区域和补充区域之间的统一换算标准，形成指标交易的量化基础。明确指标交易活动中政府审批监管部门、指标购买方、指标供给方的权责关系，鼓励社会资本参与第三方投资修复与补充生态空间，以及保护与开发碳汇生态产品等活动。

三、建立碳汇生态产品保护补偿机制

碳汇生态产品保护补偿机制的建立，是实施政府主导型碳汇保护工作的重要行政手段。

（一）确定碳汇生态产品保护补偿的对象

中央和省级财政在现有重点生态功能区生态补偿和自然资源要素生态补偿（如森林生态补偿制度）框架内，清晰界定碳汇补偿的具体科目，作为政府给予财政转移支付的载体，对有效保护碳汇生态产品的地区和主体进行补偿。

（二）探索碳汇生态产品保护补偿的标准

选择若干碳汇补偿项目开展成本效益评价，合理设定不同类型碳汇生态产品补偿的标准，实现碳汇外部性收益的内部化，加强碳汇生态产品补偿标准的执行和监督，充分激励碳汇生产产品保护行为。探索通过设立符合实际需要的生态公益岗位等方式，满足保护碳汇生态产品地区的居民多样化的补偿需求。

第三节　自然资源技术标准支撑碳达峰碳中和

标准是实现碳达峰、碳中和不可或缺的技术基础。建立既与国际接轨又符合我国国情的碳汇计量与监测方法标准，提高我国碳汇计量的科学性和可操作性，是当下及今后一个时期自然资源管理部门面临的新挑战。对此，提出建立并完善陆地、海洋生态系统的碳汇核算标准体系，以及碳捕集与封存的技术方法标准等建议。

一、完善土地利用碳排放标准和碳汇核算

对于陆地生态系统 6 类不同土地利用类型的碳库变化，IPCC 给出了较为全面的方法学，自 1995 年起开始编制《国家温室气体排放清单》指南，并且随着科技水平不断进步对指南进行更新修订，对土地利用导致的碳库

变化的核算更加精细化，最新发布的《IPCC 2006 年国家温室气体清单指南（2019 修订版）》（以下简称《清单指南 2019》）对我国陆地碳汇核算将产生巨大影响。为了应对 IPCC 制定的标准规则，我国应建立更加完善的土地利用变化调查、监测、计量、核算体系，更全面、准确地核算林地、农田、草地、湿地、聚居地及其他土地利用中的碳汇量。

（一）重视土壤碳储量变化，开展草地和农田生物质炭的核算

《清单指南 2019》针对 6 类土地利用类型，细化了核算矿质土壤碳储量变化的方法和因子，新增生物质炭添加到草地和农田矿质土壤有机碳储量年变化量的核算方法。生物质炭施用于土壤可大幅提升土壤碳库并提高土壤质量。近年来我国对生物质炭的开发利用越来越多，这些方法的推广应用将有效推动我国土壤生物质炭的开发利用，在温室气体减排中发挥积极作用。

（二）加强湿地碳库核算，提高对水淹地温室气体排放与清除的认识

《清单指南 2019》建立了包括水库和塘坝等水淹地的排放和清除核算方法指南，根据其所处气候带（共划分为 6 个气候带）分别给出了排放因子。对于水库、人工水产养殖等温室气体排放与吸收，我国的研究起步较晚，缺乏长期的连续监测数据。随着 IPCC 提出水淹地温室气体排放与清除的核算方法学，我国也将水库、大坝和池塘等温室气体排放纳入国家清单体系中，逐步提升对水淹地温室气体排放与清除科学的认识，并探寻增汇减源的途径与技术手段。

（三）完善林地碳汇核算技术方法标准，促进形成林地碳库连续监测机制

《清单指南 2019》中，新增两种生物量碳储量变化的核算方法，即异速生长模型法和生物量密度图法，可以反映清单编制的年际变化。目前，针对我国林业清单评估，在行业、地方层面均发布了相关标准，包括 13 个树种的立木生物量模型及碳计量参数行业标准，以及北京地方标准《林业碳汇计量监测技术规程》等，这些标准主要采用《IPCC 2006 年国家温室气体清单指南》（以下简称《清单指南 2006》）中的生物量排放因子法（BEFs），未考虑

人为活动（如采伐）和自然干扰（如火灾和病虫害）及气候变化对生长和死亡的影响。因此，为了提高我国森林碳储量的数据的准确性和实用性，应制定相关调查监测标准，实现对我国森林管理的连续监测，区分人类活动和自然干扰的影响。

最后，应重视区分并量化人类活动和自然干扰对温室气体排放/清除的影响。《清单指南 2019》强调了清单编制的年际变化，并给出了区分人为和自然干扰影响的通用方法指南。指南发布将推动我国对土地利用变化的连续监测，对人类活动和自然干扰的影响进行区分并量化，从而提高我国陆地生态系统碳汇核算的准确性。

二、加强海洋碳汇技术方法研究与标准制定

当前，国际社会更多地关注到了红树林、潮汐沼泽、海草场等类似陆地植被的碳汇形式。针对人类活动的特点与类型，《对 2006 年国家温室气体清单指南的 2013 增补：湿地》（以下简称《湿地增补指南》）给出了红树林的建造、疏伐、木炭生产等活动所导致的红树林活生物量与枯死木变化的碳排放与吸收的估算参数，提供了红树林、潮汐沼泽、海草场在海岸带湿地利用，甚至在破坏和恢复情况下的碳排放与吸收的估算方法，以及相应的排放因子。但是，相比陆地碳汇研究的广度和深度，海洋碳汇的研究比较薄弱。国际上对海洋碳汇计量的统一规范和标准缺乏，急需建立海洋碳汇标准体系。

为了提高我国碳汇增长潜力，需要加强海洋碳汇的监测、核算理论与技术标准的研制。一是在海洋碳汇监测体系方面，应系统开展海洋碳汇核查技术体系研究，解析碳汇构成、溯源碳汇成因，链接无机碳与有机碳库、生命与地球化学过程，查明主要碳汇生物族谱，按照碳汇效应分级建档。二是在碳汇核算标准方面，应组织与海洋领域相关的海洋科学、生物学、渔业科学、生态环境科学、地质科学、经济学、管理学等学科的专家联合攻关，开展交叉研究，加快海洋碳中和核算机制与方法学研究，建立海洋碳指纹、碳足迹、碳标识相应的方法与技术，以及二氧化碳地质封存、计量步骤与操作规范、评价标准，在此基础上形成系统的海洋碳汇核查理论、

监测指标和评估方法的标准体系。三是尽快实施由我国科学家发起的海洋负排放国际大科学计划（ONCE），建立并完善应对气候变化的海洋负排放科学规划与工程技术体系，通过 ONCE 推出海洋碳汇和负排放有关标准体系，为全球治理提供中国方案。

三、加快建立二氧化碳地质封存调查评价标准体系

碳捕集与封存（CCS）被认为是全球气候问题最纯粹的地质解决办法，而地质封存是 CCS 技术上最具挑战性的一个环节。二氧化碳地质存储场地选择、准确评估储存潜力对二氧化碳地质封存工作、避免泄露风险至关重要，其中对二氧化碳地质储存能力的评估可作为某一国家、某一区域或某一具体储层是否适合二氧化碳地质封存开展的判断依据之一。当前，我国二氧化碳地质封存技术研究与工程示范已取得初步进展，正在加快研究步伐。

针对我国地质条件特点，对封存场地选址、封存适宜性与潜力评价、监测等工作环节，亟须建立统一的技术要求和标准规范。一是对封存场地应制定最低标准。在具有合适地质条件的地区选址，详细调查注入区是否具有足够的区域范围、厚度、孔隙度、渗透率以接受预计总容量的二氧化碳流体；确保封闭层无传导性断层或裂隙、具有足够的区域范围和完整性来包含注入的二氧化碳流体和置换的地层流体，而不会在封闭层内造成扩散裂隙。二是制定地质封存潜力评价技术标准。对二氧化碳地质储存容量的评估并不是一个简单而直接的过程，对于不可采煤层、油气储层和深部咸水含水层中二氧化碳储存容量评估应建立不同的技术方法，明确影响二氧化碳地质储存容量评估的主要因素，建立二氧化碳地质封存潜力评价指标体系。

四、研究建立岩溶碳汇清单和潜力评价标准体系

碳酸盐岩的风化溶解会产生相对于大气圈的碳汇效应，我国的岩溶分布面积（包括裸露、覆盖和埋藏）约占国土面积的 1/3，潜力十分可观。我国科学家经过 30 多年的努力，阐明了流域尺度岩溶碳循环过程，监测了碳循环

过程中的源和汇，相关理论与技术研究在全球处于领先地位。对于岩溶碳汇而言，一是应集成分析岩溶系统监测数据，发展新型融合观测系统，加强碳循环过程与机理研究，建立岩溶碳汇算法，量化我国岩溶碳汇清单，评估岩溶碳汇速率与稳定性；二是研究微生物、碳酸苷酶、土地利用形式等对岩溶形成及碳汇的影响，探索通过人工干预加速岩溶碳汇的方法与途径，并评估其潜力，研制岩溶碳汇核算、调查、评价标准体系。

五、积极参与国际碳中和标准规则制定

一方面，自然资源领域专家应重视并积极参与 IPCC 排放清单指南修订。从 IPCC 排放清单指南历次更新修订情况来看，《清单指南 1996》我国无专家参与，《清单指南 2006》我国有 2 名专家参与，《湿地增补指南》和《优良做法增补指南》我国有 18 名专家参与，到《清单指南 2019》我国有 12 名专家参与，我国参与修订工作的专家呈现快速增加趋势。但是，从专家领域构成来看，以气象、环保、发改等领域或部门的专家居多，鲜有自然资源领域专家直接参与指南制定。作为碳汇核算的重点领域，自然资源领域特别是海洋、土地、林草、地质等领域相关专家，应积极参与排放清单指南等国际规则制修订，为我国碳汇核算争取更多机会。

另一方面，针对关键碳汇建立反映我国国情的指标参数。IPCC 清单指南主要是通过“统一”的指南编制支持全球统一框架的实施，同时相关规则和方法论也具有一定灵活性，给予发展中国家能力建设的机会。我国已具有紧跟新指南的能力且不必完全拘泥于公约决定。最重要的是，对于关键碳汇而言，若没有列入新指南范围但对我国非常重要的技术参数，应尽快加强研究，尽快形成相关成果和技术指标，形成反映我国国情的参数选择。

第四节　自然资源经济政策支撑碳达峰碳中和

在尊重自然资源领域碳汇自然规律的前提下，基于碳汇与“自然资源、

生态系统、国土空间”之间的内在联系和经济关系，着重以经济手段为工具，将巩固提升碳汇能力与市场化社会化自然资源保护修复、生态保护补偿、生态产品价值实现、自然资源资产产权改革等政策形成组合拳，既可促进自然资源碳汇的“固本培元”，也可支持“碳汇交易项目的碳汇增殖工作”，更可在“转变单一资源要素供给观念，实现多目标平衡治理”理念下调动市场参与动力，发挥碳汇的永续能力。

一、加快健全自然资源有偿使用制度

加快建立政府公示自然资源价格体系，进一步完善自然资源及其产品价格形成机制。深化国有林区、国有林场、集体林权制度改革，完善草原承包制度，促进盘活相关自然生态资源。鼓励各地在坚持生态保护优先的基础上，结合有关重大工程建设，积极推动生态旅游、林下经济、生态种养、生物质能源、沙产业、生态康养等特色产业发展。按照谁修复、谁受益原则，通过赋予一定期限的自然资源资产使用权等产权安排，激励社会投资主体从事生态保护修复。对集中连片开展生态修复达到一定规模的经营主体，探索允许在符合土地管理法律法规和国土空间规划、依法办理建设用地审批手续、坚持节约集约用地的前提下，利用一定比例的治理面积从事相关产业开发。

二、完善生态保护和修复投融资政策

按照中央和地方财政事权与支出责任划分，将全国重要生态系统保护和修复重大工程作为各级财政的重点支持领域，进一步明确支出责任，切实加大资金投入力度。鼓励各地统筹多层级、多领域资金，集中开展重大工程建设，形成资金投入合力，提高财政资源配置效率和使用效益。持续加大重点生态功能区转移支付力度，加强监督考核。健全耕地草原森林河流湖泊休养生息制度，建立完善市场化、多元化生态保护补偿机制。将生态保护和修复领域作为金融支持的重点，建立健全生态资源融资担保体系，鼓励金融机构创新绿色金融产品。制定激励社会资本投入生态保护和修复的政策措施，保障各类社会主体平等享受财政、土地等优惠政策的权利，鼓励金融支持，稳定政策预期，吸引社会资本积极参与重大工程建设和管理，探索重大工程市场化建设、运营、管理的有效模式。

三、推进碳金融和碳汇市场机制建设

（一）加大碳金融支持力度

开展包括碳汇基金、碳期货、碳银行、碳保险等在内的多元化金融活动，服务于限制二氧化碳排放或增加二氧化碳吸收等技术和项目的融资需求。完善拓展碳汇生态产品资产产权抵押、担保等权能，鼓励开展“碳汇生态资产权益抵押＋项目贷”模式，鼓励政府性融资担保机构为符合条件的碳汇生态产品经营开发主体提供融资担保服务，增强碳汇项目的现金流水平，提升碳汇供给能力。

（二）推进碳汇市场机制建设

由于减少碳源在技术和资金上都存在极大挑战，碳汇交易作为补充性措施的增汇方法越来越受到国际社会的青睐，亟须用好“政府和市场”两只手，激活减排增汇潜力。碳汇交易市场的自然基础是自然资源及其生态系统的天然“碳汇”能力，市场培育的经济逻辑是协调与增汇相关的自然资源保护、开发、利用和修复环节牵涉的利益关系，行动焦点是搭建市场平台、建立方法学、制定市场规制和建立监管制度。

将碳汇交易纳入全国碳排放权交易市场，建立健全碳汇交易制度，探索森林、草原、湿地等生态保护和修复工程通过温室气体自愿减排项目参与碳汇交易的有效途径。继续推进林业碳汇交易试点工作，并积极推动将碳汇权益交易试点范围扩大到其他类型生态系统。加强碳汇交易市场监管，充分运用自然资源监测技术手段，实行全方位监测。以自然资源调查监测信息化平台为基础，建立信息共享机制，促进碳汇交易市场的协同监管。

第五节　自然资源基础研究支撑碳达峰碳中和

围绕“减排”和“增汇”这两条实现国家碳达峰、碳中和战略的根本路径开展自然资源基础研究，揭示碳源与碳汇、总量与结构、空间与布局，摆布好减碳与储碳、提效与增汇、适用与应对、自然增汇与工程增汇的逻辑关系，阐明源与汇过程机制、固碳功效、增汇潜力、技术风险与管理模式，剖析经济转型、路径优化、气候治理、国际合作等碳达峰、碳中和管理与政策问题，通过整体观、系统观指导下多学科交叉融合研究，凝练关键基础科学问题并提出解决方案，服务于国家碳达峰、碳中和战略。

一、技术政策研究支撑生态碳汇能力提升

深化生态系统碳汇影响因素、过程机制、关键路径等理论研究，跟踪我国生态系统固碳现状、固碳速率和增汇潜力估算研究成果，分析我国生态系统碳汇潜力规模、结构、空间布局和不确定性等。跟踪重点领域生态系统碳汇技术现状和发展趋势，结合国内外理论研究与典型案例剖析，从技术能力、自然条件、经济条件和社会条件等方面，对关键碳汇技术的先进性、经济性、社会效益和可推广性等进行综合评价，明确各领域各环节的基础性技术、试验性技术和前沿性技术等。在跟踪摸底我国生态系统碳汇潜力和技术成熟度的基础上，协同考虑“减排”潜力和技术发展趋势，提出提升生态系统碳汇能力的总体技术方案、推荐技术目录以及促进技术进步的配套政策支撑体系等。

二、经济政策研究促进生态碳汇能力提升

以服务支撑“陆地生态碳汇、海洋生态碳汇、地质碳汇”能力提升为目的，立足自然资源及其生态系统保护、开发、利用和修复过程中经济关系，

以“历史分析、中西比较”为分析维度，围绕碳汇保育、修复增汇与技术增汇环节的经济政策，聚焦政府主导、市场培育、引导社会参与，着重分析“财政、税收、金融”政策工具，清晰学理，明晰路径。一是，综合运用文献研究、国别比较、实地调研和专家访谈等方法，厘清生态碳汇能力提升与经济政策之间的基础性理论问题。二是，分领域、分类型收集和整理国外代表性生态碳汇经济政策，剖析典型案例，总结分析成功经验和瓶颈问题，并开展动态跟踪研究。三是，分领域、分类型收集和整理中国碳汇经济政策进展，解剖典型案例，总结分析成功经验和瓶颈问题，并开展动态跟踪研究。四是，基于自然资源保护、开发、利用和修复中的经济关系，以问题为导向，完善“资源保护育汇、生态修复增汇、碳汇技术提升”等以财政、税收为主要内容的经济政策，以及“鼓励市场化社会化参与提升生态碳汇”等以碳金融、碳汇市场为主要内容的激励性经济政策路径。

三、空间政策研究引导生态碳汇能力提升

以推进形成空间协同、产业协同、功能协同的城镇空间形态为目标，开展多中心网络化立体式集约型国土空间开发保护的空间政策研究。加强适应碳达峰、碳中和的城镇功能布局和空间结构政策研究，服务高质量的城市功能布局和空间结构。聚焦以国家公园为主体的自然保护地体系建设，开展具有高固碳能力的网络化生态空间格局政策研究。结合地质封存潜力，开展场地选址和技术支撑的空间政策研究。探索建立以国土空间规划为基础，以用途管制审批许可和监督监管为手段，覆盖所有国土空间的用途管制制度，推动绿色发展方式和生活方式的形成。

四、生态修复研究支撑生态碳汇能力提升

围绕“生态保护修复—提升生态碳汇能力—增加碳汇生态产品”主线，侧重基础理论、技术方法、核算监测、标准平台等方面，系统开展生态修复支撑生态碳汇能力提升研究。第一，开展生态修复、碳汇生态产品基础理论

和经济关系研究，分析原理过程、影响因素、机制条件、阈值边界等。第二，研究生态修复的原则、工作流程、具体做法和特点等，侧重红树林、盐沼、海草床、海藻场、珊瑚礁、牡蛎礁等典型生态系统和岸滩、海湾、河口、海岛等综合生态系统修复的问题诊断、基本要求、修复措施、修复效果监测与评估等技术体系。第三，系统开展碳汇生态产品价值实现理论体系建设，调查监测碳汇生态产品分布格局，研制碳汇生态产品价值核算技术方法。第四，开展碳汇生态产品开发利用适宜性评价，动态跟踪评价国内外碳汇生态产品价值实现典型案例及模式，建立健全碳汇生态产品价值实现机制政策制度体系、数字化平台和相关标准。

五、法律法规研究保障生态碳汇能力提升

研究中央关于碳汇的最新政策精神，分析我国碳汇工作面临的总体态势，厘清碳汇法律法规在国家碳达峰、碳中和政策体系中的地位与作用。系统梳理我国碳汇相关法律法规，分析典型地区碳汇法律法规建设情况，确定我国当前碳汇法律法规中亟须完善和优化的内容。跟踪欧美发达国家最新法律法规政策、相关国际组织关于提升碳汇能力的相关倡议，以碳汇制度、碳汇技术、碳市场、财税等方面为主要关注点，梳理国外碳汇法律法规主要内容，提炼加工国外碳汇法律法规和管理政策，总结形成可供借鉴的相关经验。开展碳汇法律法规体系建设成果研究，研究碳汇与社会、市场、管理、技术之间的关系，厘清碳汇综合能力提升、价值实现的组成要素和主要流程，构建碳汇法律法规的基本框架。积极完善国土空间、自然保护地、森林草原、海洋环境保护、河道管理、湿地保护、生态保护补偿、应对气候变化等方面的法律法规制度。在法律法规框架下，研究集成我国碳汇相关经济政策、技术政策、空间政策及其他重点内容，形成政策矩阵，全力保障生态碳汇能力提升。

六、标准规范研究支撑生态碳汇能力提升

动态跟踪政府间气候变化专门委员会（IPCC）、国际标准化组织（ISO）、

区域组织，以及发达国家制定的与生态系统碳汇计量、监测、核算等相关的政策、标准。调查了解我国生态系统碳汇标准现状，以服务我国自然资源生态系统碳汇进行准确的计量、核查和报告为目标，提出生态系统碳汇核算的标准化路径。一是跟踪研究陆海生态系统碳汇标准动态，深入研究IPCC国家温室气体清单指南及其他国际组织制定的陆地、海洋碳汇标准，跟踪了解国际标准化组织（ISO）及美国等对二氧化碳地质封存技术要求，以及国际岩溶碳汇核算动态，全面分析国际标准对我国自然资源碳汇估算的影响和挑战。二是开展国际国内碳交易市场标准化动态跟踪，重点研究基于国际碳交易市场标准的碳汇交易方法学，总结凝练国际碳市场标准化运行机制，为我国碳汇项目方法学体系建设奠定基础。三是在跟踪国际碳汇标准的基础上，开展相关比对分析，基于提高自然资源温室气体排放清单编制的准确性和全面性，提出与国际标准具有兼容性、可比较性和一致性的陆海生态系统、碳汇市场、地质碳封存、岩溶碳汇等自然资源生态系统碳汇计量的标准化方案。

附录 1

IPCC 报告中的自然资源管理工作[*]

一、IPCC 机构简介及其主要成果

（一）IPCC 的组建与构成

政府间气候变化专门委员会（Intergovernmental Panel on Climate Change, IPCC）由世界气象组织（WMO）、联合国环境署（UNEP）于 1988 年联合建立。该国际机构主要评估人为导致的气候变化科学事实、潜在影响以及减缓适应措施，为各国决策者提供相关科学技术知识，并作为国际气候谈判的重要依据。会员有 195 个国家，WMO 和 UNEP 的会员也是 IPCC 的自然会员，中国在 IPCC 的会员代表单位为中国气象局。

1. IPCC 的建立

IPCC 是气候科学与科学决策嫁接的重要成果，其成立过程不仅得益于气候科学本身的发展与进步，也依赖于各国决策者对气候变化概念的认可。IPCC 大致经历了 20 世纪 50 ~ 80 年代气候变化概念的提出与传播，以及 80

* 本部分内容根据 IPCC 历次报告梳理总结而成。

年代后期决策者认可与IPCC成立的两个阶段。

（1）气候变化概念的产生与传播。

20世纪50年代前，不同领域的科学家在气候科学方面的合作较少。1957~1958年，国际科学理事会（ICSU）倡议了国际地理学年（IGY），推动60多个国家的科学家共同讨论地理学现象观测，此时温室气体还不是关键优先领域，但IGY为开展大气中二氧化碳的系统测量提供了启动资金，支持了美国科学家查理斯·大卫·基林（Charles David Keeling）在夏威夷莫纳罗亚山开展测量研究。

IGY之后，联合国大会（UNGA）邀请ICSU和WMO一起制定一项大气科学研究计划，此计划于1967年被确立为全球大气研究计划（GARP）。1970年，GARP实现了用卫星对地球进行连续全球观测并用计算机对全球大气环流建模。1978年，WMO、ICSU和UNEP联合举办了一次国际气候问题研讨会，与会者在此计划举办一次具有开创性的世界气候大会。1979年，第一届"世界气候大会"召开，会议对人类活动的持续扩展可能会引起区域性乃至全球性的重大气候变化表示关切，呼吁共同合作探索全球气候未来发展趋势，并在规划人类社会未来发展时考虑到这种新认识。随后，WMO和ICSU启动世界气候计划（WCP），旨在确定可预测的气候范围及人类对气候的影响程度。

1985年，ICSU、WMO和UNEP联合在奥地利菲拉赫召开"二氧化碳和其他温室气体在气候变化和相关影响中作用的评估"国际会议，与会科学家认为温室气体会导致地球升温并引发严重后果。ICSU环境问题科学委员会（SCOPE）将其总结形成《温室气体效应、气候变化和生态系统》报告，作为第一份对大气温室气体环境影响的国际性综合评估报告，首次声明二氧化碳加倍会导致大幅升温，并注意到二氧化碳的增量源于人类活动，建议采取具体政策措施，敦促加大气候变化议题的国际合作，呼吁各国政府认识到可通过化石燃料替代、能源节约和减少温室气体排放等政策阻止气候变化，制定全球公约以防止全球变暖。菲拉赫会议呼吁ICSU、WMO和UNEP建立温室气体工作小组，以确保进行定期科学评估。为此，ICSU、WMO、UNEP联合任命成立了温室气体咨询小组（AGGG），该小组组织了若干国际研讨会，并就新兴气候科学的政策启示发表了系列报告。

（2）IPCC的建立。

AGGG可视作政府间气候变化专门委员会（IPCC）的前身，虽然AGGG可以通过诸如多伦多之类的会议活动维持气候变化议题热度，但缺乏促使其政策建议生效的官方地位和影响力。此外，该小组采用小型精英委员会的传统组织模式，但由于气候变化涉及众多学科，每个学科都有自己相互竞争的思想流派，七位专家即使有无可挑剔的资历也无法令人信服地充当所有学科领域的代言人。决策者开始意识到这些气候科学发现的长期深远影响，认为AGGG需要由一个新的、独立的正式工作组所代替，该工作组应直接在各国代表的管理下开展工作。部分国家担心AGGG的独立科学家可能会刺激产生激进环保主义倾向，因此对WMO或联合国机构内其他机构的管理权持谨慎态度，期望最好在每个政府（即政府间机构）任命代表的直接控制下组成一个新的、完全独立的团体。

1987年，在WMO第十届代表大会上，各国代表团呼吁WMO提供有关人为因素影响气候变化知识状况的权威信息，大会认识到需要客观、平衡和国际认可的科学评估，以了解温室气体浓度升高对地球气候的影响及这些变化影响社会经济的理论模式。为响应需求，WMO和UNEP于1988年联合建立了IPCC，负责定期评估科学进展以供政府决策参考，并研究应对措施。同年，联合国大会第四十三届会议在其关于“为今世后代保护全球气候”的决议中，批准了WMO和UNEP建立IPCC的行动。1989年，联合国大会第四十四届会议要求IPCC将报告提交至其第四十五届会议，并同意在通过IPCC报告后，采取多种方式、措施进行框架公约谈判，且该谈判应与1992年在里约热内卢举行的联合国环境与发展会议（UNCED）相协调。IPCC于1990年8月30日在瑞典松兹瓦尔通过了第一份评估报告。1990年10～11月，WMO和ICSU联合召开了第二次世界气象大会，会议接收了IPCC第一次气候变化评估报告，并进一步承认了气候变化的事实。该报告在1992年里约地球峰会上获得通过，且助推了政府间协商达成《联合国气候变化框架公约》（UNFCCC）。

（3）IPCC的独特属性。

AGGG在IPCC成立后尚未正式废除，但在两年后便不再活动，世界上大多数气候科学家都已被纳入IPCC名下开展工作。与早期的大会、国家科学院小组和咨询委员会不同，IPCC既非严格的科学机构，也不是严格的政治机构，而是独特的混合体。其遵循的基本原则为，只有在得到世界上所有主要气候科学家的坚定同意及所有参与国政府的一致同意的情况下，才颁布规则和报告。这种达成共识的要求以及相关程序和原则，被广泛应用于国际制度决策中，以期科学解决环境问题。

2. IPCC评估工作机制

IPCC的评估工作主要通过组织会员国推荐的专家进行，会员国选出相应评估周期任期的主席团，经会员国和国际组织观察员提名、主席团选择产生三个工作组和一个任务组，负责准备IPCC报告，IPCC秘书处和各技术支持组具体保障其工作的执行。

IPCC主席团由IPCC主席、副主席，工作组联合主席和副主席以及任务组联合主席组成，成员人数为34名，并适当考虑地理均衡代表性。主席团向专家组提供有关IPCC评估科学和技术方面的指导，并就管理和战略问题提供建议。执行委员会由IPCC主席团主席及副主席和工作组及任务组联合主席组成，职责为加强和促进IPCC工作计划、全体大会决议、主席团建议及时有效实施。

专家工作组按照专业领域划分为三个工作组和一个任务组，第一工作组（WGI）评估气候变化的物理科学基础，第二工作组（WGII）评估气候变化的影响、适应及脆弱性，第三工作组（WGIII）评估气候变化的减缓，国家温室气体排放清单任务组（TFI）负责开发与优化计算及报告国家温室气体排放与减排的方法，除此之外还会根据特定专题的需求建立相应专题小组。IPCC作者由各会员国政府、国际组织观察员、IPCC主席团提名，经IPCC主席团工作组和任务组选择产生，并考虑相关专业背景、社会经济观点、地理与性别均衡等因素。每个专家组设有技术支持组，为专家组提供科学、技术和组织方面的支撑，并依据IPCC协议处理报告谬误、沟通战略、利益冲突等事宜，其工作由技术支持组组长领导。

（二）IPCC 主要成果

IPCC 的主要产品为气候变化评估报告，报告分四种类型：一是关于气候变化原因、潜在影响及响应措施的全面评估报告；二是关于特定问题的特别报告；三是温室气体排放计算方法的方法报告；四是综合了以上各种报告内容形成的综合报告。IPCC 本身并不从事研究和模型运行，其报告主要是评估气候变化及其影响、风险、适应与减缓措施等相关领域的科学、技术和社会经济文献。一份报告往往包括数个章节，含有由作者起草的技术摘要。另外还会形成一份决策者摘要，该摘要由作者起草、经全体大会逐行审议通过。IPCC 报告编制流程大体上可划分为建立组织与程序、确定评估范围与专家、编制与审稿、批准与发布等四个环节，具体报告编制工作流程如图 1 所示。

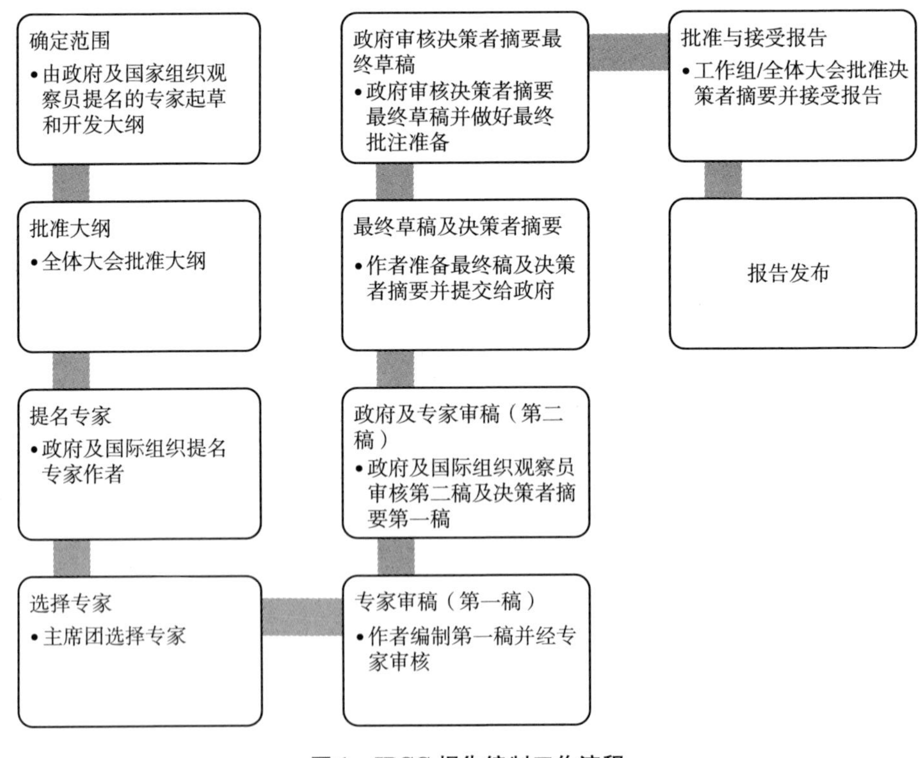

图 1　IPCC 报告编制工作流程

1. 历次报告及其影响

IPCC评估报告大致每6年发布一次，第一次评估报告（1990年）强调了气候变化具有全球影响并需要国际合作的重要性，指出人类活动引起的排放正在显著增加大气中温室气体的浓度，促进了UNFCCC的制定和通过，成为当前世界上主要的减缓和适应气候变化的主要公约。第二次评估报告（1995年）进一步明确了人类活动对全球气候系统造成了可辨识的影响，为各国政府签订《京都议定书》提供了科学依据。第三次评估报告（2001年）进一步明确过去50年大部分变暖现象可能是由于温室气体浓度增加导致的，并开始重视气候变化的影响及适应。第四次评估报告（2007年）为《哥本哈根协定》（*Copenhagen Accord*）奠定了基础，重点提出将升温限制在2℃以内。第五次评估报告（2014年）明确提出全球平均升温2℃或以上会带来更大风险，为《巴黎协定》（*Paris Agreement*）提供了科学依据。第六次评估报告第一工作组报告《气候变化2021：自然科学基础》指出在所有排放情景下，2040年前后全球升温都将至少达到1.5℃，各国必须推行“净零计划”以避免全球进一步变暖，这将为全球应对气候变化、落实《巴黎协定》目标提供重要的科学基础。第六次评估报告（2021年）相比于第五次评估报告，以更多的证据和更高的信度，指出人类活动引起的气候变化已经影响了全球各个地区的极端天气与气候事件的频率，未来任何的持续增暖都会引起愈加频繁和严重的极端事件。

IPCC从事着全球气候变化知识加工与再生产的工作，它通过知识权威影响政治博弈，将知识转化为话语权，形成了几乎“垄断性”的影响力。2007年，IPCC和美国副总统阿尔·戈尔共同获得了“诺贝尔和平奖”，以表彰他们努力建立和传播更多有关人为影响气候变化的知识，并为采取应对气候变化措施奠定了基础。总体来看，IPCC评估报告产生了三个方面的影响：一是在气候变化归因分析上不断获得进展，愈加确定人类排放增加大气中二氧化碳的浓度，很可能是导致全球变暖的主要原因；二是科学与政治形成良性互动，IPCC报告为UNFCCC、《京都议定书》、升温2℃上限、《巴黎协定》等决策提供了科学依据，直接影响了国际气候变化谈判进程；三是评估方法和专家结构的不断完善，使用越来越多及精度越来越高的气候模式开展评估，并吸引了发展中国家的专家参与。

2. 特别报告及影响

截至目前，IPCC 共发布 15 份特别报告，主题涉及土地与土地利用、二氧化碳捕集与封存、海洋与冰冻圈、可再生能源、航空、臭氧层、极端事件，以及气候变化评估技术准则、技术转让的技术方法等多个方面，一般由 IPCC 三个工作组中的一个或多个工作组进行报告编制（如表 1 所示）。特别报告通常为响应 IPCC 及其他国际组织、IPCC 成员国等主体的要求而编写，关注各主题下人类活动与气候变化的关系、影响、减缓和适应对策的评估，旨在为各国政府、政府间组织和其他利益相关方提供与决策相关的科学和技术信息。

表 1　　IPCC 特别报告概述

IPCC 特别报告	时间	作者
《2021 年气候变化：自然科学基础》	2021 年 8 月	第一工作组
气候变化中的海洋和冰冻圈	2019 年 9 月	第一、第二工作组
气候变化与土地	2019 年 8 月	3 个工作组、清单工作组
全球升温 1.5℃	2018 年 10 月	第一、第二工作组
管理极端事件和灾害风险，提升气候变化适应能力	2012 年 3 月	第一、第二工作组
可再生能源资源和减缓气候变化	2011 年 4 月	第三工作组
保护臭氧层和全球气候系统	2005 年 3 月	第一、第三工作组
二氧化碳捕集与封存	2005 年 3 月	第三工作组
技术转让中的方法和技术问题	2000 年 3 月	第三工作组
土地利用、土地利用变化和林业	2000 年 3 月	第一工作组
排放情景	2000 年 3 月	第三工作组
航空业和全球大气	1999 年 3 月	第一、第二工作组
气候变化的区域影响：脆弱性评估	1997 年 3 月	第二工作组
气候变化的辐射强度和 IPCC IS92 排放情景的评估	1994 年 3 月	第一、第三工作组
IPCC 评估气候变化影响和适应的技术准则	1994 年 3 月	第二工作组

3. 方法报告及影响

IPCC 国家温室气体清单专题组已发布的方法学报告，主体内容即 4 版国家温室气体清单指南，如表 2 所示。随着清单指南的不断修订完善，最新版本以《IPCC 2006 年国家温室气体清单指南（2019 年修订版）》方法报告与《IPCC 2006 年国家温室气体清单指南》合并使用为准。通过为各国建立国家温室气体清单提供国际认可且与时俱进的方法规则，指导各国科学规范估算温室气体清单，进而保持各国清单编制的兼容性、一致性和可比性，对全球各国具有深刻而显著的影响。

表 2　　IPCC 方法报告概述

IPCC 方法报告	时间	作者	主要内容
2019 年修订版 2006 年 IPCC 国家温室气体清单指南	2019 年 5 月	国家温室气体清单专题组	• 一般指导及报告精细化点 • 能源卷精细化点 • 工业过程和产品使用卷精细化点 • 农业、林业和其他土地利用卷精细化点 • 废弃物卷精细化点
2006 年版 IPCC 国家温室气体清单指南	2006 年 4 月	国家温室气体清单专题组	• 一般指导及报告 • 能源卷 • 工业过程和产品使用卷 • 农业、林业和其他土地利用卷 • 废弃物卷
1996 年版 IPCC 国家温室气体清单指南（修订版）	1996 年 9 月	国家温室气体清单专题组	• 报告指导 • 工作簿内容修订 　◦ 能源章 　◦ 工业过程章 　◦ 溶剂和其他产品使用章 　◦ 农业章 　◦ 土地利用变化和林业章 　◦ 废弃物章 • 参考手册
1994 年版 IPCC 国家温室气体清单指南	1994 年 5 月	国家温室气体清单专题组	被《1996 年版 IPCC 国家温室气体清单指南修订版》替代

二、IPCC 历次评估报告总结

IPCC 从 1988 年成立至今已经出版了 6 次评估报告，每次评估报告都包括气候科学、影响和对策报告以及决策者摘要。随着时间的推移，气候科学的知识在不断增长，需要评估的文献也在相应增长，IPCC 报告的篇幅也有了大幅增加，参与人数越来越多，使用的模型分辨率越来越高、模型数增加，逐步明确人类活动是导致近期气候变暖的主要原因。以下就 IPCC 历次评估报告在人类排放、全球变暖、全球变暖的检测和归因、气候模式的进步、21 世纪全球气温预估和极端事件变化的预估等主要成果的内容进行概述。

（一）人类排放

人类活动是引人关注的热点问题，其中人类大量排放矿物燃料和土地利用变化等引起大气中温室气体的浓度明显增加，以观测到的大气中的 CO_2 浓度变化为例，表 3 给出 6 次 IPCC 报告的观测数据，相应还给出工业化前 1750 年的 CO_2 浓度和目前的浓度。从表 3 中可见：①自工业化以来，由于人类排放增加，大气中 CO_2 浓度明显增加；②1750 年 CO_2 浓度为 280ppm，而 2005 年达到 379ppm，值得注意的是到 2017 年已经高达 403ppm（美国国家海洋和大气管理局，2018）；③人类需要重视减排和提出相应政策。

表 3　　观测的大气中 CO_2 浓度

IPCC 评估报告	浓度（ppm）
评估报告前（工业化前）	280.0（1750 年）
第一次报告（1990 年）	353.0（1990 年）
第二次报告（1995 年）	358.0（1994 年）
第三次报告（2001 年）	365.0（1998 年）
第四次报告（2007 年）	379.0（2005 年）
第五次报告（2013 年）	395.5（2011 年）
第六次报告第一工作组报告（2021 年）	浓度已升至 80 万年来最高水平

（二）全球变暖

大量观测到的事实表明近百年全球变暖，尤以近50年变暖更明显，这种变暖在千年尺度都是明显的。表征全球变暖一般是观测表面温度，而表面温度是观测的陆面气温和海面温度的联合。表4给出IPCC 6次科学评估报告提供的观测到的全球近百年温度变化趋势，表中还给出观测时段和对比的基准时段以及观测资料的套数，其中值得注意的是：①6次评估报告共同给出近百年全球变暖的特征，这是无可争议的事实；②随着时间的推移，增暖更加明显，例如第一次报告（1990年）给出近百年变暖0.45℃，而第五次报告（2013年）给出的近百年变暖已经高达0.85℃～0.89℃，第六次报告更显示，2011～2020年已相对1850～1990年升温超过1℃；③观测资料的质量提高，特别是海面温度的订正，以及陆面气温去城市化和去土地利用变化等；④观测资料的套数从开始只有1套发展到3套；⑤由此提出需要进一步研究近百年全球变暖在古气候和历史气候中的地位以及变暖的原因，特别是与人类排放增加是否有联系。

表4　历次IPCC报告提及的全球近百年表面温度变化趋势

IPCC评估报告	观测时段（基准时段）	平均温度变化（范围）（℃）	观测资料套数（观测资料名）
第一次报告（1990年）	1861～1989年（1951～1980年）	0.45（0.3～0.6）	1（CRU/UKMO）
第二次报告（1995年）	1861～1994年（1961～1990年）	0.45（0.3～0.6）	1（CRU/UKMO）
第三次报告（2001年）	1861～2000年（1961～1990年）	0.60（0.4～0.8）	1（CRU/UKMO）
	1901～2000年（1961～1990年）	0.60（0.4～0.8）	
第四次报告（2007年）	1906～2005年（1961～1990年）	0.74（0.56～0.92）	3（GISS，HadCRU3，NCDC）

续表

IPCC 评估报告	观测时段（基准时段）	平均温度变化（范围）（℃）	观测资料套数（观测资料名）
第五次报告（2013 年）	1880 ~ 2012 年（1961 ~ 1990 年）	0.85（0.65 ~ 1.06）	3（GISS，HadCRU4，NCDCMLOST）
	1901 ~ 2012 年（1961 ~ 1990 年）	0.89（0.69 ~ 1.08）	
第六次报告第一工作组报告（2021 年）	2001 ~ 2020 年（1850 ~ 1990 年）	0.99（0.84 ~ 1.10）	
	2011 ~ 2020 年（1850 ~ 1990 年）	1.09（0.95 ~ 1.20）	

注：第三次评估报告对观测资料进行海面温度订正，去城市化和土地利用影响，随后两次报告进行了进一步订正。

（三）全球变暖的检测和归因

全球变暖的原因在科学界是争议最大的议题之一，尤其是人类排放增加是否造成了全球变暖的问题在 IPCC 科学报告中越来越占有重要的地位。表 5 给出了 6 次报告做归因分析的主要工具和主要结论，从表中注意到：①随着时间的推移和研究的深入，越来越多的证据证实，人类活动是造成近百年全球变暖的主因；②这个结论的可靠性逐渐增加，从第一次报告的“极少”，到第二次报告的“可识别”，到第三次报告的“可能”（>66%），第四次报告的“很可能”（>90%），最后到第五次报告的“极可能”（>95%），最后到第六次报告的“明确地”，提出“科学家认为‘人类活动导致了气候变化’这一结论已非常明确……1750 年左右以来，温室气体浓度的增加明确地是由人类活动造成的”；③参加研究的全球气候模式的数量从第一次到第三次报告的 3 ~ 5 个模式，发展到第四次 23 个模式，而第五次则高达 42 个模式；④参加研究的模式的性能从第一次报告只是应用全球大气环流模式耦合混合层海洋模式到第五次报告使用包括 5 个圈层的地球系统模式；⑤指纹法等数理统计方法更多地应用到近几次报告中来；⑥用来对比的观测资料质量提高，数量增加；⑦为了保护人类赖以生存的地球，人类必须要重视减排及采取相应措施。

表5　全球变暖归因

IPCC评估报告	方法	结论
第一次报告（1990年）	5个全球大气环流模式耦合混合层海洋模式，CO_2加倍与控制试验对比，简单数理统计方法	极少观测证据可检测到人类活动对气候的影响
第二次报告（1995年）	3个全球大气耦合全球海洋环流模式，考虑简单自然强迫和CO_2每年增加1%与控制试验对比，简单数理统计方法，一套观测资料	一些证据表明可识别人类活动对20世纪气候变化的影响
第三次报告（2001年）	4个全球大气耦合全球海洋环流模式，考虑自然强迫、人类强迫和联合强迫，1880～2000年，简单数理统计方法，一套观测资料	近50年观测到气候变暖的大部分原因可能是由于温室气体浓度增加造成的
第四次报告（2007年）	23个全球大气耦合全球海洋与陆面和海冰模式，考虑自然强迫、人类强迫和联合强迫，1901～2000年，指纹法等数理统计方法，一套观测资料对比	全球变暖不仅在表面，而且在对流层和洋面以及海冰都检测到变暖信号，20世纪中期以来全球变暖很可能是由于人类活动造成的
第五次报告（2013年）	42个地球系统模式和15个中等复杂程度模式，考虑自然强迫、人类强迫和联合强迫，1880～2005年，指纹法等数理统计方法，3套观测资料对比	在5个圈层都检测到变暖，自20世纪中期以来全球变暖主因极可能是人类活动造成的
第六次报告第一工作组报告（2021年）	改进观测资料	1750年左右以来，温室气体浓度的增加明确是由人类活动造成的，进一步确证了人类活动排放的温室气体是当前气候变暖的主要原因

（四）气候模式的进步

全球变暖的检测、归因及气候变化的预测研究都离不开气候模式，因此气候模式的可靠性被提到研究议程。这就需要通过对气候模式的模拟效果进行定性和定量评估，来逐一回答各种问题和质疑。

对气候模式的模拟效果评估包括5个圈层的许多变量，其主要包括“气候平均态（全球和区域空间尺度）、气候趋势（年到多年时间尺度）、气候极值（包括灾害和特殊现象）和气候变率（多年代际、10年、几年）”。评估方法用气候模式的模拟结果与观测进行对比，采用数理统计方法，如计算偏差、相对误差、相关系数和线性趋势等。单个气候模式和多个气候模式的集成分别与观测进行对比。表 6 给出 5 次评估报告所用的全球气候模式数、基本特征和模拟可靠性的评估。从表中注意到：①参加评估的模式数从最初 20 多个到第五次报告有46 个模式，模式数翻一番。②模式特征从开始只有全球大气环流模式，到第五次报告已经是包括 5 个圈层的地球系统模式，更接近真实的地球系统。③全球气候模式的各分量模式的水平与垂直分辨率都有明显提高。④各分量模式的参数化方案有明显改进。⑤一些复杂的过程如动力植被、动力海冰、大气化学、气溶胶、碳循环以及一些生物地球化学过程等逐渐加入模式中。⑥评估模拟的可靠性表明，前三次报告更多的是评估气候平均态模拟效果的提高，而第四和第五次报告则对气候平均、气候趋势、气候极值和气候变率进行全面的评估，且显示有明显的改进。⑦气候模式对气候极值和变率的模拟一直是软肋，有待提高对地球系统的认识，从而对气候模式做进一步发展和改进。

表 6　　　　气候模式简介

IPCC 评估报告	全球气候模式数	基本特征	模拟可靠性
第一次报告（1990 年）	22	全球多层大气环流耦合混合层海洋模式	平均：中
第二次报告（1995 年）	24	全球多层大气耦合多层海洋环流模式、热力学海冰模式	平均：中至较高
第三次报告（2001 年）	31	全球多层大气耦合多层海洋环流模式、陆面模式、热力学海冰模式	平均：中至高
第四次报告（2007 年）	23	全球多层大气耦合多层海洋环流模式、多层陆面与植被模式、海冰模式	平均：中至高 趋势：中 极值：较差 变率：较差
第五次报告（2013 年）	46	地球系统模式，包括全球多层大气、海洋、陆面与动力植被、海冰、大气化学、气溶胶、陆地碳、海洋生物地球化学等	平均：中至高 趋势：中至高 极值：中 变率：中

（五）21世纪气温预估

政策制定者和公众更关心未来气候将如何变化？20世纪的变暖是否将一直持续？全球气候变暖会带来什么极端气候事件和影响以及人类应该怎样应对等。

在众多问题中，科学研究较为成熟的是对21世纪气温变化的预估。气候预估主要采用的工具是气候模式，人类排放情景在第一次报告时是采用继续照常排放方案，即人类不采取减排的方案；第一次补充报告和第二次评估报告都采用的是IS92a的6种排放方案，大体相当于CO_2每年增加1%的水平；第三次和第四次评估报告采用了SRES的3种方案，即高排放（SRESA2）、中排放（A1B）和低排放（B1）；第五次评估报告采用了RCP的4种路径，即低排放（RCP2.6）、中低排放（4.5）、中高排放（6.0）和高排放（8.5）；第六次评估报告采用了SSP的5种社会经济路径，即极低排放（1~1.9）、低排放（1~2.6）、中排放（2~4.5）、高排放（3~7.0）和极高排放（5~8.5）。

表7给出IPCC的6次科学评估报告中多个气候模式综合考虑多种人类排放情景下，到21世纪后期（或达到CO_2加倍），当前气候条件下全球表面温度

表7　　多模式多排放情景下全球表面温度变暖预估

IPCC评估报告	排放情景	最佳估算值（℃）	范围（℃）
第一次报告（1990年）	照常排放	3.7	1.9~5.2
第一次报告补充报告（1992年）	IS92a等6种	1.9~3.8	0.3~5.3
第二次报告（1995年）	IS92a等6种	2.0~3.2	1.0~4.6
第三次报告（2001年）	SRESA2，A1B，B1	2.2~3.0	0.9~5.8
第四次报告（2007年）	SRESA2，A1B，B1	1.8~4.0	1.1~6.4
第五次报告（2013年）	RCP2.6，4.5，6.0，8.5	1.0~3.7	0.3~4.8
第六次报告第一工作组报告（2021年）	SSP1~1.9，1~2.6，2~4.5，3~7.0，5~8.5	1.4~4.4	1.0~5.7

变化预估的最佳估算值和范围。从表中得到：①6 次报告一致表明，由于未来人类排放继续增加，到 21 世纪后期，全球将继续明显变暖；②变暖的幅度随着气候模式的不同和排放方案的不同而不同，平均变暖 1.0℃ ~4.0℃，最低 0.3℃，最高 6.4℃；③由于变暖的程度取决于人类未来采取什么样的排放路径，因此控制人类排放，采取有序排放是重要的对策；④在未来气候变化预估中，气候模式扮演了主要角色，因此模式的可靠性是保证预估可信度的重要基础。

（六）21 世纪极端事件预估

未来极端天气和气候事件是预估的重点，IPCC 评估的极端事件包括极端最高与最低温度的变化、热浪、强降水、干旱和强热带气旋等，评估时空维度包括对 20 世纪极端天气和气候事件特征的评估、归因评估和 21 世纪的预估的评估。评估方法与温度预估类似，即用多个全球气候模式考虑各种人类排放情景，计算 20 世纪和 21 世纪极端事件的变化。对 21 世纪预估的可信度进行评估，则根据模式的数量和模式预估的一致性来判断可信的程度。

表 8 给出了 6 次 IPCC 科学报告中多气候模式的多排放情景。预估 21 世纪后期全球极端天气和气候事件，如热浪（频率增加，持续时间加长，强度加强）、强降水（频率增加，强度增强）、干旱（强度和/或持续时间增加）、强热带气旋活动（增加）出现的可能性。依表可知：①IPCC 第一次和第二次评估报告虽然给出了一些极端事件预估，但是由于气候模式较少，因此没有进行可信度评估，从第三次报告开始做可信度评估；②大量气候模式一致预估，21 世纪后期热浪频率增加，持续时间加长，强度加强——很可能（90% ~99%）；③许多地区强降水频率增加，强度增强——很可能（90% ~99%）；④一些地区干旱强度和/或持续时间增加——可能（66% ~90%）；⑤一些海域强热带气旋活动增加——也许可能（33% ~66%）；⑥第六次报告首次从区域角度对气候变化进行更详细的评估及对复合极端事件的分析，分别发现部分气候变化类型存在因地区而异的情况，且自 20 世纪 50 年代以来，人类活动可能增加了复合极端天气事件发生的概率；⑦必须强调的是，由于以气

候模式数量和一致性程度作为可信度的衡量标准，因此气候模式的质量就成为评估的重要基础。

表8　多气候模式多排放情景，全球极端天气和气候事件出现的可能性

IPCC评估报告	热浪（频率增加，持续时间加长，强度加强）	（1）强降水（频率增加，强度增强） （2）干旱（强度和/或持续时间增加）	强热带气旋活动（增加）
第一次报告（1990年）	无评估	无评估	无评估
第二次报告（1995年）	无评估	无评估	无评估
第三次报告（2001年）	很可能	（1）大部分陆地很可能 （2）部分中纬度内陆可能	可能
第四次报告（2007年）	很可能	（1）许多区域可能 （2）一些区域可能	一些海域也许可能
第五次报告（2013年）	很可能	（1）大部分中低纬度很可能 （2）区域到全球尺度可能	北大西洋、西北太平洋也许可能
第六次报告第一工作组报告（2021年）	很可能	（1）高纬度地区可能 （2）许多区域更严重	高置信度可能

注：基本肯定（>99%），很可能（90%~99%），可能（66%~90%），也许可能（33%~66%），不可能（10%~33%），极不可能（1%~10%），完全不可能（<1%）。

（七）研究展望

综上所述，IPCC的6次科学评估报告越来越明确地强调：在大量和多种观测资料的佐证下，近百年全球变暖（近50年更为明显）在千年尺度内都是明显的。检测和归因研究逐步表明：人类排放增加大气中CO_2等温室气体的浓度，是造成全球变暖的主因；越来越多的气候模式表明人类排放继续增加，预估21世纪全球热浪频率将继续增加，持续时间加长，强度更大；全球变暖对各领域的影响甚为明显，人类应该采取有效减排措施减缓气候变暖。

IPCC 目前处于第六次评估报告编制阶段。各国当前愈加强调实现经济增长与气候责任的融合发展，也越来越重视相应解决方案，IPCC 在第六次评估中将优先考虑这种趋势，推动评估报告支撑 UNFCCC 工作、全球可持续发展议程优先领域，特别是要考虑与《巴黎协定》2023 年全球盘点的协同，以及与《仙台减灾纲领》《2030 可持续发展议程》《新城市议程》的协同，并适当考虑“政府间生物多样性和生态系统服务平台”、联合国环境署《第六届全球环境展望》等其他评估成果，融合多学科、交叉领域，以聚焦问题导向、解决方案的综合风险框架指引第六次评估。

随着科学研究的不断深入，IPCC 未来的评估报告也会涉及更多领域：①观测到的事实，将从原来侧重大气圈的变化，扩展到涉及更多其他圈层的观测；②将更定量地评估自然强迫和人类强迫的效应及其两者的比例；③人类影响的归因分析，将从原来更多地侧重于对温度变化的归因分析，深入到 5 个圈层更多变量变化的归因分析；④全球循环、反馈以及机理的进一步研究，如碳循环、水循环、气溶胶效应、生物地球化学循环等；⑤未来气候变化的预测和预估，需要加强对近期（10 ~ 30 年）气候变化的预测和预估；⑥极端灾害事件以及区域尺度气候变化将更定量化；⑦全球和区域气候模式的进一步发展，从提高分辨率到改善各种物理、化学和生物等参数化过程，到大数据和超级计算以及人工智能的利用；⑧气候的突变和不可逆是否会发生，何时发生，有何影响；⑨制定更切实际的人类活动排放的多种方案，以提高近期气候变化预测和预估的准确率；⑩古气候变化的历史借鉴；⑪应对气候变化的对策研究；⑫更重视与时俱进的研究和评估，例如，气候变暖停滞的原因、北冰洋过暖是否会引起冬季中高纬度的寒冬暴雪、全球变暖 1.5℃ 的思考、清洁能源和地球工程的气候效应、城市化的气候效应、土地利用的气候影响等。

三、可再生能源资源和减缓气候变化

《可再生能源与减缓气候变化特别报告》（SRREN）由 IPCC 第三工作组应 2008 年 IPCC 第 28 次全会的相关要求历时两年半编写完成，并于 2011 年 5

月审议批准，是IPCC第五次评估期间发布的首份报告。该报告评估了为减缓气候变化做出贡献的六种可再生能源（生物能、直接太阳能、地热能、水电能、海洋能和风能）的科学、技术、环境、经济和社会方面文献，旨在为各国政府、政府间进程和其他利益相关方提供与政策相关的信息。

《可再生能源与减缓气候变化特别报告》分为三大部分：第一部分是开篇章，将可再生能源放在减缓气候变化各项选择的大框架下，并确定可再生能源技术的共同特征。第二部分是六个具体技术章（第2~7章），每个技术章节提供了有关每一类可再生能源的现有资源潜力、技术和市场发展及其对环境和社会影响的信息，论述了未来技术创新和降低成本的前景，并讨论了未来推广利用这些能源的可能性。第三部分主要涉及各项技术的融入问题（第8~11章）。第8章讨论了可再生能源技术当前和未来如何融合相关能源配送系统的问题，以及在运输业、建筑业、工业和农业中实现可再生能源技术战略利用的发展路径。第9章讨论了可持续发展背景下的可再生能源，包括可再生能源的社会、环境和经济影响，改进能源服务获取和安全的能源供应，以及可再生能源面临的技术障碍。第10章研究了在160多个情景下，可再生能源技术如何为各种不同温室气体减排情景做出贡献，并深入分析其中四种情景，讨论了可再生能源技术推广利用的成本。第11章阐述了可再生能源政策的支持趋势和投融资趋势，回顾了当前可再生能源的政策经验（包括效果和效率措施），讨论了政策成效。从决策者摘要对特别报告的概述和总结来看，主要结论如下。

（一）可再生能源技术与市场

近年来，随着可再生能源技术不断发展，以及世界各国可再生能源政策的激励，可再生能源在世界范围内得到了快速发展。在全球范围内，据估算2008年可再生能源在492艾焦的一次能源供应总量中占12.9%。可再生能源的推广利用已呈现加速趋势。全球可再生能源的技术潜力将不限制可再生能源利用的持续增长。大多数可再生能源技术的成本已下降，而预计更多技术进步将会进一步降低成本。

（二）可再生能源融入当前和未来的能源系统

可再生能源已成功地融入能源供应系统并已融入终端利用行业（见图2）。不同的可再生能源会对融入过程产生影响，融入的难易程度取决于区域、具体行业的特点和技术。无论是发电、供热、制冷，还是气化或液化燃料，与可再生能源融入相关的成本均取决于具体情况、具体地点，并且一般难以确定。为了适应高份额的可再生能源，能源系统需要演变和调整适应。

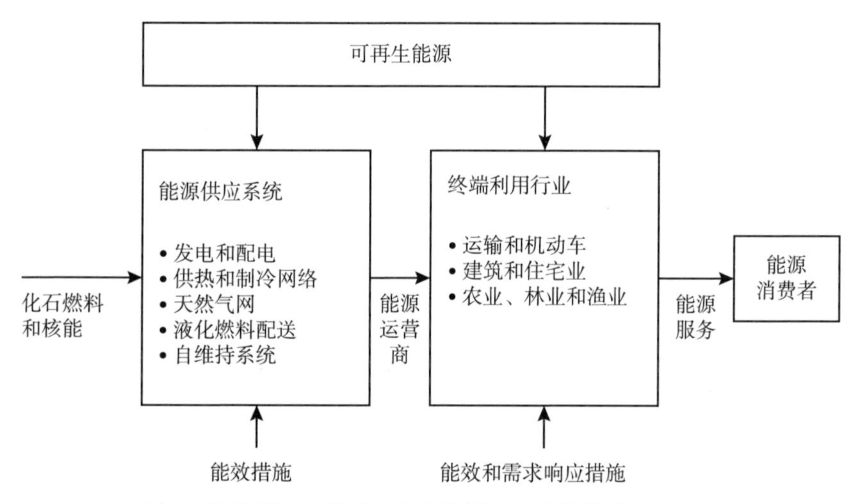

图2　各种可再生能源融入能源供应系统及终端利用行业

（三）可再生能源与可持续发展

经济发展、能源利用与温室气体排放密切相关。可再生能源有助于摆脱这种限制，从而为可持续发展做出贡献。已有研究结果表明，可再生能源能够为社会和经济发展做出贡献，对于没用上电的14亿人口和另外13亿沿用传统生物质的人口尤其如此。除了减少温室气体排放之外，可再生能源技术还能够产生其他重要的环境效益，不过实现这些效益的最大化取决于具体技术、管理和每个可再生能源项目的具体情况。

（四）减缓潜力与成本

评估报告的164个情景表明，到2030年、2050年和更长远的时期可再生能源的利用将显著增加。即使在基线情景下，可再生能源的利用也将会扩大。大多数基线情景表明，可再生能源的利用远远高于2008年的64艾焦/年，到2030年升至120艾焦/年。在低温室气体稳定浓度中，可再生能源的利用显著增加。与基线相比，低温室气体稳定情景通常会促成更多地利用可再生能源。增加低碳能源供应选择与提高能效相结合，能为达到特定的低温室气体浓度水平做出贡献，在绝大多数情景下到2050年可再生能源逐渐成为主要的低碳能源供应选择。

该报告对情景的评估表明：可再生能源具有较大的减排潜力。如果可再生能源的利用受到限制，减排成本将增加，并且温室气体浓度的降低也许无法实现。

（五）可再生能源政策

不断增多的各类可再生能源政策，无疑推动了可再生能源技术和装机容量的提升。对可再生能源技术的公共研发投资，再辅以其他政策手段是最为有效的，特别是那些能够同时提高对新技术需求的推广利用政策。决策者可以基于丰富经验，制定和实施最具效力的政策，同时也应当认识到“没有一个普遍适用的激励政策”。

四、气候变化与土地利用

为厘清气候变化与土地利用之间的关系和影响，IPCC先后开展了两次以土地为主题的特别报告，分别是《土地利用、土地利用变化和林业特别报告》（SR-LULUCF）和《气候变化与土地特别报告》（SRCCL）。

《土地利用、土地利用变化和林业特别报告》（SR-LULUCF）是为了响应《联合国气候变化框架公约》（UNFCCC）科学和技术咨询附属机构（SBSTA）于1998年6月在波恩IPCC第八届会议上提出的要求而编写，用以审查与土地利用、土地利用变化和林业活动以及《京都议定书》有关条款有关的固碳战略的科学和技术解释状况。该报告在IPCC第十四届会议的全体会议上获得批准，主要讨论了全球碳循环以及不同的土地利用和林业活动目前如何影响固碳储量和温室气体排放，旨在为《京都议定书》缔约方提供相关的科学和技术信息，说明全球碳循环是如何运行的，以及有关造林、再造林和毁林（ARD）及其他人类活动在现在和未来引起的广泛影响。

2019年8月发布的《气候变化与土地特别报告》（SRCCL），是首份由IPCC的3个工作组和清单工作组共同合作完成的报告，也是国际上首份涵盖了联合国气候变化公约、生物多样性公约和防治荒漠化公约任务的报告，还是首份系统聚焦粮食系统的报告。该报告从陆气相互作用、荒漠化、土地退化、粮食安全、综合变化和协同性、可持续土地管理等方面，系统评估了气候变化与土地的相互关联。

（一）土地利用、土地利用变化和林业

《土地利用、土地利用变化和林业特别报告》（SR-LULUCF）共分为三部分：第一部分描述了全球碳循环如何运作，并为关于造林、再造林和毁林（ARD）及其他人类活动的章节提供了背景；第二部分涉及定义和核算规则的重要问题，它确定了一系列选项，并讨论了各选项的含义和相互关系；第三部分提供了各国政府在审议具体问题时会使用到的信息。例如，评估模型的有用性、地面和遥感测量的有用性和成本，以及评估碳储存变化的监测技术等。

1. 全球碳循环概述

人类活动通过土地利用、土地利用变化和林业以及其他活动，改变了这些碳库中的碳储量以及它们与大气之间的交换。在过去的几个世纪里，高纬

度和中纬度地区森林砍伐释放了大量的碳，20 世纪后半叶热带地区的森林砍伐也释放了大量的碳。

1850～1998 年，大约有 270（+30）Gt 的碳作为二氧化碳从化石燃料燃烧和水泥生产排放到大气中。由于土地使用的变化，主要是森林生态系统的变化，大约排放了 136（+55）Gt 的碳。这导致大气中二氧化碳的含量增加了 176（+10）Gt。大气二氧化碳浓度从约 285ppm 增加到 366ppm（即增加了约 28%），大约 43% 的总排放量保留在大气中。在 1980～1998 年的近二十年间，由于陆地的碳净吸收量大致平衡了热带地区土地利用变化的排放量，陆地生态系统似乎是相对稳定的二氧化碳净来源。

2. 碳核算

一个设计良好的碳核算系统将提供透明、一致、可比、完整、准确、可核实的记录和报告。这些记录和报告将反映碳储存变化和《京都议定书》相关条款下适用的土地利用、土地利用变化、森林活动的温室气体源排放量和碳汇量的变化。报告提供了“基于土地”与“基于活动”的核算方法，以满足参阅者需求。

“基于土地”的核算方法将以包含第三条第 3 款、第 4 款适用的碳储量变化为起点。首先定义适用的活动，然后确定这些活动发生的土地单位。接下来，确定这些土地单位在相关时期的碳储量变化。“基于活动”的核算方法将从适用的碳储存变化与归因，从指定的土地利用、土地利用的变化和林业活动的温室气体排放或清除开始。在定义可应用活动之后，每个活动对碳储量的影响由单位面积和时间决定，这种影响乘以每项活动发生的区域，乘以活动实施的年份或承诺期的年份。

3. 测量和监控方法

第三条第 3 款、第 4 款项下的土地可以通过地理和统计信息进行识别、监测和报告。碳储量和温室气体净排放量随着时间的变化可以通过直接测量、活动数据和基于公认的统计分析、森林调查、遥感技术、流量测量、土壤采样和生态调查的模型组合来估计。这些方法的准确性、精确度、可验证性、成本和应用规模各不相同。随着预期精度和景观异质性的增加，测量特定地区碳储量和温室气体净排放量变化的成本也随之增加。

4. 对年均碳储量变化的估计

《京都议定书》第三条第3款下的不同定义和核算方法对碳储存的变化生成不同的估计值。基础报告的第3章中描述了7种定义方案。

5. 基于项目的活动

土地利用、土地利用变化和林业项目被定义为旨在减少温室气体排放或增加碳储存的一系列计划活动，这些活动限于同一国家的一个或多个地理位置和特定的时间期限和体制框架，以便能够监测和核实温室气体净排放量或增加碳储存。至少有19个国家正在获得联合执行活动（AIJ）和其他土地利用、土地利用变化和林业项目的初步执行经验。

对这些项目经验的评估受到以下因素的制约：项目数量少、项目类型范围有限、地理分布不均衡、迄今为止实地作业时间短，以及缺乏一套国际商定的准则和方法来确定基线和量化排放及吸收。通过旨在缓解气候变化的土地利用、土地利用变化和林业项目的经验，在某些情况下有可能制定解决一些关键问题的解决办法。

6. 可持续发展的潜力

在可持续发展背景下，需要考虑土地利用、土地利用的变化和林业活动的协同作用，包括广泛的环境、社会和经济影响。例如，生物多样性；林业、牧场、土壤、渔业和水资源的数量和质量；提供食物、纤维、燃料和住所的能力；就业、人类健康、贫困和公平。

目前虽然没有一套可用于评估和比较不同土地利用、土地利用变化和林业可持续发展影响的标准，但可持续发展原则已经在公约与实践中得到运用。例如，一些可持续发展原则被纳入其他多边环境协定，包括《联合国生物多样性公约》《联合国防治荒漠化公约》《拉姆萨尔湿地公约》；环境和社会经济影响评估等项目的评估方法已在很多国家（区域）得到应用。

（二）气候变化与土地

《气候变化与土地特别报告》共分七章：第一章概括报告框架以及与气候变化相关的陆地组成；第二章系统评估气候变化与陆地动态过程的耦合关联，包括气候变化和极端天气、气候事件对土地覆盖（利用）的综合影响、陆地温室气体通量和源汇、陆地过程的气候反馈，以及应对气候变化举措的协同效应；第三章集中评估荒漠化态势与气候变化的相互作用；第四章集中评估土地退化态势与气候变化的相互作用；第五章评估农业、粮食安全的态势与气候变化的相互作用；第六章综合评估荒漠化、土地退化、粮食安全、生态系统服务之间的相互作用，以及它们在应对气候变化中的竞争互补和协同作用；第七章评估荒漠化、土地退化、粮食安全和气候变化的风险与挑战，探讨通过可持续土地管理来应对气候变化的途径，实现“联合国2030可持续发展目标”。

1. 陆气相互作用

土地作为关键资源对气候系统起着重要的调节作用。土地既是大气温室气体的源，又是重要的汇。未来人口增长、经济发展、消费升级将对土地形成更大需求，引发一系列的气候风险。2007～2016年，农业、林业和其他土地利用（AFOLU）的温室气体排放分别占全球人为CO_2排放的13%、CH_4排放的44%、N_2O排放的81%，AFOLU的总排放占人为温室气体总排放的23%。同时，土地对诸如增加大气CO_2浓度、氮沉降和气候变化等人为环境变化的自然响应每年吸收了大约11.2Gt CO_2（1Gt＝10亿t），吸收的CO_2大致相当于化石燃料和工业CO_2排放的1/3。

未来气候变化对土地的影响将不断增加，一些部门和区域将可能面临更高或者前所未有的风险。报告指出，如果全球升温1.5℃，旱地缺水、野火损失、多年冻土退化和粮食供应不稳定的风险都将处于高水平；全球升温2℃时，多年冻土退化和粮食供应不稳定的风险会非常高；全球升温3℃时，植被破坏、野火损失和旱地缺水的风险将非常高。当升温幅度从1.5℃上升到3℃时，干旱、热浪和栖息地退化的风险将同时升高。

2. 粮食系统与粮食安全

粮食系统是指所有与粮食生产、加工、运输、烹饪和消费以及这些活动的产出有关的要素和活动。粮食系统由粮食供应和需求组成。粮食供应包括粮食生产、加工、营销和零售。粮食需求（消费和饮食）是由影响粮食选择、获取、利用、质量、安全和浪费的物质、经济、社会和文化因素决定的。粮食系统的成效包括粮食安全、营养和健康、生计、经济和文化效益以及环境副作用（养分流失和土壤流失、水质、温室气体排放和其他污染物）。

气候和气候变化对粮食系统的生产力、稳定性、营养质量有直接影响。气候变化通过改变降水和温度变化趋势和变率，影响作物和牲畜的生产力和总产量、食品营养质量、水分供应和病虫害发生率。同时，粮食系统以排放温室气体和污染物、降低水质、造成生态系统服务损失等环境副作用的形式从外部对气候变化产生直接和间接的负面影响。粮食系统通过反照率、蒸散量改变局地气候，通过排放温室气体加速全球变暖。

未来几十年气候变化对粮食产量的影响将进一步恶化，特别是在高排放气候变化情景下，与1980～2010年的产量相比，2070～2099年全球个别区域的玉米、小麦、水稻和大豆的平均产量下降将高达50%，南美和撒哈拉以南非洲地区可能会出现严重的小麦短缺。在人口多、收入低和技术进步慢的社会经济发展情况下，全球升温1.3℃～1.7℃时粮食安全将从中等风险变为高风险；全球升温2.0℃～2.7℃时，粮食安全将从高风险升到极高风险。在整个粮食系统部署和实施应对气候变化方案将有助于适应和减缓。预计到2050年，农作物和牲畜业的技术减排潜力为每年2.3～9.6Gt CO_2当量，饮食结构改变的技术减排潜力为每年0.7～8.0Gt CO_2当量。未来粮食系统的减排潜力较大。

3. 土地退化和荒漠化

《气候变化与土地特别报告》将土地退化定义为“由包括人为气候变化在内的人类直接或间接作用而引起的土地状况的负面趋势，表现为生物生产力、生态完整性或对人类价值的长期降低，并且这三者中至少要有一个丧失”。报告沿用了《联合国防治荒漠化公约》对荒漠化的定义，即荒漠化是“包括气候变化和人类活动在内的种种因素造成的干旱、半干旱和亚湿润干旱地区的土地退化”。也就是说，荒漠化是土地退化的一种类型，特指干旱、半干旱和亚湿润干旱地区（统称为旱地）出现的土地退化，因此荒漠化不等同于“沙漠扩张”。

报告评估认为，由于干旱地区降水稀少且年际变率大，土壤非常贫瘠，肥力也很差，因此干旱地区特别容易受到土地退化的影响。一些干旱地区过去几十年来荒漠化的范围和强度有所增加，主要是因为干旱地区的变暖幅度达到全球地表平均变暖水平的2倍，同时干旱频率增加，导致生长季节土壤水分供应减少。旱地荒漠化的风险会因气候变化的幅度增大而增加，如果在SSP2（中间路径）情景下，对比工业化前全球变暖1.5℃、2℃和3℃的情况下，生活在干旱地区并面临水资源短缺、生境退化等风险的人口预计将分别达到9.51亿人、11.5亿人和12.9亿人，而相应的脆弱人口分别达到1.78亿人、2.2亿人和2.77亿人。同时，在全球升温2℃时，在SSP1（可持续路径）和SSP3（区域竞争路径）情景下，生活在干旱地区的人口将分别达到9.74亿人和12.67亿人，而相应的脆弱人口分别为0.35亿人和5.22亿人。同时土地退化/荒漠化又会导致生产力下降，从而加剧过度开垦并降低土壤固碳能力，进而加剧气候变化。

报告指出，在牧草地、农田和森林中采取土地退化中性对策（避免、减少和逆转土地退化）和防治荒漠化措施，包括避免砍伐森林和采取因地制宜的做法来管理牧场和森林火灾，将在可持续发展框架下促进气候变化的减缓和适应，并有益于消除贫困和增强粮食安全。发展清洁能源技术，促进这些技术推广利用，将有助于减少传统生物质能源的使用，增加能源供应的多样性，促进气候变化的适应和减缓，加强荒漠化和森林退化的防治，并有益于促进社会经济发展和保护健康（特别对妇女和儿童）。

4. 可持续土地管理

基于土地的应对气候变化措施较为多元。《气候变化与土地特别报告》

评估了基于土地的40种综合措施，将其分为基于土地管理措施、基于价值链管理的措施和基于风险管理的措施三大类。森林和其他生态系统保护、有机农业、精准农业、放牧地管理、病虫害综合治理、雨水收集等可持续管理举措是土地管理的重要发展方向之一，这些措施在气候变化适应和减缓上都可发挥重要作用。

报告指出，加强土地管理、建立灾害早期预警系统、风险分担和转移等措施是应对气候变化的良好方式。报告认为，提高粮食生产力、改善森林管理、减少毁林、增加土壤有机碳含量、增强矿物风化、改变饮食结构、减少粮食收获后的损失和减少食物浪费等大多数可持续土地管理措施可以在不争夺可用土地的情况下实施，有的措施（如改变饮食结构和减少食物浪费）还可以腾出更多的土地用于粮食生产。

5. 争议焦点问题

（1）粮食系统温室气体排放。

《IPCC 2006 年国家温室气体清单指南》中并没有粮食系统的概念，指南中关于农业温室气体排放的计算也只考虑农业生产过程。但本报告中关于粮食系统温室气体排放的计算是将粮食的生产、加工、运输、存储和消费等产业链全部纳入计算范畴，得出了粮食系统温室气体排放约占当前全球人为总排放 1/3 的表述，这在报告审议过程中引起了较大争议。在会议审议过程中，政府代表、IPCC 作者与议题协调员等各方经过反复沟通和长时间的磋商，最后达成一致意见：全球粮食系统温室气体排放包括农业和土地利用变化（如毁林等）的排放以及能源、交通和工业等其他部门用于食品生产的排放，明确了概念和分类，区分了不同类型的温室气体排放占比，为决策者提供了准确完整的信息。

报告中有十多处涉及膳食选择或饮食结构，指出改变饮食结构可以减少对土地转换的需求，并具有很高的温室气体减排潜力。报告认为，到 2050 年饮食结构改变的技术减排潜力可达每年 7 亿 ~80 亿 t CO_2 当量，可腾出几百万平方千米的土地面积用于粮食生产。从近期看，改变饮食结构也可减轻对土地的压力并与人体健康产生协同效应。

（2）生物质能源。

生物质能碳捕集与封存（BECCS）可为减缓气候变化做出重要贡献，但在全球数百万平方千米范围内的大规模使用也会存在增加荒漠化、土地退化、粮食安全和可持续发展的风险。报告提出，在一些将全球升温控制在2℃以内的经济社会发展路径下，到2100年用于生物质能源的土地面积最多将会增加910万平方千米，这意味着全球一半多的耕地都需要转化为生物质能源用地。虽然土地可以为减缓气候变化做出重要贡献，但生物质能源等基于土地的减缓措施作用是有限的，在全球范围内数百万平方千米的广泛使用会增加荒漠化、土地退化、粮食安全和可持续发展的风险。这些风险和影响的大小视生物质能源部署的规模、初始土地利用状态、土地类型等具体情况的不同而异。虽然使用残留物和有机废物作为生物质能源原料可以减轻与生物质能源部署相关的土地利用变化的压力，但清除残留物也会导致土壤退化。

（3）土地温室气体通量。

全球模型估算的全球土地碳排放量为每年（5.2±2.6）Gt CO_2，而国家温室气体清单方法估算的全球土地碳排放量为每年（0.1±1.0）Gt CO_2，二者之间存在几十倍的差异，并且都存在较大的不确定性范围。报告审议过程中对两种不同方法估算的土地温室气体通量产生较大争议，最终作者团队对这两种不同的估算方法进行了澄清，明确指出这两种方法对林地的界定的范围不同，全球模型将那些需要收割的土地视为管理的森林，而国家温室气体清单方法对管理的林地定义更为宽泛。同时清单方法认为土地对人类引起环境变化的自然响应属于人为排放，而全球模型方法则将这种响应归因为非人为“汇”的一部分，这就反映出土地排放估算本身也存在不确定性。

五、气候变化中的海洋和冰冻圈

2019年9月发布的《气候变化中的海洋和冰冻圈特别报告》（SROCC）由IPCC第一工作组和第二工作组联合编写完成，是继IPCC于2018年和

2019 年分别发布《全球升温 1.5℃特别报告》（SR15）和《气候变化与土地特别报告》（SRCCL）后，IPCC 第六次评估报告周期内的第三份特别报告。本报告主要由 6 章组成，包括：报告框架与背景，高山地区，极区，海平面上升及对低海拔岛屿、沿海地区和社会的影响，变化的海洋与海洋生态系统对人类社会的影响，极端事件、突变和风险管理。

（一）海洋与冰冻圈变化及其影响

1. 高山地区与极区冰冻圈变化及其影响

过去几十年间全球变暖已引发冰冻圈的普遍退缩：极地冰盖和山地冰川发生物质损失；1967～2018 年，北极地区 6 月份积雪面积平均每 10 年减少 (13.4±5.4)%；多年冻土温度已上升至 20 世纪 80 年代以来创纪录的水平；1978～2018 年，北极 9 月份海冰范围平均每 10 年减少（12.8±2.3)%。冰冻圈及相关水文变化已影响到高山地区和极区的陆地与淡水生物和生态系统，导致许多物种季节活动发生改变。20 世纪中叶以来，北极地区与高山地区冰冻圈退缩对粮食安全、水资源、水质、生计、健康福祉、基础设施、运输、旅游娱乐、文化等的影响以负面为主，本地居民所受负面影响尤为显著。

预计 21 世纪近期（2031～2050 年），全球冰川物质损失、多年冻土融化、积雪面积和北极海冰范围减小仍将持续。在高排放情景（RCP8.5）下，大部分小冰川发育地区到 2100 年将失去当前冰量的 80% 以上。格陵兰冰盖和南极冰盖将在 21 世纪及以后加速消融。未来陆地冰冻圈的变化将继续改变高山地区和极区的陆地与淡水生态系统，影响河流径流、水资源及其利用，并带来洪水、雪崩、滑坡、多年冻土融陷等众多局地灾害，高山地区和北极地区基础设施、文化、旅游和娱乐资源面临的风险将增加。

2. 海洋的变化及其影响

20 世纪 70 年代以来全球海洋持续增暖，1993～2017 年全球海洋的变暖速率是 1969～1993 年的 2 倍。1982～2016 年，海洋热浪频率倍增，强度更强烈，已引发大规模的珊瑚白化。同时，海洋酸化日益严重，上层海洋贫氧区扩大。20世纪50年代以来，海洋变暖、海冰消融和生物地球化学循环的变化已导致海洋物种分布范围和季节活动变化，并对生态系统结构和功能产生影响。气候变暖引起的鱼类和贝类种群分布和丰度变化对依赖渔业的本地居民和地区产生负面影响，有害藻范围和频率增加已影响到粮食安全、旅游业、地区经济和人类健康。

预计在整个21世纪，海洋将继续变暖，并转向前所未有的状态，海洋层化增强，海洋持续吸收CO_2，海洋酸化加速，净初级生产力下降，影响海洋生物多样性并危及海洋生态系统服务功能和人类社会。海洋热浪的频率、持续时间和强度将进一步增加。海洋变暖和净初级生产力变化将导致海洋动物群落的全球生物量、繁殖力和渔业捕捞潜力下降，群落结构发生变化，并将进一步影响海洋资源依赖型地区的收入、生计和粮食安全。

3. 海平面变化与沿海地区

近几十年来全球平均海平面加速上升。2006~2015年全球平均海平面每年上升3.6毫米，为1901~1990年期间上升速率的2.5倍，且冰盖和冰川消融已超过海水热膨胀成为海平面上升的首要贡献源。沿海地区面临热带气旋、极端海面和洪水、海洋热浪、海冰消融和多年冻土退化等多种气候相关的灾害。

未来数百年海平面仍将持续上升，极端海面事件频发将加剧沿海地区社会—生态系统的灾害风险。在RCP2.6情景下，2100年全球平均海平面上升速率为4毫米/年；而在RCP8.5情景下，到2100年全球平均海平面上升速度将达到15毫米/年，21世纪以后将超过每年几十毫米。海平面上升、海洋变暖和酸化将加剧低洼沿海地区的风险，2100年之前一些小岛屿国家因海洋和冰冻圈变化将变得不适宜居住。

（二）海洋和冰冻圈变化应对措施

1. 强化基于生态系统的适应方案和可再生资源使用管理

保护区网络有助于维持生态系统服务，有利于生态系统为应对变暖和海平面上升而向极地和高海拔地迁移，从而加强气候变化适应能力。恢复陆地和海洋生物栖息地、培育和辅助物种迁移等措施有助于提高生态系统的局部适应能力。

定期评估并不断加强预防措施以及渔业管理，有助于减少气候变化对渔业的负面影响。海岸带红树林、沼泽和海草床（海岸带“蓝碳”）等生态系统的恢复，每年可以额外吸收和储存目前全球碳排放量的0.5%，从而减缓气候变化，也有助于抵御风暴潮、改善水质并有利于生物多样性和渔业发展。

海洋可再生能源（潮汐、波浪、藻类生物燃料等）的使用可以支撑减缓气候变化，并带来新的经济机会。多尺度的水资源综合管理手段可以有效地解决冰冻圈变化对高山地区带来的影响。

2. 加强沿海地区海平面上升综合应对能力

防护、调节、基于生态系统的适应、海岸带开发和规划迁移以及决策分析和公众参与等可在综合应对中发挥重要作用。降低局地暴露度和脆弱性（如减少海岸带城市化、控制人为地面沉降等），可以有效降低海平面上升风险。

在空间和经济密集的沿海地区，海岸硬防护（如堤坝）是较为高效的应对措施，但发展水平较低的地区则面临资金压力。基于生态系统的适应方案不仅可以有效减少海平面上升风险，还能兼顾生物多样性保护、碳储存和水质改善，并提供生活保障。在目前的海平面情景下，建立海岸带早期监测和预测预警系统以及加固沿海建筑物的防护成本低，收益高。

3. 加强跨部门合作与加大气候变化教育投入

应加强跨司法管辖区、部门、政策领域和规划层面的政府部门之间的合作与协调，以有效应对海洋和冰冻圈的变化以及海平面上升。

长期连续的监测、数据信息与知识共享和预报水平的提高，可为适应方案的规划、实施和科学决策提供支撑。优先解决社会脆弱性和公平问题是提升气候恢复力和可持续发展措施的基础。

加大教育和能力建设投入，促进社群性学习，提高气候素养，并结合区域、本地实际和科学知识系统推动公众对风险和应对的认识理解。

4. 应对气候变化的挑战

在许多情况下，跨行政边界和部门的治理工作（如海洋保护区、空间规划和水资源管理系统）过于分散，无法综合应对逐渐增加的级联风险。近年来，极地和海洋地区应对气候变化影响的治理能力得到加强，但时效性不够，存在资金、技术和制度等障碍，并且受环境、气候变化速率和社会措施制约。由于气候和非气候风险驱动因子在不同时空尺度、部门和政策领域间的相互作用，高山、沿海地区和小岛屿国家在协同应对气候变化方面也存在困难。

生存空间压缩、适应能力降低、自然恢复力减弱、非自然因素影响，以及资金、技术支持不足等导致生态系统适应气候变化的能力不足。处于海洋和冰冻圈灾害中高暴露度和高脆弱性的人群，往往也是适应能力最低的人群，尤其是在低洼岛屿、海岸带、北极和高山地区。未来海平面上升幅度的不确定性以及相关的社会经济、安全、资源和权益问题给海平面上升应对带来巨大挑战。

六、二氧化碳捕集与封存

《关于二氧化碳捕集与封存的特别报告》（SRCCS）由 IPCC 第三工作组编写，重点围绕着二氧化碳的捕集与封存（CCS），将其作为减缓气候变化的一种选择方案。该报告是为了响应《联合国气候变化框架公约》（UNFCCC）于2001年在其第七次缔约方大会（COP7）上提出的邀请而编写的，报告共分为9章，涵盖 CO_2 源、CO_2 的捕集、运输和采用地质方式封存、海洋封存、矿石碳化或在工业生产过程中对 CO_2 加以利用的技术特点。该报告还针对 CCS 的成本和潜力、环境影响、风险和安全、温室气体清单和核算的意义、公众反映以及法律问题作了阐述。

（一）CCS 系统及其可行性

二氧化碳捕集与封存（CCS）是指 CO_2 从工业或相关能源的源分离出来，输送到一个封存地点，并且长期与大气隔绝的一个过程。CCS 是稳定大气温室气体浓度的减缓行动组合中的一种选择方案，具有降低整体减缓成本以及增加实现温室气体减排灵活性的潜力。CCS 的应用程度取决于技术成熟性、成本、整体潜力、在发展中国家的技术普及、法规因素、环境问题和公众反馈。

（二）二氧化碳捕集的技术选择方案

主要有三种方法可用于捕集从主要化石燃料（煤、天然气或石油）、生物质，或混合燃料产生的 CO_2，采取哪种方法将取决于有关的生产流程或电厂的应用方向：①燃烧后系统从一次燃料在空气中燃烧所产生的烟道气体中分离 CO_2。这些系统通常使用液态溶剂从主要成分为氮（来自空气）的烟气中捕集少量的 CO_2 成分（一般占体积的 3% ~15%）。②燃烧前系统在一个有蒸汽和空气或氧的反应器中处理一次燃料，产生主要成分为一氧化碳和氢的混合气体（“合成”气体）。在第二个反应器内（“变换反应器”）通过一氧化碳与蒸汽的反应生成其余的氢和 CO_2，可从最后产生的由氢和 CO_2 组成的混合气体分离出一个 CO_2 气流和一个氢流。③氧化燃料系统用氧代替空气作为一次燃烧进行燃料，产生以水汽和 CO_2 为主的烟道气体。这种方法产生的烟道气体具有很高的 CO_2 浓度（占体积的 80% 以上），然后通过对气流进行冷却和压缩清除水汽。

（三）二氧化碳封存的选择方案

1. 地质封存

石油和天然气储层、深盐沼池构造和不可开采的煤层可用于 CO_2 的地质封存。在每种类型中，CO_2 地质封存都将 CO_2 压缩液注入地下岩石构造中。含流体或曾经含流体（如天然气、石油或盐水等）的多孔岩石构造（如枯竭的油气储层）都是潜在的封存 CO_2 地点的选择对象。现有证据表明，在世界范围内，地质构造的技术潜力可至少达到大约 2000 千兆吨 CO_2（545 千兆吨碳）的封存容量。盐沼池构造的地质封存可能还有更大的潜力，但是由于缺乏信息和一致的评估方法，对于上限的估计尚不准确。煤床中的技术封存容量要小得多，并且还缺乏充分的认识。

2. 海洋封存

一个潜在的 CO_2 封存方案是将捕集的 CO_2 直接注入深海（深度在 1000 米以上），大部分 CO_2 在这里将与大气隔离若干世纪。该方案的实施办法是：通过管道或船舶将 CO_2 运输到海洋封存地点，从那里再把 CO_2 注入海洋的水柱体或海底。被溶解和消散的 CO_2 随后会成为全球碳循环的一部分。海洋封存尚未采用，也未开展小规模试点示范，仍然处在研究阶段。然而，有些小规模的外场试验有 25 年的关于 CO_2 海洋封存的理论、实验室和模拟研究。对于海洋封存 CO_2 能力的模式计算结果表明其容量大约在几千兆吨 CO_2 量级上，具体取决于大气稳定水平和环境制约，如海洋 pH 值变化。利用矿石碳化的程度目前还不能确定，因为这取决于未知的、技术上能够开采的硅酸盐储量，以及诸如产品处置量这类环境问题。

3. 矿石碳化和工业利用

矿石碳化是指利用碱性和碱土氧化物，如氧化镁（MgO）和氧化钙（CaO）将 CO_2 固化，这些物质目前都存在于天然形成的硅酸盐岩中。这些物质与 CO_2 化学反应后产生诸如碳酸镁（$MgCO_3$）和碳酸钙（$CaCO_3$）这类化合物。地壳中硅酸岩的金属氧化物数量超过了固化所有可能的化石燃料储量燃烧产生的二氧化碳量。这些氧化物也少量存在于某些工业废物中。矿石碳化产生出能够长时间稳定的二氧化硅和硅酸盐，因而能够在一些地区进行处置（如硅酸盐矿区，或者在建筑用途中加以利用），尽管与产生的数量相比这种二次利用可能相对很小。CO_2 在碳化后将不会释放到大气中，因此几乎没有必要监测这些处理地点，且相关的风险非常小。在开发初期，很难估计封存的潜力。它不仅可能会受到技术上可开采的硅酸盐储量的限制，还会受到包括产品处置数量在内的环保问题的限制，以及受到封存地点法律和社会约束等因素的限制。

工业上对 CO_2 的利用是直接或者以生产各种含碳化学物填料形式加以利用。工业上对 CO_2 的利用包括 CO_2 作为反应物的生化过程，例如，那些在尿素和甲醇生产中利用 CO_2 的生化过程，以及各种直接利用 CO_2 的技术应用。比如在园艺、冷藏冷冻、食品包装、焊接、饮料和灭火材料中的应用。工业利用 CO_2 原则上能够通过将 CO_2 封存在“碳化学库”（即含碳制成品）中使其不接触大气。作为减缓气候变化的一项措施，如果能够长时间且大量封存 CO_2，才能带来真正的净排放，那么这个方案才有意义。目前工业流程利用的大部分 CO_2 典型的封存时间期限只有几天到数月。被封存的碳降解为 CO_2，然后再次排入大气。如此短的时间尺度对于减缓气候变化没有实质意义。

（四）CCS 总成本和减缓气候变化的经济潜力

CCS 各部分的成本差异幅度很大，主要是因为影响因素的差异，例如，使用 CCS 的电厂或工业设施的设计、运行和融资特点、使用燃料的类型和成本、运输 CO_2 的距离、地形和数量，以及封存 CO_2 的类型和特点的差异。另外，当前以及未来 CCS 技术组成部分和综合系统的绩效成本仍然存在不确定性。未来随着研究、技术的发展与规模经济效应，CCS 的成本将会降低。随着时间推移，由于规模经济在相当程度上也能够降低基于生物质 CCS 系统的成本，CCS 在生物质燃烧或复合燃烧转换设备中应用将导致更低的甚至是负 CO_2 排放。这类设备会降低这一选择方案的成本，降幅将取决于 CO_2 减排量的市场价值。

能源和经济模式指出 CCS 系统对于减缓气候变化的主要贡献将来自其在电力行业的发展。大多数模拟结果表明当 CO_2 价格开始达到大约 25～30 美元/吨 CO_2 时，CCS 系统才开始出现显著的部署规模。低成本捕集的可能性（在天然气加工中以及制氢和氨生产中，CO_2 的分离已经完成）与短途

（<50公里）运输和能够产生收入的封存方案（如EOR）相结合，能在无刺激或较少刺激的情况下进行一定量的CO_2封存（大约360兆吨CO_2/年）。

七、技术转让中的方法和技术问题

《技术转让中的方法和技术问题特别报告》是2001年IPCC第三工作组应科学技术咨询附属机构（SBSTA）基于《联合国气候变化框架公约》（UNFCCC）提出的要求而编写。报告讨论了气候变化背景下的技术转让问题，同时强调了可持续发展的前景，旨在综合第二次评估报告中有关以下方面经验的信息：转让类型、技术评估和备选方案；目标部门；参与者的作用（如政府、私营部门、政府间组织、非政府组织）；促进合作的方法；与能力建设有关的问题。

为实现《联合国气候变化框架公约》目标并减少受气候变化的影响，应加强创新和努力转让无害环境技术，以限制温室气体排放和适应气候变化。"技术转让"被定义为涵盖专门知识、经验和设备流动的广泛过程，是有关不同利益相关者共同作用的结果。一些社会、经济、政治、法律和技术因素影响着技术转让的流动和质量。成功转让的基本要素包括对消费者和商业的认识、获取信息途径、当地广泛的技术、商业、管理和监管方法以及完备的经济政策和规章框架。满足当地需要和优先事项的技术转让更有可能取得成功。但是，对于加强技术转让没有预设答案，相互作用和障碍因行业、技术类型、国家而异，近期推动技术转让的国际资金流动的趋势正在改变不同利益相关者的相对能力和作用。因此，需要根据具体情况和利益调整政策行动。报告详细说明了各国政府为促进和加强无害环境技术的转让可以做些什么。

（一）利益相关者和技术转移路径

该报告提供了一个技术转让过程的分析框架，强调了可持续发展。报告审查了近年来技术转让的广泛趋势，探讨了国际政治背景，讨论了克服关键障碍和创造有利环境的政策工具，并概述了融资和伙伴关系的构建。

技术转让关键利益相关者包括开发商、业主、技术的提供者、购买者、接受者、使用者（如私营公司、国有企业和个人消费者）、资助者、捐助者、各国政府、国际机构、非政府组织和社区团体。一些技术直接在政府机构之间或完全在纵向一体化的公司内部转让，但技术流动也越来越依赖于信息服务提供商、商业顾问和金融公司网络等多组织协调。尽管利益相关者发挥着不同的作用，但彼此间也需要建立伙伴关系，以创造成功转让，而各国政府可以促进这种伙伴关系。

利益相关者可以通过多种技术转让途径展开互动。它们因部门、国家情况和技术类型而异。对于“接近市场”的技术和仍处开发阶段的技术创新，途径可能会有所差异。共同途径包括政府援助方案、直接购买、许可证发放、外国直接投资、合资企业、合作研究安排和合作生产协议、教育和培训以及政府直接投资。

虽然技术转让过程可能会复杂，但可以确定“明确需要、选择技术、评估转让条件、协议和执行、评估、因地制宜和复制”等关键环节。在这一过程的每个阶段都可能出现不同适应情景的转让技术障碍。比如，缺乏信息、人的能力不足、政治和经济障碍，如缺乏资本、高交易成本、缺乏全成本定价、贸易和政策障碍，缺乏对当地需求的了解、业务局限性，如金融机构的风险规避，以及法律保护不足、环境法规和标准不完善等制度限制。

（二）提高技术转让质量和效率

能力建设、有利的环境和技术转让机制是技术转让更加高效的三个主要方面。技术转让过程的所有阶段都需要进行能力建设，社会结构和个人价值观随着基础设施和制度而演变。因此，一项新技术意味着一个新的社会挑战。这就要求个人能力、组织能力不断地适应新环境和获得新技能，为此改进提高技术评估和监测能力，这既适用于缓解技术，也适用于适应技术。

另外，各国政府还可以通过健全的经济政策和管理框架、提高透明度和保持政治稳定为私营和公共部门的技术转让创造有利环境。尽管许多无害环境技术被普遍使用，并可以通过商业渠道传播，但因发达国家、发展中国家和经济转型国家存在法律保障薄弱、监管不力、商业不可行等风险，使其传播受到阻碍。除了有利的环境之外，还需要做出额外的努力来开发和加强无害环境技术的转让。

（三）部门行动

本报告从部门角度介绍了适应和缓解技术的转让，强调了各部门技术转让的关键行动各不相同。政府、私人行动者、社区组织均参与各部门技术转让，但在其中的作用和参与程度不同，因此必须注意适应技术的特殊性。一方面，对未来气候变化的适应面临着气候变化影响的位置、速度和程度的不确定性，适应技术往往解决特定地点的问题，其好处主要是本地的，这可能妨碍大规模复制。另一方面，它们不仅可以减少对气候变化预期影响的脆弱性，还可以减少对与气候变化有关危害的脆弱性。

报告中详细讨论了普遍存在的气候减缓和适应技术、当前和未来转让的规模、国家内部和国家之间的技术转让问题，以及在特定部门吸取的经验教训。包括利益相关者之间有效联通对技术转让至关重要，最有效的技术转让集中在具有多重利益的产品和技术上。在报告所评估的部门中，在技术转让方面行之有效的行动领域包括建筑、运输、工业、能源供应、农业、林业、废料管理、人体健康、沿海适应性等，在不同国家、地域、领域推进相关技术转让，有助于多主体利益相关方协同推进。

八、IPCC 国家温室气体清单指南

IPCC 从 1995 年起开始研究编制国家温室气体排放清单指南，至今已发布 4 版清单指南，最新版本为《IPCC 2006 年国家温室气体清单指南（2019 修订版）》（以下简称《清单指南 2019》），该方法论报告将与《2006 年 IPCC 国家温室气体清单指南》（以下简称《清单指南 2006》）合并使用。

《清单指南2006》是应《联合国气候变化框架公约》（UNFCCC）邀请而编制，在IPCC国家温室气体清单特别工作组联合主席共同组成指导小组的指导下编写完成，旨在用来更新《1996年指南修订本》和《优良做法指南》，提供国际认可的方法学，供各国用来估算温室气体清单。指南修订工作自2002年启动，2003年11月在维也纳IPCC第21次会议上针对职权范围、目录和工作计划达成一致，并于2006年4月IPCC第25次会议上予以批准和通过。

《清单指南2019》于2019年5月12日召开的IPCC第49次全会（IPCC-49）通过发布，该指南是《清单指南2006》的升级版，为世界各国建立国家温室气体清单和减排履约提供了最新的方法和规则，其方法学体系对全球各国具有深刻和显著的影响。对《清单指南2006》做更新和修订主要基于两个原因：一是2006年以来新的生产工艺和技术不断出现，带来新的排放特征，需要在国家清单编制中有所体现，以美国非常规油气开采技术发展最为明显；二是2011年德班会议授权启动特别工作组谈判，对2020年后适用于所有缔约方的“议定书”“其他法律文件”或“经同意的具有法律效力的成果”进行磋商，并决定最晚于2015年完成谈判并于2020年开始实施。为配合拟议全球统一协定，IPCC有意在2020年前出版一份综合的、能全面反映最新进展并且适用于所有缔约方的“统一”清单方法学指南。

（一）2006年IPCC国家温室气体清单指南

1. 指南的范围及结构

《清单指南2006》由五卷组成，包括：一般指导及报告；能源；工业过程和产品使用；农业、林业和其他土地利用；废弃物。

第一卷一般指导及报告描述了编制清单的基本步骤，并基于作者们对20世纪80年代末期以来这段时期内各国积累的经验的理解，就温室气体的排放和清除估算提供了一般指导。第一章为指南，第1.1~1.3节描述了本指南的总体框架，主要是范围、方法和结构；第1.4~1.5节就利用《2006年IPCC

指南》编制温室气体清单的步骤逐一给予了指导。其中，第1.1节以若干关键概念为基础，以期对这些概念有共同的理解；第1.2节详述估算方法；第1.3节介绍本指南的结构；第1.4节为清单编制从数据收集到报告所有步骤的质量提供了指导意见；第1.5节介绍了编制温室气体清单的步骤，具体包括数据收集方法、不确定性、方法学选择与关键类别、时间序列一致性、质量保证/质量控制与验证、前体物与间接排放、报告指南及各表。第二至第八章为编制温室气体清单步骤的详细阐述。

第二至第五卷为不同经济部门的排放估算提供了指导，在具体的类别中应用了上述估计方法。第二卷涉及能源类别排放的温室气体，包括固定源燃烧、移动源燃烧、逸散排放、二氧化碳运输和注入与地质储存。第三卷涉及工业过程和产品使用类别排放的温室气体，包括采矿工业排放、化学工业排放、金属工业排放、源于燃料和溶剂使用的非能源产品、电子工业排放、臭氧损耗物质氟化替代物排放、其他产品制造和使用。第四卷涉及农业、林业和其他土地利用类别排放的温室气体，包括林地、农地、草地、湿地、聚居地、其他土地、牲畜和粪便管理过程中的排放、管理土壤中的一氧化二氮（N_2O）排放和石灰与尿素使用过程中的二氧化碳排放、采伐的木材产品。第五卷涉及废弃物类别排放的温室气体，包括固体废弃物处理、固体废弃物的生物处理、废弃物的焚化和露天燃烧、废水处理与排放。

《清单指南2006》中五卷的详细内容见表9。在不同经济部门每一具体类别中，应用估算方法的一般结构如表10所示。

表9　　《清单指南2006》目录

卷	章
1. 一般指导及报告	1. 导言 2. 数据收集方法 3. 不确定性 4. 方法学选择与关键类别 5. 时间序列一致性 6. 质量保证/质量控制与验证 7. 前体物与间接排放 8. 报告指南及各表

续表

卷	章
2. 能源	1. 导言 2. 固定源燃烧 3. 移动源燃烧 4. 逸散排放 5. 二氧化碳运输、注入与地质储存 6. 参考方法
3. 工业过程和产品使用	1. 导言 2. 采矿工业排放 3. 化学工业排放 4. 金属工业排放 5. 源于燃料和溶剂使用的非能源产品 6. 电子工业排放 7. 臭氧损耗物质氟化替代物排放 8. 其他产品制造和使用
4. 农业、林业和其他土地利用	1. 导言 2. 适用于多个土地利用类别的通用方法 3. 土地的一致表述 4. 林地 5. 农地 6. 草地 7. 湿地 8. 聚居地 9. 其他土地 10. 牲畜和粪便管理过程中的排放 11. 管理土壤中的一氧化二氮（N_2O）排放和石灰与尿素使用过程中的二氧化碳排放 12. 采伐的木材产品
5. 废弃物	1. 导言 2. 废弃物产生、构成和管理数据 3. 固体废弃物的处理 4. 固体废弃物的生物处理 5. 废弃物的焚化和露天燃烧 6. 废水处理与排放

表10　部门指南章节的一般结构

项目	步骤
方法学问题	选择方法，包括决策树和方法层级定义 选择排放因子 选择活动数据 完整性 建立一致的时间序列
不确定性评估	排放因子不确定性 活动数据不确定性
质量保证/质量控制、报告和归档	—
工作表	—

2. 估算方法及应用原则

《清单指南2006》按照难易程度，从方法1（最简方法）到方法3（最详细的方法）提供了说明，包括：方法的数学说明，有关排放因子或用于得出估算值的参数信息，以及用于估算净排放量总体水平（源排放减汇清除）的活动数据来源。如果加以正确运用，所有三级方法均可提供没有偏差的估算。将估算方法分为三级，可使清单编制者选择使用与其资源情况相一致的方法，并将工作重点放在对国家排放总量和趋势贡献最大的排放和清除类别上。

《清单指南2006》是借助决策树来应用分级方法的（见图3）。决策树指导各国根据国家情况选择估算所考虑类别的方法级别。国家情况包括所需数据的可获得性以及所考虑类别对国家总排放量和清除量及其走势的贡献度。就国家总排放量和趋势而言，最重要的类别称作关键类别。对于关键类别，决策树一般要求采用方法2或方法3。但是《清单指南2006》同时指出，当有证据证明数据收集费用会严重妨碍获得用于估算其他关键类别的资源时，也可以采用方法1。

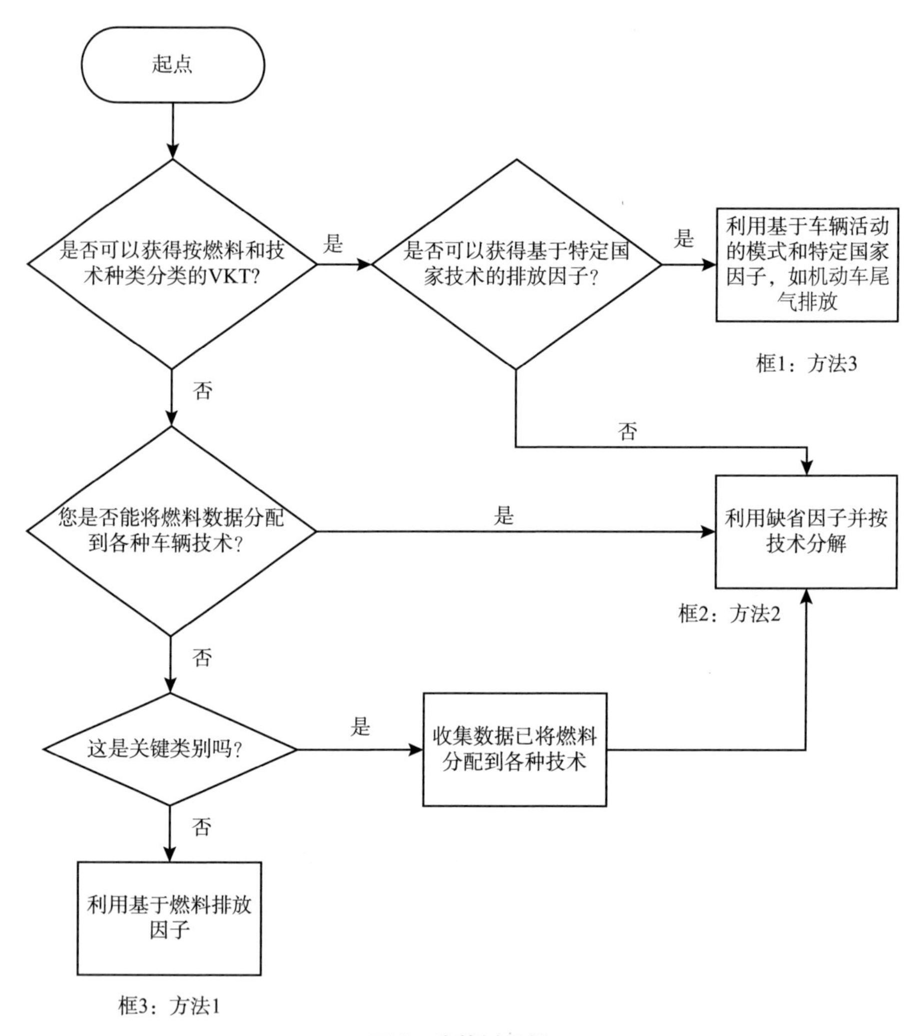

图3　决策树示例

《清单指南2006》还就以下方面提供了建议：①确保数据收集具有代表性，保证时间序列的一致性；②估算类别层面上及整个清单的不确定性；③质量保证与质量控制程序指导，以在清单编制过程中提供交叉审核；④应将信息编制文件、存档并报告，以便于对清单估算的评审和评估。此外，还提供了方法1的报告表和工作表。使用分级方法学和决策树以及交叉性建议，确保可用于编制和更新清单的有限资源得到最有效的利用，并可确保以透明的方式审核和报告清单。

（二）2019年IPCC国家温室气体清单指南

根据IPCC第44次全会决定，2019年指南细化的最终结果是一个“独立”的方法论报告，包括概论和5个分卷内容，总体框架与《清单指南2006》保持一致。最终产出的方法论报告不是原有指南的修订版，需要与《清单指南2006》合并使用。精细化类型分为三类：一是更新，对现有的表格、节或章进行修改但不改变基本方法。例如，提供新的缺省排放因子，更新的内容将替代原有内容。二是补充、说明，即根据新的科学进展或认识对现有指南进行内容上的补充和更详细的解释，补充的内容将与原有内容合并使用。三是提供新的指南，对原有指南中缺失的内容进行添加。例如，为原指南中没有覆盖的排放源提供方法指导。

1. 总体精细化内容

根据历次会议专家讨论和问卷调查，最终确定的指南精细化点共有107个，在各个章节之间的分配见表11。其中，农业、林业和其他土地利用卷（AFOLU）精细化点较多，能源领域由于方法较为成熟且不确定性相对小，因此精细化点最少。精细化工作的时间安排列在表12。

表11　《清单指南2019》的精细化点在各卷的分配　单位：个

内容	精细化点数量			
	更新	补充/说明	全新内容	合计
通用卷	2	4.5	5.5	12
能源卷	1	2	2	5
工业过程卷	3	3	5	11
AFOLU卷	23	10	11	44
废弃物卷	17	14	4	35

表 12　《清单指南 2019》工作时间安排

时间点	工作安排	工作要点
2017 年 6 月	第一次作者会议（LAM1）	讨论生成零版稿（ZOD）
2017 年 9 月	第二次作者会议（LAM2）	完成第一稿（FOD）
2017 年 12 月～2018 年 1 月	专家审评	8 周的专家审评时间
2018 年 3 月	科学会议	少数主笔作者参加，集中讨论关键问题
2018 年 4 月	第三次作者会议（LAM3）	根据专家意见修改初稿，产生第二稿（SOD）
2018 年 6 月	文献引用截止日期	只有在这个日期之前出版的文献可以被引用
2018 年 7～8 月	政府和专家审评	8 周时间
2018 年 10 月	第四次作者会议（LAM4）	根据政府专家意见修改初稿，产生最终稿
2019 年 1 月	政府审评	进入政府批准环节
2019 年 5 月	IPCC 第 49 次全会讨论	为 IPCC-49 提供最终文稿
2019 年 9 月	发布报告	提供给政府、国际机构和公众

2. 通用卷

《清单指南 2006》中的通用卷共有 8 章，其中前 7 个章节针对交叉性问题都出现了需要进行精细化的环节。内容包括：建立一个运作良好的国家体系、帮助发展中国家确立国家排放因子、利用基于设施的数据、理顺原有指南中的一些定义、提供更科学的不确定性估算方法等。部分修订内容针对原有指南不同分册中出现混淆的概念，部分特别针对发展中国家的需求，部分针对多年以来清单专家评审发现的普遍问题（如时间序列的一致性问题），也有些针对越来越广泛的数据来源问题。

3. 能源卷

能源卷有 5 个精细化点，其中 4 个针对排放。煤炭系统中，增补煤炭地质勘探钻孔后的温室气体逃逸排放核算方法、井工及露天煤矿开采过程的 CO_2 逃逸排放因子，新增废弃露天煤矿的温室气体逃逸排放核算方法；油气系统中，对目前的缺省排放因子进行修订；此外，新增对“其他燃料加工转换”环节（例如木炭生产、煤制油、煤制气）排放的核算方法。

4. 工业过程卷

工业过程和产品共有11个精细化点，专家组要为氢、氧化铝、稀土元素、纺织行业和防水电子电路板行业提供新的核算方法，更新和补充环节集中在硝酸、含氟气体、钢铁/冶金焦、铝、半导体生产过程以及消耗臭氧层物质氟化替代物排放。其中，氢生产过程可能与合成氨相似，但考虑近些年氢生产的发展及其未来趋势，IPCC 考虑将其作为单独行业建立排放核算方法学；氧化铝生产过程中可能会伴随多种碳酸盐的分解，从而伴随 CO_2 排放，同时也存在一些工艺使用 CO_2，从而一定程度上减少了部分 CO_2 排放。由于还没有充足文献提供有效的排放因子，因而难以准确计量稀土元素、纺织行业和防水电子电路板这3个行业的温室气体排放量，目前尚无法判断这3个行业是否是关键排放源，后续将根据相关研究做出是否需要单独建立方法学的最终判断。

5. 农业、林业和其他土地利用卷

农业、林业和其他土地利用卷（AFOLU）的44个精细化点中，涉及11个新方法论、23个需要更新的内容和10个需要进一步澄清的内容，其中多个精细化点既需要更新又需要补充、澄清或需要提出新的指南。AFOLU 卷精细化的内容主要集中在6个方面：①生物量估算方法、土地类型的表述、矿质土壤碳储量变化估算方法、管理土地的氧化亚氮排放、家畜的甲烷排放与粪便管理的排放、水淹地的排放。②新增的生物量估算方法，分别采用异速生长方程来估算生物量，以及采用遥感数据获取生物量密度地图来估算生物量。③土地类型的表述新指南，主要介绍了如何整合遥感数据、地面数据及辅助数据，生成时间序列的土地利用和土地利用变化数据。④土壤碳的估算方法是此次增补内容最多的，共计8个方面的新方法指南。⑤畜牧业更新内容包括了排放因子缺省值和部分方法学的更新。⑥水淹地的温室气体排放与吸收的估算，是这次精细化的全新内容。

6. 废弃物卷

在废弃物领域有4个新指南补充，分别是：在废弃物组分分析中增加淤泥中的氮含量、生物需氧量或化学耗氧量的有关信息；在固体废弃物填埋章节中增加有关通风填埋处理的一阶衰减方法；在废弃物处理一氧化二氮（N_2O）排放一节中增加污水净化系统的排放因子；增加工业废水处理N_2O的排放。

附录 2 气候变化与自然资源治理*

一、情景设定下的碳排放路径

情景路径是气候变化研究和评估的重要组成部分，它能够预估近期决策可能产生的长期结果，在未来不确定的背景下，帮助科研人员探索各种可能发生的情景。重要的是，情景可以为减排政策、影响因素、适应方案和物理地球系统变化提供基础性模型框架，促进不同研究团队整合研究成果。

近年来，在碳排放研究领域，有以下三种典型的情景路径：一是 IPCC 第五次评估报告采用的代表性浓度路径，该路径设置了 RCP2.6、RCP4.5、RCP6.0、RCP8.5 四个情景；二是世界气候研究计划（World Climate Research Programme，WCRP）在第六次国际耦合模式比较计划中采用的共享社会经济路径，该路径设置了 SSP1-1.9、SSP1-2.6、SSP2-4.5、SSP3-7.0、SSP4-3.4、SSP4-6.0、SSP5-3.4、SSP5-8.5 等 8 个情景；三是清华大学气候变化与可持续发展研究院结合中国实际，提出的政策情景、强化减排情景、2℃温控目标情景和 1.5℃温控目标情景。

* 本部分由编写组结合已有的研究成果和收集的资料整理而来。

(一) 代表性浓度情景路径 (RCPs)

1. 代表性浓度路径概况

在世界气候研究计划耦合模式工作组的支持下，耦合模式比较计划(Coupled Model Intercomparison Project, CMIP) 开始实施，2008 年的第五版计划 (CMIP5) 中提出四种代表性浓度路径 (RCPs)，该四种情景路径被 2014 年 IPCC 第五次评估报告采用。代表性浓度路径认为人为温室气体排放量主要受人口规模、经济活动、生活方式、能源利用、土地利用模式、技术和气候政策的驱动。代表性浓度路径可根据上述因素进行预估，描述四种不同路径下 21 世纪温室气体排放及其大气浓度、空气污染物排放和土地利用情况。四种路径分别为一类严格减缓情景 (RCP2.6)、两类中度排放情景(RCP4.5 和 RCP6.0)、一类高排放情景 (RCP8.5)。路径名称 RCP 后的数字代表该情景在 2100 年达到的辐射强迫目标分别为 2.6W/m^2、4.5W/m^2、6.0W/m^2、8.5W/m^2。

其中，RCP8.5 是在无气候政策干预下的基线情景，随着时间推移，温室气体排放量不断增加，是一种温室气体排放量较高的情景。它是由奥地利国际应用系统分析研究所 (International Institute for Applied Systems Analysis, IIASA) 开发的，使用的是 MESSAGE 模型和 IIASA 综合评估框架。RCP6.0 是在一定的气候政策干预下，使得 2100 年后辐射强迫稳定在 6.0W/m^2 以下。它是由日本国立环境研究所 (National Institute for Environment Studies, NIES) 开发的，使用的模型是 AIM 模型。RCP4.5 是在另一种气候政策干预下，使得 2100 年后辐射强迫稳定在 4.5W/m^2 以下。它是由美国西北太平洋国家实验室的联合全球变化研究所 (Joint Global Change Research Institute, JGCRI) 开发的，使用的模型是 GCAM。RCP2.6 是在严格的气候政策干预下的情景设计，辐射强度在 2100 年前达到峰值 3.0W/m^2，随后温室气体排放量逐年减少，辐射强度也逐渐下降，到 2100 年下降到 2.6W/m^2。它是由荷兰环境评估署 (Planbureau voorde Leefomgeving, PBL) 开发的，使用的模型是 IMAGE 模型。

2. 代表性浓度路径下全球气候变化预估分析

（1）能源消耗。

化石燃料的消耗基本上与情景的辐射强迫水平相吻合。RCP8.5 辐射强迫水平高，受人口快速增长和技术发展缓慢的影响，能源消耗量大，对于化石燃料的依赖度远远大于其他三种情景。RCP8.5 和 RCP6.0 都严重依赖化石燃料，RCP4.5 和 RCP2.6 的能源消耗与能源结构相近，但 RCP2.6 的石油消耗下降更为显著。

（2）土地利用。

由于全球人口增加，RCP8.5 中耕地和草地的利用有所增加。RCP2.6 由于生物能源生产，使得耕地面积增加，草地较为恒定。RCP6.0 的耕地面积增加，草地面积减少，因为畜牧业由粗放型向集约型转变，少量的草地可以满足动物产品产量增加的需求。RCP4.5 将土壤碳汇作为全球气候政策的一部分，因此在实施重新造林计划下，耕地和草地的使用量均呈减少趋势。

（3）温室气体排放。

RCPs 的 CO_2 排放量与文献研究的情况比较一致。RCP8.5 代表无气候政策情景，其 CO_2 排放量明显高于其他三种情景，且处于持续增长的状态。大多数文献对无气候政策下 CO_2 排放量预测研究结果比较接近 RCP6.0，在 21 世纪末 CO_2 排放量将达到 15 ~ 20Gt。RCP4.5 下的 CO_2 排放量变化趋势，与多数气候政策下排放量研究吻合。RCP2.6 下 CO_2 排放量将长期处于减少状态，并在 2100 年达到零排放。

就 CH_4 和 N_2O 排放情况而言，RCP8.5 的 CH_4 和 N_2O 排放均呈现快速增长趋势，RCP6.0 和 RCP4.5 的 CH_4 排放大致稳定，但 RCP6.0 的 N_2O 排放增长较快，RCP2.6 的 CH_4 和 N_2O 排放均呈现下降趋势，且 CH_4 排放量减少了近 40%。

（4）大气污染物排放。

所有 RCP 情景都假设：由于收入水平的不断提高，空气污染控制政策将随时间变得更加严格。所以在全球范围内，四种 RCP 情景路径下，污染物排放量随着时间而减少。四种 RCP 情景路径的差异是因为气候政策的不同，导致能源消耗发生变化，进一步影响空气污染物排放情况。气候政策最严格的

RCP2.6 的污染物排放量最低，没有气候政策的 RCP8.5 的污染物排放量最大，温室气体排放水平高的情景，大气污染物排放量也较高。

（5）全球表面平均温度。

在不发生重大火山喷发或太阳总辐射意外变化等事件下，预估的气候变化幅度很大程度上取决于选择的情景路径。预估到 21 世纪末期，在 RCP2.6 情景下的全球表面平均温度有可能比 1986～2005 年期间上升 0.3℃～1.7℃，在 RCP4.5 情景下有可能是 1.1℃～2.6℃，在 RCP6.0 情景下有可能是 1.4℃～3.1℃，而在 RCP8.5 情景下有可能是 2.6℃～4.8℃。

（6）海洋酸化。

预估到 21 世纪末，在所有 RCP 情景下，全球海洋酸化增加，在 RCP2.6 情景下，至 21 世纪中期后将缓慢恢复。在 RCP2.6 情景下，表面海洋 pH 值的下降范围为 0.06～0.07（酸度增加 15%～17%），在 RCP4.5 情景下为 0.14～0.15（酸度增加 38%～41%），在 RCP6.0 情景下为 0.20～0.21（酸度增加 58%～62%），在 RCP8.5 情景下为 0.30～0.32（酸度增加 100%～109%）。

（二）共享社会经济情景路径（SSPs）

1. SSPs 的提出及发展概况

第六次国际耦合模式比较计划（CMIP6）是由世界气候研究计划组织（WCRP）发起的新一轮研究计划，目的是解决和回答当前气候变化领域面临的新的科学问题，为实现 WCRP 所确立的科学目标提供数据支撑。CMIP6 总结了 CMIP5 采用的 4 种 RCP 情景路径存在的不足之处：一是 RCP 情景仅考虑了未来百年达到稳定二氧化碳浓度和相应辐射强迫的目标，缺乏特定的社会经济发展路径，因此对减排行动的成本和收益进行评估非常困难。二是 RCP 情景假设人为气溶胶排放在未来会大幅减少，这使得四种 RCP 情景下的气溶胶情况差异不大，无法体现气溶胶影响近期气候变化的可能性，情景路径低估了气溶胶排放对气候的影响力。三是最新研究发现，较小的全球平均辐射强迫差异对局地气候可能产生较大的影响，RCP的辐射强迫差异较大，一定程度上影响研究结果的综合性和适用性。SSP充分考虑了RCP上述的不足之处，将人口、经济和技术等社会发展指标变化纳入情景路径，提供了更加多样的空气污染物排放情景，并增加了3种新的情景路径，为气候预估和缓解适应研究提供更加合理的模拟结果。四是在总结代表性浓度路径不足的基础上，CMIP6专门设置了子计划——情景模式比较计划（Scenario MIP），并研究提出了共享社会经济情景路径（SSPs）。

SSPs情景路径的具体表述方式为SSPx-y，其中x表示未来社会经济的发展情景，y表示辐射强迫程度，它是将不同的共享社会经济路径（SSP）和RCP中的未来气候辐射强迫幅度结合起来，基于不同SSP可能发生的能源结构所产生的人为排放和土地利用变化，采用IAM生成定量的温室气体排放、大气成分和土地利用变化，从而生成新的预估结果。在SSPs情景中，包括以下五种路径（见图1）。

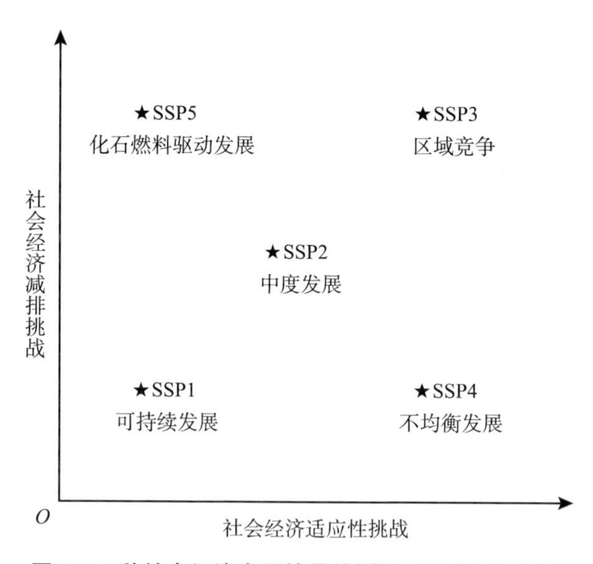

图1　五种社会经济发展情景的缓解和适应挑战情况

①SSP1是可持续发展情景，缓解和适应面临的挑战较小。世界逐渐向更可持续的状态转变，全球公共管理得到改善，教育和卫生投资较大，更

加注重人类福祉，各国之间和国家内部不平等问题减少，资源和能源消耗强度降低。

②SSP2 是中度发展情景，缓解和适应面临中等程度的挑战。社会、经济和技术的发展不会明显偏离历史发展趋势，社会的发展和收入的提高不对等，全球再向可持续发展目标努力，但进展缓慢，尽管环境治理取得了一定成效，但还是出现了退化现象，人口增长缓慢，在 21 世纪下半叶处于下降趋势，收入不平等改善缓慢。

③SSP3 是局部竞争情景，缓解和适应面临较高挑战。受竞争力和国家安全等因素的影响，政策重心逐渐转向国家和地区安全问题。各国更重视实现能源和粮食安全目标，忽视了基础性建设。教育和技术领域的投资下降，经济发展缓慢，消费以物质消费为主，不平等现象长期存在，甚至恶化。工业化国家的人口增长率低，发展中国家人口增长率高，国际上对解决环境问题的重视程度较低，导致一些区域的环境严重退化。

④SSP4 是不均衡发展情景，缓解挑战小，适应挑战大。人力资本投资不平等，经济机遇和政治权利差距日益扩大，使得国家之间和国家内部的不平等和分层现象愈发严重，知识、资本密集型地区和劳动密集型、技术水平低地区的差距越来越大，社会冲突和动荡较为普遍，全球能源行业多元化发展，环境政策更多是基于中、高收入地区的情况制定。

⑤SSP5 是化石燃料驱动发展情景，缓解挑战大，适应挑战小。全球一致认为竞争性市场、创新和参与性社会能够推动技术水平和人力资本快速发展，并将其作为可持续发展的渠道。全球市场一体化，卫生、教育和机构领域的投资加大，各国开采化学燃料资源并采用资源密集型的生活方式，全球经济快速增长，全球人口在 21 世纪达到高峰并出现下降趋势，人们有能力对社会和生态系统进行有效管理，必要时可采用地球工程等措施。

后来，CMIP6 结合 RCPs 的优势，在以上五种未来社会经济发展情景的基础上，考虑到未来气候辐射强迫幅度，进一步形成了 8 组新情景，分别为 SSP1-1.9、SSP1-2.6、SSP2-4.5、SSP3-7.0、SSP4-3.4、SSP4-6.0、SSP5-3.4、SSP5-8.5，具体情景路径详见表 1。

表1 **8组SSPx－y情景**

SSPx-y情景	共享社会经济路径x	辐射强迫路径y	情景特点
SSP1-1.9，减缓情景	SSP1，可持续发展	1.9W/m^2，低辐射强迫	SSP1-1.9情景可支持把全球平均增暖控制在较工业化前水平1.5℃以内的目标研究，该情景土地利用变化显著（特别是全球森林面积显著增加）
SSP1-2.6，减缓情景	SSP1，可持续发展	2.6W/m^2，低辐射强迫	SSP1-2.6是更新后的RCP2.6情景，可支持把全球平均增暖控制在较工业化前水平2℃以内的目标研究
SSP2-4.5，减缓情景	SSP2，中度发展	4.5W/m^2，中等辐射强迫	SSP2-4.5是更新后的RCP4.5情景，该情景土地利用和气溶胶路径处于中等水平
SSP3-7.0，基线情景	SSP3，各国之间或国内不同领域之间不均衡的发展，弱约束限制	7.0W/m^2，中高辐射强迫	SSP3-7.0情景的土地利用变化是可持续的，该情景中的短寿命气候强迫物排放高
SSP4-3.4，减缓情景	SSP4，各国之间或国内不同领域之间不均衡的发展，强约束限制	3.4W/m^2，低辐射强迫	SSP4-3.4情景弥补了RCPs中2.6W/m^{2}和4.5W/m^{2}路径之间的空白
SSP4-6.0，减缓情景	SSP4，各国之间或国内不同领域之间不均衡的发展，中等约束限制	6.0W/m^2，中等强迫	SSP4-6.0是更新后的RCP6.0情景，用于与SSP4-3.4进行比较，以研究不同全球平均辐射强迫路径对气候的影响
SSP5-3.4，减缓情景	SSP5，化石燃料驱动的发展	3.4W/m^2，低辐射强迫	SSP5-3.4情景在2040以前沿着SSP5-8.5情景的路径发展，2040年以后强制减排，人为排放迅速减少
SSP5-8.5，基线情景	SSP5，化石燃料驱动的发展	8.5W/m^2，高辐射强迫	SSP5-8.5是更新后的RCP8.5情景，SSP5是唯一可以使2100年人为辐射强迫达到8.5W/m^{2}的共享社会经济路径

2. 共享社会经济路径下全球气候变化预估分析

（1）能源消耗。

在SSP情景中，未来能源供应系统的规模和结构是缓解和适应挑战的关键决定因素。SSP3和SSP5两种SSP基线情景严重依赖化石燃料，煤在能源组合中的贡献越来越大。因此，在这两个情景下，缓解的挑战很大。相比之下，SSP1 和 SSP4 的缓解挑战低，因此可再生能源和其他低碳能源载体的份额增加。相较于其他的 SSPs 情景路径，SSP2 达到了能源均衡发展状态，即保持以化石燃料为主的能源结构，在缓解和适应方面都面临中等挑战。

根据 SSP5 情景，21 世纪能源需求增长了两倍多（主要是受经济快速增长的驱动），所以 SSP5 的缓解挑战很大，相较下，SSP1 和 SSP4 的缓解压力较小。SSP1 的能源需求最小，在 2060 年左右达到峰值，随后由于能源效率措施的成功实施和行为改变而下降。

（2）土地利用。

SSP1 情景下土地利用向可持续发展模式转型，由于人口压力小、健康饮食、农业生产力高、环境政策要求严格等一系列因素，耕地在 SSPs 中最小，森林和其他自然土地在全球范围内逐步扩张。人口大规模增长、相对较低的农业生产力，以及较高的辐射强度，使得 SSP3-7.0 的耕地、草地大幅增加，而林地和其他自然土地严重减少。

（3）二氧化碳排放与地表温度。

SSP1 的两种情景路径下的二氧化碳排放量均在 2020 年左右达峰值，随后逐年下降，在 SSPs 的各种路径下，属于排放量低的情景路径，同时，地表温度升温能控制在 2℃ 以下。SSP5-3.5 的情景路径较为特殊，前期保持化石燃料驱动政策，属于未采取环境政策阶段，这使得碳排放和地表温度显著攀升，在 2040 年，由于积极采取减缓措施，使得碳排放在 2070 年迅速降至零，随后呈现净负值水平，地表温度也呈回降趋势。SSP4-3.4 填补了 RCPs 情景路径中 4.5W/m^2 和 2.6W/m^2 之间的空白，SSP4-3.4 情景路径下碳排放量、碳浓度和地表温度更接近 SSP1-2.6。

（三）清华大学气候变化与可持续发展研究院提出的情景路径

根据 2015 年提出的国家自主贡献（NDC）目标和《巴黎协定》中两个温升控制目标，2018 年底，清华大学气候变化与可持续发展研究院组织国内十几家主流研究单位开展了 2050 年中国长期低碳发展战略与转型路径项目研究，结合第二个百年奋斗目标，提出了中国低碳发展存在两个阶段。

第一阶段是2030年和2035年，以国内现代化建设基本实现、生态环境根本好转、美丽中国建设目标基本实现的目标为指引，强化低碳发展政策导向，落实和强化NDC目标，构建“政策情景”和“强化减排情景”。第二阶段是2035~2050年，在保障建成社会主义现代化强国和美丽中国目标实现的同时，以碳中和目标为导向，构建与全球控制温升目标相一致的减排情景。

清华大学项目团队通过研究长期低碳发展的趋势、政策和路径，分析长期深度脱碳目标倒逼下的减排路径、技术支撑及成本和代价，提出了四种碳排放情景：①政策情景。以我国在《巴黎协定》下提出的NDC目标、行动计划和相关政策为支撑，延续当前低碳转型的趋势和政策的情景设定。②强化政策情景。在政策情景基础上，进一步强化降低GDP能源强度和二氧化碳强度的力度和幅度，进一步提高非化石能源在一次能源消费中占比等各项指标，挖掘减排潜力，控制二氧化碳排放总量，强化政策支撑，适应《巴黎协定》下各国强化和更新NDC目标和行动的要求。③2℃温控目标情景（简称“2℃情景”）。以实现全球控制升温2℃目标为导向，研究与之相适应的减排情景和路径。是以21世纪中叶深度脱碳目标倒逼下的减排对策和路线图分析为基础，对其技术资金需求、成本代价及政策支撑进行论证和评价。④1.5℃温控目标情景（简称“1.5℃情景”）。以控制1.5℃温升目标为导向，到21世纪中叶努力实现二氧化碳净零排放和其他温室气体深度减排为目标，研究和论证其可能性和路径选择，并评价其可能产生的社会经济影响。

二、中国能源消费与二氧化碳排放

（一）中国能源利用与二氧化碳排放现状

1. 中国能源利用现状

中国一次能源消费总量庞大，人均消费处于中等水平。2020年《BP

世界能源统计年鉴》中各国一次能源消费数据显示，2019 年我国的一次能源消费为 141.70 艾焦，是美国的 1.5 倍，是日本的 7.6 倍，占亚太地区的 55.02%，占世界总量的 24.27%，总量规模庞大（见表 2）。从一次能源人均消费来看，我国的人均消费水平处于中等水平，2019 年中国人均消费量为 98.8 吉焦/人，而美国人均消费量为 287.6 吉焦/人，是中国的 2.9 倍，日本人均消费量为 147.2 吉焦/人，是中国的 1.5 倍。从发展趋势上看，2008～2018 年能源消费总量的年均增长率为 3.8%，人均消费量的年均增长率为 3.3%，我国的一次能源总消费量和人均消费量均呈现出较为显著的增长态势（见表 3）。

表 2　　部分国家的一次能源消费量　　单位：艾焦

国家		2015 年	2016 年	2017 年	2018 年	2019 年
发达国家	加拿大	13.99	13.94	14.11	14.35	14.21
	美国	92.15	92.02	92.33	95.6	94.65
	法国	9.92	9.76	9.70	9.87	9.68
	英国	8.11	8.01	7.99	7.96	7.84
	俄罗斯	28.14	28.76	28.87	30.04	29.81
	日本	18.97	18.65	18.89	18.84	18.67
	韩国	11.87	12.16	12.37	12.55	12.37
发展中国家	巴西	12.23	11.92	12.06	12.13	12.40
	南非	5.05	5.30	5.25	5.30	5.40
	土耳其	5.72	6.01	6.37	6.29	6.49
	中国	125.38	126.95	130.83	135.77	141.70
	印度	28.77	30.07	31.33	33.30	34.06
	印度尼西亚	7.10	7.30	7.57	8.23	8.91
	泰国	5.25	5.36	5.45	5.60	5.61
亚太地区总计		228.63	233.13	240.07	249.35	257.56
全球总计		543.17	550.60	560.42	576.23	583.90

资料来源：《BP 世界能源统计年鉴》。

表3　部分国家的一次能源人均消费量　单位：吉焦/人

国家		2015年	2016年	2017年	2018年	2019年
发达国家	加拿大	388.4	383.1	384.1	387.0	379.9
	美国	287.2	284.9	284.0	292.3	287.6
	法国	154.0	151.0	149.6	151.9	148.6
	英国	123.1	120.9	119.8	118.6	116.1
	俄罗斯	194.1	198.0	198.4	206.1	204.3
	日本	148.2	146.0	148.2	148.1	147.2
	韩国	233.6	238.5	242.1	245.2	241.5
发展中国家	巴西	59.8	57.8	58.0	57.9	58.8
	南非	91.1	94.3	92.1	91.6	92.2
	土耳其	72.9	75.3	78.6	76.4	77.8
	中国	89.1	89.8	92.1	95.1	98.8
	印度	22.0	22.7	23.4	24.6	24.9
	印度尼西亚	27.5	27.9	28.6	30.7	32.9
	泰国	76.3	77.7	78.8	80.7	80.6
亚太地区总计		56.2	56.8	58	59.7	61.1
全球总计		73.6	73.8	74.2	75.5	75.7

资料来源：《BP世界能源统计年鉴》。

能源消费结构不均衡，煤炭消费占比大。2019年我国一次能源生产总量为39.7亿吨标准煤，其中原煤占比68.6%。我国历年的煤炭消费量占能源消费总量比重均超过50%，2020年我国能源消费总量为49.8亿吨标准煤，其中煤炭消费量占比56.8%。

能源消费结构处于不断优化阶段，开始向清洁能源转型。从2011年起，煤炭消费占比逐年递减，石油、天然气和电力等能源的消费量占比逐年递增，煤炭消费量占比从2011年的70.2%下降至2020年的56.8%，石油消费量占比从2011年的16.8%增长至2020年的18.9%，含天然气在内的清洁能源消费量占比从2011年的13%增长至24.3%，能源结构在向清洁能源转变（见图2）。

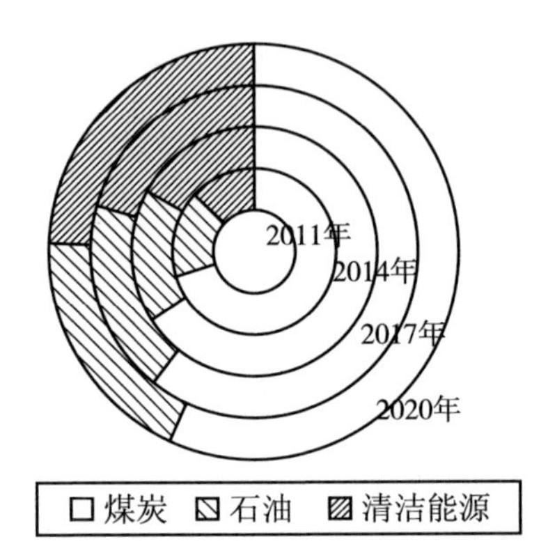

图2　2011年、2014年、2017年、2020年能源消费结构

资料来源：《2019年中国能源统计年鉴》。

工业是能源消费的主要产业。2018年能源消费中有65.93%用于工业领域，其次是占比12.81%的居民生活。具体到煤炭、石油、电力上，工业能源消费量占比均较大，特别是煤炭能源，工业的煤炭能源消费量占总煤炭能源消费量的95.78%。交通运输、仓储和邮政业的石油能源消费量占总石油能源消费量的36.53%，是2018年石油能源消费最高的产业，其次是工业，石油能源消费量占比为36.08%。

2. 中国二氧化碳排放现状

自2005年起，中国二氧化碳排放总量（含LUCF）成为世界第一，2018年中国二氧化碳排放量达到96.63亿吨，远高于世界其他国家，是美国的2倍、俄罗斯的9.2倍。中国二氧化碳排放量总体变化趋势是，在2004年前快速增长，2004年后增速波动式回落，2011年以后增速保持在6%以下，2014～2015年出现了负增长现象，2016年之后再次较快增长（见图3）。

分析中国二氧化碳排放情况，存在人均排放偏低、经济单位排放强度大、能源排放占比高等特点，具体如下：

（1）人均二氧化碳排放量偏低。2018年我国人均碳排放量为6.94吨/人，相较于所罗门群岛的70.12吨/人、科威特21.62吨/人、加拿大16.45吨/人、美国14.54吨/人而言，我国的人均碳排放量相对较小。

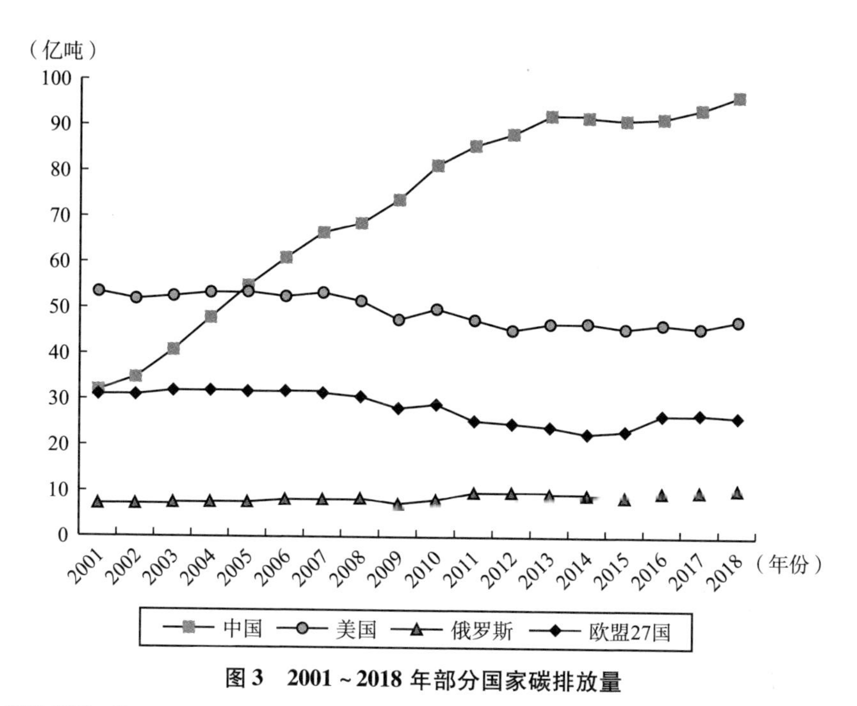

图3　2001～2018年部分国家碳排放量

资料来源：Climate Watch。

（2）单位国内生产总值（GDP）二氧化碳排放偏高。2018年我国单位GDP二氧化碳排放量为695.47吨/百万美元，普遍高于发达国家单位GDP二氧化碳排放量，也高于世界单位GDP二氧化碳排放水平（见图4）。从历年发展趋势上来看，我国单位GDP二氧化碳排放长期处于下降状态，个别年份略有波动，但没有改变总体下降趋势，2019年我国单位GDP二氧化碳排放比2018年降低4.1%，2020年，我国单位GDP二氧化碳排放已比2015年下降18.8%，超额完成“十三五”期间下降18%的目标。

（3）能源活动是碳排放重要来源。根据全球能源互联网发展合作组织发布的《中国2030年前碳达峰研究报告》显示，2019年我国能源活动碳排放约98亿吨，占全社会碳排放（不含LULUCF）比重约87%。从能源品种看，燃煤发电和供热排放占能源活动碳排放比重44%，煤炭终端燃烧排放占比35%，石油、天然气排放占比分别为15%、6%。从能源活动领域看，能源生产与转换、工业、交通运输、建筑领域碳排放占能源活动碳排放比重分别

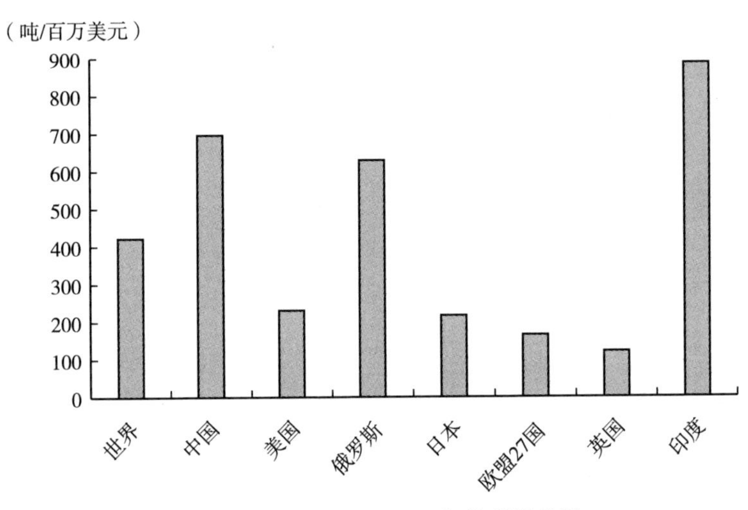

图4　2018年单位GDP二氧化碳排放量

资料来源：Climate Watch。

为47%、36%、9%、8%，其中工业领域钢铁、建材和化工三大高耗能产业占比分别达到17%、8%、6%。

（二）中国能源消费预测

清华大学团队、美国能源信息署（Energy Information Administration，EIA）和英国石油公司（British Petroleum，BP）分别对我国未来能源消费发展路径进行了预估。受不可测、难预料事件的影响，预估结果存在不确定性。

清华大学团队提出政策情景、强化政策情景、2℃情景、1.5℃情景四种情景路径，以强化政策情景和2℃情景为主。在2030年和2035年之前，主要研究强化政策情景下对实现和更新NDC目标的影响，同时分析2℃目标倒逼减排路径对2030年和2035年目标和路径的影响。在2035年之后，在实现社会主义现代化强国建设目标同时，主要研究2℃目标下倒逼的减排路径和政策支持，也努力探讨实现1.5℃温升控制目标的可行途径。

EIA使用世界能源预测系统对国际能源进行预测，预测系统包括全球活动模型、各类需求模型、各类能源供应模型、温室气体模型和收敛模型，各个模型基于一个公共数据库依次独立运行，最终通过收敛模型得出最终结果。

BP设计了三大情景，探讨2050年能源转型的不同路径。三大情景分别为快速转型情景、净零情景和一切如常情景（BAU）。①快速转型情景是假设政府公布一系列政策措施，尤以显著提高碳价格为代表，辅以实施具有针对性的行业具体措施，实现到2050年能源使用产生的碳排放下降70%，与“到2100年将全球气温升幅控制在远低于工业化前水平2℃”的情况一致。②净零情景是假设在强有力的政策支持的背景下，社会行为习惯和偏好也发生显著变化，从而进一步加快了碳减排，到2050年全球由能源使用产生的碳排放下降95%以上，与“将全球气温升幅控制在1.5℃”的情景大体一致。③BAU是假设政府政策、技术以及社会偏好以近几年来的方式和速度发展下去，碳排放将在21世纪20年代中期达到峰值，但能源使用产生的碳排放不会显著减少，2050年的碳排放将在2018年的基础上降低10%。

1. 能源消费增速放缓，甚至可能出现下降趋势，但从总量来看依旧是世界能源消费最大国家

清华大学团队对政策情景、强化政策情景、2℃情景、1.5℃情景四种情景下，2020～2050年的一次能源消费路径进行分析发现，除了政策情景下一次能源消费呈缓慢增长趋势外，其他三种情景下一次能源消费均在2050年前达到峰值，并随后开始逐渐下降。2050年政策情景下一次能源消费量为62亿吨标准煤当量；强化政策情景下一次能源消费量为56亿吨标准煤当量；2℃情景下一次能源消费量为52亿吨标准煤当量，比2030年下降7.8%；1.5℃情景下一次能源消费量约50亿吨标准煤当量，比政策情景下减少19.7%（见图5）。

BP预估一次能源消费总量将略有增长，快速转型情景、净零情景和BAU情景下，2050年的一次能源消费总量比2018年分别增长4%、2%和14%。

EIA和BP从全球范围分析中国能源消费情况。EIA预计中国工业能源消费占全球工业能源消费的比重，从2018年的29%下降至2050年的24%。BP

的三种情景下，2050 年中国能源消费占全球能源消费份额也均在 20% 以上，中国未来仍将是全球最大的能源消费国。

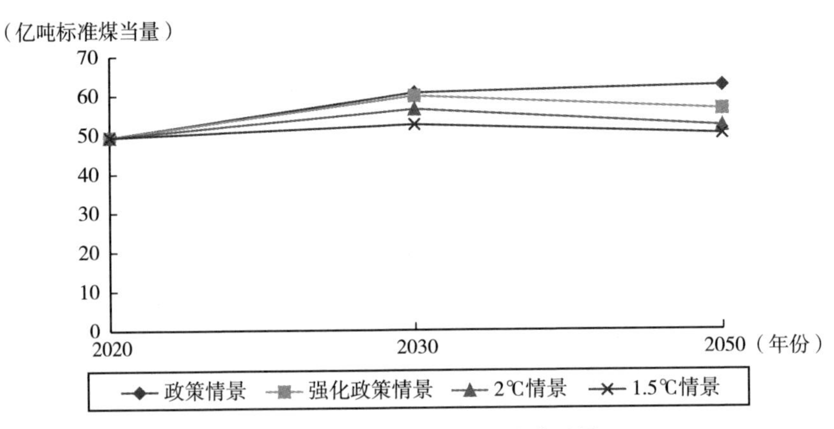

图 5　四种情景下一次能源消费总量

资料来源：清华大学气候变化与可持续发展研究院．《中国长期低碳发展战略与转型路径研究》综合报告［J］．中国人口·资源与环境，2020，30（11）：1－25。

2. 能源消费结构向低碳化转变，煤炭能源消费占比持续下降，天然气、可再生能源占比快速上升

清华大学团队、EIA 和 BP 三个机构均预测未来煤炭消费呈下降趋势，可再生能源呈增长趋势。清华大学团队的四种情景下，能源结构低碳化的速度和力度差别较大，目标要求越严格，2050 年非化石能源在一次能源消费中的比重就越大，煤炭消费的比重就越小。强化政策情景下，2050 年的煤炭消费占比为 25.2%；2℃情景下，2050 年的煤炭消费占比为 9.1%，非化石能源占比为 73.2%，非化石能源成为一次能源消费的主要能源。

EIA 预测 2050 年煤炭能源消费约 73.9 千兆英热单位，在一次能源消费中占 33.9%，虽然煤炭能源消费总量和占比均减少了，但从总量看中国是世界上最大的煤炭生产国和消费国。2050 年水电和其他可再生能源消费约 75.6 千兆英热单位。为了在低碳发展形势下继续保障经济社会发展需要，天然气作为低碳能源，在能源消费中的作用愈发重要，2018～2050 年，天然气消费量预计将增长近 190%，年均增长 3.3%，2050 年天然气消费量约 21.7 立方

英尺。

BP 的三种情景下，2050 年的煤炭产量、能源消费、在发电结构中占比均大幅下降，以快速转型情景为例，煤炭产量下降 90%，煤炭能源消费下降 88%，煤炭在发电结构中的占比下降至 4%。2050 年的可再生能源在三种情景下的增长率均超过 5.5%，快速转型情景下可再生能源在一次能源结构中占比达到 48%。2050 年天然气产量在快速转型情景下将增长 76%，在 BAU 情景下将增长 114%。

3. 电力发展迅速，电力燃料组合将呈现多元化发展

EIA 认为为了解决能源国外依存度和碳排放等问题，未来国家将注重电力行业发展和电力供应能源多元化。2019～2050 年期间，在经济增长和收入增加的推动下，预计发电量可以翻一番，中国将成为电力消费大国。电力在能源消费中的比重越来越大，预计占比将会从 2019 年的 47% 上升到 2050 年的 59%。从电力燃料结构来看，煤炭发电占总发电量的比例从 2018 年的 64% 下降至 2050 年的 30%，预计到 2050 年煤炭发电量约 39 千兆英热单位，可再生能源、核能和天然气的发电量分别为 73 千兆英热单位、12 千兆英热单位和 7 千兆英热单位，可再生能源在发电量中所占份额越来越大，风能和太阳能的发电份额从 2018 年的 12% 增长至 2050 年的 42%，可再生能源将成为主要的发电来源。

4. 清洁取暖的普及和电热联产转变，使得建筑能源消费中的煤炭消费量显著下降

煤炭是中国建筑行业供暖的主要燃料，面对清洁、高效取暖比例低的问题，2017 年国家发展改革委等 10 部门联合印发《北方地区冬季清洁取暖规划（2017～2021 年）》，要求通过天然气、电、地热能、生物质能、太阳能、工业余热等清洁化能源替代散烧煤（含低效小锅炉用煤）进行供暖，并提出到 2021 年，北方地区清洁取暖率达到 70%。EIA 认为低效小锅炉用煤的淘汰和电力、天然气行业的发展，将推动燃煤锅炉供热向电热联产转变，这为 2018～2050 年建筑煤炭消费下降作出主要贡献。

三、中国 LULUCF 碳汇现状与预测

以往研究表明，20 世纪以前的全球工业化碳排放中，土地利用变化引起的直接碳排放约占同期人类活动影响总排放量的 1/3。随着时间的推移，基于土地利用变化的陆地生态系统碳汇功能逐渐显现，根据 2019 年 IPCC 发布的《气候变化与土地特别报告》，2007 ~ 2016 年间，全球土地利用变化的碳汇量已完全抵消其产生的二氧化碳排放量，整体上发挥碳汇效果。在“碳达峰”和“碳中和”背景下，亟须深入开展我国土地利用、土地利用变化和林业（Land Use，Land Use Change and Forestry，LULUCF）碳汇现状与预测研究，以期支撑和指导政府决策和政策制定工作。

（一）中国 LULUCF 碳汇现状

LULUCF 碳汇的现状核算研究，存在着核算对象、核算方法、数据来源等方面的差异性，LULUCF 对陆地生态系统整体碳收支核算的影响仍是最大的不确定因素。2000 年以后，LULUCF 碳汇现状的核算工作成为中国陆地生态系统碳收支与碳循环研究关注的主要科学问题之一，在最具权威性的《IPCC 国家温室气体清单指南》（以下简称《IPCC 指南》）框架内，形成了一批科学研究成果，但由于具体核算技术和数据来源不一致等原因，研究结果之间也存在一定的差异。根据中国 LULUCF 碳汇现状核算研究的形式，将研究成果分为两大类：一是以历次《国家温室气体清单》成果为代表的我国 LULUCF 碳汇现状研究；二是相关学者开展的我国 LULUCF 碳汇现状学术研究。

1. 中国 LULUCF 碳汇核算

截至 2021 年，我国共发布 1994 年、2005 年、2010 年、2012 年和 2014 年共五份《国家温室气体清单》，从整体上看，2005 年、2010 年和 2014 年的《国家温室气体清单》显示，这三个年份我国 LULUCF 部门的碳吸收汇分别为 8.03

亿吨、10.30亿吨和11.51亿吨二氧化碳当量，呈现出一定的增长态势。以下重点展示2014年我国LULUCF碳汇核算成果。2014年我国LULUCF年碳汇量11.5亿吨二氧化碳当量/年，其中林地碳汇量8.36亿吨二氧化碳当量/年，占比72.7%。林地年碳汇量包括：地上生物量4.88亿吨二氧化碳当量/年、地下生物量1.50亿吨二氧化碳当量/年、枯落物0.44亿吨二氧化碳当量/年、枯死木0.33亿吨二氧化碳当量/年、土壤有机碳1.21亿吨二氧化碳当量/年、木产品1.10亿吨二氧化碳当量/年。农地和草地碳汇主要来自土壤有机碳储量的增加，其中农地年碳汇量约0.49亿吨二氧化碳当量/年，草地年碳汇量约1.09亿吨二氧化碳当量/年。此外，湿地生态系统净二氧化碳交换量0.45亿吨二氧化碳当量/年；新增建设用地导致碳损失0.03亿吨二氧化碳当量/年。

2. 学术研究中的LULUCF碳汇核算

总体上看，由于LULUCF碳汇核算研究涉及多学科交叉，核算过程复杂，参数变量众多，因此，《IPCC指南》框架下碳收支的具体核算方式也具有多样性、复杂性、综合性等特征。国内外学者对LULUCF碳汇核算开发了《IPCC指南》清单法、样地清查法、生态系统过程模型、遥感估算模型、计数统计法等模型算法和核算系统，并在不同模型算法之间进行耦合运用，得到国家、区域及城市等不同时空维度的LULUCF碳汇核算结果。对照《IPCC指南》中的三种数据来源，我国LULUCF碳汇核算的研究方法主要分为三类：一是依据《IPCC指南》中建议的经验方法和数据清单，估算不同土地利用类型的面积变化和碳密度动态，进而推算出LULUCF碳汇；二是利用长期的和高密度的植物生物量和土壤碳储量清查资料的实测数据，耦合遥感、GIS等技术方法，评价区域LULUCF碳汇；三是基于大气二氧化碳浓度等环境因子与陆地植被/土壤净生态生产力之间的相互作用关系，建立多种环境参数模型，间接反演陆地植被生物量和土壤碳储量变化。由于各种核算方法均存在优缺点、时间和空间尺度适用性、评估精度等方面的差异，导致不同尺度LULUCF碳汇核算结果具有很大的不确定性。

（1）基于生物量/土壤清查资料的核算结果。

部分国内学者基于碳储量清查相关方法，依据国家森林清查资料、草地清查资料、土壤普查资料等数据，分析评估了我国森林、草地、农田、土壤碳汇的变化情况。以中国科学院植物研究所为主体的研究团队启动实施的“应对气候变化的碳收支认证及相关问题”战略性先导科技专项，开展了森林、灌丛、草地和农田生态系统的固碳现状、速率和潜力的深入分析（见表4）。

表4　2001～2010年中国主要生态系统碳库变化情况　单位：Tg C/a

生态系统	生物量碳库变化	死有机物质碳库变化	土壤碳库变化	总量变化
总量	119.4	9.0	72.6	201.1
森林	116.7	9.0	37.6	163.4
灌木林	3.5	0.0	13.6	17.1
草地	-0.80	0.00	-2.56	-3.36
农田	0.00	0.00	23.98	23.98

注：相关研究认为，湿地和城市生态系统面积较小，且沙漠中的碳储量/固碳量较低，因此未在湿地、沙漠和城市进行实地调查。

具体结果为，通过采用分区域+随机抽样模式，在中国森林、灌丛、草地和农田生态系统中设置了约17090个野外调查样地，系统测定了每个样地地上生物量、凋落物、0～1m地下生物量和土壤（0～1m）碳储量及其相关属性，核算得到2001～2010年间，中国陆地生态系统总初级生产力（Gross Primary Productivity，GPP）约为5.56Pg C/a，净初级生产力（NPP）约为2.84Pg C/a，陆地生态系统净生产力（net ecosystem productivity，NEP）约为0.21Pg C/a。经修正的核算结果显示，森林具有较大的固碳潜力，年均总碳汇达163.4Tg C/a。

（2）基于大气二氧化碳浓度观测数据反演方法的核算结果。

利用大气二氧化碳浓度观测数据的大气反演方法是通过将大气层的二氧化碳梯度与大气传输模型相结合以评估“陆地-大气”之间的净二氧化碳交换量。具体核算中，大气二氧化碳的整体质量和增长情况可通过基于地面的测量来确定，而人为土地利用变化的碳排放估算值与大气二氧化碳的测量值以恒定空气传播比例（44±14)%相吻合，从而能够独立用于土地利用结构变化碳收支的核算，成为一项创新性核算方法。

浙江工业大学、中国科学院大气物理研究所及英国爱丁堡大学等合作研究团队，基于2009~2016年在中国六个地点测量得到的最新大气二氧化碳摩尔分数的数据，运用大气反演方法估计出2010~2016年我国陆地生态系统的年均碳汇量为（11.1±3.8）亿吨，相当于同期估算的每年人为排放量的45%左右。研究还指出，这一反演估算结果显著高于现有基于清单调查与遥感结合法、过程模型法等核算得到的土地利用碳收支变化结果，主要原因在于现有研究低估了我国西南地区（云南、贵州和广西等省区）以及整个东北地区（尤其是黑龙江和吉林两省）夏季的土地碳汇，上述地区植树造林范围在逐步扩大，在过去的10~15年中省级森林面积每年增加0.04万~44万公顷，有力提高了碳汇水平。

需要说明的是，大气二氧化碳浓度反演方法忽略了若干重要的碳循环过程和生态系统类型（如湿地和城市生态系统），单一使用大气反演方法评估土地利用变化的碳收支存在较大的不确定性，需要统筹考虑碳交换的侧向通量的影响，以缩小大气反演方法与其他核算方法之间的不合理差距。

（3）基于大数据整合分析方法的核算结果。

大量研究通过整合各类型实地调查数据、清查统计数据、现有权威文献碳密度系数数据等资料，综合核算得出土地利用结构变化的碳收支结果。以南京大学和中国科学院相关学者的研究成果为例，该研究的土地利用网格数据集来源于中国科学院资源与环境科学数据中心使用高分辨率的遥感-无人机（UAV）-地面调查系统收集，植被碳密度几乎源于涵盖我国全部植被类型的已有研究结果，土壤有机碳数据源于第二次全国土壤调查统计资料，年度净初级生产力（NPP）数据来自中分辨率成像光谱仪（MODIS）NPP相关产品，另外还收集到各地大量田野调查资料以验证核算结果准确性。

通过核算可得，2000~2015年间，我国3.05%的土地发生了地类变化，除建设用地和水域外，其他土地利用类型均有所减少，其中草地减少（$-21591km^2$）和建设用地增加（$55259km^2$）的变化非常显著，远高于其他土地利用类型面积变化，且耕地的占用是建设用地扩张的主要形式。土地利用结构变化导致32.97Tg的碳储量损失，包括植被碳储量减少10.4Tg和土壤有机碳减少22.57Tg；同时产生3235.2Tg的净生态系统生产力（NEP），碳汇总量和碳损失量之差为3202.23Tg，2000～2015年间年均碳汇约为213.5Tg C/a。碳汇的净生态系统生产力（NEP）大部分分布在中国南部和中部地区，部分分布在东北地区。研究还指出，碳储量、净生态系统生产力（NEP）和总体碳收支的变化在区域之间存在明显差异：碳收支变化情况表明华北和西北地区是土地利用结构变化的净碳源，其他四个区域是净碳汇；土地利用结构变化使得所有地区碳储量下降；NEP变化也表明华北和西北地区是碳源，而其他地区则是碳汇。

3. 不同LULUCF碳汇核算研究成果的对比分析

通过对比分析林科院、中科院、南京大学等权威机构关于我国LULUCF碳汇核算的研究结果，发现了一些规律性特征。

（1）从历史演变看，基于土地利用变化的陆地生态系统碳汇水平近20年间呈上升趋势。

通过对权威研究团队的核算结果进行对比分析，发现近20年间我国LULUCF年碳汇总量基本处于同一数量级，值域范围约为7.4亿～13.0亿吨二氧化碳当量/年，三项研究结果在数值大小上大致表现为“2001～2010年核算结果”<“2000～2015年”<“2014～2019年”（见表5），反映出2000年以来我国陆地生态系统碳汇水平整体呈上升趋势，说明近20年间我国通过大力实施退耕还林还草、优化城镇建设用地结构等政策举措，实现了碳汇能力的稳步提升，发挥出土地利用优化调整的碳汇作用。

表5　　核算研究结果对比　　单位：亿吨二氧化碳当量/年

作者	研究期	核算方法	核算结果
中国科学院方精云团队	2001～2010年	基于清查数据的核算方法	7.4
南京大学黄贤金、揣小伟等团队	2000～2015年	基于大数据整合的核算方法	7.8
中国林科院朱建华团队	2014～2019年	IPCC清单法	13.0

（2）从作用机理看，土地利用类型转换对我国陆地生态系统的主要效果为碳源，土地利用类型保持的效果为碳汇，整体效果为碳汇。

众多学者的研究结果均表明，土地利用变化使陆地生态系统整体呈现出碳汇的效果。南京大学赖力等研究发现，1985～2009年我国陆地生态系统是明显的碳汇，年均碳汇水平约为5.1亿～5.5亿吨二氧化碳，同时明确土地利用类型保持对陆地生态系统碳汇做出突出贡献，年均碳汇量约5.9亿吨二氧化碳，而土地利用类型转换的主要影响为碳源，年均排放约0.7亿吨二氧化碳。南京大学黄贤金、揣小伟等研究发现，2000～2015年间，我国3.05%的土地发生地类转换，突出表现为建设用地大幅增加和草地显著减少，其间土地利用类型转换导致1.2亿吨的碳排放，同时，土地利用类型保持下增加118.6亿吨二氧化碳的碳汇，使得整体碳收支结果表现为7.8亿吨二氧化碳当量/年的碳汇。

（3）从地类结构看，林地碳汇在LULUCF碳汇中占主导地位，新增建设用地呈碳源效果。

中国科学院植物研究所方精云团队对我国森林、灌丛、草地和农田四类生态系统开展碳汇核算：2001～2010年间，四大陆地生态系统年均碳汇总量为7.4亿吨二氧化碳当量/年，森林碳汇占年均碳汇总量的80%以上；农田和灌丛均具有一定的碳汇作用，但草地表现为碳源（见表6）。中国林科院朱建华团队参照《IPCC指南》参数和方法，针对六种地类，核算2014～2019年我国陆地生态系统年碳汇情况（见表6），发现林地碳汇量在整个陆地生态系统中也处于主导地位，占年度碳汇总量的70%以上；除林地外，农地、草地、湿地均发挥碳汇作用，只有新增建设用地表现为碳排放。

表6　　中国陆地生态系统碳汇核算情况　　单位：亿吨二氧化碳当量/年

方精云团队		朱建华团队		
生态系统	2001～2010年年均碳汇	生态系统	2014年碳汇	2019年碳汇
森林	6.0	林地	8.36	10.16
农田	0.9	农地	0.49	1.14
草地	-0.1	草地	1.09	0.97
灌丛	0.6	湿地	0.45	0.75
总量	7.4	新增建设用地	-0.03	-0.02
		总和	11.5	13.01

注：正值表示碳汇，负值表示碳排放，下同。

(4) 从作用对象和空间布局看，土地利用变化对生物量（植被）和土壤碳库造成显著影响，且不同区域、不同地类之间存在差异。

从土地利用类型转换的碳排放效应看，南京大学揣小伟等指出，2000～2015年间我国土地利用类型转换导致的1.2亿吨二氧化碳的排放量，来源于植被和土壤碳库的显著变化，植被和土壤碳库储量分别减少0.4亿吨和0.8亿吨，土壤碳库的波动更大。结合空间布局分析，我国华北、西北和西南地区植被和土壤碳库储量出现增长，东北、东部和中南植被和土壤碳库下降幅度较大（见表7）。

表7　2000～2015年间中国土地利用类型转变的碳库变化量

单位：亿吨二氧化碳

地区	华北	东北	东部	中南	西南	西北	总计
植被碳库变化	0.12	-0.13	-0.22	-0.29	0.05	0.19	-0.38
土壤碳库变化	0.24	-1.02	-0.24	-0.33	0.21	0.31	-0.83
总量变化	0.36	-1.16	-0.46	-0.61	0.17	0.5	-1.21

从土地利用变化的整体碳收支效应看，中国科学院方精云团队对我国陆地生态系统的生物量、死有机物质和土壤三类碳库分别进行核算，发现2001～2010年间，生物量碳库年均碳汇总量为4.4亿吨二氧化碳，土壤碳库次之，为2.7亿吨，死有机物质碳库变化较小。结合地类结构分析，农田碳汇量全部来自土壤碳库增加的碳储量，而草地表现为碳源的主要原因是生物量和土壤碳库储量均出现下降（见表8）。

表8　2001～2010年中国陆地生态系统碳库变化

单位：亿吨二氧化碳当量/年

生态系统	森林	灌丛	草地	农田	总计
生物量碳库	4.3	0.1	0	0	4.4
死有机物质	0.3	0	0	0	0.3
土壤碳库	1.4	0.5	-0.1	0.9	2.7

注：相关研究认为，湿地和城市生态系统面积较小，因此未在湿地和城市进行实地调查。

（二）2030年与2060年中国LULUCF碳汇预测

目前，已有林科院和南京大学相关研究团队较为系统地开展了2030年与2060年我国LULUCF碳汇预测，且预测结果之间具有较高的一致性，主要结论如下：

1. LULUCF碳汇潜力能够中和未来年度30%以上的人为碳排放

南京大学黄贤金团队选取RCP2.6（低排放情景）和RCP6.0（介于中高排放情景）开展情景预测，定量模拟了2015～2060年间我国陆地生态系统碳汇变化，预计：2060年RCP2.6情景下碳汇量为12.0亿吨二氧化碳当量/年，中和38%的人为碳排放；RCP6.0情景下碳汇量为10.4亿吨二氧化碳当量/年，中和33%的人为碳排放（见图6）。

中国林科院朱建华团队设置2030年和2060年我国森林覆盖率分别达到26%和28%的发展情景，结合各地类面积和单位面积碳密度的变化趋势，预测2030年我国陆地生态系统年碳汇量为13.47亿吨二氧化碳当量/年，2060年降为11.94亿吨二氧化碳当量/年，与前者在RCP2.6情景下的预测结果几乎一致，中和碳排放的比例也达到38%。两者都能满足陆地生态系统为实现“碳中和”至少贡献30%的预期目标，说明我国陆地生态系统对实现“碳中和”具有相对稳定的影响。

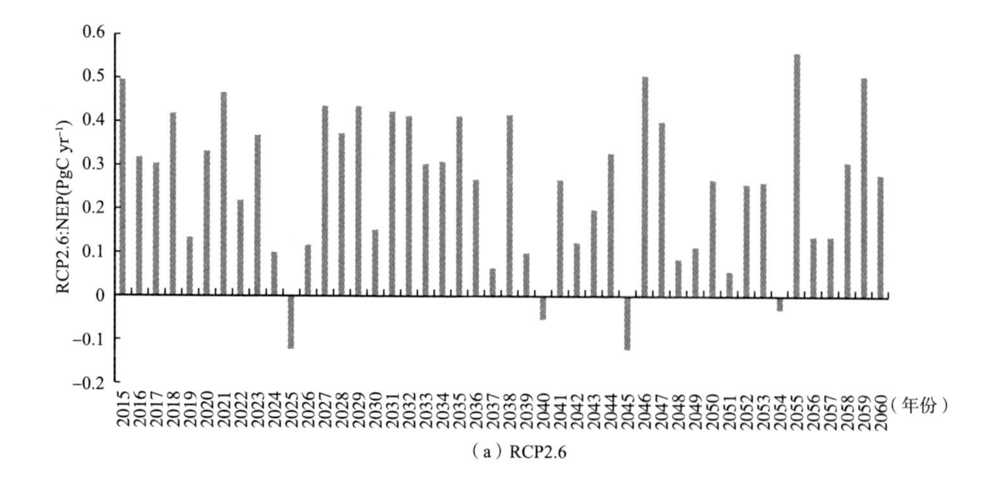

（a）RCP2.6

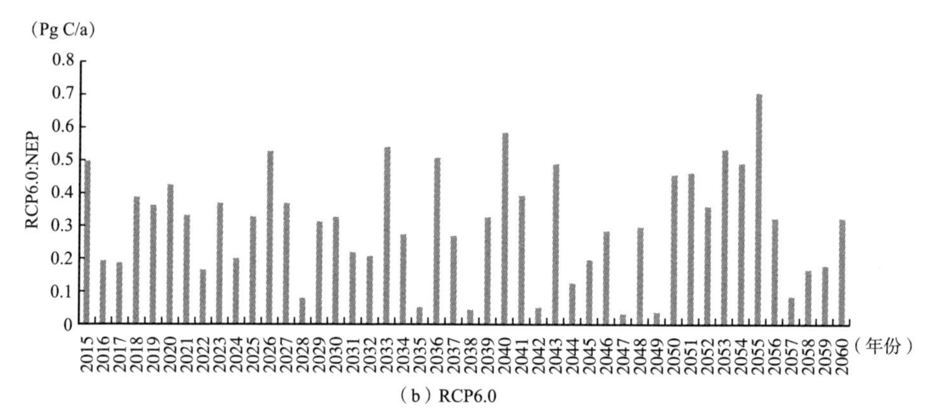

（b）RCP6.0

图 6　IPCC RCP2.6 与 RCP6.0 两个情境下模型
预测的 2015～2060 年中国 LULUCF 碳汇情况

2. 2030 年和 2060 年我国陆地生态系统碳汇潜力的主要变化为林地碳汇和建设用地碳排放双下降

中国林科院朱建华团队还分别预测了 2030 年和 2060 年我国不同陆地生态系统年碳汇量情况（见表 9），发现 2060 年相对于 2030 年，林地年碳汇量虽仍处于绝对优势，但碳汇量下降约 12.9%，可能由于中、幼龄林的逐渐成熟使得林地碳汇趋于饱和，持续吸收二氧化碳的能力有所下降；新增建设用地碳排放减少了 50%，一方面是由于实行建设用地减量化发展模式，年度新增建设用地面积呈下降趋势，另一方面是在建设用地内部进行结构调整，发展低消耗、低排放的建设项目。

表 9　　土地利用变化碳汇潜力预测结果

单位：亿吨二氧化碳当量/年

生态系统	2030 年预测结果	2060 年预测结果
林地	10.58	9.22
农地	1.18	1.17
草地	0.97	0.81
湿地	0.75	0.75
新增建设用地	-0.02	-0.01
总计	13.47	11.94

（三）IPCC规则下的中国碳汇目标

2060年前中国实现“碳中和”必须立足我国经济社会发展实际，通过减排与增汇实现碳源（碳排放）和碳汇（碳吸收）平衡抵消。碳中和意味着全球“净”温室气体排放需要大致下降到零，即在进入大气的温室气体排放和吸收之间达到平衡。我国实现“碳中和”的可能路径是从降低排放到负排放，即二氧化碳排放总量在某个时点达到最大值，然后逐步回落，达到零排放后实现碳中和。零排放有两种情形：第一种是完全零排放，即不依赖于任何负排放技术，全社会的碳排放总量为零；第二种是依靠负排放技术，允许碳排放量维持在一个能够完全被吸收的水平。第一种总零排放，在现实中是不可能实现的，一般而言，我们通常所说的“碳中和”是指第二种路径。

2019年5月12日，IPCC第49次全会通过了《IPCC 2006年国家温室气体清单指南（2019修订版）》。该清单指南为世界各国建立国家温室气体清单和减排履约提供最新的方法和规则，其方法学体系对全球各国都具有深刻和显著的影响。在IPCC规则下，分析中国碳汇需要强化的数量目标，首先要结合碳达峰和碳中和目标，并根据中国二氧化碳排放以及LULUCF碳汇的预测，推算在不同情景下碳排放预测值，之后依据各类碳汇潜力情况，分解中和不同情景下碳排放量，以实现碳中和的最终目标。

不同机构对情景假设、二氧化碳排放预测值以及碳汇预测值不一致，此处考虑到国内学术评价、研究系统性等因素，采用清华大学何建坤团队和中国林科院朱建华团队研究成果，测算中国二氧化碳净排放量（见表10）。其中，清华大学团队预估，在政策情景下，中国能源消费碳排放在2030年左右达峰（约109亿吨二氧化碳当量/年），2050年能源碳消费排放约90亿吨二氧化碳当量/年；在强化政策情景下，2030年前实现碳达峰（约105亿吨二氧化碳当量/年），2050年能源消费碳排放约62亿吨二氧化碳当量/年；在2℃情景下，2025年前达峰（约103亿吨二氧化碳当量/年），2030年（约95亿吨二氧化碳当量/年），2050年二氧化碳净排放约21.8亿吨；在1.5℃情景下，2020年左右基本实现碳达峰（约100亿吨二氧化碳当量/年），2030年

（约 75 亿吨二氧化碳当量/年），2050 年能源消费碳排放 14.7 亿吨二氧化碳当量/年。中国林科院朱建华团队结合各地类面积和单位面积碳密度的变化趋势，预测 2030 年我国陆地生态系统年碳汇量为 13.47 亿吨二氧化碳当量/年，2050 年下降到 12 亿～13 亿吨二氧化碳当量/年（中值为 12.5），2060 年为 11.94 亿吨二氧化碳当量/年。综合分析，在政策情景、强政策情景、2℃情景和 1.5℃情景下，预计到 2050 年中国二氧化碳净排放分别为约 77.5 亿吨、49.5 亿吨、9.3 亿吨和 2.2 亿吨。

表 10　不同机构对中国二氧化碳排放及陆生碳汇预测情况

单位：亿吨二氧化碳当量/年

预测机构	情景	达峰时间	达峰排放	2030 年排放/陆生碳汇	2050 年排放/陆生碳汇
清华大学何建坤团队排放预测	政策情景	2030 年	109	109	90
	强政策情景	2030 年前	105	105	62
	2℃情景	2025 年前	103	95	21.8
	1.5℃情景	2020 年	100	75	14.7
中国林科院朱建华团队碳汇预测	—	—	—	13.47	12～13

注：部分数值根据模型及趋势线估计得到。

因此，基于 IPCC 规则下，若中国在 2050 年提前实现碳中和，需要通过新增的非陆地生态系统碳汇抵消二氧化碳净排放，在政策情景、强政策情景、2℃情景和 1.5℃情景下，预计需要新增二氧化碳碳汇目标分别为 77.5 亿吨、49.5 亿吨、9.3 亿吨和 2.2 亿吨。

参考文献

中文部分

安国俊．碳中和目标下的绿色金融创新路径探讨［J］．南方金融，2021（2）：3－12.

安琪．后疫情时期全球能源发展趋势展望——国际能源署《世界能源展望2020》评述及对我国启示［J］．中国经贸导刊，2020（21）：57－60.

鲍健强，苗阳，陈锋．低碳经济：人类经济发展方式的新变革［J］．中国工业经济，2008（4）：153－160.

毕瑜菲，郭亮，贺慧．职住平衡理念的实施难点与优化策略研究［J］．城市发展研究，2019，26（3）：1－8，40.

卞晓红，张绍良．碳足迹研究现状综述［J］．环境保护与循环经济，2010，30（10）：16－18.

蔡博峰，曹丽斌，雷宇，等．中国碳中和目标下的二氧化碳排放路径［J］．中国人口·资源与环境，2021，31（1）：7－14.

蔡博峰，李琦，林千果，等．中国二氧化碳捕集、利用与封存（CCUS）报告（2019）［R］．北京：生态环境部环境规划院气候变化与环境政策研究中心，2020.

曹磊，宋金明，李学刚，等．滨海盐沼湿地有机碳的沉积与埋藏研究进展［J］．应用生态学报，2013，24（7）：2040－2048.

曹万云，肖鲁湘，王德，等．黄渤海近海海藻养殖规模及固碳强度时空分布［J］．海洋学报，2018，42（4）：112－119.

柴麒敏，郭虹宇，刘昌义，等．全球气候变化与中国行动方案：“十四五”规划期间中国气候治理（笔谈）[J]．阅江学刊，2020，12（6）：36－58.
陈彬，俞炜炜，陈光程，等．滨海湿地生态修复若干问题探讨[J]．应用海洋学学报，2019，38（4）：494－473.
陈浮，于昊辰，卞正富，等．碳中和愿景下煤炭行业发展的危机与应对[J]．煤炭学报，2021，46（6）：1808－1820.
陈广生，田汉勤．土地利用/覆盖变化对陆地生态系统碳循环的影响[J]．植物生态学报，2007（2）：189－204.
陈孟晨，陈义，姜刘志，等．红树林生态系统固碳功能和潜力研究进展[J]．山东林业科技，2018（2）：127－131.
陈石泉，蔡泽富，沈捷，等．海南高隆湾海草床修复成效及影响因素[J]．应用海洋学学报，2021，40（1）：65－73.
陈顺洋，安文硕，陈彬，等．红树林生态修复固碳效果的主要影响因素分析[J]．应用海洋学学报，2021，40（1）：35－41.
陈伟．基于碳中和的中国林业碳汇交易市场研究[D]．北京：北京林业大学，2014.
陈阳．助力碳达峰、碳中和，加强对二氧化碳的资源化利用[J]．财经国家周刊，2021－04－26.
丛书编写组．推进绿色循环低碳发展[M]．北京：中国市场出版社，2020：193－206.
崔俊富，苗建军，陈金伟．低碳经济与中国碳汇发展研究：基于森林碳汇、土壤碳汇和地质碳汇的讨论[J]．华北电力大学学报（社会科学版），2015（4）：1－6.
崔盼盼，赵媛，郝丽莎，等．中国能源行业碳排放强度下降过程中的省际减排成效评价[J]．地理研究，2020，39（8）：1864－1878.
崔荣国，郭娟，程立海，等．全球清洁能源发展现状与趋势分析[J]．地球学报，2021，42（2）：179－186.
淡马锡国际私人有限公司．以自然为本的解决方案：企业实现碳中和的机遇[R]．新加坡：淡马锡国际私人有限公司，2021.

邓明君，罗文兵，尹立娟．国外碳中和理论研究与实践发展述评［J］．资源科学，2013，35（5）：1084－1094.

邓旭，谢俊，滕飞．何谓“碳中和”？［J］．气候变化研究进展，2021，17（1）：107－113.

丁雨莲．碳中和视角下乡村旅游地净碳排放估算与碳补偿研究［D］．南京：南京师范大学，2015.

丁仲礼．中国碳中和框架路线图研究［J］．中国工业和信息化，2021（8）：54－61.

杜志雄，金书秦．从国际经验看中国农业绿色发展［J］．世界农业，2021（2）：4－9，18.

樊大磊，李富兵，王宗礼，等．碳达峰、碳中和目标下中国能源矿产发展现状及前景展望［J］．中国矿业，2021，30（6）：1－8.

樊杰．主体功能区战略与优化国土空间开发格局［J］．中国科学院院刊，2013，28（2）：193－206.

樊静丽，李佳，晏水平，等．我国生物质能：碳捕集与封存技术应用潜力分析［J］．热力发电，2021，50（1）：7－17.

范振林．开发蓝色碳汇助力实现碳中和［J］．中国国土资源经济，2021，34（4）：12－18.

范振林，宋猛，刘智超．发展生态碳汇市场助推实现“碳中和”［J］．中国国土资源经济，2021，34（12）：12－21，69.

范振林，谭荣．统筹自然资源管理　助力碳中和［N］．中国自然资源报，2021－12－03（3）.

范振林．“自然资本中和”提升碳汇潜力的路径思考［J］．中国土地，2021（4）：14－17.

方精云，杨元合，马文红，安尼瓦尔·买买提，沈海花．中国草地生态系统碳库及其变化［J］．中国科学：生命科学，2010，40（7）：566－576.

方精云，于贵瑞，任小波，等．中国陆地生态系统固碳效应：中国科学院战略性先导科技专项“应对气候变化的碳收支认证及相关问题”之生态系统固碳任务群研究进展［J］．中国科学院院刊，2015，30（6）：848－857，875.

冯悦暖．中国经济可持续发展中自然资源利用问题研究［D］．哈尔滨：黑龙江大学，2002.

付允，马永欢，刘怡君，等．低碳经济的发展模式研究［J］．中国人口·资源与环境，2008（3）：14 – 19.

高虎．“双碳”目标下中国能源转型路径思考［J］．国际石油经济，2021，29（3）：1 – 6.

高华．全球碳捕捉与封存（CCS）技术现状及应用前景［J］．煤炭经济研究，2020，40（5）：33 – 38.

高慧，杨艳，刘雨虹，等．世界能源转型趋势与主要国家转型实践［J］．石油科技论坛，2020，39（3）：75 – 87.

高天伦．广东省雷州附城主要红树林群落碳储量及其影响因子［D］．北京：中国林业科学研究院，2018.

高扬，何念鹏，汪亚峰．生态系统固碳特征及其研究进展［J］．自然资源学报，2013，28（7）：1264 – 1274.

高杨，李滨，冯振，等．全球气候变化与地质灾害响应分析［J］．地质力学学报，2017，23（1）：65 – 77.

哥伦比亚大学．让碳重返地圈与碳中和：为了2030年及以后现在要采取行动报告［J］．贾凌霄，王欢，于洋，译．国外地质调查管理，2021（4）.

葛良胜，杨贵才．自然资源调查监测工作新领域：地表基质调查［J］．中国国土资源经济，2020，33（9）：4 – 11，67.

郭冬艳，杨繁，高兵，等．矿山生态修复助力碳中和的政策建议［J］．中国国土资源经济，2021，34（10）：50 – 54.

郭芳，王灿，张诗卉．中国城市碳达峰趋势的聚类分析［J］．中国环境管理，2021，13（1）：40 – 48.

郭谁琼，黄贤金．气候变化经济学研究综述［J］．长江流域资源与环境，2012，21（11）：1314 – 1322.

国际能源署．世界能源展望2019旗舰报告［EB/OL］．https：//www.iea.org/reports/world-energy-outlook – 2019.

国家林业局．林业适应气候行动方案［R］．北京：国家林业局，2016.

国家林业局. 林业应对气候变化“十三五”行动要点 [R]. 北京：国家林业局，2016.

国务院办公厅. 关于加强草原保护修复的若干意见 [R]. 北京：国务院办公厅，2021.

韩婷婷. 大型海藻对不同 CO_2 浓度的光合生理响应及其生态效益 [D]. 北京：中国科学院研究生院（海洋研究所），2013.

韩文科，杨玉峰，苗韧，等. 当前全球碳捕集与封存（CCS）技术进展及面临的主要问题 [J]. 中国能源，2009，31（10）：5-6，45.

何建坤. 碳达峰碳中和目标导向下能源和经济的低碳转型 [J]. 环境经济研究，2021，6（1）：1-9.

何培民，刘媛媛，张建伟，等. 大型海藻碳汇效应研究进展 [J]. 中国水产科学，2015，22（3）：588-595.

贺强，安渊，崔保山. 滨海盐沼及其植物群落的分布与多样性 [J]. 生态环境学报，2010，19（3）：657-664.

洪大用. 中国应对气候变化的努力及其社会学意义 [J]. 社会学评论，2017，5（2）：3-11.

洪竞科，李沅潮，蔡伟光. 多情景视角下的中国碳达峰路径模拟——基于 RICE-LEAP 模型 [J]. 资源科学，2021，43（4）：639-651.

洪睿晨，崔莹. 碳交易市场促进生态产品价值实现的路径及建议 [J]. 可持续发展经济导刊，2021（5）：34-36.

侯华丽，柳晓娟，董煜. 从规划设计源头确保矿山“绿色”基因的相关思考 [J]. 中国国土资源经济，2020，33（12）：4-9，58.

胡鞍钢. 中国实现 2030 年前碳达峰目标及主要途径 [J]. 北京工业大学学报（社会科学版），2021，21（3）：1-15.

胡存智. 生态文明建设的国土空间开发战略选择 [J]. 中国国土资源经济，2014，27（3）：4-7.

胡懿凯. 淇澳岛不同恢复类型红树林碳密度和固碳速率比较研究 [D]. 长沙：中南林业科技大学，2019.

黄芬，张春来，杨慧，等. 中国岩溶碳汇过程与效应研究成果及展望 [J].

中国地质调查，2014，1（3）：57－66.
黄金川，林浩曦，漆潇潇．面向国土空间优化的三生空间研究进展［J］．地理科学进展，2017，36（3）：378－391.
黄耀．中国陆地和近海生态系统碳收支研究［J］．中国科学院院刊，2002（2）：104－107.
贾凌霄．地质工作在能源结构调整中大有可为［N］．中国矿业报，2021－02－19（1）.
贾凌霄．碳捕集、利用与储存［N］．中国矿业报，2021－02－26（3）.
贾庆林．切实抓好生态文明建设的若干重大工程［J］．求是，2011（4）：3－7.
江泽民．对中国能源问题的思考［J］．上海交通大学学报，2008（3）：345－359.
姜杉钰，王峰，张凤仪．英国地质调查局支撑减碳工作的经验与启示［J］．中国国土资源经济，2021，34（4）：19－22，83.
蒋凡，秦涛，田治威．“水银行”交易机制实现三江源水生态产品价值研究［J］．青海社会科学，2021（2）：54－59.
蒋忠诚，袁道先，曹建华，等．中国岩溶碳汇潜力研究［J］．地球学报，2012，33（2）：129－134.
焦念志，刘纪化，石拓，等．实施海洋负排放践行碳中和战略［J］．中国科学：地球科学，2021，51（4）：632－643.
焦念志．研发海洋“负排放”技术支撑国家“碳中和”需求［J］．中国科学院院刊，2021，36（2）：179－187.
揭俐，王忠，余瑞祥．中国能源开采业碳排放脱钩效应情景模拟［J］．中国人口·资源与环境，2020，30（7）：47－56.
来自海洋的惠赠　海藻活性制品［J］．中外食品，2006（4）：68.
赖力．中国土地利用的碳排放效应研究［D］．南京：南京大学，2010.
郎惠卿，赵魁义，陈克林．中国湿地植被［M］．北京：科学出版社，1999.
李朝君．全球碳酸盐岩与硅酸盐岩风化碳汇估算［D］．贵阳：贵州师范大学，2020.
李纯厚，齐占会，黄洪辉，等．海洋碳汇研究进展及南海碳汇渔业发展方向探讨［J］．南方水产，2010，6（6）：81－86.

李翠华，蔡榕硕，颜秀花. 2010～2018年海南东寨港红树林湿地碳收支的变化分析［J］. 海洋通报，2020，39（4）：488－497.

李虹，董亮，段红霞. 中国可再生能源发展综合评价与结构优化研究［J］. 资源科学，2011，33（3）：431－440.

李捷，刘译蔓，孙辉，等. 中国海岸带蓝碳现状分析［J］. 环境科学与技术，2019，42（10）：207－216.

李金辉，刘军. 低碳产业与低碳经济发展路径研究［J］. 经济问题，2011（3）：37－40，56.

李俊峰，李广. 碳中和：中国发展转型的机遇与挑战［J］. 环境与可持续发展，2021，46（1）：50－57.

李梦. 广西海草床沉积物碳储量研究［D］. 南宁：广西师范学院，2018.

李孥，王建良，刘睿，等. 碳中和目标下天然气产业发展的多情景构想［J］. 天然气工业，2021，41（2）：183－192.

李怒云. 中国林业碳汇［M］. 北京：中国林业出版社，2007.

李奇，朱建华，冯源，等. 中国森林乔木林碳储量及其固碳潜力预测［J］. 气候变化研究进展，2018，14（3）：287－294.

李旸. 我国低碳经济发展路径选择和政策建议［J］. 城市发展研究，2010，17（2）：56－67，72.

李勇. 山东近岸海草植被固碳功能研究［D］. 青岛：中国海洋大学，2014.

梁玲，孙静，岳脉健，等. 全球能源消费结构近十年数据对比分析［J］. 世界石油工业，2020，27（3）：41－47.

廖华，向福洲. 中国"十四五"能源需求预测与展望［J］. 北京理工大学学报（社会科学版），2021，23（2）：1－8.

廖茂林，潘家华，孙博文. 生态产品的内涵辨析及价值实现路径［J］. 经济体制改革，2021（1）：12－18.

廖培涛，蒋忠诚，罗为群，等. 碳汇估算方法研究进展［J］. 广西科学院学报，2011，27（1）：39－43，54.

林红兵. 碳中和目标下的城市治理蓝图［N］. 中国建设报，2021－04－01（7）.

林坚，武婷，张叶笑，等．统一国土空间用途管制制度的思考［J］．自然资源学报，2019，34（10）：2200－2208.
林显程，凌娟，张燕英，等．海草生长的影响因素及组学技术研究进展［J］．生物技术，2019，29（5）：507－511.
刘长松．碳中和的科学内涵、建设路径与政策措施［J］．阅江学刊，2021，13（2）：48－60，121.
刘国华，傅伯杰，方精云．中国森林碳动态及其对全球碳平衡的贡献［J］．生态学报，2000（5）：733－740.
刘欢，陈胜军，杨贤庆．海藻多糖的提取、分离纯化与应用研究进展［J］．食品工业科技，2018，39（12）：341－346.
刘吉平，司薇，梁晨．湿地恢复对碳固存影响的研究进展［J］．科学技术与工程，2019，14（19）：1－5.
刘建国，朱跃中．近中期中国能源安全面临的新形势新挑战及建议［J］．国际石油经济，2021，29（2）：16－22.
刘满平．我国实现“碳中和”目标的意义、基础、挑战与政策着力点［J］．价格理论与实践，2021（2）：8－13.
刘伟．威廉·D. 诺德豪斯．气候变化经济学思想评述：马克思主义经济学视角［J］．福建论坛（人文社会科学版），2019（2）：5－10.
刘晓龙，崔磊磊，李彬，等．碳中和目标下中国能源高质量发展路径研究［J］．北京理工大学学报（社会科学版），2021，23（3）：1－8.
刘叶美，殷昭鲁．“海洋命运共同体”的构建理念与路径思考［J/OL］．中国国土资源经济：1－11［2021－02－10］．https：//doi. org/10. 19676/j. cnki. 1672－6995. 000579.
刘振亚．实现碳达峰、碳中和的根本途径［J］．电力设备管理，2021（3）：20－23.
刘智．碳中和目标下低碳会展实践与推进策略［J］．求索，2016（6）：85－89.
刘子刚，张坤民．湿地生态系统碳储存功能及其价值研究［M］//．李怒云，袁金鸿．林业碳汇论文精选．北京：中国林业出版社，2017.

卢娜．土地利用变化碳排放效应研究［D］．南京：南京农业大学，2011.
卢志朋，洪舒迪．生态价值向经济价值转化的内在逻辑及实现机制［J］．社会治理，2021（2）：37－41.
罗丽艳．自然资源价值的理论思考：论劳动价值论中自然资源价值的缺失［J］．中国人口·资源与环境，2003（6）：22－25.
罗明，刘世梁，张琰．基于自然的解决方案（NbS）优先领域初探［J］．中国土地，2021（2）：4－11.
马安娜，陆健健．湿地生态系统碳通量研究进展［J］．湿地科学，2008（2）：116－123.
马冰．清洁能源转型中的碳捕集、利用和储存（2）：走向碳中和之路的碳捕集、利用和储存［J］．国外地质调查管理，2021（8）.
马冰，王欢．联合国欧洲经济委员会说时间不等人，要尽快部署碳捕获、利用和储存技术［J］．国外地质调查管理，2021（12）.
马克思恩格斯文集（第1卷）［M］．北京：人民出版社，2009.
马克思恩格斯文集（第9卷）［M］．北京：人民出版社，2009.
米松华．我国低碳现代农业发展研究［D］．杭州：浙江大学，2013.
南锡康，靳利飞．落实“两山”理论的主体功能区配套政策研究［J］．中国国土资源经济，2020，33（8）：29－35.
南寅．培育发展中小城市　走绿色低碳发展之路［J］．中国发展，2016，16（5）：10－17.
能源转型委员会．中国2050：一个全面实现现代化国家的零碳图景［R］．2020.
牛亚群，董康银，姜洪殿，等．炼油企业碳排放估算模型及应用［J］．环境工程，2017，35（3）：163－167.
农业大词典编辑委员会．农业大词典［M］．北京：中国农业出版社，1998.
挪威船级社（DNV）．能源转型展望：面向2050年的全球和地区预测［R］．2020.
欧阳志远，史作廷，石敏俊，等．“碳达峰碳中和”：挑战与对策［J］．河北经贸大学学报，2021，42（5）：1－11.
潘根兴，曹建华，周运超．土壤碳及其在地球表层系统碳循环中的意义［J］．第四纪研究，2000（4）：325－334.

庞凌云，蔡博峰，陈潇君，等.《二氧化碳捕集、利用与封存环境风险评估技术指南（试行）》环境风险评价流程研究［J］. 环境工程，2019，37(2)：45－50，157.

气候组织. CCS 在中国：现状、挑战与机遇［R/OL］.(2011－09－31)［2021－12－8］. http：//www.theclimategroup.org.cn/publications/2011－09－31.

钱杰. 大都市碳源碳汇研究：以上海市为例［D］. 上海：华东师范大学，2004.

强海洋. 北京市地热资源开发利用问题研究［J］. 上海国土资源，2018，39(1)：60－63.

强海洋，高兵，郭冬艳，王心一. 碳中和背景下矿业可持续发展路径选择［J］. 中国国土资源经济，2021，34（4）：4－11.

秦积舜，李永亮，吴德斌，等. CCUS 全球进展与中国对策建议［J］. 油气地质与采收率，2020，27（1）：20－28.

邱广龙，林幸助，李宗善，等. 海草生态系统的固碳机理及贡献［J］. 应用生态学报，2014，25（6）：1825－1832.

裘婉飞. 蓝色碳汇的思考与展望［N］. 中国海洋报，2018－01－17（2）.

全球能源互联网发展合作组织. 中国 2030 年前碳达峰研究报告［C］. 2021.

全球能源互联网发展合作组织. 中国 2060 年前碳中和研究报告［C］. 2021.

全球碳捕集和封存研究院. 关于 CCS 的技术成熟度和成本问题的研究报告［J］. 王欢，贾凌霄，译. 国外地质调查管理，2021.

全球碳捕集和封存研究院，全球 CCS 现状报告 2021［EB/OL］. https：//cn.globalccsinstitute.com/news-media/events/2021－global-status-of-ccs-report-launch-event-asia-pacific.

全球碳捕集和封存研究院. 全球碳捕集与封存现状 2020［EB/OL］. https：//cn.globalccsinstitute.com/resources/publications-reports-research/global-status-of-ccs－2020/.

任继周，等. 草地对全球气候变化的影响及其碳汇潜势研究［J］. 草业学报，2011（4）：1－22.

任继周，梁天刚，林慧龙，等. 草地对全球气候变化的响应及其碳汇潜势研究［J］. 草业学报，2011，20（2）：1－22.

任力．低碳经济与中国经济可持续发展［J］．社会科学家，2009（2）：47－50.

邵魁双，巩宁，王立军，等．杜念东大连温带海域潮间带底栖海藻固碳和储碳潜力模拟研究［J］．海洋学报，2019.41（12）：113－120.

邵明玉，张连凯，刘朋雨，等．黄土区典型小流域矿物化学风化及碳汇效应［J］．地球与环境，2019，47（5）：575－585.

沈超，李瑶瑶，刘颖颖，等．DMBA-DEEA－水三元吸收剂的 CO_2 吸收解吸特性［J］．现代化工，2017，37（6）：141－145.

沈镭，张红丽，钟帅，等．新时代下中国自然资源安全的战略思考［J］．自然资源学报，2018，33（5）：721－734.

慎海雄，何玲玲，张乐．“绿水青山就是金山银山”在浙江的探索和实践［EB/OL］.（2015－02－28）［2021－03－06］http：//www. xinhuanet. com/fortune/2015－02/28/c_1114474192. htm.

生态环境部，中科院武汉岩土力学研究所，中国21世纪议程管理中心．中国二氧化碳捕集、利用和封存（CCUS）年度报告2021：中国CCUS路径研究［EB/OL］. http：//chinacaj. net/ueditor/php/upload/file/20210729/1627539812955960. pdf.

世界经济论坛．自然风险上升：商业和经济为何陷于自然危机［J］．姚霖，朱春全，译．自然资源经济参考，2020（特1）：1－16.

世界资源研究所（WRI）．零碳之路：“十四五”开启中国绿色发展新篇章［R］. 2021.

宋金明．中国近海生态系统碳循环与生物固碳［J］．中国水产科学，2011，18（3）：703－711.

宋猛，李文超，赵玉凤．矿业绿色发展的路径选择和参考：基于国际发展实践及差异分析［J］．中国国土资源经济，2020，33（4）：10－15.

苏星．推动生态产品价值实现机制落地见效［N］．中国自然资源报，2021－05－12（3）.

孙博文，彭绪庶．生态产品价值实现模式、关键问题及制度保障体系［J］．生态经济，2021，37（6）：13－19.

孙旭东，张蕾欣，张博．碳中和背景下我国煤炭行业的发展与转型研究［J］．中国矿业，2021，30（2）：1－6．
谭荣．生态产品的价值实现与治理机制创新［J］．中国土地，2021（1）：4－11．
唐博，龙江平，章伟艳，等．中国区域滨海湿地固碳能力研究现状与提升［J］．海洋通报，2014，33（5）：481－490．
陶波，葛全胜，李克让，等．陆地生态系统碳循环研究进展［J］．地理研究，2001（5）：564－575．
涂强，莫建雷，范英．中国可再生能源政策演化、效果评估与未来展望［J］．中国人口·资源与环境，2020，30（3）：29－36．
王北星．美国的能源战略及其启示［J］．中外能源，2010，15（6）：12－17．
王灿，张雅欣．碳中和愿景的实现路径与政策体系［J］．中国环境管理，2020，12（6）：58－64．
王丹．二氧化碳捕集、利用与封存技术安全链分析与集成优化研究［D］．北京：中国科学院大学（中国科学院工程热物理研究所），2020．
王登红，刘丽君，刘新星，等．我国能源金属矿产的主要类型及发展趋势探讨［J］．桂林理工大学学报，2016，36（1）：21－28．
王法明，唐剑武，叶思源，等．中国滨海湿地的蓝色碳汇功能及碳中和对策［J］．中国科学院院刊，2021，36（3）：241－251．
王枫，朱大宏，鞠付栋，等．660MW 燃煤机组百万吨 CO_2 捕集系统技术经济分析［J］．洁净煤技术，2016，22（6）：101－105，39．
王锋，冯根福．优化能源结构对实现中国碳强度目标的贡献潜力评估［J］．中国工业经济，2011（4）：127－137．
王金南，刘兰翠．二氧化碳捕集、利用与封存（CCUS）项目的环境管理思考［J］．低碳世界，2013（1）：22－25．
王军，应凌霄，钟莉娜．新时代国土整治与生态修复转型思考［J］．自然资源学报，2020，35（1）：26－36．
王俊，李佐军．探索碳汇交易机制　实现生态产品价值：以深圳市大鹏新区为例［J］．特区实践与理论，2021（1）：51－59．

王利宁，彭天铎，向征艰，戴家权，黄伟隆．碳中和目标下中国能源转型路径分析［J］．国际石油经济，2021，29（1）：2－8.
王少剑．借力国土空间规划　建设碳中和城市［N］．建筑时报，2021－04－12（6）.
王深，吕连宏，张保留，等．基于多目标模型的中国低成本碳达峰、碳中和路径［J］．环境科学研究，2021，34（9）：2044－2055.
王淑彬，王明利，石自忠，李鹏程，李俊茹．种养结合农业系统在欧美发达国家的实践及对中国的启示［J］．世界农业，2020（3）：92－98.
王穗子，刘帅，樊江文，等．碳交易市场现状及草地碳汇潜力研究［J］．草业学报，2018，27（6）：177－187.
王涛，刘飞，方梦祥，等．两相吸收剂捕集二氧化碳技术研究进展［J］．中国电机工程学报，2020，41（4），1186－1196.
王伟光，郑国光．应对气候变化报告（2016）：《巴黎协定》重在落实［M］．北京：社会科学文献出版社，2016.
王效科，等．陆地生态系统固碳166问［M］．北京：科学出版社，2015.
王鑫．中国争取2060年前实现碳中和［J］．生态经济，2020，36（12）：9－12.
王永胜．中国神华煤制油深部咸水层二氧化碳捕集与地质封存项目环境风险后评估研究［J］．环境工程，2018，36（2）：21－26.
王志轩．碳达峰、碳中和目标实现路径与政策框架研究［J］．电力科技与环保，2021，37（3）：1－8.
魏殿生．造林绿化与气候变化：碳汇问题研究［M］．北京：中国林业出版社，2003.
魏宁，姜大霖，刘胜男，等．国家能源集团燃煤电厂CCUS改造的成本竞争力分析［J］．中国电机工程学报，2020，40（4）：1258－1265，1416.
魏一鸣．气候工程管理：碳捕集与封存技术管理［M］．北京：科学出版社，2020.
吴佳阳．燃烧后二氧化碳捕集系统的全生命周期环境评价［D］．杭州：浙江大学，2019.

吴建国，张小全，徐德应．土地利用变化对生态系统碳汇功能影响的综合评价［J］．中国工程科学，2003（9）：65－71，77．
吴青．考虑碳排放的我国矿业全要素生产率及其影响因素研究［D］．北京：中国地质大学（北京），2017．
习近平出席“共商共筑人类命运共同体”高级别会议并发表主旨演讲［EB/OL］．(2017－01－19) http：//finance. people. com. cn/n1/2017/0119/c1004－29034294. html.
习近平出席中国共产党与世界政党领导人峰会并发表主旨讲话［EB/OL］．(2021－07－07) http：//www. xinhuanet. com/politics/leaders/2021－07/07/c_1127628998. htm.
习近平．决胜全面建成小康社会　夺取新时代中国特色社会主义伟大胜利：在中国共产党第十九次全国代表大会上的报告［M］．北京：人民出版社，2017．
习近平．习近平谈治国理政［M］．北京：外文出版社，2014．
习近平．习近平谈治国理政（第二卷）［M］．北京：外文出版社，2017．
习近平．习近平谈治国理政（第三卷）［M］．北京：外文出版社，2020．
习近平向巴基斯坦世界环境日主题活动致贺信［EB/OL］．(2021－06－05) http：//www. xinhuanet. com/mrdx/2021－06/06/c_139991524. htm.
习近平．之江新语［M］．杭州：浙江人民出版社，2007．
夏添．植被演替与人类活动对盐沼物质循环的影响［D］．南京：南京大学，2019．
谢和平，任世华，谢亚辰，焦小淼．碳中和目标下煤炭行业发展机遇［J］．煤炭学报，2021，46（7）：2197－2211．
谢磊．如何正确处理好人与自然的关系，习近平这样说［EB/OL］．人民网，http：//news. china. com. cn/2020－10/05/content_76779600. htm.
谢淑娟，匡耀求，黄宁生．中国发展碳汇农业的主要路径与政策建议［J］．中国人口·资源与环境，2010，20（12）：46－51．
熊健，卢柯，姜紫莹，等．“碳达峰、碳中和”目标下国土空间规划编制研究与思考［J］．城市规划学刊，2021（4）：74－80．
徐军委．基于LMDI的我国二氧化碳排放影响因素研究［D］．北京：中国矿业大学，2013.
徐小锋，田汉勤，万师强．气候变暖对陆地生态系统碳循环的影响［J］．植物生态学报，2007（2）：175－188.
许丁，张卫民．基于碳中和目标的森林碳汇产品机制优化研究［J］．中国国土资源经济，2021，34（12）：22－28，62.
许文强．森林碳汇价值评价［D］．昆明：西南林学院，2006.
许战洲，黄良民，黄小平，等．海草生物量和初级生产力研究进展［J］．生态学报，2007，27（6）：2595－2602.
薛靓杰．试论新时期发展清洁能源促进低碳经济的途径［J］．中国集体经济，2020（30）：13－14.
薛龙飞，罗小锋，李兆亮，等．中国森林碳汇的空间溢出效应与影响因素——基于大陆31个省（市、区）森林资源清查数据的空间计量分析［J］．自然资源学报，2017，32（10）：1744－1754.
亚洲开发银行．中国碳捕集与封存示范和推广路线图研究［R］．2015.
严国安，刘永定．水生生态系统的碳循环及对大气CO_2的汇［J］．生态学报，2001（5）：827－833.
盐度和淹水对长江口盐沼植被土壤有机碳累积的影响［D］．上海：华东师范大学，2017.
杨洁篪．推动构建人类命运共同体［N］．人民日报，2021－11－26（6）.
杨蕾，李光明，沈雁文，等．中国能源消费带来的碳排放问题与碳减排措施［J］．科技资讯，2008（3）：169－170，172.
杨书运，张庆国，蒋跃林，等．中国森林系统对全球碳平衡的作用与地位［J］．江苏林业科技，2006（1）：45－49.
杨英明，孙建东，李全生．我国能源结构优化研究现状及展望［J］．煤炭工程，2019，51（2）：149－153.
杨永兴．滨海湿地碳循环过程的研究进展［J］．天津科技，2020，47（7）：108－111.
杨宇，于宏源，鲁刚，等．世界能源百年变局与国家能源安全［J］．自然资源学报，2020，35（11）：2803－2820.

叶知年. 论我国生态文明建设中自然资源法制创新 [J]. 福州大学学报 (哲学社会科学版), 2016, 30 (5): 93-98.

殷斯霞, 李新宇, 王哲中. 金融服务生态产品价值实现的实践与思考——基于丽水市生态产品价值实现机制试点 [J]. 浙江金融, 2021 (4): 27-32.

于贵瑞, 方华军, 伏玉玲, 等. 区域尺度陆地生态系统碳收支及其循环过程研究进展 [J]. 生态学报, 2011, 31 (19): 5449-5459.

于贵瑞. 全球变化与陆地生态系统碳循环和碳蓄积 [M]. 北京: 气象出版社, 2003.

余碧莹, 赵光普, 安润颖, 等. 碳中和目标下中国碳排放路径研究 [J]. 北京理工大学学报 (社会科学版), 2021, 23 (2): 17-24.

翟明洋. 二氧化碳捕集、利用与封存全流程系统优化模型的开发及应用 [D]. 北京: 华北电力大学, 2018.

张海龙. 中国新能源发展研究 [D]. 长春: 吉林大学, 2014.

张恒恒, 严昌荣, 张燕卿, 等. 北方旱区免耕对农田生态系统固碳与碳平衡的影响 [J]. 农业工程学报, 2015, 31 (4): 240-247.

张九天, 张璐. 面向碳中和目标的碳捕集、利用与封存发展初步探讨 [J]. 热力发电, 2021, 50 (1): 1-6.

张莉, 郭志华, 李志勇. 红树林湿地碳储量及碳汇研究进展 [J]. 应用生态学报, 2013, 24 (4): 1153-1159.

张水浸. 中国沿海海藻的种类与分布 [J]. 生物多样性, 1996, 4 (3): 104-110.

张所续, 马伯永. 世界能源发展趋势与中国能源未来发展方向 [J]. 中国国土资源经济, 2019, 32 (10): 20-27, 33.

张伟, 朱启贵, 高辉. 产业结构升级、能源结构优化与产业体系低碳化发展 [J]. 经济研究, 2016, 51 (12): 62-75.

张贤, 郭偲悦, 孔慧, 等. 碳中和愿景的科技需求与技术路径 [J]. 中国环境管理, 2021, 13 (1): 65-70.

张贤. 碳中和目标下中国碳捕集利用与封存技术应用前景 [J]. 可持续发展经济导刊, 2020 (12): 22-24.

张新安．把碳达峰碳中和纳入自然资源改革发展整体布局中［J］．中国国土资源经济，2021，34（12）：1.

张兴．新方位中自然资源“十四五”规划思考与建议［J］．中国国土资源经济，2018，31（12）：31－34.

张雅欣，罗荟霖，王灿．碳中和行动的国际趋势分析［J］．气候变化研究进展，2021，17（1）：88－97.

张颖，等．森林碳汇研究与碳汇经济［J］．中国人口资源与环境，2010（6）：288－291.

张永生，巢清尘，陈迎，等．中国碳中和：引领全球气候治理和绿色转型［J］．国际经济评论，2021（3）：9－26，4.

张友国．碳达峰、碳中和工作面临的形势与开局思路［J］．行政管理改革，2021（3）：77－85.

张运洲，张宁，代红才，等．中国电力系统低碳发展分析模型构建与转型路径比较［J］．中国电力，2021，54（3）：1－11.

张振冬，杨正先，张永华，等．CO_2 捕集与封存研究进展及其在我国的发展前景［J］．海洋环境科学，2012，31（3）：456－459.

张卓．新时代国有地勘企业转型升级路径探究［N］．中煤地质报，2021－02－04（3）.

章茵，肖红叶．保护好黑色碳库　贡献碳中和力量［N］．中国矿业报，2021－05－07（3）.

赵广英，李晨．国土空间规划体系下的详细规划技术改革思路［J］．城市规划学刊，2019（4）：37－46.

赵林，殷鸣放，陈晓非，等．森林碳汇研究的计量方法及研究现状综述［J］．西北林学院学报，2008（1）：59－63.

赵娜，邵新庆，吕进英，等．草地生态系统碳汇浅析［J］．草原与草坪，2011，31（6）：75－82.

赵鹏．发展蓝碳：减缓与适应气候变化的海洋方案［J］．可持续发展经济导刊，2019（12）：41－42.

赵鹏，胡学东．国际蓝碳合作发展与中国的选择［J］．海洋通报，2019，38

(6): 613 -619.

赵述华，叶有华，罗飞，等. 深圳近岸海域固碳量核算初步研究 [J]. 环境科学与技术，2019，42 (S2): 140 -147.

中共中央国务院关于完整准确全面贯彻新发展理念做好碳达峰碳中和工作的意见 [N]. 人民日报，2021 -10 -25 (1).

中国标准化研究院，全国氢能标准化技术委员会. 中国氢能产业基础设施发展蓝皮书 [M]. 北京: 中国标准出版社，2016.

中国科学院碳中和重大咨询报告编写组. "碳中和" 重大咨询项目: 碳捕集利用封存技术 [R]. 2021.

中国气象局. 增强风化策略可减轻大气 CO_2 和海洋酸化 [EB/OL]. http: //www. cma. gov. cn/.

中国自然资源经济研究院矿业绿色发展研究所. 践行生态文明思想，加快矿业绿色发展 [N]. 中国自然资源报，2021 -03 -04 (3).

中华人民共和国国务院新闻办公室. 新时代的中国能源发展 [N]. 人民日报，2020 -12 -22 (10).

中华人民共和国自然资源部. 中国矿产资源报告 [R]. 2020.

中央文献研究室. 习近平关于社会主义生态文明建设论述摘编 [M]. 北京: 中央文献出版社，2017.

仲平，彭斯震，贾莉，等. 中国碳捕集、利用与封存技术研发与示范 [J]. 中国人口·资源与环境，2011，21 (12): 41 -45.

周晨昊，毛覃愉，徐晓，等. 中国海岸带蓝碳生态系统碳汇潜力的初步分析 [J]. 中国科学: 生命科学，2016，46 (4): 475 -486.

周璞，刘天科，靳利飞. 健全国土空间用途管制制度的几点思考 [J]. 生态经济，2016，32 (6): 201 -204.

朱松丽，蔡博峰，朱建华，等. IPCC 国家温室气体清单指南精细化的主要内容和启示 [J]. 气候变化研究进展，2018，14 (1): 86 -94.

《自然》: 中国陆地生态系统碳汇能力被严重低估 [EB/OL]. (2020 -12 -29) [2021 -12 -8] https: //news. sciencenet. cn/htmlnews/2020/10/447698. shtm.

自然资源部．我国初步形成生态修复新格局［N］．央视快讯，2021-02-21（2）．

邹才能，何东博，贾成业，等．世界能源转型内涵、路径及其对碳中和的意义［J］．石油学报，2021，42（2）：233-247．

邹才能，潘松圻，赵群．论中国“能源独立”战略的内涵、挑战及意义［J］．石油勘探与开发，2020，47（2）：416-426．

邹才能，熊波，薛华庆，等．新能源在碳中和中的地位与作用［J］．石油勘探与开发，2021，48（2）：411-420．

邹才能，薛华庆，熊波，等．“碳中和”的内涵、创新与愿景［J］．天然气工业，2021，41（8）：46-57．

外文部分

Abelson P H. Science, technology, and national goals [J]. Science, 1993, 259 (5096): 743.

Ackerman B A, Hassler W T. Beyond the New Deal: Coal and the Clean Air Act [J]. Yale Law Journal, 1980, 89: 1466-1471.

Ackerman B A, Hassler W T. Clean coal, dirty air [M]. New Haven: Yale University Press, 1981.

Agency for International Development. Securing land tenure and property rights for stability and prosperity [R]. 2017.

Ahlers C D. Origins of the Clean Air Act: A new interpretation [J]. Environmental Law, 2015, 45 (Winter): 75-127.

Aines R, McCoy S, Friedmann J, McCormick C, et al. Paths to Effective CO_2 Utilization: A Roadmap for Several Options [C]. Melbourne: 14th Greenhouse Gas Control Technologies Conference, 2018.

Ali M, Marvuglia A, Geng Y, Robins D, Pan H, Song X, et al. Accounting emergy-based sustainability of crops production in India and Pakistan over first decade of the 21st century [J]. Journal of Cleaner Production, 2019, 207: 111-122.

Anderson D W, Heil R D, Cole C V, Deutsch P C. Identification and characterization of ecosystems at different integrative levels [R]. Athens, GA, Special Publication, University of Georgia, Agriculture Experiment Stations, 1983.

Anonymous. The world's energy system must be transformed completely [J]. The Economist, 2020, 23.

APS. Tackling wicked problems: A policy perspective [R]. The Australian Public Service Commission, 2007.

Bailey V L, Bond-Lamberty B, DeAngelis K, et al. Soil carbon cycling proxies: Understanding their critical role in predicting climate change feedbacks [J]. Global Change Biology, 2017, 24 (3): 1 -11.

Ban N C, et al. Systematic Conservation Planning: A Better Recipe for Managing the High Seas for Biodiversity Conservation and Sustainable Use [J]. Conservation Letters, 2014, 7 (1): 41 -54.

Barles S. Society, energy and materials: What are the contributions of industrial ecology, territorial ecology and urban metabolism to sustainable urban development? [J]. Journal of Environmental Planning and Management, 2010, 53 (4): 439 -455.

Bayerl G. Die Natur als Warenhaus. Der technisch-ökonomische Blick auf die Natur in der frühen Neuzeit [M]// Reith R, Hahn S. Umwelt-Geschichte. Arbeitsfelder, Forschungsansätze, Perspektiven. Vienna and Munich: Oldenbourg Wissenschaftsverlag, 2001: 33 -52.

Berkowitz A R. Wicked problems in ecology teaching and learning: Biodiversity, material cycling, ecosystem services and climate change [R]. Ecological Society of America, 2017.

Bielecki A, Ernst S, Skrodzka W, Wojnicki I. The externalities of energy production in the context of development of clean energy generation [J]. Environmental Science and Pollution Research, 2020 (27): 11506 -11530.

Binswanger H P, Deininger K. Explaining agricultural and agrarian policies in developing countries [J]. Journal of Economic Literature, 1997 (35): 1958 -

2005.

Biskaborn B K, Smith S L, Noetzli J, et al. Permafrost is warming at a global scale [J]. Nature Communications, 2019 (10): 264.

Bouillon S, Borges A V, Castañeda-Moya E, et al. Mangroveproduction and carbon sinks: a revision of global budgetestimates [J]. Global Biogeochemistry Cycles, 2008 (22): 1-12.

British Petroleum (BP). Energy outlook 2020 [R/OL]. 2020a. www. bp. com/en/global/corporate/energy-economics/energy-outlook. html.

British Petroleum (BP). Statistical review of world energy 2020 [R/OL]. 2020b. www. bp. com/en/global/corporate/energy-economics/statistical-review-of-world-energy. html.

Brundtland G H. World Commission on Environment and Development. Report of the World Commission on Environment and Development: "Our Common Future" [M]. Oxford: Oxford University Press, 1987.

Chapin F S, Chapin M C, Matson P A, Vitousek P. Principles of terrestrial ecosystem ecology [M]. New York: Springer, 2011.

Cheng L, Trenberth K E, Fasullo J, et al. Improved estimates of ocean heat content from 1960 to 2015 [J]. Science Advances, 2017, 3 (3): e1601545.

Christensen N L, Bartuska A M, Brown J H, et al. The report of the Ecological Society of America committee on the scientific basis for ecosystem management [J]. Ecological Applications, 1996, 6 (3), 665-691.

Ciais P, Sabine C, Bala G, et al. Carbon and other biogeochemical cycles [M]// IPCC. Climate change 2013: The physical science basis: Contribution of working group I to the fifth assessment report of the Intergovernmental Panel on Climate Change. Cambridge: Cambridge University Press, 2013: 465-570.

Coetzee B W T, Convey P, Chown S L. Expanding the protected area network in Antarctica is urgent and readily achievable [J]. Conservation Letters, 2017, 10 (6): 670-680.

Coleman D C. Big ecology: The emergence of ecosystem science [M]. Oakland,

CA: University of California Press, 2010.

Common M, Stagl S. Ecological economics: An introduction [M]. Cambridge, UK; New York: Cambridge University Press, 2012.

Costanza R, Cumberland J, Daly H, Goodland R, Norgaard R. An introduction to ecological economics [M]. 2nd edition. Boca Raton, FL: CRC Press, 2014.

Cozannet G L, Manceau J C, Rohmer J. Bounding probabilistic sea-level projections within the framework of the possibility theory [J]. Environmental Research Letters, 2017, 12 (1): 014012.

Cronon W. The trouble with wilderness: or, getting back to the wrong nature [J]. Environmental History, 1996 (1): 7 -28.

Cropper M, Griffiths C. The interaction of population growth and environ-mental quality [J]. American Economic Review, 1994, 84: 250 -254.

Daily G C. Nature's Services: Societal dependence on natural ecosystems [M]. Washington, DC: Island Press, 1997.

Daly H E, Farley J. Ecological economics: Principles and applications [M]. Washington, DC: Island Press, 2011.

Daly H E. Beyond growth: The economics of sustainable development [M]. Cheltenham, UK; Northampton, MA: Edward Elgar, 1996.

Daly H E. Ecological economics and sustainable development: Selected essays of Herman Daly [M]. Cheltenham, UK; Northampton, MA: Edward Elgar, 2007.

Davis L W. Prospects for nuclear power [J]. Journal of Economic Perspectives, 2012, 26 (Winter): 49 -66.

Dryzek J S, Norgaard R B, Schlossberg D. Climate-challenged society [M]. Oxford, UK: Oxford University Press, 2013.

Feld C K, Sousa J P, da Silva P M, Dawson T. P. Indicators for biodiversity and ecosystem services: Towards an improved framework for ecosystems assessment [J]. Biodiversity and Conservation, 2010 (19): 2895 -2919.

Field C B. Ecological scaling of carbon gain to stress and resource availability

[M]// Mooney H A, Winner W E, Pell E J. Response of plants to multiple stresses. San Diego, CA: Academic Press, 1991: 35 - 65.

Fischer C, Newell R G. Environmental and technology policies for climate mitigation [J]. Journal of Environmental Economics and Management, 2008, 55: 142 - 162.

Fischer-Kowalski M, Haberl H. Socioecological transitions and global change: Trajectories of social metabolism and land use [M]. Cheltenham: Edward Elgar, 2007.

Food and Agriculture Organization (FAO). The state of food security and nutrition in the world 2019: Safeguarding against economic slowdowns and downturns [R]. Rome: FAO, IFAD, UNICEF, WFP, WHO, 2019.

Food and Agriculture Organization (FAO). The state of food security and nutrition around the world in 2020 [R]. Rome: FAO, IFAD, UNICEF, WFP, WHO, 2020.

Food and Agriculture Organization (FAO). The state of the world's forests 2020: Forests, biodiversity, and people [R]. Rome: FAO, 2020.

Food and Agriculture Organization (FAO). World food and agriculture-statistical pocketbook, 2018 [R]. Rome, 2018.

Food and Agriculture Organization of the United Nations (FAO). Global forest resources assessment 2020: Key findings [R]. Rome, Italy: FAO, 2020.

Frieler K, Meinshausen M, Golly A, et al. Limiting global warming to 2℃ is unlikely to save most coral reefs [J]. Nature Climate Change, 2012 (3): 165 - 170.

Frimmel H E, Müller J. Estimates of mineral resource availability: How reliable are they? [Z]. 2011.

Gouldner L H, Kennedy D. Valuing ecosystem services: Philosophical bases and empirical methods [M]// Nature's services: societal dependence on natural ecosystems. Washington, DC: Island Press, 1997.

Hall P G. Cities of tomorrow [M]. 3rd edition. Blackwell Publishing, Oxford,

1998.

Haque U, et al. Reduced death rates from cyclones in Bangla desh: what more needs to be done Bull [J]. World Health Organ, 2012, 90: 150 – 156.

Harris J M, Goodwin N R. Reconciling growth and environment [M]// Harris J M, Goodwin N R. New thinking in macroeconomics. UK: Edward Elgar, 2003.

Harris J M. Population, resources, and energy in the global economy: A vindication of Herman Daly's vision [Z]. 2016.

Hautaluoma J E, Woodmansee R G. New roles in ecological research and policy making [J]. Ecology International Bulletin, 1994, 21: 1 – 10.

Havranek T, Horvath R, Zeynalov A. Natural resources and economic growth: A meta-analysis [J]. World Development, 2016, 88: 134 – 151.

Hicks S J R. Value and capital [M]. Oxford: Oxford University Press, 1939.

Hock R, Bliss A, Marzeion B, et al. Glacier MIP: A model intercomparison of global-scale glacier mass-balance models and projections [J]. Journal of Glaciology, 2019, 65 (251): 453 – 467.

Horowitz J, et al. Methodology for analyzing a carbon tax [R]. Office of Tax Analysis. Working paper, 2017. https: //www. icef. go. jp/platform/upload/20161116_presentation_CU_sandalow_dairanieh. pdf.

IEA. Technology roadmap: Carbon capture and storage [R/OL]. 2009. http: //www. iea. org/papers/2009/CCS_Roadmap. pdf.

Intergovernmental Panel on Climate Change (IPCC). Climate change 2021: The physical science basis [R]. 2021.

International Energy Agency (IEA), IRENA, UN Statistics Agency, The World Bank, WHO. Tracking SDG 7: The energy progress report [R]. Washington, DC: World Bank, 2020.

International Energy Agency (IEA). Energy security: Reliable, affordable access to all fuels and energy sources [R]. 2020a.

International Energy Agency (IEA). The COVID-19 crisis is reversing progress on energy access in Africa [R/OL]. 2020c. www. iea. org/articles/the-covid – 19 –

crisis-is-reversing-progress-on-energy-access-in-africa.

International Energy Agency (IEA). World energy outlook 2020 [R]. 2020b.

International Energy Agency, Organization for Economic Cooperation and Development, Organization of the Petroleum Exporting Countries, World Bank. Joint Report by IEA, OPEC, OECD and World Bank on fossil-fuel and other energy subsidies: An update of the G20 Pittsburgh and Toronto Commitments [R]. 2011.

International Renewable Energy Agency (IRENA). Global energy transformation: A roadmap to 2050 [R]. 2019 edition. Abu Dhabi, 2019a.

International Renewable Energy Agency (IRENA). How falling costs make renewables a cost-effective investment [R]. 2020.

International Renewable Energy Agency (IRENA). Renewable capacity highlights [R]. 2019.

International Renewable Energy Agency (IRENA). Renewable power generation costs in 2019 [R]. Abu Dhabi, 2019b.

International Renewable Energy Agency (IRENA). Synergies between renewable energy and energy efficiency [R]. Working Paper, 2017.

IPBES. Summary for policymakers of the global assessment report on biodiversity and ecosystem services of the Intergovernmental Science-Policy Platform on Biodiversity and Ecosystem Services [R/OL]. 2019. https://www.ipbes.net/news/ipbes-global-assessment-summary-policymakers-pdf.

IPCC. Climate change 2014: Synthesis report. Contribution of Working Groups I, II and III to the Fifth Assessment Report of the Intergovernmental Panel on Climate Change [R]. Geneva, Switzerland: IPCC, 2014.

IPCC. Climate change and land: an IPCC special report on climate change, desertification, land degradation, sustainable land management, food security, and greenhouse gas fluxes in terrestrial ecosystems [R/OL]. 2019 [2019-09-16]. https://www.ipcc.ch/srccl/chapter/summaryfor-policymakers.

IPCC. Decision IPCC/XLIV-5. sixth assessment report (AR6) products, outline of the methodology report (s) to refine the 2006 guidelines for national greenhouse gas inventories [R/OL]. 2017 [2017 - 06 - 20]. http: //www. ipcc. ch/meetings/session44/p44_decisions. pdf.

Jackson R B, Jobbágy E G, Avissar R, et al. Trading water for carbon with biological carbon sequestration [J]. Science, 2005, 310: 1944 - 1947.

Jayachandran S, et al. Cash for carbon: A randomized trial of payments for ecosystem services to reduce deforestation [J]. Science, 2017, 357 (6348): 267 - 273.

Jébrak M. Innovation in mineral exploration: Successes and challenges [J]. SEG Newletters, 2011, 86: 12 - 13.

Jiang K, He C, Dai H, et al. Emission scenario analysis for China under the global 1.5℃ target [J]. Carbon Management, 2018: 1 - 11.

Jogiste K, Korjus H, Stanturf J A, et al. Hemiboreal forest: natural disturbances and the importance of ecosystem legacies to management [J]. Ecosphere, 2017, 8 (2): e01706.

Johnson D, Ferreira M A, Kenchington E. Climate change is likely to severely limit the effectiveness of deep-sea ABMTs in the North Atlantic [J]. Marine Policy, 2018, 87: 111 - 122.

Kahneman D. Thinking, fast and slow [M]. New York: Farrar, Straus, and Giroux, 2011.

Keeling C D, Piper S C, Bacastow R B, Wahlen M, et al. Exchanges of atmospheric CO_2 and $13CO_2$ with the terrestrial biosphere and oceans from 1978 to 2000 [Z]. 2001.

Kindermann G, et al. Global cost estimates of reducing carbon emissions through avoided deforestation [J]. Proceedings of the National Academy of Sciences, 2008, 105: 10302 - 10307.

Kolbert E. Climate solutions: Is it feasible to remove enough CO_2 from the air? [Z]. Yale Environment 360, 2018 - 11 - 15.

Krishnan R, Harris J M, Goodwin N R. A survey of ecological economics [M]. Washington, DC: Island Press, 1995.

Krupnick A, McLaughlin D. Valuing the impacts of climate change on terrestrial ecosystem services [J]. Climate Change Economics, 2012 (3): 1 - 11.

Lambin E F, Turner B L, Geist H J, et al. The causes of landuse and land-cover change: Moving beyond the myths [J]. Global Environmental Change, 2001 (11): 261 - 269.

Lang D J, Wiek A, Bergmann M, et al. Transdisciplinary research in sustainability science: Practice, principles, and challenges [J]. Sustainability Science, 2012, 7 (Suppl. 1): 25 - 43.

Leamer E. Sources of comparative advantage [M]. The MIT Press, Cambridge, 1984.

Lickley M J, Hay C C, Tamisiea M E, et al. Bias in estimates of global mean sea level change inferred from satellite altimetry [J]. Journal of Climate, 2018, 31 (13): 5263 - 5271.

Lin J Y. Rural reforms and agricultural growth in China [J]. American Economic Review, 1992, 82 (3): 34 - 51.

Loladze I. Hidden shift of the ionome of plants exposed to elevated CO_2 depletes minerals at the base of human nutrition [J]. Elife, 2014 (3): e02245.

Lu F, et al. Effects of national ecological restoration projects on carbon sequestration in China from 2001 to 2010 [J]. Proceedings of the National Academy of Sciences of the United States of America, 2018, 115 (16): 4039 - 4044.

Lu X, McElroy M B, Kiviluoma J. Global Potential for Wind-generated Electricity [J]. Proceedings of the National Academy of Sciences of the United States of America (PNAS), 2009, 106 (27): 10933 - 10938.

Lubchenco J, Olson A M, Brubaker L B, et al. The sustainable biosphere initiative: An ecological research agenda—a report from the Ecological Society of America [J]. Ecology, 1991, 72 (2): 371 - 412.

Mahoney J. Perpetual restrictions on land and the problem of the future [J]. Virginia Law Review, 2002, 88 (6): 739 - 787.

Malone R W, Jaynes D B, Kaspar T C, et al. Cover crops in the upper midwestern

United States: Simulated effect on nitrate leaching with artificial drainage [J]. Journal of Soil and Water Conservation, 2014, 69: 292 - 305.

Martínez-Alier J, Muradian R. Handbook of ecological economics [M]. Edward Elgar Publishing, 2015.

Martinez-Alier J, Muradian R. Handbook of ecological economics [M]. Cheltenham, UK; Northampton, MA: Edward Elgar, 2015.

Martinez-Alier J, Røpke I. Recent developments in ecological economics [M]. Cheltenham, UK; Northampton, MA: Edward Elgar, 2008.

Martínez-Alier J. Ecological economics: energy, economics, society [M]. Basil Blackwell, Oxford, 1987.

McKenzie-Mohr D. Fostering sustainable behavior: An introduction to community-based social marketing [M]. Gabriola Island, BC: New Society Publishers, 2011.

McKinsey & Company. Energy efficiency: A compelling global resource [R]. 2010.

Meadows D H. Thinking in systems: A primer [M]. White River Junction, VT: Chelsea Green Publishing, 2008.

Meadows D, Randers J, Meadows D. A Synopsis: Limits to Growth, The 30-Year Update [M]. White River Junction, VT: Chelsea Green Publishing, 2004.

Mendelsohn R, Dinar A. Climate change, agriculture, and developing countries: Does adaptation matter? [J]. World Bank Research Observer, 1999, 14 (8): 277 - 293.

Mendelsohn R, Nordhaus W D, Shaw D. The impact of global warming on agriculture: A Ricardian analysis [J]. American Economic Review, 1994, 84 (9): 753 - 771.

Metternicht G. Land use and spatial planning—enabling sustainable management of land resources [M]// Springer briefs in earth sciences. Springer Nature, Switzerland, 2018.

Millennium Ecosystem Assessment (MA). Ecosystems and human well-being: Synthesis [M]. Washington, DC: Island Press, 2005.

Miller R W, Gardiner D T. Soils in our environment [M]. Upper Saddle River, NJ: Prentice Hall, 1998.

Mitchell M, Griffith R, Ryan P, et al. Applying resilience thinking to natural resource management through a "planning-by-doing" framework [J]. Society and Natural Resources, 2014 (27): 299 - 314.

Monnet A, Gabriel S, Percebois J. Long-term availability of global uranium resources [J]. Resources Policy, 2017 (53): 394 - 407.

Montague C L. Systems ecology [M]. Oxford Bibliographies, 2016.

Mudd G M, Jowitt S M. Growing global resources, reserves and production: Discovery is not the only control on supply [J]. Economic Geology, 2018 (113): 1235 - 1267.

Mudryk L R, Kushner P J, Derksen C, et al. Snow cover response to temperature in observational and climate model ensembles [J]. Geophysical Research Letters, 2017, 44 (2): 919 - 926.

Narisma G T, Pitman A J. The effect of including biospheric responses to CO_2 on the impact of land-cover change over Australia [J]. Earth Interactions, 2004, 8 (5): 1 - 28.

National Aeronautic and Space Administration (NASA), Goddard Institute for Space Studies. Global temperature change [J]. Proceedings of the National Academy of Sciences, 2006, 103: 14288 - 14293.

Nellemann C, Corcoran E, Duarte C M, et al. Blue Carbon: A rapid response assessment [R]. United Nations Environment Programme, GRID-Arendal, 2009.

Noordwijk M, Brussaard L. Minimizing the ecological footprint of food: Closing yield and efficiency gaps simultaneously? [J]. Current Opinion in Environmental Sustainability, 2014 (8): 62 - 70.

Nordhaus W D. Estimates of the social cost of carbon: Concepts and results from the DICE - 2013 R model and alternative approaches [J]. Journal of the Association of Environmental and Resource Economists, 2014 (1/2): 273 - 312.

Nordhaus W. Revisiting the social cost of carbon [J]. PNAS, 2017, 114 (14): 1518 - 1523.

Odum E P, Odum H T. Fundamentals of ecology [M]. 2nd ed. Philadelphia and London: W. B. Saunders, 1963.

Oki T, Blyth E M Berbery E H, Alcaraz-Segura D. Land cover and land use changes and their impacts on hydroclimate, ecosystems and society [M]//Asrar G R, Hurrel J W. Climate science for serving society: Research, modeling and prediction priorities. Dordrecht, The Netherlands: Springer, 2013: 185 - 203.

Onarheim I H, Eldevik T, Smedsrud L H, et al. Seasonal and regional manifestation of Arctic sea ice loss [J]. Journal of Climate, 2018, 31 (12): 4917 - 4932.

Osborne T M, Wheeler T R. Evidence for a climate signal in trends of global crop yield variability over the past 50 years [J]. Environmental Research Letters, 2013, 8 (2): 024001.

Palmer K, Burtraw D. Cost-effectiveness of renewable electricity policies [J]. Energy Economics, 2005, 27: 873 - 894.

Paustian K. Carbon sequestration in soil and vegetation and greenhouse gas emissions reduction [M]//Freedman B. Global Environmental Change. Dordrecht, Heidelberg, New York, London: Springer Reference, Springer, 2014: 399 - 406.

Philippot L-M. Natural resources and economic development in transition economies [Z]. Université d'Auvergne, 2010.

Pielke R A, Schimel D S, Lee T J, et al. Atmosphere-terrestrial ecosystem interactions: Implications for coupled modeling [J]. Ecological Modelling, 1993, 67: 5 - 18.

Quéré C L, Andrew R M, Friedlingstein P, et al. Global carbon budget 2018 [J]. Earth System Science Data, 2018 (10): 2141 - 2194.

Randers J. 2052: A Global forecast for the next forty years [M]. White River Junction, VT: Chelsea Green Publishing, 2012.

Rao S LEthical analysis of the global climate dilemma [M]// Nautyial S et al. Knowledge Systems of Societies for Adaptation and Mitigation of Impacts of Climate Change. Springer, Berlin, Heidelberg, 2013: 39 –55.

Ritchi H. Environmental impacts of food production [Z/OL]. 2020. https: //ourworldindata. org/environmental-impacts-of-food.

Rockström J. Future Earth [J]. Science, 2016, 351: 319.

Rosenzweig C, Elliott J, Deryng D, et al. Assessing agricultural risks of climate change in the 21st century in a global gridded crop model intercomparison [J]. Proceedings of the National Academy of Sciences of the United States of America, 2014, 111: 3268 –3273.

Saches J D, Warner A M. Natural resource abundance and economic growth [R]. National Bureau of Economic Research, NBER Working Paper, 1995.

Sandalow D, Dairanieh I. CO_2 utilization roadmap [R/OL]. Innovation for Cool Earth Forum, 2016.

Sanderson E W, Jaiteh M, Levy M A, et al. The Human Footprint and the Last of the Wild [J]. Bioscience, 2002, 52 (10): 891 –904.

Schmalensee R. Evaluating policies to increase electricity generation from renewable energy [J]. Review of Environmental Economics and Policy, 2012, 6 (Winter): 45 –64.

Schodde R. The key drivers behind resource growth: An analysis of the copper industry over the last 100 years [C]. MEMS Conference Mineral and Metal Markets over the Long Term. Phoenix, USA, 3 March 2010.

Schramski J R, Rutz Z J, Gattie D K, Li K. Trophically balanced sustainable agriculture [J]. Ecol Econ, 2011, 72: 88 –96.

Schulz K J, DeYoung J H, Seal R R, et al. Critical mineral resources of the United States: Economic and environmental geology and prospects for future supply [Z]. U. S. Geological Survey Professional Paper, 2017: S1 –S53.

Scott M. Clean power crowds out dirty coal as costs reach tipping point [J].

Forbes, 2020 - 03 - 16.

Secretariat of the Convention on Biological Diversity. Global biodiversity outlook 4 [R]. Montréal, 2014.

Sedjo R, Sohngen B. Carbon sequestration in forests and soils [J]. Annual Review of Resource Economics, 2012 (4): 127 - 144.

Shah T. Groundwater and human development: Challenges and opportunities in livelihoods and environment [R]. International Water Management Institute, 2007.

Shahsavari A, Akbari M. Potential of solar energy in developing countries for Reducing energy-related emissions [J]. Renewable and Sustainable Energy Reviews, 2018, 90: 275 - 291.

Sieferle R P. The Subterranean forest: Energy systems and the industrial revolution [M]. Cambridge: The White Horse Press, 2001.

Smith N. Uneven development: Nature, capital and the production of space [M]. Athens: The University of Georgia Press, 1984.

Smith P, Haberl H, Popp A, et al. How much land-based greenhouse gas mitigation can be achieved without compromising food and environmental goals? [J]. Global Change Biology, 2013 (19): 2285 - 2302.

Smith P. Delivering food security without increasing pressure on land [J]. Global Food Security, 2013 (2): 18 - 23.

Sohngen B, Mendelsohn R, Neilson R. Predicting CO_2 emissions from forests during climatic change: A comparison of natural and human response models [J]. Ambio, 1998, 27 (11): 509 - 513.

Solovyev B, et al. Identifying a network of priority areas for conservation in the Arctic seas: Practical lessons from Russia [J]. Aquatic Conservation: Marine and Freshwater Ecosystems, 2017, 27 (S1): 30 - 51.

Statista. Global gross domestic product (GDP) at current prices from 2009 to 2021, 2020 [DB/OL]. https://www.statista.com/statistics/268750/global-gross-domestic-product-gdp/, accessed 12/28/2020.

Stern N, et al. Stern Review: The economics of climate change [R]. London:

HM Treasury, 2006.

Stern N. The economics of climate change [J]. American Economic Review, 2008, 98 (5): 1-37.

Stiglitz J. Growth with exhaustible natural resources: Efficient and optimal growth paths [J]. Review of Economic Studies, 1974 (41): 123-137.

Taylor M. Energy subsidies: Evolution in the global energy transformation to 2050 [R]. Abu Dhabi: International Renewable Energy Agency, 2020.

Temmerman S, et al. Ecosystem-based coastal defence in the face of global change [J]. Nature, 2013, 504: 79-83.

Temple J. China is creating a huge carbon market-but not a particularly aggressive one [J]. MIT Technology Review, 2018-06-18.

Thomas C D, Cameron A, Green R E, et al. Extinction risk from climate change [J]. Nature, 2004, 427: 145-148.

Thomas C D, Gillingham P K. The performance of protected areas for biodiversity under climate change [J]. Biological Journal of the Linnean Society, 2015, 115 (3): 718-730.

Thompson O R R, Paavola J, Healey J R, et al. Reducing emissions from deforestation and forest degradation (REDD+) transaction costs of six Peruvian projects [J]. Ecology and Society, 2013 (18): 17.

Tilton J E, Guzmàn J I. Mineral economics and policy [M]. New York: Routledge, 2016.

Tilton J E. Comparative advantage in mining [R]. Working Document, IIASA, Lavenburg, 1983.

Tilton J E. Mineral endowment, public policy and competitiveness: A survey of issues [J]. Resources Policy, 1992 (18): 237-249.

Tol R S J. The economic effects of climate change [J]. Journal of Economic Perspectives, 2009 (23): 29-51.

Trewin R. How land titling promotes prosperity in developing countries [J]. Agenda, 1997 (4): 225-230.

U. S. Bureau of Mines and U. S. Geological Survey. Principles of a Resources/Reserve Classification for Minerals [Z]. Geological Survey Circular, 813, 1980.

U. S. Department of Energy, Energy Information Administration. Renewable energy explained [EB/OL]. 2020. https://www.eia.gov/energyexplained/renewable-sources/, accessed 1/3/2021.

U. S. Energy Information Administration (EIA). Annual Energy Review 2020 [R]. Washington, DC, 2020b.

U. S. Energy Information Administration (EIA). Levelized Cost and Levelized Avoided Cost of New Generation Resources in the Annual Energy Outlook 2020 [R]. Washington, DC, 2020c.

U. S. Energy Information Administration (EIA). New electric generating capacity in 2020 will come primarily from wind and solar [J]. Today in Energy, 2020d.

U. S. Energy Information Administration (EIA). International Energy Outlook 2020 [R]. Washington, DC, 2020a.

UK Aid, Energy for Economic Growth, and ESMAP. Energy efficiency for more goods and services in developing countrie [R]. 2020.

Ullman R, Bilbao-Bastida V, Grimsditch G. Including Blue Carbon in climate market mechanisms [J]. Ocean and Coastal Management, 2013, 83: 15-18.

UN Environment. Global environment outlook—GEO-6: Healthy planet, healthy People [R]. Nairobi, 2019b.

UN Environment. Global environment outlook—GEO-6: Summary for policymakers [R]. Nairobi, 2019a.

UNDP. Enhancing climate change adaptation in the North Coast and Nile Delta Regions in Egypt (Funding proposal FP053) [R]. United Nations Development Programme, Egypt, 2017.

UNESCO, and UN Water. World water development report 2020: Water and climate change [R]. Paris, 2020.

Union of Concerned Scientists (UCS). Environmental impacts of renewable energy technologies [R]. 2013a.

United Nations Environment Programme (UNEP). Global environmental outlook 5 [EB/OL]. 2012. https://www.unep.org/resources/global-environment-outlook-5.

United Nations. "About REDD+," UN-REDD programme fact sheet [R]. 2016.

United Nations. World urbanization prospects: 2014 revision [R/OL]. https://esa.un.org/unpd/wup/Publications/Files/WUP2014-Highlights.pdf.

UNMEA. United Nations Millennium Ecosystem Assessment [R]. United Nations, 2018.

Urban M C. Accelerating extinction risk from climate change [J] Science, 2015, 348 (6234): 571-573.

Van Dyne G. The ecosystem concept in natural resource management [M]. New York: Academic Press, 1969.

Van Vactor S A. Energy conservation in the OECD: Progress and results [J] Journal of Energy and Development, 1978 (3): 239-259.

Vanclay F. Social principles for agricultural extension to assist in the promotion of natural resource management [J]. Australian Journal of Experimental Agriculture, 2004, 44 (3), 213-222.

Vidal O, Goffé B, Arndt N. Metals for a low-carbon society [J]. Nature Geoscience, 2013 (6): 894-896.

Wackernagel M, Rees W. Our ecological footprint: Reducing human impact on Earth [M]. Stony Creek, CT: New Society, 1996.

Wackernagel M, Rees W. Our ecological footprint: Reducing human impact on the Earth [M]. Gabriola Island: New Society Publishers, 1998.

Wackernagel M, Rees W. Urban ecological footprints: why cities cannot be sustainable and why they are a key to sustainability [M]//Marzluff J, Endlicher W. An introduction to urban ecology as an interaction between humans and nature. New York: Springer, 2008: 537-555.

Walker B, Salt D. Resilience thinking: Sustaining ecosystems and people in a changing world [M]. Washington, DC: Island Press, 2006.

Walker K. Australian island arks: conservation, management and opportunities

[J]. Australasian Journal of Environmental Management, 2019, 26 (2).

Wall D H. Sustaining diversity and ecosystem services in soils and sediments [M]. Washington, DC: Island Press, 2004.

Wang Q F, Zheng H, Zhu X J, et al. Primary estimation of Chinese terrestrial carbon sequestration during 2001 - 2010 [J]. Science Bulletin, 2015, 60 (6): 577 - 590.

Warembourg F R, Paul E A, Randell R L, et al. Model of assimilated carbon distribution in grassland [J]. Oecologia Plantarum, 1979 (14): 1 - 12.

Warkentin B P. Footprints in the Soil [M]. Amsterdam: Elsevier, 2006.

WCRP Global Sea Level Budget Group. Global sea-level budget 1993-present [J]. Earth System Science Data, 2018, 10 (3): 1551 - 1590.

Weathers K C, Groffman P M, Van Dolah E, et al. Frontiers in ecosystem ecology from a community perspective: The future is boundless and bright [J]. Ecosystems, 2016 (19): 753 - 770.

Wirth T E, Gray C B, Podesta J D. The future of energy policy [J]. Foreign Affairs, 2003, 82 (7/8): 132 - 155.

World Bank. Energy use (kg of oil equivalent per capita) [EB/OL]. 2018. https: //data. worldbank. org/indicator/EG. USE. PCAP. KG. OE.

World Bank. Global Photovoltaic Power Potential by Country [R]. 2020.

Wu Y, Liang X, Gao W. Climate change impacts on the U. S. agricultural economy [C]. Remote Sensing and Modeling of Ecosystems for Sustainability XII, 2015.

后记

宇宙中本没有碳元素，借助恒星的氦聚变反应，碳元素方得以诞生。随着碳元素经宇宙尘埃和天体等介质进入地球，便开启了地球的碳循环（邹才能，2022）。在石炭纪和二叠纪之后的数亿年中，地球碳循环体系一直稳定运行。直至第一次工业革命，煤炭等化石燃料被广泛使用，长期稳定储存的地质碳元素被迅速释放，并造成全球变暖等一系列行星尺度的气候变化。气候变暖已经对地球和人类造成了巨大影响：极端天气频发、物种灭绝、生物多样性丧失、粮食减产、海洋酸化、冰川退缩等。究其原因，主要是人类碳排放的显著增加和不断累积造成大气碳收支严重失衡。仅2021年，全球就排放363亿吨二氧化碳，其中有90%以上是使用化石燃料产生的（IEA，2022）。煤炭、石油等化石燃料主要形成于3亿多年前的古生代、1亿多年前的中生代以及几千万年前的新生代时期，其形成和储存历经了约3.5亿年的漫长时期。然而，自进入工业革命后的近200年间，人类开采和利用了数千亿吨的化石燃料，并向大气层累计排放了超过2.39万亿吨二氧化碳（IPCC AR6 WG1，2021）。缓慢“地质固碳”与快速“燃烧释碳”之间的矛盾，带来了气候变化等系统性地球危机。

面对日益严峻的全球变暖及能源危机，中国作为负责任的大国，有必要采取积极行动，改善能源结构、促进能源转型、提升碳汇能力。自然资源的开发利用是碳排放的主要源头，自然资源本身又是碳汇的天然载体，对其开展系统研究和科学管理，是中国实现“碳达峰、碳中和”目标过程中的重要一环。中国自然资源经济研究院碳中和研究小组编写《自然资源管理服务支撑碳达峰碳中和》一书，旨在通过建立自然资源与碳源、碳汇之间的学理关系，分析碳管理面临的问题及形势，探索自然资源领域促进碳中和的行动路径，进而处理好发展和减排、整体和局部、短期和中长期的关系，促进自然资源管理在碳达峰、碳中和过程中贡献应有的作用。

一

碳是一种非常奇妙的化学元素。它的原子序数为6，位于2族，属于碳族元素（IVA）。碳是最常见的元素之一，目前所发现的物质中99%以上都含有碳元素。自然界中以单质形式存在的碳主要包括石墨和金刚石这两种非常重要的战略资源，其中，电动汽车锂离子阴极中，石墨是绝对的主角，在能源转型中作用重大。金刚石则是一种高经济价值的矿产资源，用途也非常广泛，特别是在精细研磨材料、航天、军工等领域。有趣的是，在表示矿物硬度的莫氏硬度表［1822年德国矿物学家莫斯（Frederich Mohs）首先提出］中，硬度为10的金刚石是最硬的矿物，而硬度为1的石墨是最软的矿物。以单质形式存在的碳还有木炭、活性炭、焦炭和炭黑等无定形碳。

以化合物形式存在的碳种类更是多样。先谈有机物，有机物是诞生生命的物质基础，其中，碳是组成生物细胞的最基本元素，也是组成生物大分子的核心元素。因此，碳元素经常被称作生命元素，所有地球生命也都可以叫作碳基生命。煤炭、石油、天然气这三种常规化石燃料都是碳基燃料，其中，煤炭就是植物残骸通过特定地质作用在不同地质历史时期形成的（成煤期主要包括：古生代的石炭纪和二叠纪，成煤植物主要是孢子植物，主要煤种为烟煤和无烟煤；中生代的侏罗纪和白垩纪，成煤植物主要是裸子植物，主要煤种为褐煤和烟煤；新生代的第三纪，成煤植物主要是被子植物，主要煤种为褐煤、泥炭，部分为年轻烟煤）。石油和天然气则是指气态、液态和固态的烃类混合物，也含有一些非烃气体。据“全球碳计划”（Global Carbon Project，GCP）的数据，煤、石油和天然气三大化石能源的燃烧所排放的二氧化碳分别占排放总量的40%、32%和21%。醇基燃料是以醇类（如甲醇、乙醇、丁醇等）物质为主体成分的燃料，是一种生物质能。生物质通过光合作用吸收碳形成碳汇能力，包括森林、草地、湿地碳汇。当然，在制作醇基燃料的过程中也会排放二氧化碳。

再说无机化合物。以无机化合物形式存在的碳，最主要的是碳酸盐。在自然界中则主要表现为是碳酸盐岩，比如石灰岩（碳酸钙，方解石）、白云岩（碳酸镁，菱镁矿）、菱锰矿、菱锌矿等200多种矿物和岩石。前两者是最常见的建筑材料，人类社会需求量巨大。菱锰矿算是一种宝石，也是阿根廷的"国石"。地球岩石圈中的碳比大气圈、陆地生物圈和水圈的碳库多出近2000倍，其中多数为储存在碳酸盐岩中的无机碳，约占地球表层系统总碳量的99%。喀斯特地貌是地下水与地表水对可溶性岩石溶蚀与沉淀、侵蚀与沉积，以及重力崩塌、坍塌、堆积等作用形成的地貌，以斯洛文尼亚的喀斯特高原命名，也称岩溶地貌。岩溶也具有独特的碳汇效应，来自碳酸盐岩的风化溶解。碳的氧化物中，除了因燃烧不充分形成的一氧化碳外，主要就是本书的主角即二氧化碳这种温室气体。但二氧化碳还是一种重要的工业原材料，除了作为灭火剂、化工产品、化肥原料、食品、干燥剂、致冷剂、农业大棚、医疗应用、金属焊接以及提高石油采收率等传统应用领域之外，还有许多新的高增值利用方式。如甲烷、二氧化碳重整制合成气后制备高附加值化工产品，直接和氢气反应制备高附加值化工产品，转化为高分子材料，转化为精细化工产品以及通过碳矿化制作二氧化碳含量高达30%的新型混凝土等建筑材料等。目前全球每年约2.3亿吨二氧化碳得到利用，且市场还在不断发展中。据哥伦比亚大学桑德罗教授（Sandalow，2016）的研究，创新性利用二氧化碳可促使碳排放减少15%，未来还可能形成一个8000亿美元/年的大市场。另外，无机化合物中还有一些碳化物，如碳化硅、碳化钨、碳化硼等。

碳元素如同精灵，在生物圈、岩石圈、水圈及大气圈交换中进行着碳循环。不过，对碳循环中的各种机理问题，我们目前还知之甚少。碳循环已经从一个基本的科学问题，发展成为一项全球性的责任担当。

二

碳管理是自然资源管理的重要内容，也是生态管护的重要内容。碳管理是技术问题、经济问题，更是政治问题和社会问题，但首先是资源问题。碳管理渗透于经济社会的方方面面，急不得，缓不得，更停不得。碳达峰碳中和贯穿于自然资源开发利用和保护的方方面面，要实现碳达峰碳中和，自然资源管理领域需要打一场硬仗。自然资源管理，要千方百计减少排放，千方百计增加碳汇，千方百计提高应对气候变化能力。从另外一个角度看，减排增汇以及提升应对能力，离不开自然资源管理。

能源资源禀赋在很大程度上决定了能源生产结构和能源消费结构。或者说，能源结构中的碳含量，在很大程度上取决于能源资源禀赋。在此过程中，自然资源管理，通过促进能源转型升级降低排放，通过促进能源结构优化降低排放，通过提高资源利用效率降低排放，通过优化国土生态空间结构降低排放。最根本的是通过用低碳和无碳能源替代高碳能源，用可再生能源替代不可再生能源，用非常规能源替代常规能源，加大锂、钴等新能源矿产或所谓金属能源的勘查开发和合理利用力度，大力推动能源生产和消费革命，通过能源结构的优化和转型升级促进产业结构和经济社会结构的转型升级，降低经济－社会－生态系统中的碳排放量。自然资源管理，还要通过生态系统修复提升碳汇能力，通过国土生态空间结构优化提升碳汇能力，通过协调陆海空间提升碳汇能力，通过自然保护地建设提升碳汇能力，通过地质多样性和生物多样性保护提升碳汇能力，通过为地下地质储存提供合理场地提升地质封存能力，通过加强自然资源综合调查监测提升各类非常规碳汇的能力，提升生态系统服务功能。自然资源管理，也要通过技术创新，不断提升适应和应对气候变化的能力，减缓气候变化的不利影响，减缓自然灾害包括地质灾害对经济社会系统的负面影响。

由此逻辑，除绪论外，本书正文设置了三部分、九章内容作以谋篇。

第一部分包括第一章和第二章，阐述了自然资源与碳达峰碳中和的理论基础和综合战略。围绕自然资源与碳达峰碳中和的基本关系，界定了碳达峰碳中和的基本概念、自然资源与碳循环的基本原理，构建了涵盖全球碳平衡机理、碳中和经济学、新自然经济理论在内的集自然科学与社会科学等于一体的理论体系。基于成效总结和形势分析，采用自然资源经济视角，秉承系统观念，从坚持减碳与除碳、提效与增汇、坚持适应与应对、自然与工程“四个并重”出发，提出自然资源领域促进碳达峰碳中和的战略路径。

第二部分包括第三章至第六章，从碳源和碳汇两个维度阐述了自然资源领域促进碳达峰碳中和的科学基础。能源利用是人为碳排放的最主要组成，陆地碳汇、海洋碳汇以及地质储存等新领域负排放技术是三种主要减碳途径。第三章基于世界与中国能源趋势与需求预测，从传统化石能源、可再生能源、金属能源三种主要能源类型提出了能源结构优化促进减碳的技术逻辑和实现路径。第四章至第六章分别介绍了与自然资源管理密切相关的三种负碳类型——陆地碳汇、海洋碳汇、工程技术碳汇——的机理、潜力核算方法和结果、发展前景等。

第三部分包括第七章至第九章，阐述了自然资源管理服务支撑碳达峰碳中和三方面的重点任务。结合自然资源部“两统一”管理职责，基于自然资源作为基础性生产要素、能量源泉和空间载体的功能，从国土空间格局优化、自然资源保护与开发利用、自然资源基础治理能力提升等方面，提出基于自然资源的应对气候变化解决方案及实现路径。

系统视角和基于自然的解决方案是本书的特点之一。在系统观下，论述了自然资源与碳源、碳汇的自然逻辑、技术逻辑、经济逻辑与管理逻辑，梳理了全球有关碳减排和碳汇潜力提升的前沿成果，分析了中国自然资源领域促进碳中和的成效经验、形势挑战和实现可能，提出了自然资源领域的行动方案。虽有诸多不足，但我们相信本书的出版可为自然资源领域支撑碳达峰碳中和提供有益参考，也可为相关领域研究添砖加瓦。

三

我国实现了第一个百年奋斗目标，开启了向第二个百年奋斗目标进军的新征程。碳达峰碳中和是中国的战略机遇，中国将以绿色发展方式，实现第二个百年奋斗目标。中央经济工作会议更是将“正确认识和把握碳达峰碳中和”作为当前五个重大理论和实践问题之一，作为关系党和国家事业发展全局性、战略性、前瞻性的问题。当前，我国在碳达峰、碳中和进程中面临的主要矛盾是碳排放居高不下（100 亿吨 +）和碳汇能力不足（10 亿吨 +）问题。不应忽视的是，碳源、碳汇是一个硬币的两面，如二者缺少一个则矛盾难破解。碳排放的源头是资源利用，减碳、除碳，靠的也是资源；碳汇能力提升，更离不开自然资源。为此，我们需要：

一是必须深刻领会习近平总书记关于碳达峰碳中和的重要论述精神。习近平总书记高度重视碳达峰碳中和工作，对我国实现“双碳”目标做出一系列重要论述，为打好碳达峰碳中和这场硬仗提供了根本遵循。习近平总书记指出，“要把碳达峰、碳中和纳入生态文明建设整体布局”。这就要从道理、学理、哲理不同侧面，提高认识，从逻辑、法理、技术不同角度贯彻落实。秉承系统观念是碳达峰、碳中和的关键。碳达峰、碳中和问题，要在地球系统科学、生态系统服务、能源科学系统中统筹考虑，要在经济结构、产业结构、能源结构、资源利用结构、国土空间结构的优化调整和升级过程中统筹考虑，要在生态安全、经济安全、粮食安全、能源安全的系统把握中统筹考虑，要在生物多样性、地质多样性和自然多样性综合保护中统筹考虑，要在“人与自然生命共同体、气候变化与碳汇、碳循环规律、减排与增汇”的逻辑关系中去统筹考虑。唯有如此，才能真正走出生态优先、绿色低碳的高质量发展新路。

二是必须正确认识和把握开发与保护、人与自然之间的关系。生态环境问题归根到底是资源过度开发、粗放利用造成的。碳排放居高不下，归根到底是能源供应结构和资源利用结构不尽合理造成的。碳汇能力下降，归根到底是资源开发利用不当引起的生态系统功能下降造成的。要从根本上解决问题，必须通过资源的科学供应，加快形成节约资源和保护环境的空间格局、产业结构、生产方式和生活方式；通过资源的有效供应和高效利用，把经济活动、人类行为限制在自然资源和生态环境能够承受的限度内，守住有形和无形的边界。通过资源的有度、有序、有时开发，给自然生态留下休养生息的时间和空间。

三是必须明确认识自然资源领域服务支撑碳达峰碳中和是一项系统性工程。自然资源领域服务支撑碳达峰碳中和涉及自然资源管理工作的方方面面，相关的基础理论研究与科技支撑更是魅力与挑战并存。需要不断深入研究，如何更好地发挥自然资源管理在碳达峰碳中和过程中的基础性作用，如何统筹好“开发与保护的关系、人和自然和谐共生的关系”，如何处理好“发展和减排、整体和局部、短期和中长期”的利益取舍，如何在国土生态空间布局、全民所有自然资源资产管理与国土空间生态保护修复领域促成碳达峰碳中和，如何运用好法律、经济与政策去实现，如何运用好战略部署、规划引领、政策制定、标准规范等管理工具去落实等，是当前和下一个阶段自然资源领域“双碳”研究工作努力的方向。

四

伟大祖国正经历着历史上最为广泛而深刻的社会变革，为理论创造、学术繁荣提供强大动力和广阔空间。中国特色自然资源经济学作为中国特色哲学社会科学的重要部分，加快构建其学科体系、学术体系、话语体系，必须以马克思主义政治经济学的基本原理、基本方法为准绳，坚持习近平经济思想的理论逻辑、历史逻辑和实践逻辑，善于融通古今中外各种学术资源，掌握科学的经济分析方法，分析全球自然资源经济关系，透视当前全球自然资源开发利用保护格局，研究人与自然、自然资源开发与保护之间的关系，认识自然资源经济运动过程，探求自然资源经济运行规律，提高驾驭社会主义市场经济条件下自然资源经济规律的能力，更好地回答自然资源经济发展中的理论和实践问题。

中国自然资源研究院始终坚持学习贯彻落实习近平经济思想和习近平生态文明思想，围绕自然资源“两统一”核心职责，坚持以人民为中心的发展思想，坚持整体、系统和普遍联系的观点，以推动自然资源经济理论发展和学科建设为使命，深入研究全球关于自然资源与生态文明的研究成果，跟踪自然资源经济面临的新情况新问题，揭示新特点新规律，提炼和总结我国自然资源经济发展实践的规律性成果，将丰富的实践经验上升为系统化的经济理论，推动自然资源学科发展。我们致力于：以解决国家战略经济领域重大理论和现实问题为重点，研究资源惠民利民政策促进共同富裕；把握资本特征深化自然资本研究，加强形势研判服务于防范化解重大风险；支撑好自然资源管理保障初级产品供给，探索自然资源管理服务支撑碳中和的战略路径，等等。使理论和政策创新更符合中国实际、具有中国特色，充分体现理论的先进性、政策的科学性和可操作性。为此，我们需要：

一是穷究学理，夯实理论。围绕碳达峰碳中和的哲学理论、政治理论和经济理论研究，以习近平新时代中国特色社会主义思想为指导，以马克思政治经济学的基本原理、基本方法为准绳，深入研究习近平生态文明思想、习近平经济思想、习近平外交思想的核心要义与理论阐释，明晰新时代自然资源管理与碳达峰碳中和之间的道理、学理、哲理。

二是动态跟踪，把握前沿。以“减排”和“增汇”的理论、实践和科技前沿动态为内容，跟踪学习联合国相关机构、国际（区域）性合作组织、科研院所、NGO 的科研动向、实践举措及其最新成果，深度专研 IPCC 的工作机制、研究报告和技术规范，在比较借鉴中服务提升我国自然资源现代化管理能力。

三是坚持问题导向，提供解决方案。以服务支撑“陆地生态碳汇、海洋生态碳汇、地质碳汇”能力提升为目的，以“资源要素－国土空间－生态系统”“要素－空间－系统”“自然－经济－社会”为研究视域，以法理、学理、路径和经济为逻辑线索，立足自然资源及其生态系统保护、开发、利用和修复等自然资源治理中的自然逻辑、经济关系和社会关联，聚焦“资源保护育汇、生态修复增汇、碳汇技术研发”等过程中政府管理、市场化和社会化的激励机制，清晰“基于自然的、基于市场的、基于政府的”学理和实施路径。

本书试图构建自然资源领域服务支撑碳达峰碳中和的框架体系。但遗憾的是，囿于学识，很多问题未能深入分析。例如，没有系统分析全球气候变化的科学问题以及相关的气候正义、生态正义和环境正义等问题；没有系统分析“老碳”（地质历史时期的碳循环）与新碳（人类世以来人类活动引发的碳循环过程）之间的演变关系，对全球碳平衡机理的解剖还不够透彻。对于能源矿产资源资源，尽管我们早在 2003 年就对中国能源资源禀赋、能源生产结构和能源消费结构进行过分析（参见：张新安等《中国国土资源安全状况分析报告》，2003－2004，2004－2005）。但这次我们没有对每种化石能源的资源潜力、生产与需求前景进行分析，因此难以对多少化石能源应该“留在岩石圈”以及应该将化石能源排放所产生的多少二氧化碳“返回岩石圈”的认识给出清晰的线条；对于电动汽车、风能、太阳能、海洋可再生能源等各类新能源对能源金属的需求没有进行系统的分析（我们其他的报告有所探讨）；对于能源资源禀赋、生态本底和产业布局的关系，以及如何将“坑坑洼洼的国土”塑造成为安全绿色的能源资源布局没有进行深入的分析；对于能源革命中的高效节约集约利用、非常规能源资源开发利用以及科技创新问题没有展开讨论；另外，也没有按部门展开对能源需求侧的分析（当然，这也超出了自然资源领域服务支撑碳达峰碳中和的框架体系）。在碳汇方面，虽然我们概述了碳汇的机理、潜力核算方法和结果、发展前景，但没有展开论述与碳汇市场建设相关的问题，特别是法律体系、技术体系和经济政策体系以及标准规范体系。

研究无止境、学问无终点。中国自然资源经济研究院碳中和研究小组将持续深化研究，力求推出新的研究成果。我们将坚持以习近平新时代中国特色社会主义思想特别是习近平经济思想和习近平生态文明思想为指导，为人民做学问，以中国为观照、以时代为观照，自觉以回答中国之问、世界之问、人民之问、时代之问为学术己任，立足中国实际，解决中国问题，深入开展相关理论与方法的研究探索，做好研判形势、探求规律、提炼理论和决策支持，不断推进知识创新、理论创新和方法创新，肩负起新时代自然资源经济研究的历史使命。今后，我们将：

不断深化关键碳汇技术跟踪与评价，以技术政策支撑生态碳汇能力提升；探究生态碳汇经济学理和路径，以经济政策促进生态碳汇能力提升；研究多中心网络化立体式集约型国土空间开发保护机制，以空间政策引导生态碳汇能力提升；开展生态修复、碳汇生态产品基础理论研究，以生态修复支撑生态碳汇能力提升；研究促进碳汇法律法规完善和优化，以法律法规保障生态碳汇能力提升；探索生态系统碳汇核算的标准化路径，以标准规范支撑生态碳汇能力提升。

因编写组专业水平限制，碳达峰碳中和问题又是一个系统性、综合性很强的领域，本书难免有不足或错漏之处，敬请业内外专家学者批评指正。

编写组